3/4점 기출 집중 공략엔

# 수능엔유형

## 지은이

**NE능률 수학교육연구소**

NE능률 수학교육연구소는 혁신적이며 효율적인 수학 교재를 개발하고
수학 학습의 질을 한 단계 높이고자 노력하는 NE능률의 연구 조직입니다.

**이향수** 명일여자고등학교 교사

**한명주** 명일여자고등학교 교사

**김상철** 청담고등학교 교사

**김정배** 현대고등학교 교사

**박재희** 경기과학고등학교 교사

**권백일** 양정고등학교 교사

**박상훈** 중산고등학교 교사

**강인우** 진선여자고등학교 교사

**박현수** 현대고등학교 교사

**김상우** 신도고등학교 교사

## 검토진

강민정 (에이플러스)
곽민수 (청라현수학)
김봉수 (범어신사고학원)
김진미 (1교시수학학원)
김환철 (한수위수학)
설상원 (인천정석학원)
설홍진 (현수학학원본원)
성웅경 (더빡센수학학원)
신성준 (엠코드학원)
오성진(오성진선생의수학스케치)
우정림 (크누KNU입시학원)
우주안 (수미사방매)
유성규 (현수학학원본원)
이재호 (사인수학학원)
이진섭 (이진섭수학학원)
이진호 (과수원수학학원)
이철호 (파스칼수학학원)
임명진 (서연고학원)
임신옥 (KS수학학원)
임지영 (HQ영수)
장수진 (플래너수학)
장재영 (이자경수학학원본원)
정석 (정석수학)
정한샘 (편수학학원)
조범희 (엠코드학원)

3/4점 기출 집중 공략엔

# 수능엔유형

## 수학 I

# Structure 구성과 특징

✓ 최근 5개년 기출 유형 분석

✓ '기출-변형-예상' 문제로 유형 정복

✓ 실전 대비 미니 모의고사 10회 수록

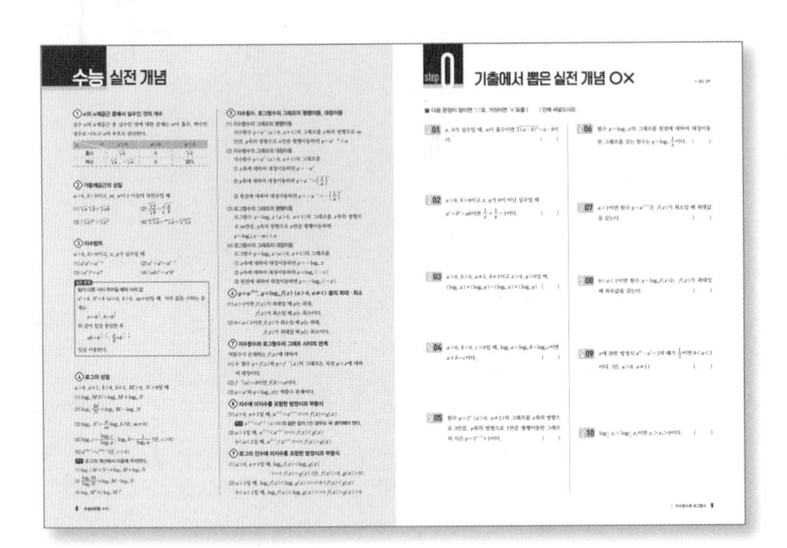

### 수능 실전 개념

• 개념이나 공식의 단순 나열이 아니라 문제 풀이에서 실제로 자주 이용되는 실전 개념을 뽑아 정리하고, 실전 전략을 제시하였습니다.

### step0 | 기출에서 뽑은 실전 개념 ○×

• 수능, 모평, 학평 기출 문제를 분석하여 ○×문제를 제시하였으며, ○×문제의 참, 거짓을 확인하여 개념을 다시 한번 정리할 수 있도록 하였습니다.

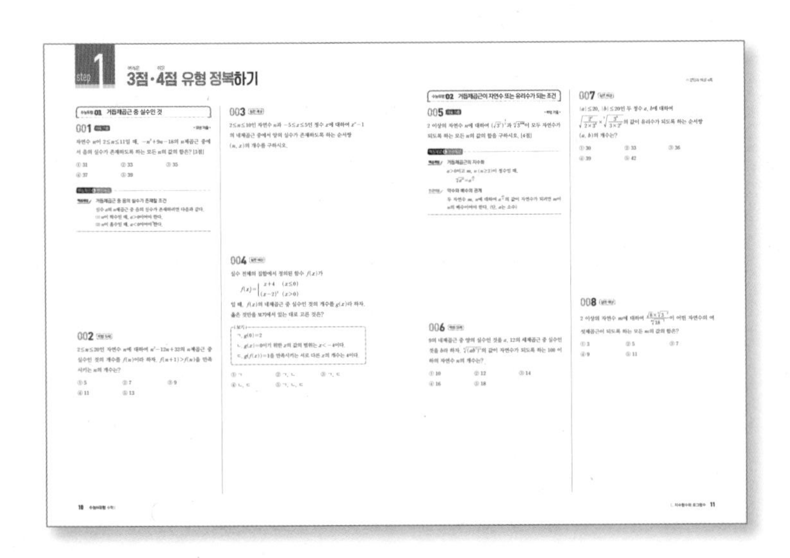

### step1 | 어려운 3점 · 쉬운 4점 유형 정복하기

• 대표 기출 해당 유형의 수능, 모평, 학평 기출 문제 중에서 반드시 풀어야 할 문제를 엄선하여 수록하였습니다.

• 핵심개념 & 연관개념 문제에 사용된 해당 단원의 핵심 개념과 타 과목, 타 단원과 연계된 개념을 제시하였습니다.

• 변형 유제 대표 기출 문항을 변형하여 수록하였습니다. 개념의 확장, 조건의 변형 등을 통하여 기출 문제를 좀 더 철저히 이해하여 비슷한 유형이 출제되는 경우를 대비할 수 있습니다.

• 실전 예상 신경향 문제 또는 출제가 기대되는 문제를 예상 문제로 수록하였습니다.

• ***UP*** 자주 출제되거나 난이도 높은 유형을 제시하였습니다.

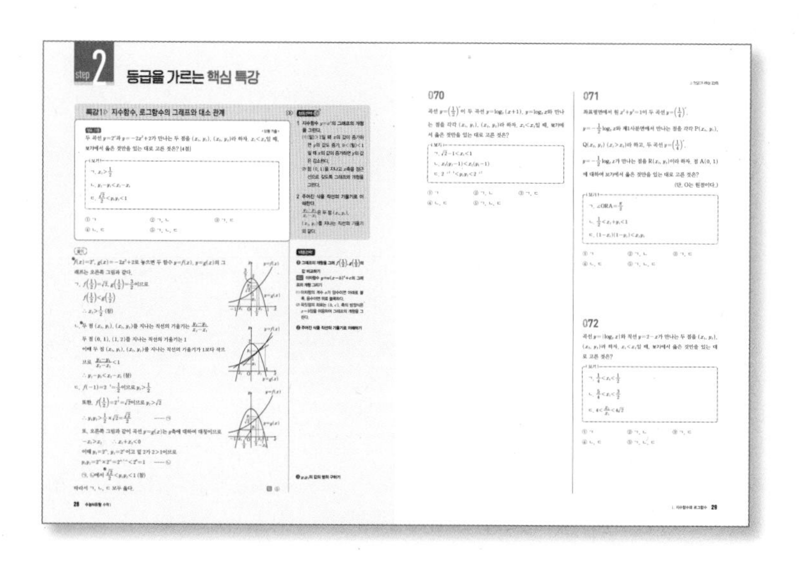

## step2 | 등급을 가르는 핵심 특강

- 해당 단원의 핵심 문제로, 해결 과정의 실마리를 행동 전략으로 제시하였습니다.
- 대표 기출 문항의 문제 해결 단계를 **내용 전략**으로 제시하였고, 실전에 적용할 수 있도록 예제를 수록하였습니다.

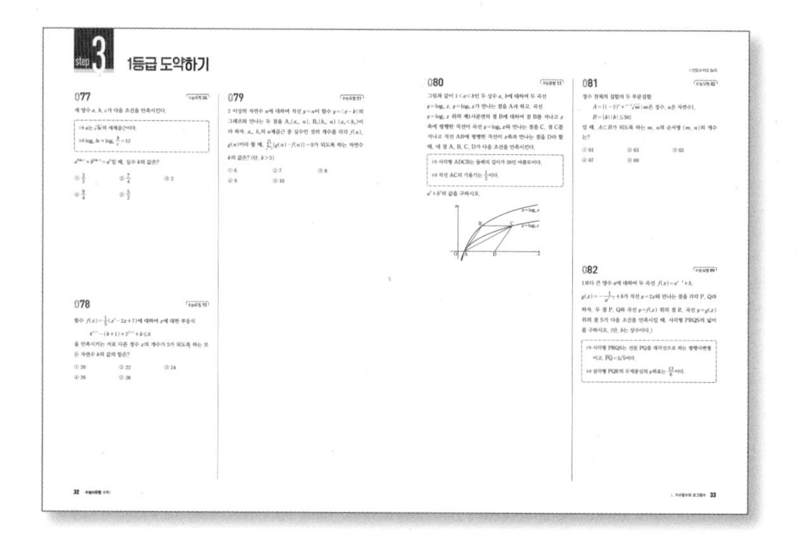

## step3 | 1등급 도약하기

- 1등급에 한 걸음 더 가까워질 수 있도록 난이도 높은 예상 문제를 수록하였습니다.
- 문항별로 관련 수능유형을 링크하였습니다.

## 미니 모의고사

- 수능, 모평, 학평 기출 및 그 변형 문제와 예상 문제로 구성된 미니 모의고사 10회를 제공하였습니다. 미니 실전 테스트로 수능 실전 감각을 유지할 수 있도록 하였습니다.

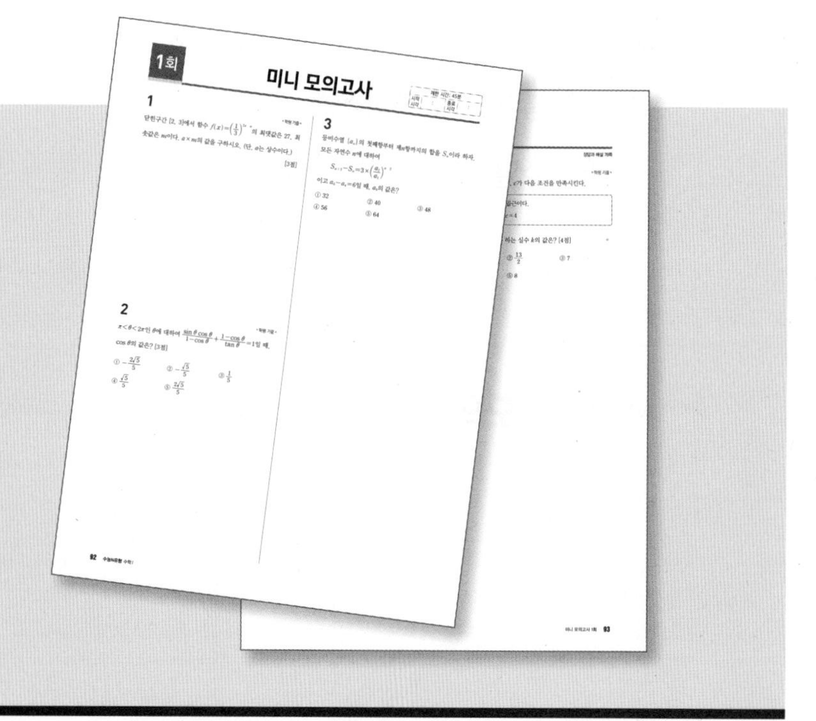

# Contents 차례

# Study plan 3주 완성

※ DAY별로 학습 성취도를 체크해 보세요. 성취 정도가 △, ×이면 반드시 한번 더 복습합니다.
※ 복습할 문항 번호를 메모해 두고 2회독 할 때 중점적으로 점검합니다.

| 학습일 | | | 문항 번호 | 성취도 | 복습 문항 |
|---|---|---|---|---|---|
| 1주 | 1일차 | / | 001~016 | ○ △ × | |
| | 2일차 | / | 017~030 | ○ △ × | |
| | 3일차 | / | 031~048 | ○ △ × | |
| | 4일차 | / | 049~063 | ○ △ × | |
| | 5일차 | / | 064~076 | ○ △ × | |
| | 6일차 | / | 077~086 | ○ △ × | |
| | 7일차 | / | 087~101 | ○ △ × | |
| 2주 | 8일차 | / | 102~116 | ○ △ × | |
| | 9일차 | / | 117~129 | ○ △ × | |
| | 10일차 | / | 130~142 | ○ △ × | |
| | 11일차 | / | 143~152 | ○ △ × | |
| | 12일차 | / | 153~168 | ○ △ × | |
| | 13일차 | / | 169~186 | ○ △ × | |
| | 14일차 | / | 187~204 | ○ △ × | |
| 3주 | 15일차 | / | 205~222 | ○ △ × | |
| | 16일차 | / | 223~235 | ○ △ × | |
| | 17일차 | / | 미니 모의고사 1, 2회 | ○ △ × | |
| | 18일차 | / | 미니 모의고사 3, 4회 | ○ △ × | |
| | 19일차 | / | 미니 모의고사 5, 6회 | ○ △ × | |
| | 20일차 | / | 미니 모의고사 7, 8회 | ○ △ × | |
| | 21일차 | / | 미니 모의고사 9, 10회 | ○ △ × | |

# I 지수함수와 로그함수

| 중단원명 | 수능유형명 |
|---|---|
| 01. 지수와 로그 | 01 거듭제곱근 중 실수인 것 |
| | 02 거듭제곱근이 자연수 또는 유리수가 되는 조건 |
| | 03 지수법칙의 활용 |
| | 04 로그의 성질 |
| | 05 로그의 활용 – 좌표평면, 방정식 |
| | 06 지수로 주어진 로그의 식의 값 |
| | 07 로그의 값이 자연수가 되는 조건 |
| 02. 지수함수와 로그함수 | 08 지수함수의 그래프의 이해 – 함숫값, 최대 · 최소 |
| | 09 지수함수의 그래프의 도형에의 활용 |
| | 10 지수방정식과 지수부등식 (1) – 식의 계산 |
| | 11 지수방정식과 지수부등식 (2) – 그래프의 활용 |
| | 12 로그함수의 그래프의 이해 – 함숫값, 최대 · 최소 |
| | 13 로그함수의 그래프의 도형에의 활용 |
| | 14 로그방정식과 로그부등식 (1) – 식의 계산 |
| | 15 로그방정식과 로그부등식 (2) – 그래프의 활용 |
| | 16 지수함수와 로그함수의 그래프의 혼합 |
| | 17 절댓값이 포함된 지수함수, 로그함수의 활용 |

# 수능 실전 개념

## ① $a$의 $n$제곱근 중에서 실수인 것의 개수

실수 $a$의 $n$제곱근 중 실수인 것에 대한 문제는 $n$이 홀수, 짝수인 경우로 나누고 $a$의 부호로 판단한다.

| $n$ \ $a$ | $a>0$ | $a=0$ | $a<0$ |
|---|---|---|---|
| 홀수 | $\sqrt[n]{a}$ | 0 | $\sqrt[n]{a}$ |
| 짝수 | $\sqrt[n]{a}$, $-\sqrt[n]{a}$ | 0 | 없다. |

## ② 거듭제곱근의 성질

$a>0$, $b>0$이고, $m$, $n$이 2 이상의 자연수일 때

(1) $\sqrt[n]{a}\sqrt[n]{b}=\sqrt[n]{ab}$

(2) $\dfrac{\sqrt[n]{a}}{\sqrt[n]{b}}=\sqrt[n]{\dfrac{a}{b}}$

(3) $(\sqrt[n]{a})^m=\sqrt[n]{a^m}$

(4) $\sqrt[m]{\sqrt[n]{a}}=\sqrt[mn]{a}=\sqrt[n]{\sqrt[m]{a}}$

## ③ 지수법칙

$a>0$, $b>0$이고, $x$, $y$가 실수일 때

(1) $a^xa^y=a^{x+y}$

(2) $a^x\div a^y=a^{x-y}$

(3) $(a^x)^y=a^{xy}$

(4) $(ab)^x=a^xb^x$

**실전 전략**

밑이 다른 식이 주어질 때의 식의 값

$a^x=k$, $b^y=k$ $(a>0,\ b>0,\ xy\neq0)$일 때, 식의 값을 구하는 문제는

$a=k^{\frac{1}{x}}$, $b=k^{\frac{1}{y}}$

와 같이 밑을 통일한 후

$ab=k^{\frac{1}{x}+\frac{1}{y}}$, $\dfrac{a}{b}=k^{\frac{1}{x}-\frac{1}{y}}$

임을 이용한다.

## ④ 로그의 성질

$a>0$, $a\neq1$, $b>0$, $b\neq1$, $M>0$, $N>0$일 때

(1) $\log_a MN=\log_a M+\log_a N$

(2) $\log_a \dfrac{M}{N}=\log_a M-\log_a N$

(3) $\log_{a^m} b^n=\dfrac{n}{m}\log_a b$ (단, $m\neq0$)

(4) $\log_a c=\dfrac{\log_b c}{\log_b a}$, $\log_a b=\dfrac{1}{\log_b a}$ (단, $c>0$)

(5) $a^{\log_b c}=c^{\log_b a}$ (단, $c>0$)

**주의** 로그의 계산에서 다음에 주의한다.

(1) $\log_a(M+N)\neq\log_a M+\log_a N$

(2) $\dfrac{\log_a M}{\log_a N}\neq\log_a M-\log_a N$

(3) $\log_a M^k\neq(\log_a M)^k$

## ⑤ 지수함수, 로그함수의 그래프의 평행이동, 대칭이동

(1) 지수함수의 그래프의 평행이동

지수함수 $y=a^x$ $(a>0,\ a\neq1)$의 그래프를 $x$축의 방향으로 $m$만큼, $y$축의 방향으로 $n$만큼 평행이동하면 $y=a^{x-m}+n$

(2) 지수함수의 그래프의 대칭이동

지수함수 $y=a^x$ $(a>0,\ a\neq1)$의 그래프를

① $x$축에 대하여 대칭이동하면 $y=-a^x$

② $y$축에 대하여 대칭이동하면 $y=a^{-x}=\left(\dfrac{1}{a}\right)^x$

③ 원점에 대하여 대칭이동하면 $y=-a^{-x}=-\left(\dfrac{1}{a}\right)^x$

(3) 로그함수의 그래프의 평행이동

로그함수 $y=\log_a x$ $(a>0,\ a\neq1)$의 그래프를 $x$축의 방향으로 $m$만큼, $y$축의 방향으로 $n$만큼 평행이동하면

$y=\log_a(x-m)+n$

(4) 로그함수의 그래프의 대칭이동

로그함수 $y=\log_a x$ $(a>0,\ a\neq1)$의 그래프를

① $x$축에 대하여 대칭이동하면 $y=-\log_a x$

② $y$축에 대하여 대칭이동하면 $y=\log_a(-x)$

③ 원점에 대하여 대칭이동하면 $y=-\log_a(-x)$

## ⑥ $y=a^{f(x)}$, $y=\log_a f(x)$ $(a>0,\ a\neq1)$ 꼴의 최대 · 최소

(1) $a>1$이면 $f(x)$가 최대일 때 $y$는 최대,
$f(x)$가 최소일 때 $y$는 최소이다.

(2) $0<a<1$이면 $f(x)$가 최소일 때 $y$는 최대,
$f(x)$가 최대일 때 $y$는 최소이다.

## ⑦ 지수함수와 로그함수의 그래프 사이의 관계

역함수가 존재하는 $f(x)$에 대하여

(1) 두 함수 $y=f(x)$와 $y=f^{-1}(x)$의 그래프는 직선 $y=x$에 대하여 대칭이다.

(2) $f^{-1}(a)=b$이면 $f(b)=a$이다.

(3) $y=a^x$와 $y=\log_a x$는 역함수 관계이다.

## ⑧ 지수에 미지수를 포함한 방정식과 부등식

(1) $a>0$, $a\neq1$일 때, $a^{f(x)}=a^{g(x)} \Longleftrightarrow f(x)=g(x)$

**주의** $x^{f(x)}=x^{g(x)}$ $(x>0)$의 꼴은 밑이 1인 경우도 꼭 생각해야 한다.

(2) $a>1$일 때, $a^{f(x)}<a^{g(x)} \Longleftrightarrow f(x)<g(x)$

$0<a<1$일 때, $a^{f(x)}<a^{g(x)} \Longleftrightarrow f(x)>g(x)$

## ⑨ 로그의 진수에 미지수를 포함한 방정식과 부등식

(1) $a>0$, $a\neq1$일 때, $\log_a f(x)=\log_a g(x)$

$\Longleftrightarrow f(x)=g(x)$ (단, $f(x)>0$, $g(x)>0$)

(2) $a>1$일 때, $\log_a f(x)<\log_a g(x) \Longleftrightarrow 0<f(x)<g(x)$

$0<a<1$일 때, $\log_a f(x)<\log_a g(x) \Longleftrightarrow f(x)>g(x)>0$

# step 0 기출에서 뽑은 실전 개념 OX

정답 4쪽

■ 다음 문장이 참이면 '○'표, 거짓이면 '×'표를 (　　) 안에 써넣으시오.

**01** $a$, $b$가 실수일 때, $n$이 홀수이면 $\sqrt[n]{(a-b)^n}=a-b$이다. (　　)

**02** $a>0$, $b>0$이고 $x$, $y$가 0이 아닌 실수일 때 $a^x=b^y=ab$이면 $\frac{1}{x}+\frac{1}{y}=1$이다. (　　)

**03** $a>0$, $b>0$, $a\neq1$, $b\neq1$이고 $x>0$, $y>0$일 때, $(\log_a x)\times(\log_b y)=(\log_b x)\times(\log_a y)$ (　　)

**04** $a>0$, $b>0$, $c>0$일 때, $\log_2 a=\log_3 b=\log_6 c$이면 $a+b=c$이다. (　　)

**05** 함수 $y=2^x$ $(a>0,\ a\neq1)$의 그래프를 $x$축의 방향으로 3만큼, $y$축의 방향으로 1만큼 평행이동한 그래프의 식은 $y=2^{x+3}+1$이다. (　　)

**06** 함수 $y=\log_2 x$의 그래프를 원점에 대하여 대칭이동한 그래프를 갖는 함수는 $y=\log_2 \frac{1}{x}$이다. (　　)

**07** $a>1$이면 함수 $y=a^{f(x)}$은 $f(x)$가 최소일 때 최댓값을 갖는다. (　　)

**08** $0<a<1$이면 함수 $y=\log_a f(x)$는 $f(x)$가 최대일 때 최솟값을 갖는다. (　　)

**09** $x$에 관한 방정식 $a^{2x}-a^x=2$의 해가 $\frac{1}{2}$이면 $0<a<1$이다. (단, $a>0$, $a\neq1$) (　　)

**10** $\log_{\frac{1}{2}} x_1<\log_{\frac{1}{2}} x_2$이면 $x_1>x_2>0$이다. (　　)

step 1

어려운 쉬운
# 3점·4점 유형 정복하기

## 수능유형 01 거듭제곱근 중 실수인 것

### 001 대표 기출

• 모평 기출 •

자연수 $n$이 $2 \le n \le 11$일 때, $-n^2+9n-18$의 $n$제곱근 중에서 음의 실수가 존재하도록 하는 모든 $n$의 값의 합은? [3점]

① 31 ② 33 ③ 35
④ 37 ⑤ 39

**핵심개념 & 연관개념**

핵심개념 / 거듭제곱근 중 음의 실수가 존재할 조건

실수 $a$의 $n$제곱근 중 음의 실수가 존재하려면 다음과 같다.
(1) $n$이 짝수일 때, $a>0$이어야 한다.
(2) $n$이 홀수일 때, $a<0$이어야 한다.

### 002 변형 유제

$2 \le n \le 20$인 자연수 $n$에 대하여 $n^2-12n+32$의 $n$제곱근 중 실수인 것의 개수를 $f(n)$이라 하자. $f(n+1)>f(n)$을 만족시키는 $n$의 개수는?

① 5 ② 7 ③ 9
④ 11 ⑤ 13

### 003 실전 예상

$2 \le n \le 10$인 자연수 $n$과 $-5 \le x \le 5$인 정수 $x$에 대하여 $x^n-1$의 네제곱근 중에서 양의 실수가 존재하도록 하는 순서쌍 $(n, x)$의 개수를 구하시오.

### 004 실전 예상

실수 전체의 집합에서 정의된 함수 $f(x)$가

$$f(x)=\begin{cases} x+4 & (x \le 0) \\ (x-2)^2 & (x>0) \end{cases}$$

일 때, $f(x)$의 네제곱근 중 실수인 것의 개수를 $g(x)$라 하자. 옳은 것만을 **보기**에서 있는 대로 고른 것은?

보기
ㄱ. $g(0)=2$
ㄴ. $g(x)=0$이기 위한 $x$의 값의 범위는 $x<-4$이다.
ㄷ. $g(f(x))=1$을 만족시키는 서로 다른 $x$의 개수는 4이다.

① ㄱ ② ㄱ, ㄴ ③ ㄱ, ㄷ
④ ㄴ, ㄷ ⑤ ㄱ, ㄴ, ㄷ

## 수능유형 02 거듭제곱근이 자연수 또는 유리수가 되는 조건

### 005 대표 기출

•학평 기출•

2 이상의 자연수 $n$에 대하여 $(\sqrt{3^n})^{\frac{1}{2}}$과 $\sqrt[n]{3^{100}}$이 모두 자연수가 되도록 하는 모든 $n$의 값의 합을 구하시오. [4점]

**핵심개념 & 연관개념**

핵심개념 / 거듭제곱근의 지수화

$a>0$이고 $m$, $n$ $(n\ge2)$이 정수일 때,

$\sqrt[n]{a^m}=a^{\frac{m}{n}}$

연관개념 / 약수와 배수의 관계

두 자연수 $m$, $n$에 대하여 $a^{\frac{m}{n}}$의 값이 자연수가 되려면 $m$이 $n$의 배수이어야 한다. (단, $a$는 소수)

### 006 변형 유제

9의 네제곱근 중 양의 실수인 것을 $a$, 12의 세제곱근 중 실수인 것을 $b$라 하자. $\sqrt[4]{(ab^3)^n}$의 값이 자연수가 되도록 하는 100 이하의 자연수 $n$의 개수는?

① 10 ② 12 ③ 14 ④ 16 ⑤ 18

### 007 실전 예상

$|a|\le20$, $|b|\le20$인 두 정수 $a$, $b$에 대하여 $\sqrt{\dfrac{2^a}{2\times3^b}}\times\sqrt[3]{\dfrac{3^b}{3\times2^a}}$의 값이 유리수가 되도록 하는 순서쌍 $(a, b)$의 개수는?

① 30 ② 33 ③ 36 ④ 39 ⑤ 42

### 008 실전 예상

2 이상의 자연수 $m$에 대하여 $\dfrac{\sqrt{8}\times\sqrt[3]{3^{-2}}}{\sqrt[m]{18^{-1}}}$이 어떤 자연수의 여섯제곱근이 되도록 하는 모든 $m$의 값의 합은?

① 3 ② 5 ③ 7 ④ 9 ⑤ 11

## 수능유형 03 지수법칙의 활용

### 009 대표 기출

• 학평 기출 •

1이 아닌 세 양수 $a$, $b$, $c$와 1이 아닌 두 자연수 $m$, $n$이 다음 조건을 만족시킨다. 모든 순서쌍 $(m, n)$의 개수는? [4점]

> (가) $\sqrt[3]{a}$는 $b$의 $m$제곱근이다.
> (나) $\sqrt{b}$는 $c$의 $n$제곱근이다.
> (다) $c$는 $a^{12}$의 네제곱근이다.

① 4　② 7　③ 10　④ 13　⑤ 16

**핵심개념 & 연관개념**

핵심개념 / (1) 거듭제곱근의 정의

$a$는 $b$의 $m$제곱근 $\Longleftrightarrow a^m=b$

(2) 지수법칙

$a>0$, $b>0$이고, $m$, $n$이 실수일 때

① $a^m a^n=a^{m+n}$　② $a^m \div a^n=a^{m-n}$

③ $(a^m)^n=a^{mn}$　④ $(ab)^m=a^m b^m$

### 010 변형 유제

두 실수 $a$, $b$에 대하여 $3^{2a-b}=5$, $3^{3a+b}=25$일 때, $5^{\frac{1}{a}+\frac{1}{b}}$의 값은?

① $\sqrt[3]{3^{16}}$　② $\sqrt[3]{3^{17}}$　③ $3^6$　④ $\sqrt[3]{3^{19}}$　⑤ $\sqrt[3]{3^{20}}$

### 011 실전 예상

실수 전체의 집합의 두 부분집합

$$A=\{x \mid x^2-\sqrt[3]{16}x+a=0\},$$
$$B=\{x \mid x^2-bx+\sqrt[3]{32}=0\}$$

에 대하여 $2^{\frac{1}{3}} \in (A \cap B)$일 때, 상수 $a$, $b$에 대하여 $ab$의 값은?

① 2　② 4　③ 6　④ 8　⑤ 10

### 012 실전 예상

양수 $k$에 대하여 직선 $y=k$가 세 함수 $f(x)=x^3$, $g(x)=x^4$, $h(x)=x^6$의 그래프와 만나는 점 중 제1사분면에 있는 점을 각각 A, B, C라 하자. 직선 OC의 기울기가 9일 때, 두 직선 OA, OB의 기울기의 곱은 $3^{\frac{q}{p}}$이다. $p+q$의 값을 구하시오.

(단, $p$와 $q$는 서로소인 자연수이다.)

## 수능유형 04 로그의 성질

### 013 대표 기출

•학평 기출•

1보다 큰 두 실수 $a$, $b$에 대하여

$$\log_{27} a=\log_3 \sqrt{b}$$

일 때, $20 \log_b \sqrt{a}$의 값을 구하시오. [3점]

**핵심개념 & 연관개념**

**핵심개념/** 로그의 밑의 변환

$a>0$, $a\neq1$, $b>0$, $c>0$, $c\neq1$일 때

(1) $\log_a b=\dfrac{\log_c b}{\log_c a}$

(2) $\log_a b=\dfrac{1}{\log_b a}$ (단, $b\neq1$)

(3) $\log_{a^m} b^n=\dfrac{n}{m}\log_a b$ (단, $m$, $n$은 실수, $m\neq0$)

(4) $a^{\log_c b}=b^{\log_c a}$

### 014 변형 유제

1보다 큰 두 실수 $a$, $b$ $(a<b)$에 대하여

$$\log_a b^2 : \log_b \sqrt{a}=9:1$$

일 때, $b^{\log_a 2}$의 값은?

① 2 ② $2\sqrt{2}$ ③ 4 ④ $4\sqrt{2}$ ⑤ 8

### 015 실전 예상

1보다 큰 세 실수 $a$, $b$, $c$가

$$\sqrt[3]{\frac{b^2}{a}}=\sqrt{a},\ \log_{\sqrt{2}} b=\log_4 bc^2$$

을 만족시킬 때, $\log_a c$의 값은?

① $\dfrac{11}{8}$ ② $\dfrac{13}{8}$ ③ $\dfrac{15}{8}$ ④ $\dfrac{17}{8}$ ⑤ $\dfrac{19}{8}$

### 016 실전 예상

네 양수 $a$, $b$, $c$, $k$에 대하여 다음 조건을 만족시키는 모든 실수 $k$의 값의 합을 구하시오.

(가) $a$는 $b$의 세제곱근이고, $b$는 $c^k$의 네제곱근이다.

(나) $\log_a bc+\log_b ca+\log_c ab=12$

## 수능유형 05 로그의 활용 – 좌표평면, 방정식

### 017 대표 기출

•수능 기출•

두 상수 $a$, $b$ $(1<a<b)$에 대하여 좌표평면 위의 두 점 $(a,\ \log_2 a)$, $(b,\ \log_2 b)$를 지나는 직선의 $y$절편과 두 점 $(a,\ \log_4 a)$, $(b,\ \log_4 b)$를 지나는 직선의 $y$절편이 같다. 함수 $f(x)=a^{bx}+b^{ax}$에 대하여 $f(1)=40$일 때, $f(2)$의 값은?

[4점]

① 760　② 800　③ 840　④ 880　⑤ 920

**핵심개념 & 연관개념**

연관개념 / 직선의 방정식

좌표평면 위의 두 점 $(x_1,\ y_1)$, $(x_2,\ y_2)$를 지나는 직선의 방정식은

$$y-y_1=\frac{y_2-y_1}{x_2-x_1}(x-x_1)\ (\text{단, } x_1\neq x_2)$$

### 018 변형 유제

그림과 같이 10 이하의 두 자연수 $a$, $b$에 대하여 직선 $y=4$가 두 직선 $y=x\log_a 2$, $y=x\log_b 4$와 만나는 점을 각각 A, B라 하자. 삼각형 OAB의 넓이가 8이 되도록 하는 $a$, $b$의 순서쌍 $(a,\ b)$의 개수는? (단, O는 원점이고, 점 A의 $x$좌표가 점 B의 $x$좌표보다 크다.)

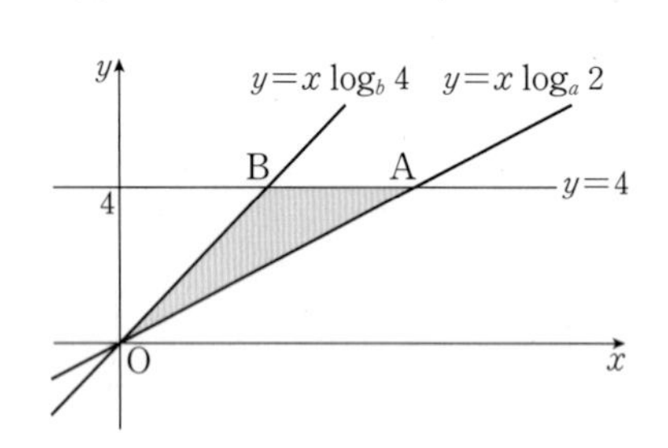


① 1　② 2　③ 3　④ 4　⑤ 5

### 019 실전 예상

좌표평면 위의 원점 O와 제1사분면에 있는 두 점 $\mathrm{A}(4\log_b a,\ 3)$, $\mathrm{B}(1,\ 3\log_a b)$에 대하여 삼각형 OAB의 무게중심을 G라 하자. 직선 OG의 방정식이 $y=3x$일 때, 두 직선 OA, OB의 기울기의 곱은? (단, $a>1$, $b>1$)

① 6　② 7　③ 8　④ 9　⑤ 10

### 020 실전 예상

그림과 같이 1보다 큰 두 양수 $a$, $b$에 대하여 네 점 $\mathrm{A}(0,\ \log_9 a)$, $\mathrm{B}(\log_{\sqrt{3}} b,\ 0)$, C, D를 꼭짓점으로 하는 정사각형 ABCD가 있다. 직선 AC의 기울기가 $\frac{1}{3}$일 때, $\log_a b$의 값은? (단, 두 점 C, D는 제1사분면 위의 점이다.)

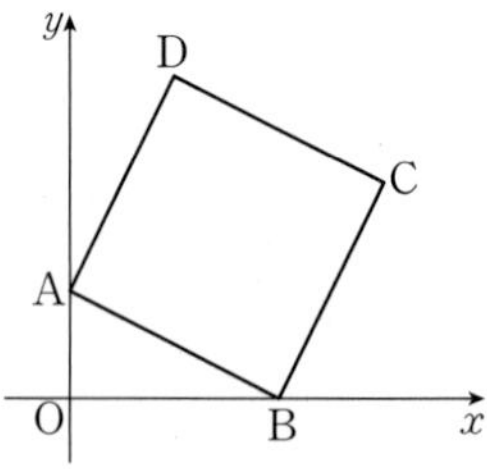


① $\frac{1}{10}$　② $\frac{1}{8}$　③ $\frac{1}{6}$　④ $\frac{1}{4}$　⑤ $\frac{1}{2}$

## 수능유형 06 지수로 주어진 로그의 식의 값

### 021 대표 기출

•학평 기출•

$10^{0.94}=k$라 할 때, $\log k^2+\log\frac{k}{10}$의 값은? [3점]

① 1.82 ② 1.85 ③ 1.88 ④ 1.91 ⑤ 1.94

**핵심개념 & 연관개념**

핵심개념 / 상용로그

10을 밑으로 하는 로그, 즉 $\log_{10}N(N>0)$을 상용로그라 하고, 보통 밑 10을 생략하여 $\log N$과 같이 나타낸다.

### 022 변형 유제

$10^{0.2}=k$일 때, $\log k^2\times\log\frac{10}{k}$의 값은?

① 0.20 ② 0.24 ③ 0.28 ④ 0.32 ⑤ 0.36

### 023 실전 예상

$\log 2k^3-\log\frac{k}{5}=\frac{3}{4}$일 때, 양수 $k$의 값은?

① $10^{-\frac{1}{10}}$ ② $10^{-\frac{1}{8}}$ ③ $10^{-\frac{1}{6}}$ ④ $10^{-\frac{1}{4}}$ ⑤ $10^{-\frac{1}{2}}$

## 수능유형 07 로그의 값이 자연수가 되는 조건

### 024 대표 기출

•수능 기출•

$\log_4 2n^2-\frac{1}{2}\log_2\sqrt{n}$의 값이 40 이하의 자연수가 되도록 하는 자연수 $n$의 개수를 구하시오. [4점]

**핵심개념 & 연관개념**

핵심개념 / 로그의 값이 자연수가 되는 조건

$a\neq1$인 자연수 $a$에 대하여 $\log_a x$가 자연수이려면

$x=a^k$ ($k$는 자연수)

꼴이어야 한다.

### 025 변형 유제

$\log_2\sqrt{n}+\log_4\sqrt[3]{n}$의 값이 10 이하의 자연수가 되도록 하는 모든 자연수 $n$의 값의 곱은?

① $2^{41}$ ② $2^{43}$ ③ $2^{45}$ ④ $2^{47}$ ⑤ $2^{49}$

### 026 실전 예상

100 이하의 두 자연수 $m$, $n$에 대하여 $\log_3\frac{n}{m^2}-6\log_9\frac{\sqrt{n}}{m}$의 값이 자연수가 되도록 하는 순서쌍 $(m, n)$의 개수는?

① 20 ② 22 ③ 24 ④ 26 ⑤ 28

## 수능유형 08 지수함수의 그래프의 이해 – 함숫값, 최대 · 최소

### 027 대표 기출

• 모평 기출 •

닫힌구간 $[-1, 3]$에서 함수 $f(x)=2^{|x|}$의 최댓값과 최솟값의 합은? [3점]

① 5 ② 7 ③ 9 ④ 11 ⑤ 13

**핵심개념 & 연관개념**

핵심개념 / 지수함수 $y=a^x$의 그래프의 성질

(1) $a>1$일 때, $x$의 값이 증가하면 $y$의 값도 증가한다.
(2) $0<a<1$일 때, $x$의 값이 증가하면 $y$의 값은 감소한다.

연관개념 / 닫힌구간

두 실수 $a$, $b$ $(a<b)$에 대하여 집합 $\{x|a\le x\le b\}$를 기호로 $[a, b]$와 같이 나타내고 $[a, b]$를 닫힌구간이라 한다.

### 028 변형 유제

1이 아닌 양수 $a$에 대하여 닫힌구간 $[-1, 1]$에서 함수 $f(x)=(a^2-2a+2)^x$의 최솟값이 $\frac{1}{5}$일 때, 최댓값은 $M$이다. $a\times M$의 값은?

① 5 ② 10 ③ 15 ④ 20 ⑤ 25

### 029 실전 예상

닫힌구간 $[2, 6]$에서 함수 $f(x)=2^{x+1}\times a^{-x}$의 최댓값이 4가 되도록 하는 양수 $a$의 값은?

① $2^{\frac{1}{2}}$ ② $2^{\frac{2}{3}}$ ③ $2^{\frac{5}{6}}$ ④ 2 ⑤ 4

### 030 실전 예상

1이 아닌 양수 $a$에 대하여 함수 $f(x)=a^x$의 그래프를 $x$축에 대하여 대칭이동한 후, $x$축의 방향으로 1만큼, $y$축의 방향으로 2만큼 평행이동한 그래프의 식을 $y=g(x)$라 하자. 닫힌구간 $[-1, 3]$에서 함수 $g(x)$가 $x=3$일 때 최솟값 $-\frac{1}{4}$을 갖고, 최댓값은 $M$이다. $a\times M$의 값은?

① $\frac{1}{3}$ ② 1 ③ $\frac{5}{3}$ ④ $\frac{7}{3}$ ⑤ 3

## 수능유형 09 지수함수의 그래프의 도형에의 활용

### 031 대표 기출

• 학평 기출 •

그림과 같이 3 이상의 자연수 $n$에 대하여 두 곡선 $y=n^x$, $y=2^x$이 직선 $x=1$과 만나는 점을 각각 A, B라 하고, 두 곡선 $y=n^x$, $y=2^x$이 직선 $x=2$와 만나는 점을 각각 C, D라 하자. 사다리꼴 ABDC의 넓이가 18 이하가 되도록 하는 모든 자연수 $n$의 값의 합을 구하시오. [3점]

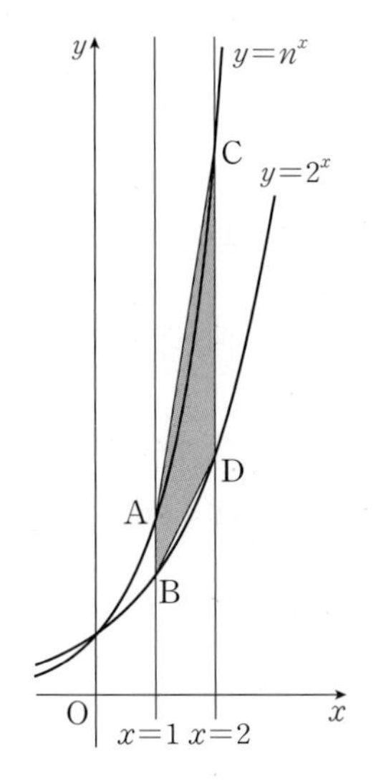


**핵심개념 & 연관개념**

**핵심개념** 지수함수의 그래프의 도형에서의 활용

지수함수의 그래프와 직선의 교점의 좌표를 이용하여 문제를 해결한다.
단, 교점의 좌표를 직접 구하기 어려운 경우에는 그래프의 평행이동을 이용한다.

### 032 변형 유제

그림과 같이 두 곡선 $f(x)=\left(\frac{1}{n}\right)^{x-1}+1$, $g(x)=\left(\frac{1}{3}\right)^{x-1}+1$이 $y$축과 만나는 점을 각각 A, B라 하고, 두 곡선 $y=f(x)$, $y=g(x)$가 직선 $x=3$과 만나는 점을 각각 C, D라 하자. 두 곡선 $y=f(x)$, $y=g(x)$의 교점 E에 대하여 삼각형 ABE의 넓이를 $S_1$, 삼각형 CDE의 넓이를 $S_2$라 할 때, $S_1=18S_2$가 성립하도록 하는 자연수 $n$의 값을 구하시오. (단, $n>3$)

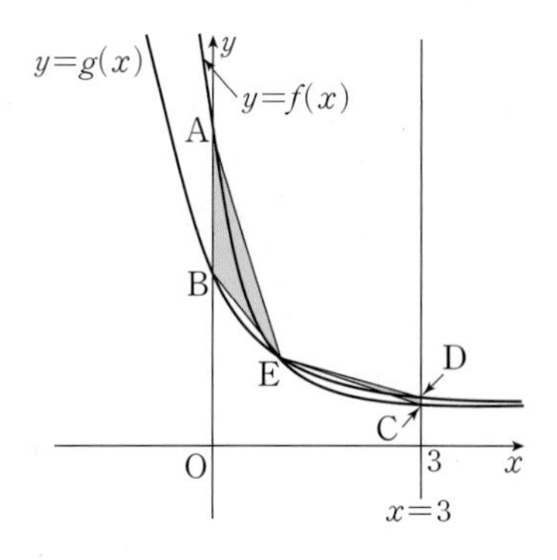


### 033 실전 예상

그림과 같이 1보다 큰 실수 $a$에 대하여 두 곡선 $y=a^x+2$, $y=a^{x-2}$이 직선 $y=-x+3$과 만나는 점을 각각 A, B라 하고, 점 B를 지나고 $y$축에 평행한 직선이 곡선 $y=a^x+2$와 만나는 점을 C, 곡선 $y=a^{x-2}$이 $y$축과 만나는 점을 D라 하자. 세 점 A, B, C가 선분 BC를 지름으로 하는 원 위에 있을 때, 사각형 ADBC의 넓이는?

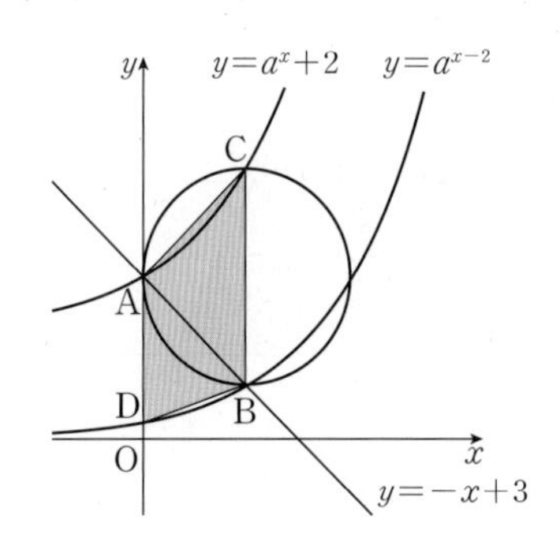


① 4 ② $\frac{14}{3}$ ③ $\frac{16}{3}$
④ 6 ⑤ $\frac{20}{3}$

## 034 실전 예상

곡선 $y=\left(\frac{1}{2}\right)^{ax+b}$이 직선 $y=-x+10$과 서로 다른 두 점 A, B에서 만난다. 삼각형 OAB가 $\overline{OA}=\overline{OB}$인 이등변삼각형이고, 그 넓이가 30일 때, 상수 $a$, $b$에 대하여 $a-b$의 값을 구하시오. (단, O는 원점이다.)

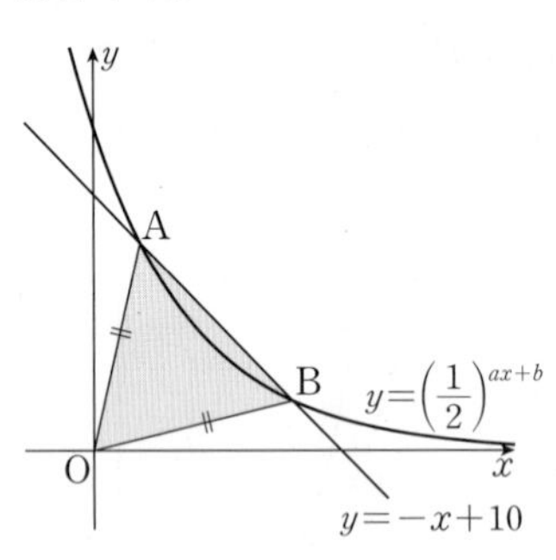


## 035 실전 예상

그림과 같이 $2\le k\le 100$인 자연수 $k$에 대하여 직선 $y=k$가 두 곡선 $y=2^x$, $y=a^x$ $(a>2)$ 및 $y$축과 만나는 점을 각각 A, B, C라 하자. $x$축 위의 점 D에 대하여 $\overline{AB}=\overline{BC}$, $\overline{OB}=\overline{AD}$일 때, 사각형 ABOD의 넓이가 자연수가 되도록 하는 $k$의 개수는? (단, 점 D의 $x$좌표는 점 A의 $x$좌표보다 크고, O는 원점이다.)

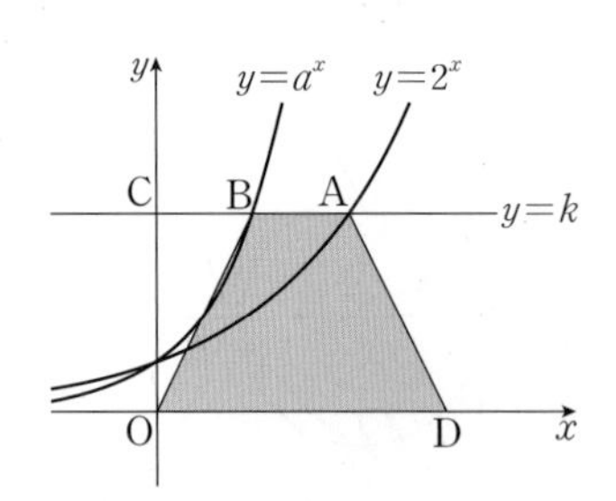


① 3 ② 4 ③ 5
④ 6 ⑤ 7

### 수능유형 10 지수방정식과 지수부등식 (1) - 식의 계산

## 036 대표 기출

• 학평 기출 •

$x$에 대한 방정식

$$4^x-k\times 2^{x+1}+16=0$$

이 오직 하나의 실근 $\alpha$를 가질 때, $k+\alpha$의 값은?

(단, $k$는 상수이다.) [3점]

① 3 ② 4 ③ 5
④ 6 ⑤ 7

**핵심개념 & 연관개념**

**핵심개념** $a^x$ 꼴이 반복되는 지수방정식 또는 지수부등식의 풀이
(i) $a^x=t$로 치환한다.
(ii) $t$에 대한 방정식 또는 부등식을 푼다. 이때 $a^x>0$이므로 $t>0$임에 주의한다.
(iii) $x$의 값 또는 범위를 구한다.

**연관개념** $x$에 대한 이차방정식 $ax^2+bx+c=0$이 오직 하나의 실근을 갖는다.
$\Longleftrightarrow$ 이차방정식의 판별식을 $D$라 하면 $D=b^2-4ac=0$

## 037 변형 유제

$|k|\le 10$인 정수 $k$에 대하여 두 곡선 $y=9^x+27$, $y=k\times 3^{x+1}$이 서로 다른 두 점에서 만나도록 하는 $k$의 개수는?

① 5 ② 6 ③ 7
④ 8 ⑤ 9

## 038 실전 예상

실수 $k$에 대하여 $x$에 대한 방정식

$$4^x-(k+3)\times 2^x+2(k+1)=0$$

이 서로 다른 두 실근 $\alpha$, $\beta$를 가질 때, $\frac{8^\alpha+8^\beta}{2^\alpha+2^\beta}=12$이다. $k$의 값을 구하시오.

## 039 실전 예상

실수 전체의 집합의 두 부분집합

$$A=\{x\,|\,8^x-5\times 4^x+2^{x+2}=0\},$$
$$B=\{x\,|\,9^x-(k+1)\times 3^x+k\le 0\}$$

에 대하여 $A\subset B$를 만족시키는 자연수 $k$의 최솟값을 구하시오.

## 040 실전 예상

$x$에 대한 부등식 $\left(\frac{1}{4}\right)^x-\left(\frac{1}{2}\right)^{x-a}+16\le 0$의 해가 $-3\le x\le b$일 때, $\frac{b}{a}$의 값은? (단, $a$, $b$는 상수, $a\ne 0$)

① $-1$　② $-3\log 2$　③ $-\log 6$
④ $-2\log 2$　⑤ $-\log 2$

### 수능유형 11 지수방정식과 지수부등식(2) - 그래프의 활용

## 041 대표 기출

• 수능 기출 •

직선 $y=2x+k$가 두 함수

$$y=\left(\frac{2}{3}\right)^{x+3}+1,\ y=\left(\frac{2}{3}\right)^{x+1}+\frac{8}{3}$$

의 그래프와 만나는 점을 각각 P, Q라 하자. $\overline{PQ}=\sqrt{5}$일 때, 상수 $k$의 값은? [4점]

① $\frac{31}{6}$　② $\frac{16}{3}$　③ $\frac{11}{2}$
④ $\frac{17}{3}$　⑤ $\frac{35}{6}$

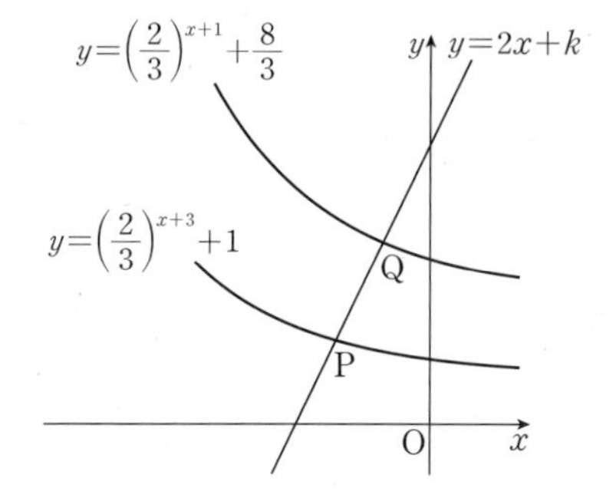


**핵심개념 & 연관개념**

핵심개념 / 방정식 또는 부등식과 함수의 그래프
함수 $y=f(x)$의 그래프와 직선 $y=g(x)$의 교점의 $x$좌표는 방정식 $f(x)=g(x)$의 해이다.

연관개념 / 선분의 길이와 직선의 기울기
좌표평면 위의 두 점 $A(x_1, y_1)$, $B(x_2, y_2)$에 대하여
(1) $\overline{AB}=\sqrt{(x_2-x_1)^2+(y_2-y_1)^2}$
(2) (직선 AB의 기울기)$=\frac{y_2-y_1}{x_2-x_1}$

## 042 변형 유제

그림과 같이 직선 $y=-x+k$가 두 함수 $y=2^x$, $y=2^{x-3}$의 그래프와 만나는 점을 각각 P, Q라 하고, 직선 $y=-x+k$가 $x$축, $y$축과 만나는 점을 각각 A, B라 하자. $\overline{BP}=\overline{PQ}=\overline{QA}$일 때, 삼각형 OPQ의 넓이는? (단, $k$는 상수이고, O는 원점이다.)

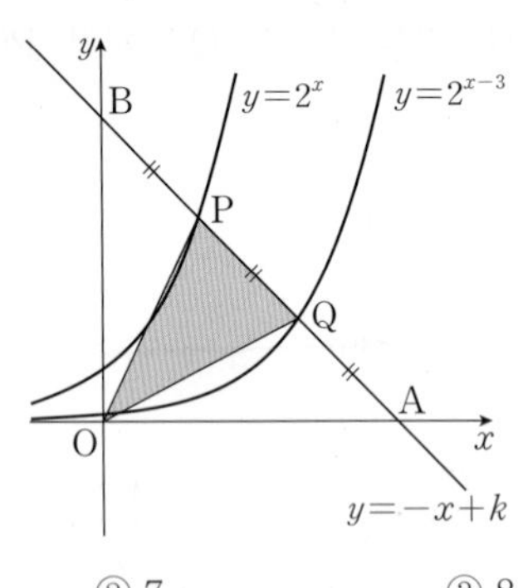


① 6 ② 7 ③ 8
④ 9 ⑤ 10

## 043 실전 예상

1보다 큰 양수 $a$에 대하여 세 곡선 $y=a^{2x}$, $y=a^x$, $y=a^{-x}$이 직선 $x=k$ $(k>0)$와 만나는 점을 각각 P, Q, R라 하고, A$(0, 1)$일 때, 세 점 P, Q, R가 다음 조건을 만족시킨다.

> (가) $\overline{PQ}=\dfrac{9}{4}\overline{QR}$
>
> (나) 두 직선 AP, AR의 기울기의 곱은 $-\dfrac{4}{3}$이다.

직선 AQ의 기울기를 구하시오.

## 044 실전 예상

실수 $k$에 대하여 두 곡선 $y=\left(\dfrac{1}{4}\right)^{x-1}+2$, $y=\left(\dfrac{1}{2}\right)^{x-2}+1$이 직선 $x=k$와 만나는 점을 각각 P, Q라 하자. $\overline{PQ}\le\dfrac{1}{4}$을 만족시키는 실수 $k$의 값의 범위가 $\alpha\le k\le\beta$일 때, $\alpha\beta$의 값은?

① $2-2\log_2 3$ ② $2-\log_2 3$ ③ 1
④ $4-\log_2 3$ ⑤ $4-2\log_2 3$

## 수능유형 12 로그함수의 그래프의 이해 – 함숫값, 최대·최소

### 045 대표 기출

• 모평 기출 •

함수

$$f(x)=2\log_{\frac{1}{2}}(x+k)$$

가 닫힌구간 $[0,\ 12]$에서 최댓값 $-4$, 최솟값 $m$을 갖는다. $k+m$의 값은? (단, $k$는 상수이다.) [3점]

① $-1$　　② $-2$　　③ $-3$　　④ $-4$　　⑤ $-5$

**핵심개념 & 연관개념**

**핵심개념** 로그함수 $y=\log_a x$의 최대 · 최소

정의역이 $\{x|m\le x\le n\}$인 로그함수 $y=\log_a x$는

(1) $a>1$일 때
$x=m$일 때 최솟값 $\log_a m$,
$x=n$일 때 최댓값 $\log_a n$을 갖는다.

(2) $0<a<1$일 때
$x=m$일 때 최댓값 $\log_a m$,
$x=n$일 때 최솟값 $\log_a n$을 갖는다.

### 046 변형 유제

함수 $f(x)=4-\log_3(k-x)$가 닫힌구간 $[-7,\ -1]$에서 최댓값 3을 가질 때, 최솟값을 구하시오. (단, $k$는 상수이다.)

### 047 실전 예상

두 곡선 $y=\log_2(x-1)+1$, $y=\log_4(-2x+m)$이 제1사분면에서 만나도록 하는 자연수 $m$의 최솟값은?

① 1　　② 2　　③ 3　　④ 4　　⑤ 5

### 048 실전 예상

두 함수 $f(x)=\log_{\frac{1}{2}}x$, $g(x)=\dfrac{6x}{2x+5}$에 대하여 닫힌구간 $\left[\dfrac{1}{2},\ a\right]$에서 함수 $(f\circ g)(x)$의 최댓값은 $M$, 최솟값은 $-1$일 때, $a+M$의 값은? $\left(\text{단, } a>\dfrac{1}{2}\right)$

① 3　　② 4　　③ 5　　④ 6　　⑤ 7

## 수능유형 13 로그함수의 그래프의 도형에의 활용 UP

### 049 대표 기출

•수능 기출•

$\frac{1}{4}<a<1$인 실수 $a$에 대하여 직선 $y=1$이 두 곡선 $y=\log_a x$, $y=\log_{4a} x$와 만나는 점을 각각 A, B라 하고, 직선 $y=-1$이 두 곡선 $y=\log_a x$, $y=\log_{4a} x$와 만나는 점을 각각 C, D라 하자. 보기에서 옳은 것만을 있는 대로 고른 것은? [4점]

보기

ㄱ. 선분 AB를 $1:4$로 외분하는 점의 좌표는 $(0, 1)$이다.

ㄴ. 사각형 ABCD가 직사각형이면 $a=\frac{1}{2}$이다.

ㄷ. $\overline{AB}<\overline{CD}$이면 $\frac{1}{2}<a<1$이다.

① ㄱ　② ㄷ　③ ㄱ, ㄴ　④ ㄴ, ㄷ　⑤ ㄱ, ㄴ, ㄷ

**핵심개념 & 연관개념**

연관개념 / 선분의 외분점

두 점 $A(x_1, y_1)$, $B(x_2, y_2)$에 대하여 선분 AB를 $m:n$ $(m>0, n>0)$으로 외분하는 점의 좌표는

$\left(\frac{mx_2-nx_1}{m-n}, \frac{my_2-ny_1}{m-n}\right)$ (단, $m\neq n$)

### 050 변형 유제

$0<a<1<b$인 두 실수 $a$, $b$에 대하여 직선 $y=2$가 $y$축 및 두 곡선 $y=\log_a x$, $y=\log_b x$와 만나는 점을 각각 A, B, C라 하고, 두 곡선 $y=\log_a x$, $y=\log_b x$가 만나는 점을 D라 하자. 네 점 A, B, C, D가 다음 조건을 만족시킬 때, 삼각형 BCD의 넓이는? (단, $\overline{BC}>2$)

(가) 점 B는 선분 AC를 $1:3$으로 내분하는 점이다.

(나) 두 직선 BD, CD의 기울기의 곱은 $-8$이다.

① $\frac{9}{4}$　② $\frac{5}{2}$　③ $\frac{11}{4}$　④ 3　⑤ $\frac{13}{4}$

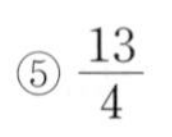

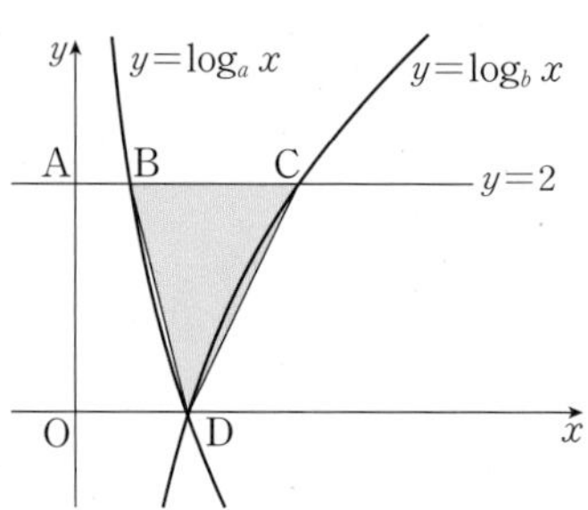


### 051 실전 예상

1보다 큰 실수 $a$에 대하여 곡선 $y=\log_a (x-1)$이 $x$축과 만나는 점을 A, 곡선 $y=\log_a (x+3)$이 $y$축과 만나는 점을 B, 점 B를 지나고 $x$축에 평행한 직선이 곡선 $y=\log_a (x-1)$과 만나는 점을 C라 하자. 사각형 OACB의 넓이가 2일 때, $a^2$의 값을 구하시오. (단, O는 원점이다.)

## 052 실전 예상

그림과 같이 양수 $k$에 대하여 직선 $y=-\frac{2}{3}x+k$가 $y$축, $x$축과 만나는 점을 각각 A, B라 하고, 직선 $y=-\frac{2}{3}x+k$가 두 곡선 $y=\log_2 4(x+1)$, $y=\log_2 (x-2)$와 만나는 점을 각각 P, Q라 하자. $\overline{PQ}=2\overline{QB}$일 때, $3k$의 값을 구하시오.

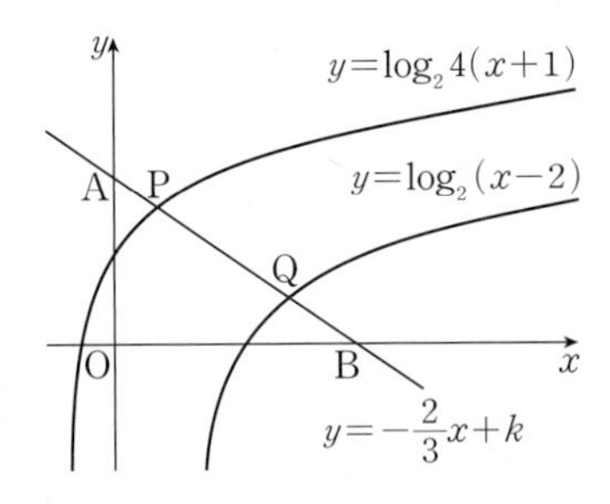


## 053 실전 예상

그림과 같이 원 $C : \left(x-\frac{19}{6}\right)^2+y^2=\left(\frac{13}{6}\right)^2$이 $x$축과 만나는 두 점을 A(1, 0), B라 하자. $a>1$인 상수 $a$에 대하여 곡선 $y=\log_a x$가 원 $C$와 만나는 점 중 A가 아닌 점을 P라 하고, $0<b<1$인 상수 $b$에 대하여 곡선 $y=\log_b x$가 원 $C$와 만나는 점 중 A가 아닌 점을 Q라 하자. 직선 AP의 기울기가 $\frac{2}{3}$이고, 사각형 AQBP가 직사각형일 때, $a^2+b^2=\frac{q}{p}$이다. $p+q$의 값을 구하시오. (단, $p$와 $q$는 서로소인 자연수이다.)

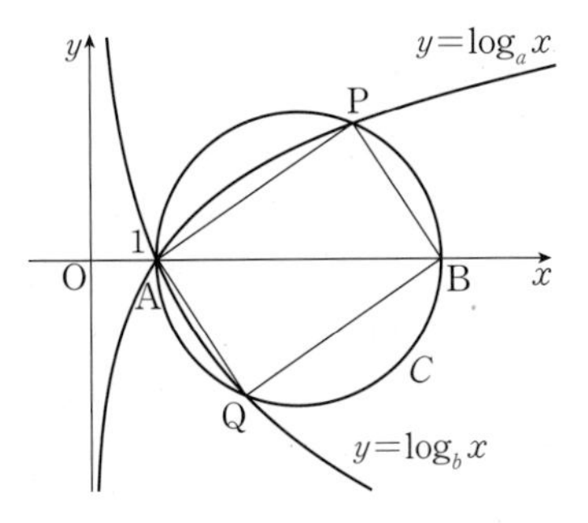


### 수능유형 14 로그방정식과 로그부등식 (1) - 식의 계산

## 054 대표 기출

• 모평 기출 •

이차함수 $y=f(x)$의 그래프와 직선 $y=x-1$이 그림과 같을 때, 부등식

$$\log_3 f(x)+\log_{\frac{1}{3}} (x-1)\le 0$$

을 만족시키는 모든 자연수 $x$의 값의 합을 구하시오.

(단, $f(0)=f(7)=0$, $f(4)=3$) [3점]

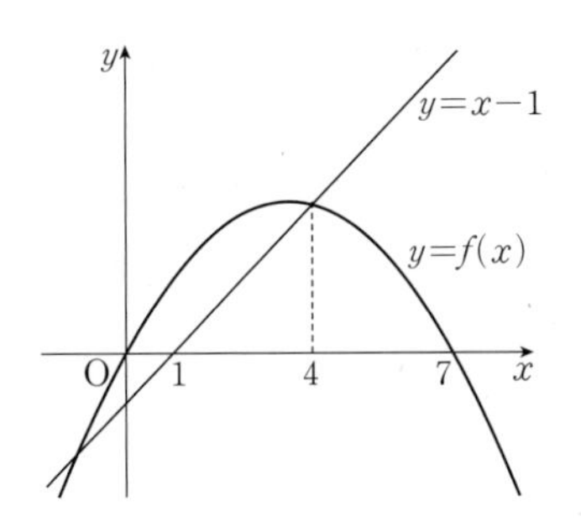


**핵심개념 & 연관개념**

**핵심개념** 로그방정식과 로그부등식의 풀이

(1) 로그방정식 $\log_a f(x)=b$ 꼴인 경우

$\log_a f(x)=b \Longleftrightarrow f(x)=a^b$ (단, $a>0$, $a\ne1$)

(2) 로그부등식에서 밑을 같게 할 수 있는 경우

$\log_a f(x)<\log_a g(x)$에서

① $a>1$일 때, $0<f(x)<g(x)$

② $0<a<1$일 때, $f(x)>g(x)>0$

**주의** 로그방정식과 로그부등식을 풀 때, 로그의 밑 조건과 진수 조건을 반드시 확인해야 한다.

## 055 변형 유제

두 이차함수 $y=f(x)$, $y=g(x)$의 그래프가 그림과 같을 때, 부등식 $\log_{\frac{1}{2}} f(x)-2\log_{\frac{1}{4}} g(x)\geq 0$을 만족시키는 모든 정수 $x$의 개수는?

(단, $f(3)=f(6)=g(-5)=g(6)=0$, $f(-1)=g(-1)$)

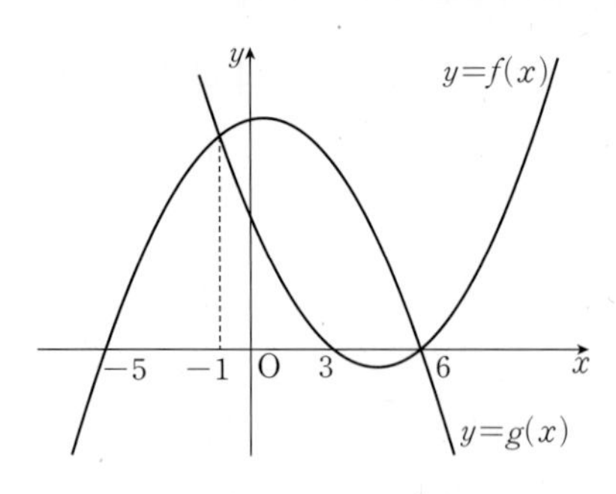


① 1 ② 2 ③ 3
④ 4 ⑤ 5

## 056 실전 예상

정수 전체의 집합의 두 부분집합

$A=\{x\,|\,\log_3 |x-1|\leq k\}$,

$B=\{x\,|\,\log_3 (x^2-2x-15)\geq 2\}$

에 대하여 $n(A\cap B)=46$을 만족시키는 자연수 $k$의 값을 구하시오.

## 057 실전 예상

함수 $f(x)=x^2-8x$에 대하여 집합

$A_k=\{x\,|\,\log_2 |f(x)|=k,\ x>0\}$

일 때, $n(A_k)>n(A_{k+1})$을 만족시키는 모든 자연수 $k$의 값의 합을 구하시오.

## 058 실전 예상

$x$에 대한 방정식

$\log_4 (x+5)+\log_4 (3-x)=\log_2 |a|$

가 서로 다른 두 실근을 갖도록 하는 정수 $a$의 개수는?

① 2 ② 3 ③ 4
④ 5 ⑤ 6

## 059 실전 예상

$x$에 대한 부등식

$\log_2 (x^2+2x)\leq \log_2 |x|+3$

을 만족시키는 정수 $x$의 개수는?

① 12 ② 14 ③ 16
④ 18 ⑤ 20

## 수능유형 15 로그방정식과 로그부등식(2) - 그래프의 활용

### 060 대표 기출

• 모평 기출 •

$n\geq 2$인 자연수 $n$에 대하여 두 곡선

$$y=\log_n x,\ y=-\log_n (x+3)+1$$

이 만나는 점의 $x$좌표가 1보다 크고 2보다 작도록 하는 모든 $n$의 값의 합은? [4점]

① 30 ② 35 ③ 40
④ 45 ⑤ 50

**핵심개념 & 연관개념**

핵심개념 / 로그함수의 그래프의 평행이동과 대칭이동

함수 $y=\log_a x\ (a>0,\ a\neq 1)$의 그래프를

(1) $x$축의 방향으로 $m$만큼, $y$축의 방향으로 $n$만큼 평행이동하면 $y=\log_a (x-m)+n$

(2) $x$축에 대하여 대칭이동하면 $y=-\log_a x$

(3) $y$축에 대하여 대칭이동하면 $y=\log_a (-x)$

(4) 원점에 대하여 대칭이동하면 $y=-\log_a (-x)$

(5) 직선 $y=x$에 대하여 대칭이동하면 $y=a^x$

### 061 변형 유제

$n\geq 3$인 자연수 $n$에 대하여 두 곡선

$$y=\log_2 n(x+1),\ y=\log_4 (x+2)+3$$

이 만나는 점의 $x$좌표가 0보다 크고 2보다 작도록 하는 모든 $n$의 개수는?

① 3 ② 4 ③ 5
④ 6 ⑤ 7

### 062 실전 예상

그림과 같이 두 함수 $f(x)=\log_3 (x+2)$, $g(x)=\log_{\frac{1}{3}} x+p$에 대하여 두 곡선 $y=f(x)$, $y=g(x)$가 제1사분면에서 만나는 점을 A, 두 곡선 $y=f(x)$, $y=g(x)$가 $x$축과 만나는 점을 각각 B, C라 하고 점 A에서 $x$축에 내린 수선의 발을 H라 하자. 두 삼각형 ABH, ACH의 넓이의 비가 1 : 2일 때, 상수 $p$의 값은?

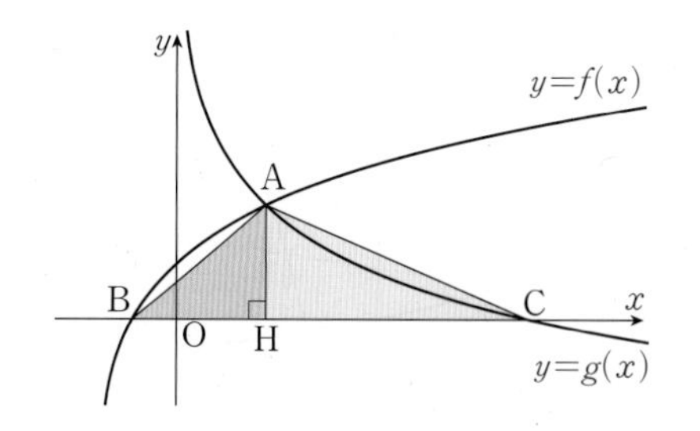


① $\log_3 2$ ② $2\log_3 2$ ③ $\log_3 6$
④ $3\log_3 2$ ⑤ $\log_3 10$

### 063 실전 예상

$0<a<1$인 실수 $a$에 대하여 두 곡선 $y=\log_a x$, $y=-\log_a (k-x)$가 만나는 서로 다른 두 점을 P, Q라 할 때, 두 점 P, Q는 점 $A\left(\frac{5}{4},\ 0\right)$을 중심으로 하고 원점 O를 지나는 원 위에 있다. 삼각형 OPQ의 넓이가 $S$일 때, $8S$의 값을 구하시오. (단, $k>0$)

## 수능유형 16 지수함수와 로그함수의 그래프의 혼합

### 064 대표 기출

• 학평 기출 •

그림과 같이 좌표평면에서 곡선 $y=a^x$ $(0<a<1)$위의 점 P가 제2사분면에 있다. 점 P를 직선 $y=x$에 대하여 대칭이동한 점 Q와 곡선 $y=-\log_a x$ 위의 점 R에 대하여 $\angle PQR=45°$이다. $\overline{PR}=\frac{5\sqrt{2}}{2}$이고 직선 PR의 기울기가 $\frac{1}{7}$일 때, 상수 $a$의 값은? [4점]

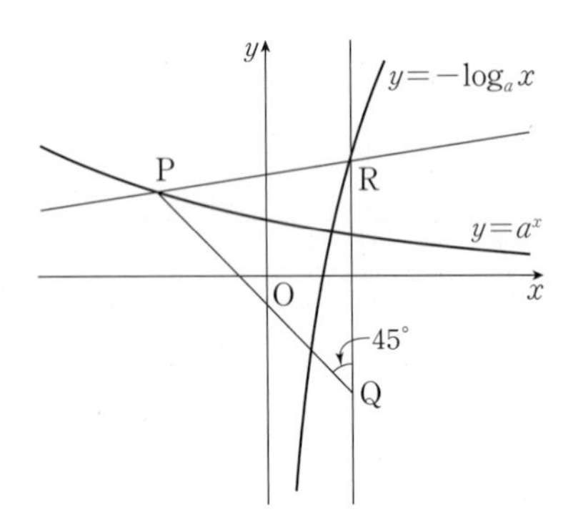


① $\frac{\sqrt{2}}{3}$ ② $\frac{\sqrt{3}}{3}$ ③ $\frac{2}{3}$
④ $\frac{\sqrt{5}}{3}$ ⑤ $\frac{\sqrt{6}}{3}$

**핵심개념 & 연관개념**

연관개념 / 직선의 기울기와 두 점 사이의 거리

(1) 좌표평면 위의 두 점 $(x_1, y_1)$, $(x_2, y_2)$를 지나는 직선의 기울기는
$$\frac{y_2-y_1}{x_2-x_1}$$
(2) 좌표평면 위의 두 점 $(x_1, y_1)$, $(x_2, y_2)$ 사이의 거리는
$$\sqrt{(x_2-x_1)^2+(y_2-y_1)^2}$$

### 065 변형 유제

그림과 같이 1보다 큰 실수 $a$에 대하여 두 곡선 $y=-\frac{1}{2}\log_a x$, $y=a^{x-1}-1$이 직선 $y=1$과 만나는 점을 각각 A, B라 하고, 이 두 곡선이 만나는 점을 C라 하자. 두 직선 AC, BC가 서로 수직이고, $\overline{AB}=\frac{5}{2}$일 때, $a^2$의 값을 구하시오.

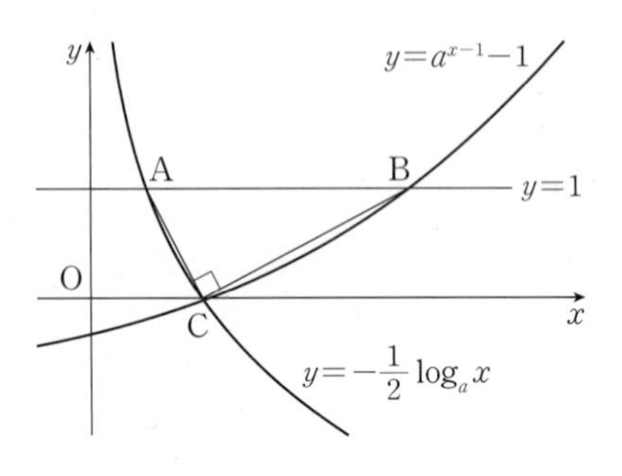


### 066 실전 예상

그림과 같이 두 양수 $a$, $b$ $(b>1)$에 대하여 두 곡선 $y=2^{ax-1}$, $y=\log_b(4x-3)$이 서로 다른 두 점 A, B에서 만난다. 두 점 A, B가 다음 조건을 만족시킬 때, $3a+b$의 값을 구하시오. (단, O는 원점이다.)

> (가) 세 점 O, A, B는 한 직선 위에 있다.
> (나) $\overline{OA}:\overline{OB}=1:2$

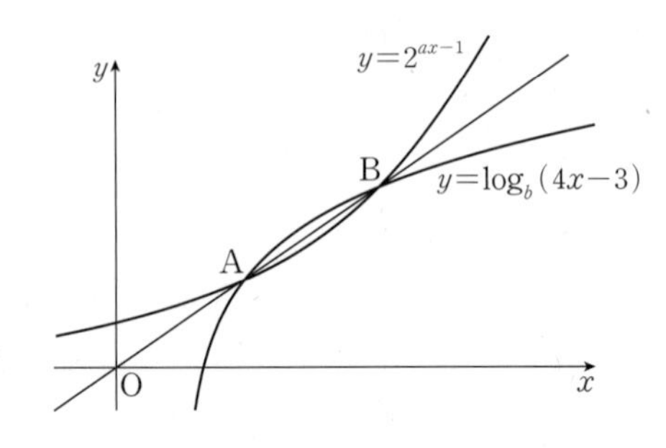

## 수능유형 17 절댓값이 포함된 지수함수, 로그함수의 활용

### 067 대표 기출

•학평 기출•

2보다 큰 상수 $k$에 대하여 두 곡선 $y=|\log_2(-x+k)|$, $y=|\log_2 x|$가 만나는 세 점 P, Q, R의 $x$좌표를 각각 $x_1$, $x_2$, $x_3$이라 하자. $x_3-x_1=2\sqrt{3}$일 때, $x_1+x_3$의 값은?

(단, $x_1<x_2<x_3$) [3점]

① $\frac{7}{2}$ ② $\frac{15}{4}$ ③ 4 ④ $\frac{17}{4}$ ⑤ $\frac{9}{2}$

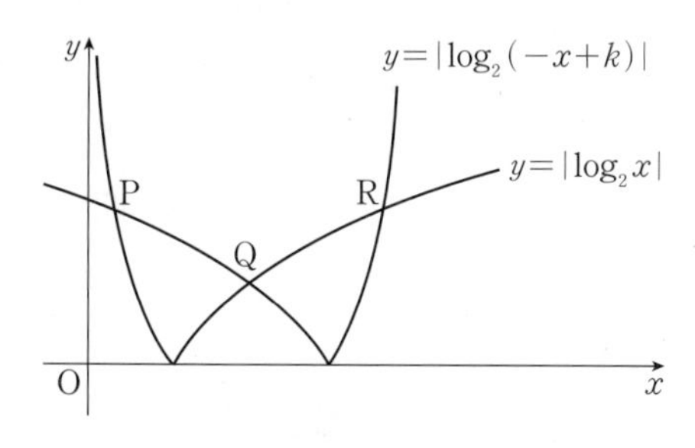


**핵심개념 & 연관개념**

**핵심개념** 절댓값 기호를 포함한 식의 정리

(i) 절댓값 기호 안의 식의 값을 0이 되게 하는 미지수의 값을 구한다.

(ii) (i)에서 구한 미지수의 값을 경계로 범위를 나누어 절댓값 기호를 포함하지 않은 식으로 나타낸다.

예 함수 $y=|\log_a x|$ $(a>1)$의 그래프는

$y=|\log_a x|=\begin{cases}-\log_a x & (0<x\le 1)\\ \log_a x & (x>1)\end{cases}$를 이용하여 그린다.

**연관개념** 이차방정식의 근

이차방정식 $ax^2+bx+c=0$의 서로 다른 두 실근이 $\alpha$, $\beta$이면

$a\alpha^2+b\alpha+c=0$, $a\beta^2+b\beta+c=0$

역으로, $\alpha\ne\beta$인 두 실수 $\alpha$, $\beta$에 대하여

$a\alpha^2+b\alpha+c=0$, $a\beta^2+b\beta+c=0$

이면 이차방정식 $ax^2+bx+c=0$의 두 실근은 $\alpha$, $\beta$이다.

### 068 변형 유제

두 곡선 $y=|2^x-8|$, $y=|2^{k-x}-8|$이 만나는 세 점 P, Q, R의 $x$좌표를 각각 $x_1$, $x_2$, $x_3$이라 하자. $x_1+x_2+x_3=6$일 때, 상수 $k$의 값을 구하시오. (단, $x_1<x_2<x_3$)

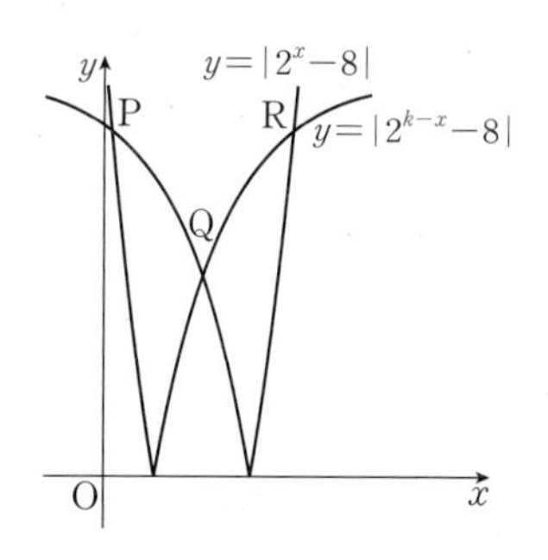


### 069 실전 예상

그림과 같이 양수 $k$에 대하여 두 곡선 $y=\log_2|kx|$, $y=\log_4(x+3)$이 두 점 P, Q에서 만나고, 두 점 P, Q의 $x$좌표를 각각 $\alpha$, $\beta$ $(\beta<0<\alpha)$라 할 때, $3\alpha+4\beta=0$이다. 곡선 $y=\log_2|kx|$가 $x$축과 만나는 서로 다른 두 점을 각각 R, S라 할 때, 사각형 PQRS의 넓이는?

(단, 점 P는 제1사분면의 점이고, 점 R의 $x$좌표는 음수이다.)

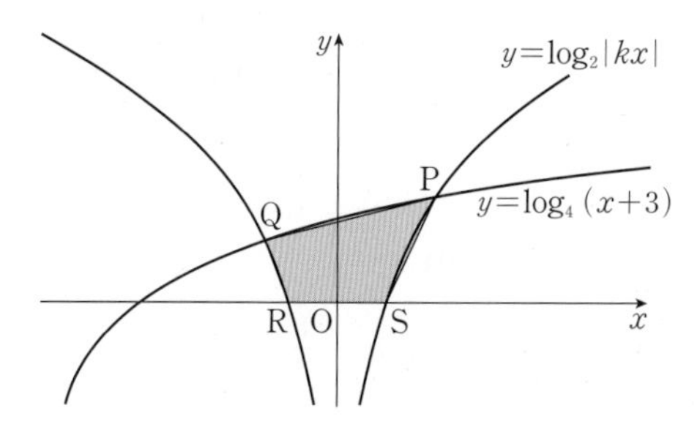


① $\frac{4\log_2 3-1}{8}$ ② $\frac{5\log_2 3-1}{8}$ ③ $\frac{6\log_2 3-1}{8}$ ④ $\frac{7\log_2 3-1}{8}$ ⑤ $\frac{8\log_2 3-1}{8}$

# 등급을 가르는 핵심 특강

## 특강1 ≫ 지수함수, 로그함수의 그래프와 대소 관계

대표 기출 • 모평 기출 •

두 곡선 $y=2^x$과 $y=-2x^2+2$가 만나는 두 점을 $(x_1, y_1)$, $(x_2, y_2)$라 하자. $x_1<x_2$일 때, 보기에서 옳은 것만을 있는 대로 고른 것은? [4점]

보기

ㄱ. $x_2>\frac{1}{2}$

ㄴ. $y_2-y_1<x_2-x_1$

ㄷ. $\frac{\sqrt{2}}{2}<y_1y_2<1$

① ㄱ ② ㄱ, ㄴ ③ ㄱ, ㄷ

④ ㄴ, ㄷ ⑤ ㄱ, ㄴ, ㄷ

≫ **행동전략**

**1 지수함수 $y=a^x$의 그래프의 개형을 그린다.**

(1) (밑)>1일 때 $x$의 값이 증가하면 $y$의 값도 증가, 0<(밑)<1일 때 $x$의 값이 증가하면 $y$의 값은 감소한다.

(2) 점 $(0, 1)$을 지나고 $x$축을 점근선으로 갖도록 그래프의 개형을 그린다.

**2 주어진 식을 직선의 기울기로 이해한다.**

$\frac{y_2-y_1}{x_2-x_1}$은 두 점 $(x_1, y_1)$, $(x_2, y_2)$를 지나는 직선의 기울기와 같다.

풀이

❶ $f(x)=2^x$, $g(x)=-2x^2+2$로 놓으면 두 함수 $y=f(x)$, $y=g(x)$의 그래프는 오른쪽 그림과 같다.

ㄱ. $f\left(\frac{1}{2}\right)=\sqrt{2}$, $g\left(\frac{1}{2}\right)=\frac{3}{2}$이므로

$f\left(\frac{1}{2}\right)<g\left(\frac{1}{2}\right)$

$\therefore x_2>\frac{1}{2}$ (참)

ㄴ. ❷ 두 점 $(x_1, y_1)$, $(x_2, y_2)$를 지나는 직선의 기울기는 $\frac{y_2-y_1}{x_2-x_1}$

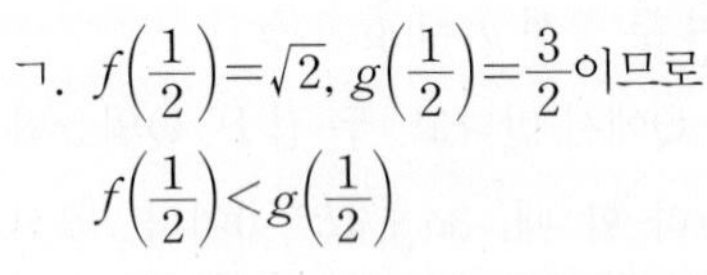

두 점 $(0, 1)$, $(1, 2)$를 지나는 직선의 기울기는 1

이때 두 점 $(x_1, y_1)$, $(x_2, y_2)$를 지나는 직선의 기울기가 1보다 작으므로 $\frac{y_2-y_1}{x_2-x_1}<1$

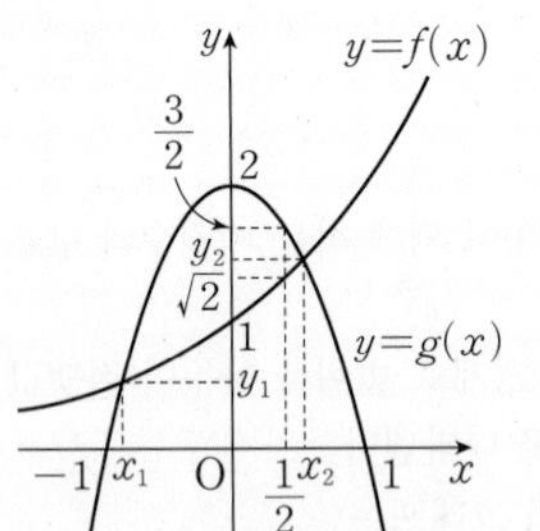

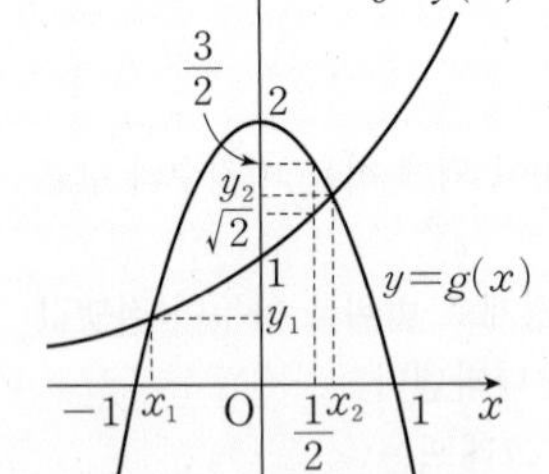


$\therefore y_2-y_1<x_2-x_1$ (참)

ㄷ. $f(-1)=2^{-1}=\frac{1}{2}$이므로 $y_1>\frac{1}{2}$

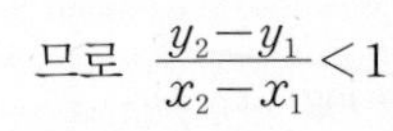

또한, $f\left(\frac{1}{2}\right)=2^{\frac{1}{2}}=\sqrt{2}$이므로 $y_2>\sqrt{2}$

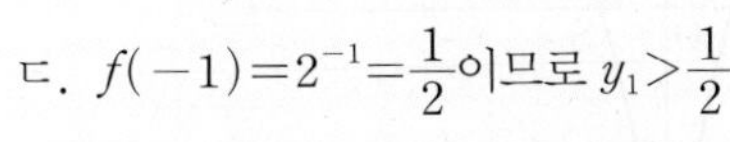

$\therefore y_1y_2>\frac{1}{2}\times\sqrt{2}=\frac{\sqrt{2}}{2}$ ...... ㉠

또, 오른쪽 그림과 같이 곡선 $y=g(x)$는 $y$축에 대하여 대칭이므로

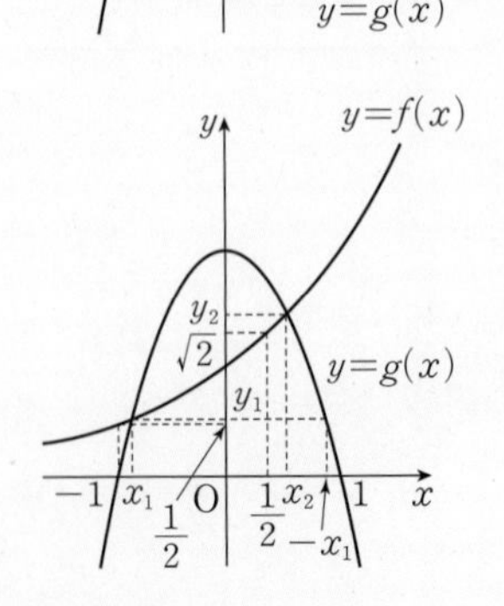


$-x_1>x_2$ $\therefore x_1+x_2<0$

이때 $y_1=2^{x_1}$, $y_2=2^{x_2}$이고 밑 2가 2>1이므로

$y_1y_2=2^{x_1}\times2^{x_2}=2^{x_1+x_2}<2^0=1$ ...... ㉡

❸ ㉠, ㉡에서 $\frac{\sqrt{2}}{2}<y_1y_2<1$ (참)

따라서 ㄱ, ㄴ, ㄷ 모두 옳다.

답 ⑤

**내용전략**

❶ 그래프의 개형을 그려 $f\left(\frac{1}{2}\right)$, $g\left(\frac{1}{2}\right)$의 값 비교하기

참고 이차함수 $y=a(x-b)^2+c$의 그래프의 개형 그리기

(1) 이차항의 계수 $a$가 양수이면 아래로 볼록, 음수이면 위로 볼록하다.

(2) 꼭짓점의 좌표는 $(b, c)$, 축의 방정식은 $x=b$임을 이용하여 그래프의 개형을 그린다.

❷ 주어진 식을 직선의 기울기로 이해하기

❸ $y_1y_2$의 값의 범위 구하기

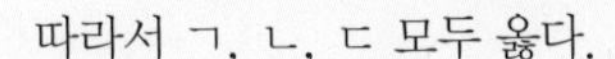

## 070

곡선 $y=\left(\frac{1}{2}\right)^x$이 두 곡선 $y=\log_2(x+1)$, $y=\log_2 x$와 만나는 점을 각각 $(x_1, y_1)$, $(x_2, y_2)$라 하자. $x_1<x_2$일 때, **보기**에서 옳은 것만을 있는 대로 고른 것은?

**보기**

ㄱ. $\sqrt{2}-1<x_1<1$

ㄴ. $x_1(y_2-1)<x_2(y_1-1)$

ㄷ. $2^{-\sqrt{2}-1}<y_1y_2<2^{-\sqrt{2}}$

① ㄱ ② ㄱ, ㄴ ③ ㄱ, ㄷ
④ ㄴ, ㄷ ⑤ ㄱ, ㄴ, ㄷ

## 071

좌표평면에서 원 $x^2+y^2=1$이 두 곡선 $y=\left(\frac{1}{4}\right)^x$, $y=-\frac{1}{2}\log_2 x$와 제1사분면에서 만나는 점을 각각 $P(x_1, y_1)$, $Q(x_2, y_2)$ $(x_1>x_2)$라 하고, 두 곡선 $y=\left(\frac{1}{4}\right)^x$, $y=-\frac{1}{2}\log_2 x$가 만나는 점을 $R(x_3, y_3)$이라 하자. 점 $A(0, 1)$에 대하여 **보기**에서 옳은 것만을 있는 대로 고른 것은?

(단, O는 원점이다.)

**보기**

ㄱ. $\angle ORA=\frac{\pi}{2}$

ㄴ. $\frac{1}{2}<x_2+y_1<1$

ㄷ. $(1-x_1)(1-y_2)<x_2y_1$

① ㄱ ② ㄱ, ㄴ ③ ㄱ, ㄷ
④ ㄴ, ㄷ ⑤ ㄱ, ㄴ, ㄷ

## 072

곡선 $y=|\log_2 x|$와 직선 $y=2-x$가 만나는 두 점을 $(x_1, y_1)$, $(x_2, y_2)$라 하자. $x_1<x_2$일 때, **보기**에서 옳은 것만을 있는 대로 고른 것은?

**보기**

ㄱ. $\frac{1}{4}<x_1<\frac{1}{2}$

ㄴ. $\frac{5}{4}<x_2<\frac{3}{2}$

ㄷ. $4<\frac{x_2}{x_1}<4\sqrt{2}$

① ㄱ ② ㄱ, ㄴ ③ ㄱ, ㄷ
④ ㄴ, ㄷ ⑤ ㄱ, ㄴ, ㄷ

## 특강 2 ≫ 지수함수와 로그함수의 그래프 사이의 관계의 활용

대표 기출 •모평 기출•

$a>1$인 실수 $a$에 대하여 직선 $y=-x+4$가 두 곡선

$y=a^{x-1}$, $y=\log_a(x-1)$

과 만나는 점을 각각 A, B라 하고, 곡선 $y=a^{x-1}$이 $y$축과 만나는 점을 C라 하자. $\overline{\text{AB}}=2\sqrt{2}$일 때, 삼각형 ABC의 넓이는 $S$이다. $50\times S$의 값을 구하시오. [4점]

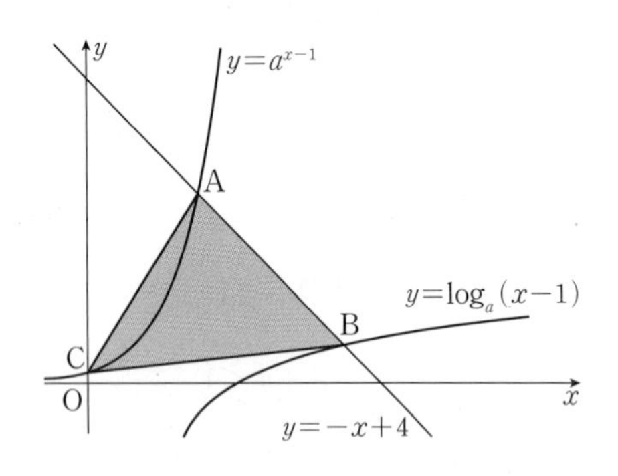


≫ 행동전략

1 두 곡선 $y=a^x$, $y=\log_a x$가 직선 $y=x$에 대하여 대칭임을 이용한다.

2 함수 $y=f(x)$의 그래프의 평행이동, 대칭이동을 이용한다.

(1) $x$축의 방향으로 $m$만큼, $y$축의 방향으로 $n$만큼 평행이동하면 $y=f(x-m)+n$

(2) $x$축에 대하여 대칭이동하면 $y=-f(x)$

(3) $y$축에 대하여 대칭이동하면 $y=f(-x)$

(4) 원점에 대하여 대칭이동하면 $y=-f(-x)$

풀이

❶ 곡선 $y=a^{x-1}$은 곡선 $y=a^x$을 $x$축의 방향으로 1만큼 평행이동한 것이고, 곡선 $y=\log_a(x-1)$은 곡선 $y=\log_a x$를 $x$축의 방향으로 1만큼 평행이동한 것이다.

또한, 두 곡선 $y=a^x$, $y=\log_a x$는 직선 $y=x$에 대하여 서로 대칭이므로 두 곡선 $y=a^{x-1}$, $y=\log_a(x-1)$은 직선 $y=x-1$에 대하여 서로 대칭이다.

이때 두 직선 $y=x-1$, $y=-x+4$의 교점을 H라 하면 점 H의 $x$좌표는 $x-1=-x+4$에서

$2x=5 \quad \therefore x=\frac{5}{2} \quad \therefore \text{H}\left(\frac{5}{2}, \frac{3}{2}\right)$

점 A는 직선 $y=-x+4$ 위의 점이므로 $\text{A}(m, -m+4)$ $\left(m<\frac{5}{2}\right)$라 하면

$\overline{\text{AH}}=\frac{1}{2}\overline{\text{AB}}=\sqrt{2}$에서

$\overline{\text{AH}}=\sqrt{\left(m-\frac{5}{2}\right)^2+\left\{(-m+4)-\frac{3}{2}\right\}^2}=\sqrt{2\left(m-\frac{5}{2}\right)^2}=\sqrt{2}$

즉, $\left|m-\frac{5}{2}\right|=1$이므로 $m=\frac{3}{2}$ $\left(\because m<\frac{5}{2}\right)$ $\quad$ ❷ $\therefore \text{A}\left(\frac{3}{2}, \frac{5}{2}\right)$

점 $\text{A}\left(\frac{3}{2}, \frac{5}{2}\right)$는 곡선 $y=a^{x-1}$ 위의 점이므로 $\frac{5}{2}=a^{\frac{1}{2}}$ $\quad \therefore a=\frac{25}{4}$

점 C의 좌표는 $\text{C}\left(0, \frac{4}{25}\right)$이므로 ❸ 점 C와 직선 $y=-x+4$, 즉 $x+y-4=0$ 사이의 거리는

$$\frac{\left|0+\frac{4}{25}-4\right|}{\sqrt{1+1}}=\frac{48\sqrt{2}}{25}$$

❹ 따라서 삼각형 ABC의 넓이 $S$는

$$S=\frac{1}{2}\times2\sqrt{2}\times\frac{48\sqrt{2}}{25}=\frac{96}{25}$$

$\therefore 50\times S=50\times\frac{96}{25}=192$

답 192

내용전략

❶ 두 곡선 $y=a^{x-1}$, $y=\log_a(x-1)$가 직선 $y=x-1$에 대하여 대칭임을 이용하기

❷ 점 A, 점 C의 좌표 구하기

❸ 점 C와 직선 $y=-x+4$ 사이의 거리 구하기

❹ 삼각형 ABC의 넓이 구하기

## 073

그림과 같이 직선 $y=-x+k$가 두 곡선 $y=2^x$, $y=\log_2 x$와 만나는 점을 각각 A, B라 하고, 직선 $y=-x+k$가 $x$축과 만나는 점을 C라 하자. $3\overline{AB}=5\overline{BC}$이고, 삼각형 OAB의 넓이가 $\frac{55}{2}$일 때, 상수 $k$의 값을 구하시오.

(단, O는 원점이고, $k>1$이다.)

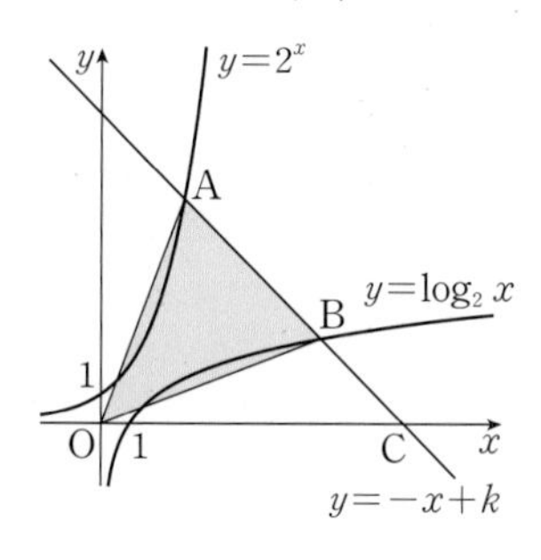


## 074

$a>1$인 실수 $a$에 대하여 직선 $y=-x+k$가 두 곡선 $y=a^x$, $y=\log_a \frac{x-1}{a}$과 만나는 점을 각각 A, B라 하고, 직선 $y=-x+k$가 $x$축과 만나는 점을 C라 하자. $\overline{AB}=2\overline{BC}=2\sqrt{2}$일 때, $(a\times k)^2$의 값을 구하시오. (단, $k$는 상수이다.)

## 075

곡선 $y=\left(\frac{1}{3}\right)^x$ 위의 $x$좌표가 음수인 점 A와 곡선 $y=\log_3 x$ 위의 점 B가 다음 조건을 만족시킬 때, 삼각형 AOB의 넓이는 $S$이다. $16S$의 값을 구하시오.(단, O는 원점이다.)

> (가) $\overline{OB}=3\overline{OA}$　　　(나) $\angle AOB=\frac{\pi}{2}$

## 076

그림과 같이 좌표평면에서 직선 $y=x$ 위의 점 P를 중심으로 하는 원 $C$가 곡선 $y=3^x$과 만나는 두 점을 각각 A, B라 하고, 원 $C$가 곡선 $y=\log_3 x$와 만나는 두 점을 각각 C, D라 하자. 두 직선 AC, BD가 점 P에서 만나고 $\overline{AB}=\sqrt{2}$일 때, 점 P의 $x$좌표와 $y$좌표의 합은 $k$이다. $3^k$의 값은? (단, 점 A의 $x$좌표는 점 B의 $x$좌표보다 크고, 점 D의 $x$좌표는 점 C의 $x$좌표보다 크다.)

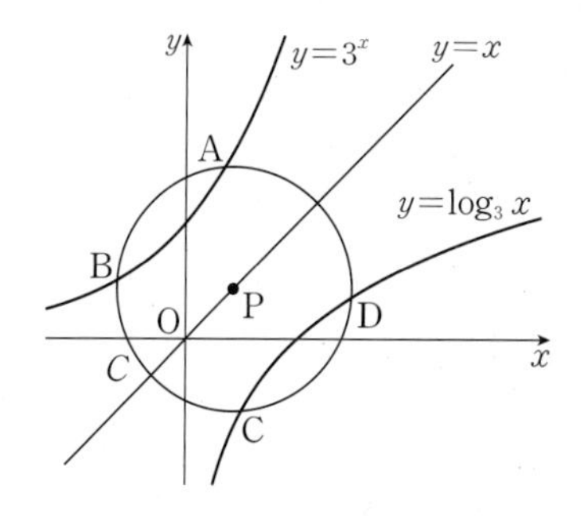


① $\frac{3\sqrt{3}}{2}$　② $2\sqrt{3}$　③ $\frac{5\sqrt{3}}{2}$　④ $3\sqrt{3}$　⑤ $\frac{7\sqrt{3}}{2}$

step 3

# 1등급 도약하기

## 077

수능유형 04

세 양수 $a$, $b$, $c$가 다음 조건을 만족시킨다.

(가) $a$는 $\sqrt{bc}$의 세제곱근이다.

(나) $\log_a bc \times \log_a \frac{b}{c} = 12$

$a^{\log_b c} \times b^{\log_c a} = a^k$일 때, 실수 $k$의 값은?

① $\frac{3}{2}$ ② $\frac{7}{4}$ ③ 2

④ $\frac{9}{4}$ ⑤ $\frac{5}{2}$

## 078

수능유형 10

함수 $f(x) = \frac{1}{5}(x^2 - 2x + 7)$에 대하여 $x$에 대한 부등식

$$4^{f(x)} - (k+1) \times 2^{f(x)} + k \le 0$$

을 만족시키는 서로 다른 정수 $x$의 개수가 5가 되도록 하는 모든 자연수 $k$의 값의 합은?

① 20 ② 22 ③ 24

④ 26 ⑤ 28

## 079

수능유형 01

2 이상의 자연수 $n$에 대하여 직선 $y=n$이 함수 $y=|x-k|$의 그래프와 만나는 두 점을 $A_n(a_n, n)$, $B_n(b_n, n)$ $(a_n < b_n)$이라 하자. $a_n$, $b_n$의 $n$제곱근 중 실수인 것의 개수를 각각 $f(n)$, $g(n)$이라 할 때, $\sum_{n=2}^{15} \{g(n) - f(n)\} = 9$가 되도록 하는 자연수 $k$의 값은? (단, $k > 3$)

① 6 ② 7 ③ 8

④ 9 ⑤ 10

## 080

수능유형 13

그림과 같이 $1<a<b$인 두 상수 $a$, $b$에 대하여 두 곡선 $y=\log_a x$, $y=\log_b x$가 만나는 점을 A라 하고, 곡선 $y=\log_a x$ 위의 제1사분면의 점 B에 대하여 점 B를 지나고 $x$축에 평행한 직선이 곡선 $y=\log_b x$와 만나는 점을 C, 점 C를 지나고 직선 AB에 평행한 직선이 $x$축과 만나는 점을 D라 할 때, 네 점 A, B, C, D가 다음 조건을 만족시킨다.

> (가) 사각형 ADCB는 둘레의 길이가 20인 마름모이다.
>
> (나) 직선 AC의 기울기는 $\frac{1}{2}$이다.

$a^2+b^2$의 값을 구하시오.

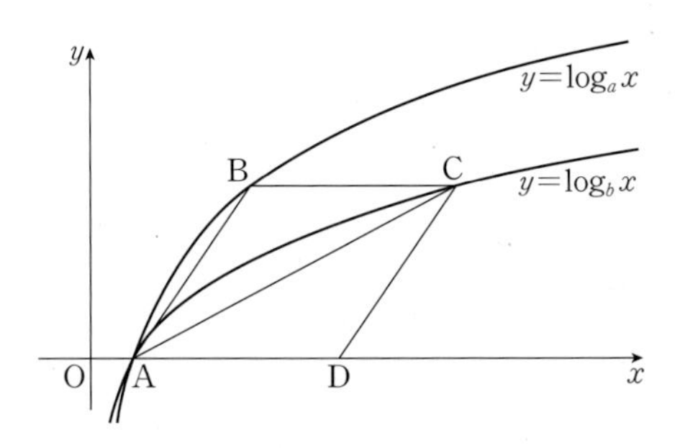


## 081

수능유형 02

정수 전체의 집합의 두 부분집합

$A=\{(-2)^n\times\sqrt[n+1]{m}\mid m\text{은 정수, } n\text{은 자연수}\}$,

$B=\{k\mid |k|\le 50\}$

일 때, $A\subset B$가 되도록 하는 $m$, $n$의 순서쌍 $(m, n)$의 개수는?

① 61 ② 63 ③ 65 ④ 67 ⑤ 69

## 082

수능유형 09

1보다 큰 양수 $a$에 대하여 두 곡선 $f(x)=a^{x-1}+b$, $g(x)=-\frac{1}{a^{x-1}}+b$가 직선 $y=2x$와 만나는 점을 각각 P, Q라 하자. 두 점 P, Q와 곡선 $y=f(x)$ 위의 점 R, 곡선 $y=g(x)$ 위의 점 S가 다음 조건을 만족시킬 때, 사각형 PRQS의 넓이를 구하시오. (단, $b$는 상수이다.)

> (가) 사각형 PRQS는 선분 PQ를 대각선으로 하는 평행사변형이고, $\overline{PQ}=2\sqrt{5}$이다.
>
> (나) 삼각형 PQR의 무게중심의 $y$좌표는 $\frac{13}{6}$이다.

## 083

수능유형 16

그림과 같이 두 함수 $f(x)=\left(\frac{1}{2}\right)^x$, $g(x)=\log_2(x+1)+1$에 대하여 직선 $y=2$가 두 곡선 $y=f(x)$, $y=g(x)$와 만나는 점을 각각 A, B, 점 B를 지나고 $x$축에 수직인 직선이 곡선 $y=f(x)$와 만나는 점을 C, 곡선 $y=g(x)$가 $x$축과 만나는 점을 D라 하자. 두 곡선 $y=f(x)$, $y=g(x)$ 및 직선 AD로 둘러싸인 부분의 넓이를 $S_1$, 두 곡선 $y=f(x)$, $y=g(x)$ 및 직선 BC로 둘러싸인 부분의 넓이를 $S_2$라 할 때, $S_1+S_2$의 값은?

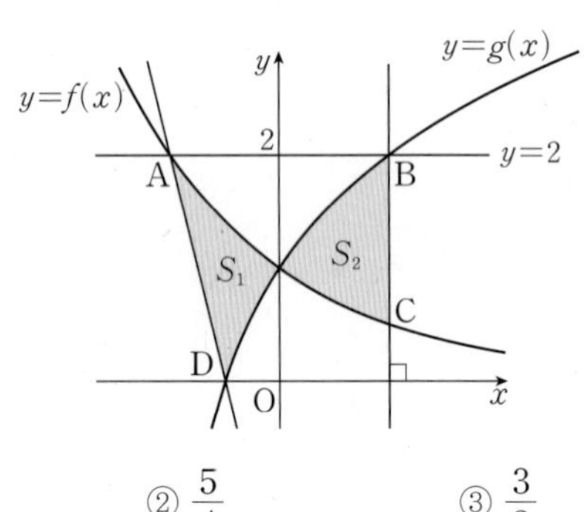


① 1　② $\frac{5}{4}$　③ $\frac{3}{2}$　④ $\frac{7}{4}$　⑤ 2

## 084

수능유형 17

정수 $k$에 대하여 함수

$$f(x)=\left|\left(\frac{1}{4}\right)^{x-3}-\left(\frac{1}{2}\right)^k-4\right|$$

가 다음 조건을 만족시킨다.

> 실수 $t$에 대하여 직선 $y=t$와 함수 $y=f(x)$의 그래프가 만나는 서로 다른 점의 개수를 $g(t)$라 할 때, 부등식 $g(t)>g(t+1)$을 만족시키는 정수 $t$의 최댓값은 11이다.

함수 $y=f(x)$의 그래프의 $x$절편을 $\alpha$라 할 때, $4^\alpha$의 값은?

① 4　② $\frac{14}{3}$　③ $\frac{16}{3}$　④ 6　⑤ $\frac{20}{3}$

○ 정답과 해설 28쪽

## 085

수능유형 14

자연수 $n$에 대하여 최고차항의 계수가 $\frac{1}{n}$인 이차함수 $f(x)$에 대하여 함수

$g(x)=\log_2 f(x)$

일 때, 다음 조건을 만족시킨다.

> (가) 함수 $g(x)$의 정의역은 $\{x \mid x<0$ 또는 $x>3\}$이다.
> (나) 부등식 $|g(x)| \le 1$을 만족시키는 정수 $x$의 개수는 4이다.

$g(5)$의 최댓값을 $M$, 최솟값을 $m$이라 할 때, $2^M \times 2^m = \frac{q}{p}$이다. $p+q$의 값을 구하시오. (단, $p$와 $q$는 서로소인 자연수이다.)

## 086

특강 1

좌표평면에서 중심이 원점이고 반지름의 길이가 2인 원 $C$가 곡선 $y=\left(\frac{1}{2}\right)^x$과 만나는 점 중에서 제2사분면의 점을 $(x_1,\ y_1)$이라 하고, 원 $C$가 곡선 $y=\log_3 x$와 만나는 점 중에서 제1사분면의 점을 $(x_2,\ y_2)$라 하자. **보기**에서 옳은 것만을 있는 대로 고른 것은?

> **보기**
> ㄱ. $x_2>y_1$
> ㄴ. $x_1x_2+y_1y_2>0$
> ㄷ. $x_1(x_2-1)+y_2(y_1-1)<0$

① ㄱ　② ㄱ, ㄴ　③ ㄱ, ㄷ
④ ㄴ, ㄷ　⑤ ㄱ, ㄴ, ㄷ

# Ⅱ 삼각함수

| 중단원명 | 수능유형명 |
| --- | --- |
| 01. 삼각함수의 뜻과 그래프 | 01 부채꼴의 호의 길이와 넓이 |
| | 02 삼각함수의 정의 |
| | 03 삼각함수 사이의 관계 |
| | 04 삼각함수의 그래프 (1) - 주기, 최대 · 최소 |
| | 05 삼각함수의 그래프 (2) - 넓이 |
| | 06 삼각함수의 그래프 (3) - 교점의 개수 |
| | 07 삼각함수의 성질 |
| | 08 삼각방정식 |
| | 09 삼각부등식 |
| 02. 삼각함수의 활용 | 10 사인법칙 |
| | 11 코사인법칙 |
| | 12 사인법칙과 코사인법칙의 혼합 |

# 수능 실전 개념

## ① 일반각과 호도법

(1) 시초선 OX와 동경 OP가 나타내는 한 각의 크기를 $\alpha°$라 하면

$\angle XOP = 360° \times n + \alpha°$ ($n$은 정수)

(2) 1라디안$=\frac{180°}{\pi}$, $1° = \frac{\pi}{180}$라디안

## ② 부채꼴의 호의 길이와 넓이

반지름의 길이가 $r$, 중심각의 크기가 $\theta$ (라디안)인 부채꼴의 호의 길이를 $l$, 넓이를 $S$라 하면

$l = r\theta$, $S = \frac{1}{2}r^2\theta = \frac{1}{2}rl$

## ③ 삼각함수

좌표평면에서 각 $\theta$를 나타내는 동경과 원점 O를 중심으로 하고 반지름의 길이가 $r$인 원의 교점을 $P(x, y)$라 하면

(1) $\sin\theta = \frac{y}{r}$ (2) $\cos\theta = \frac{x}{r}$ (3) $\tan\theta = \frac{y}{x}$ (단, $x \neq 0$)

## ④ 삼각함수 사이의 관계

(1) $\tan\theta = \frac{\sin\theta}{\cos\theta}$ (2) $\sin^2\theta + \cos^2\theta = 1$

## ⑤ 삼각함수의 성질

(1) 삼각함수의 정의역과 치역

| 삼각함수 \ 구분 | 정의역 | 치역 |
|---|---|---|
| $y=\sin x$ | 실수 전체의 집합 | $\{y \mid -1 \le y \le 1\}$ |
| $y=\cos x$ | | |
| $y=\tan x$ | $x \neq n\pi + \frac{\pi}{2}$ ($n$은 정수)인 실수 전체의 집합 | 실수 전체의 집합 |

(2) 그래프의 대칭과 주기

| 삼각함수 \ 구분 | 그래프의 대칭 | 주기 |
|---|---|---|
| $y=\sin x$ | 원점에 대하여 대칭 | $2\pi$ |
| $y=\cos x$ | $y$축에 대하여 대칭 | |
| $y=\tan x$ | 원점에 대하여 대칭 | $\pi$ |

## ⑥ 삼각함수의 최대 · 최소와 주기

| 삼각함수 \ 구분 | 최댓값 | 최솟값 | 주기 |
|---|---|---|---|
| $y=a\sin(bx+c)+d$ | $\lvert a\rvert+d$ | $-\lvert a\rvert+d$ | $\frac{2\pi}{\lvert b\rvert}$ |
| $y=a\cos(bx+c)+d$ | | | |
| $y=a\tan(bx+c)+d$ | 없다. | 없다. | $\frac{\pi}{\lvert b\rvert}$ |

## ⑦ 여러 가지 각에 대한 삼각함수의 성질

| $x$ \ 삼각함수 | $\sin x$ | $\cos x$ | $\tan x$ |
|---|---|---|---|
| $2n\pi+\theta$ ($n$은 정수) | $\sin\theta$ | $\cos\theta$ | $\tan\theta$ |
| $-\theta$ | $-\sin\theta$ | $\cos\theta$ | $-\tan\theta$ |
| $\pi\pm\theta$ | $\mp\sin\theta$ | $-\cos\theta$ | $\pm\tan\theta$ |
| $\frac{\pi}{2}\pm\theta$ | $\cos\theta$ | $\mp\sin\theta$ | $\mp\frac{1}{\tan\theta}$ |

## ⑧ 삼각방정식과 삼각부등식

(1) 삼각방정식의 풀이

주어진 방정식을 $\sin x = k$의 꼴로 고친 후 함수 $y = \sin x$의 그래프와 직선 $y = x$의 교점의 $x$좌표를 찾아 방정식의 해를 구한다.

(2) 삼각부등식의 풀이

부등식 $\sin x > k$는 함수 $y = \sin x$의 그래프와 직선 $y = x$의 교점의 $x$좌표를 찾아 부등식의 해를 구한다.

**실전 전략**

방정식 $\cos x = k$, $\tan x = k$, 부등식 $\cos x > k$, $\tan x > k$도 마찬가지이다.

## ⑨ 삼각함수의 활용

(1) 사인법칙

삼각형 ABC의 외접원의 반지름의 길이를 $R$라 하면

$$\frac{a}{\sin A} = \frac{b}{\sin B} = \frac{c}{\sin C} = 2R$$

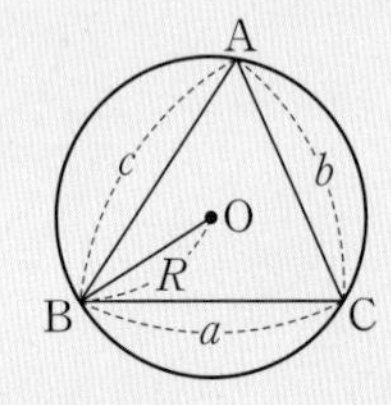


(2) 코사인법칙

삼각형 ABC에서

$a^2 = b^2 + c^2 - 2bc\cos A$, $b^2 = c^2 + a^2 - 2ca\cos B$,

$c^2 = a^2 + b^2 - 2ab\cos C$

## ⑩ 삼각함수의 활용

(1) 삼각형 ABC의 넓이를 $S$라 하면

$$S = \frac{1}{2}bc\sin A = \frac{1}{2}ca\sin B = \frac{1}{2}ab\sin C$$

(2) 사각형 ABCD의 넓이를 $S$라 하면

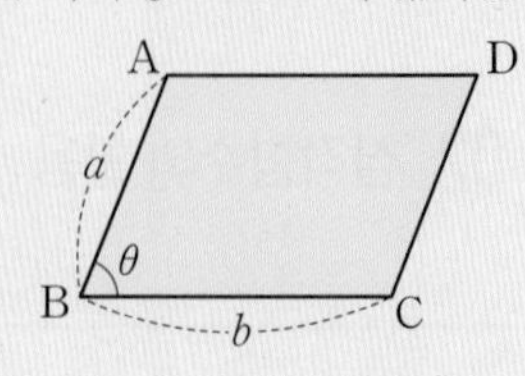


$S = ab\sin\theta$

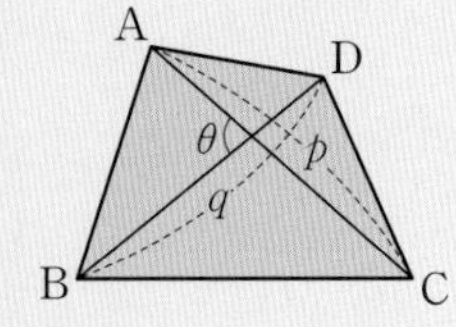


$S = \frac{1}{2}pq\sin\theta$

# step 0 기출에서 뽑은 실전 개념 OX

○ 정답 31쪽

■ 다음 문장이 참이면 '○'표, 거짓이면 '×'표를 (  ) 안에 써넣으시오.

**01** 임의의 각 $\theta$에 대하여 등식 $\sin\left(\frac{\pi}{2}+\theta\right)=\cos(\pi+\theta)$는 항상 성립한다. (  )

**02** $0<A<\pi$, $0<B<\pi$인 서로 다른 두 각 $A$, $B$가 $\sin A=\sin B$를 만족시키면 $\tan A+\tan B=0$이다. (  )

**03** $\cos\theta\geq\frac{1}{2}$이면 $\sin^2\theta$의 최댓값은 $\frac{3}{4}$이다. (  )

**04** 함수 $y=\left|\cos\left(3x+\frac{\pi}{4}\right)\right|$의 주기는 $3\pi$이다. (  )

**05** 함수 $f(x)=1-\sin 2x$의 그래프는 $y$축에 대하여 대칭이다. (  )

**06** $0<x<2\pi$일 때, 방정식 $2\sin x-1=0$의 두 근의 합을 $a$, 방정식 $2\sin x+1=0$의 두 근의 합을 $b$라 하면 $3a=b$이다. (  )

**07** 삼각형 ABC에서 $\overline{AB}:\overline{AC}=a:a^2$, $C=30°$이고, $B$가 예각이면 $B=2C$이다. (  )

**08** $A=40°$, $B=80°$, $\overline{AB}=6$인 삼각형 ABC의 외접원의 반지름의 길이는 $2\sqrt{3}$이다. (  )

**09** 삼각형 ABC에서 $\overline{AB}=7$, $\overline{AC}=8$, $\angle A=120°$이면 $\overline{BC}=13$이다. (  )

**10** 등식 $a\sin A=b\sin B+c\sin C$를 만족시키는 삼각형 ABC의 넓이는 $2bc$이다. (  )

# step 1 어려운 3점·쉬운 4점 유형 정복하기

## 수능유형 01 부채꼴의 호의 길이와 넓이

### 087 대표 기출

•학평 기출•

그림과 같이 두 점 O, O′을 각각 중심으로 하고 반지름의 길이가 3인 두 원 $O$, $O'$이 한 평면 위에 있다. 두 원 $O$, $O'$이 만나는 점을 각각 A, B라 할 때, $\angle AOB=\frac{5}{6}\pi$이다. 원 $O$의 외부와 원 $O'$의 내부의 공통부분의 넓이를 $S_1$, 마름모 AOBO′의 넓이를 $S_2$라 할 때, $S_1-S_2$의 값은? [4점]

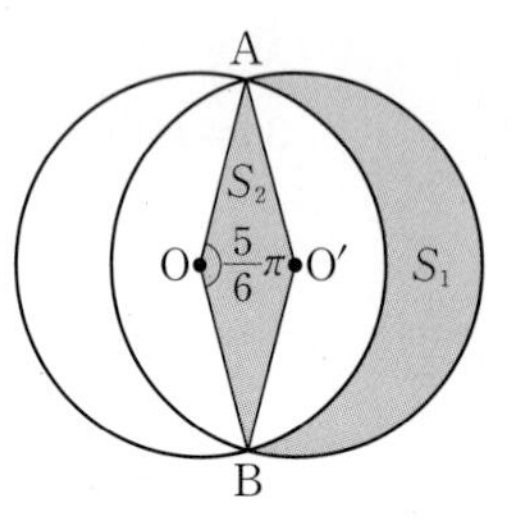


① $\frac{5}{4}\pi$ ② $\frac{4}{3}\pi$ ③ $\frac{17}{12}\pi$

④ $\frac{3}{2}\pi$ ⑤ $\frac{19}{12}\pi$

**핵심개념 & 연관개념**

연관개념 / 삼각형의 넓이

삼각형 ABC의 넓이를 $S$라 하면

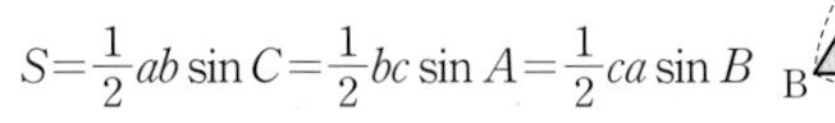


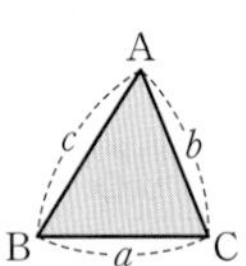


### 088 변형 유제

그림과 같이 길이가 12인 선분 AB를 지름으로 하는 반원의 호 AB 위의 두 점 C, D에 대하여 호 BC와 호 AD의 길이는 각각 $2\pi$, $\pi$이다. 선분 BD와 선분 AC의 교점 E에 대하여 두 선분 ED, EC와 호 CD로 둘러싸인 부분의 넓이를 $S_1$, 삼각형 ABE의 넓이를 $S_2$라 할 때, $S_1-S_2=9(a\pi-b\sqrt{3}-c)$이다. $a+b+c$의 값을 구하시오. (단, $a$, $b$, $c$는 정수이다.)

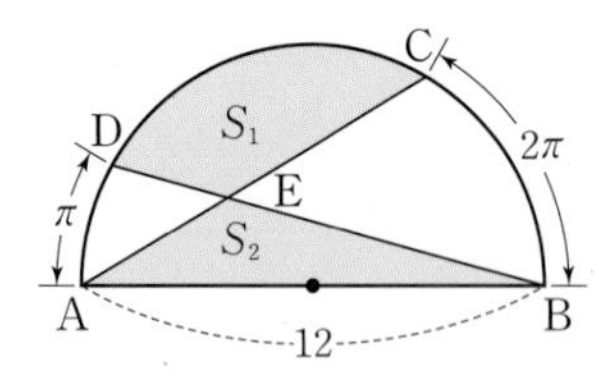


### 089 실전 예상

그림과 같이 반지름의 길이가 6인 부채꼴 OAB가 있다. 부채꼴 OAB에 내접하는 원 $C$의 반지름의 길이가 2일 때, 호 AB의 길이는?

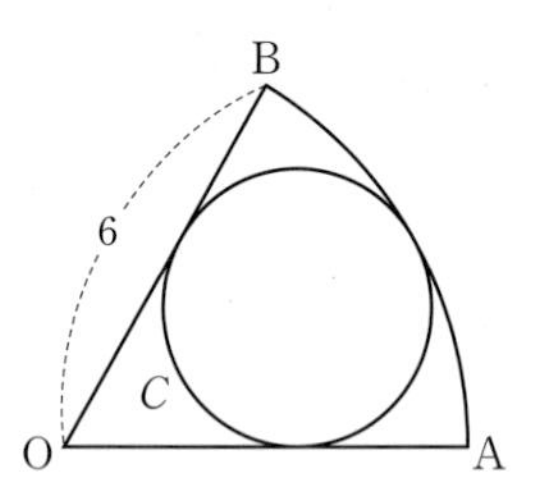


①  $\pi$ ② $\frac{3}{2}\pi$

③ $2\pi$ ④ $\frac{5}{2}\pi$

⑤  $3\pi$

### 090 실전 예상

그림과 같이 한 변의 길이가 2인 정육각형 ABCDEF가 있다. 정육각형 외부에 존재하는 직선 AD 위의 두 점 P, Q에 대하여 부채꼴 PBF와 부채꼴 QEC가 다음 조건을 만족시킬 때, $\overline{PB}\times\overline{QC}$의 최댓값을 구하시오.

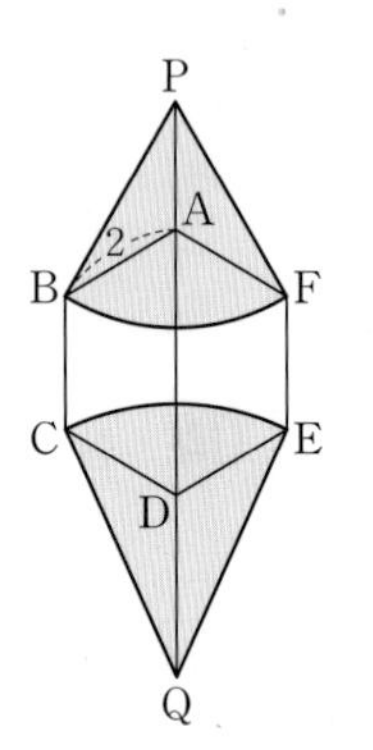


(가) 호 BF, 호 CE의 길이는 각각 5, 4이다.
(나) 부채꼴 PBF의 넓이와 부채꼴 QEC의 넓이의 합은 20이다.

## 수능유형 02 삼각함수의 정의

### 091 대표 기출 •학평 기출•

좌표평면에서 제1사분면에 점 P가 있다. 점 P를 직선 $y=x$에 대하여 대칭이동한 점을 Q라 하고, 점 Q를 원점에 대하여 대칭이동한 점을 R라 할 때, 세 동경 OP, OQ, OR가 나타내는 각을 각각 $\alpha$, $\beta$, $\gamma$라 하자. $\sin\alpha=\frac{1}{3}$일 때, $9(\sin^2\beta+\tan^2\gamma)$의 값을 구하시오.

(단, O는 원점이고, 시초선은 $x$축의 양의 방향이다.) [4점]

**핵심개념 & 연관개념**

핵심개념/ 삼각함수의 정의

점 P$(a, b)$와 동경 OP가 나타내는 일반각 $\theta$에 대하여

$\sin\theta=\frac{b}{\sqrt{a^2+b^2}}$, $\cos\theta=\frac{a}{\sqrt{a^2+b^2}}$, $\tan\theta=\frac{b}{a}$ $(a\neq0)$

### 092 변형 유제

좌표평면에서 제1사분면에 점 P가 있다. 점 P를 직선 $y=-x$에 대칭이동한 점을 Q라 하고, 점 Q를 $x$축, $y$축에 대하여 대칭이동한 점을 각각 R, S라 하자. 네 동경 OP, OQ, OR, OS가 나타내는 각을 각각 $\theta$, $\alpha$, $\beta$, $\gamma$라 할 때,

$\sin\alpha+2\sin\beta+3\sin\gamma=-\frac{\sqrt{15}}{2}$이다. $20\sin\theta$의 값을 구하시오. (단, O는 원점이고, 시초선은 $x$축의 양의 방향이다.)

### 093 실전 예상

그림과 같이 $\overline{AB}=\overline{AC}$인 삼각형 ABC가 있다. 선분 BC 위의 두 점 D, E에 대하여

$\overline{BD}:\overline{DC}=1:3$,

$\overline{BE}:\overline{EC}=1:1$, $\angle CAD=\frac{\pi}{2}$

이다. $\angle ABC=\theta$라 할 때, $3\sin^2\theta+2\tan^2\theta$의 값을 구하시오.

## 수능유형 03 삼각함수 사이의 관계

### 094 대표 기출 •수능 기출•

$\pi<\theta<\frac{3}{2}\pi$인 $\theta$에 대하여 $\tan\theta-\frac{6}{\tan\theta}=1$일 때, $\sin\theta+\cos\theta$의 값은? [3점]

① $-\frac{2\sqrt{10}}{5}$　② $-\frac{\sqrt{10}}{5}$　③ 0　④ $\frac{\sqrt{10}}{5}$　⑤ $\frac{2\sqrt{10}}{5}$

**핵심개념 & 연관개념**

핵심개념/ 삼각함수 사이의 관계

(1) $\tan\theta=\frac{\sin\theta}{\cos\theta}$　(2) $\sin^2\theta+\cos^2\theta=1$

(3) $1+\tan^2\theta=\frac{1}{\cos^2\theta}$

### 095 변형 유제

$\frac{\pi}{2}<\theta<\pi$인 $\theta$에 대하여 $\frac{\sin^2\theta}{1+\tan^2\theta}=\frac{1}{16}$일 때, $\cos\theta(1-\tan\theta)$의 값은?

① $-\frac{\sqrt{6}}{2}$　② $-\frac{\sqrt{5}}{2}$　③ $-1$　④ $-\frac{\sqrt{3}}{2}$　⑤ $-\frac{\sqrt{2}}{2}$

## 096 실전 예상

$x$에 대한 이차방정식 $x^2-kx-\frac{k^2}{2}=0$의 두 근이 $\sin\theta$, $\cos\theta$일 때, $k^2+\sin\theta-\cos\theta$의 값은?

(단, $k$는 상수이고, $\frac{3}{2}\pi<\theta<2\pi$이다.)

① $\frac{1-\sqrt{2}}{2}$ ② $\frac{1-\sqrt{3}}{2}$ ③ $-\frac{1}{2}$
④ $\frac{1-\sqrt{5}}{2}$ ⑤ $\frac{1-\sqrt{6}}{2}$

## 097 실전 예상

다음은 $0<\theta<\frac{\pi}{2}$에서 $\frac{5\tan^2\theta+7}{\tan^2\theta+1}+\frac{16}{5-2\sin^2\theta}$의 최솟값을 구하는 과정이다.

> $\cos^2\theta=t$로 놓으면 $0<t<1$이고
>
> $\frac{5\tan^2\theta+7}{\tan^2\theta+1}+\frac{16}{5-2\sin^2\theta}=$ (가) $+\frac{16}{2t+3}$이다.
>
> 이때 $0<t<1$에서 $3<2t+3<5$이므로
>
> (가) $+\frac{16}{2t+3}\geq 10$이다.
>
> (단, 등호는 $t=$ (나) 일 때 성립한다.)
>
> 따라서 $\frac{5\tan^2\theta+7}{\tan^2\theta+1}+\frac{16}{5-2\sin^2\theta}$는 $\theta=$ (다) 에서 최솟값 10을 갖는다.

위의 (가)에 알맞은 식을 $f(t)$라 하고, (나), (다)에 알맞은 수를 각각 $a$, $b$라 할 때, $f(a)+2\sin\left(2b-\frac{\pi}{3}\right)$의 값을 구하시오.

### 수능유형 04 삼각함수의 그래프 (1) - 주기, 최대·최소

## 098 대표 기출

•학평 기출•

두 함수

$f(x)=\cos(ax)+1$, $g(x)=|\sin 3x|$

의 주기가 서로 같을 때, 양수 $a$의 값은? [4점]

① 5 ② 6 ③ 7
④ 8 ⑤ 9

**핵심개념 & 연관개념**

**핵심개념** 삼각함수의 주기, 최대·최소 (1)

(1) $y=a\sin(bx+c)+d$, $y=a\cos(bx+c)+d$

➡ 주기: $\frac{2\pi}{|b|}$, 최댓값: $|a|+d$, 최솟값: $-|a|+d$

(2) $y=a|\sin(bx+c)|+d$, $y=a|\cos(bx+c)|+d$

➡ 주기: $\frac{\pi}{|b|}$

$a>0$이면 최댓값: $a+d$, 최솟값: $d$

$a<0$이면 최댓값: $d$, 최솟값: $a+d$

## 099 실전 예상

주기가 $\frac{\pi}{2}$인 함수 $y=a|\cos(bx+1)|+c$의 최댓값을 $M$, 최솟값을 $m$이라 할 때, $M-m=4$, $Mm=-4$이다. **보기**에서 옳은 것만을 있는 대로 고른 것은? (단, $a$, $b$, $c$는 실수이다.)

> **보기**
>
> ㄱ. $b^2=4$
>
> ㄴ. $a=4$
>
> ㄷ. 모든 실수 $c$의 값의 합은 0이다.

① ㄱ ② ㄱ, ㄴ ③ ㄱ, ㄷ
④ ㄴ, ㄷ ⑤ ㄱ, ㄴ, ㄷ

## 100 변형 유제

두 함수

$$f(x)=\cos^2\left(x-\frac{\pi}{4}\right)+\sin\left(x-\frac{\pi}{4}\right),$$

$$g(x)=\frac{\pi}{2}(\cos x+1)$$

에 대하여 $0<x<\frac{2}{3}\pi$에서 정의된 합성함수 $(f\circ g)(x)$의 최댓값과 최솟값을 각각 $M$, $m$이라 할 때, $M+m$의 값은?

① 2 ② $\frac{9}{4}$ ③ $\frac{5}{2}$

④ $\frac{11}{4}$ ⑤ 3

## 101 실전 예상

두 자연수 $a$, $b$에 대하여 함수 $y=\frac{a\sin x+b}{\sin x+2}$의 최댓값이 3이 되도록 하는 순서쌍 $(a, b)$의 개수는? (단, $b<2a$)

① 4 ② 5 ③ 6

④ 7 ⑤ 8

### 수능유형 05 삼각함수의 그래프 (2) - 넓이

## 102 대표 기출

•수능 기출•

양수 $a$에 대하여 집합 $\left\{x \middle| -\frac{a}{2}<x\le a,\ x\ne\frac{a}{2}\right\}$에서 정의된 함수 $f(x)=\tan\frac{\pi x}{a}$가 있다. 그림과 같이 함수 $y=f(x)$의 그래프 위의 세 점 O, A, B를 지나는 직선이 있다. 점 A를 지나고 $x$축에 평행한 직선이 함수 $y=f(x)$의 그래프와 만나는 점 중 A가 아닌 점을 C라 하자. 삼각형 ABC가 정삼각형일 때, 삼각형 ABC의 넓이는? (단, O는 원점이다.) [4점]

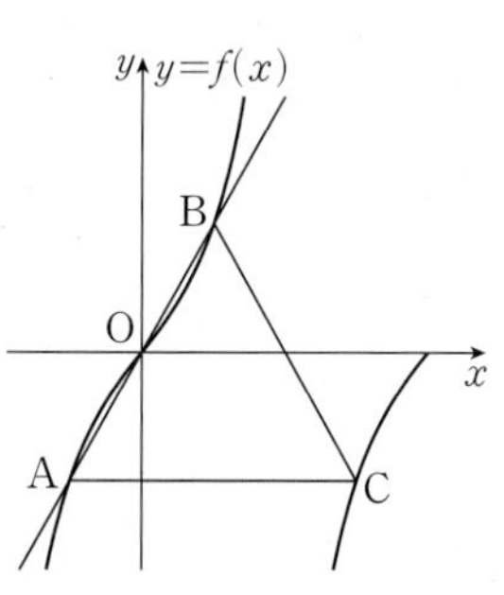


① $\frac{3\sqrt{3}}{2}$ ② $\frac{17\sqrt{3}}{12}$ ③ $\frac{4\sqrt{3}}{3}$

④ $\frac{5\sqrt{3}}{4}$ ⑤ $\frac{7\sqrt{3}}{6}$

**핵심개념 & 연관개념**

**핵심개념** / 삼각함수의 주기, 최대 · 최소 (2)

$y=a\tan(bx+c)+d$

➡ 주기: $\frac{\pi}{|b|}$, 최댓값: 없다., 최솟값: 없다.

## 103 변형 유제

$0\le x\le 2\pi$에서 곡선 $y=a\cos x+1$이 $x$축과 만나는 두 점 중 $x$좌표가 작은 점부터 차례대로 A, B라 하자.

곡선 $y=a\cos x+1$ 위의 제1사분면에 있는 점 P, 제4사분면에 있는 점 Q에 대하여 삼각형 ABP의 넓이의 최댓값을 $S_1$, 삼각형 ABQ의 넓이의 최댓값을 $S_2$라 할 때, $\frac{S_1}{S_2}=3$이다.

$\frac{S_1+3S_2}{\pi}$의 값을 구하시오. (단, $a>1$)

## 104 실전 예상

그림과 같이 양수 $a$에 대하여 $0<x<\frac{3}{a}$에서 두 함수 $y=\sqrt{6}\sin a\pi x$, $y=\sqrt{3}\tan a\pi x$의 그래프가 만나는 점 중 제1사분면에 있는 두 점을 각각 A, C라 하고, 제4사분면에 있는 점을 B라 할 때, 두 직선 AB와 BC는 서로 수직이다. 삼각형 ABC의 넓이를 $S$라 할 때, $S^2$의 값을 구하시오.

(단, 점 A의 $x$좌표는 점 C의 $x$좌표보다 작다.)

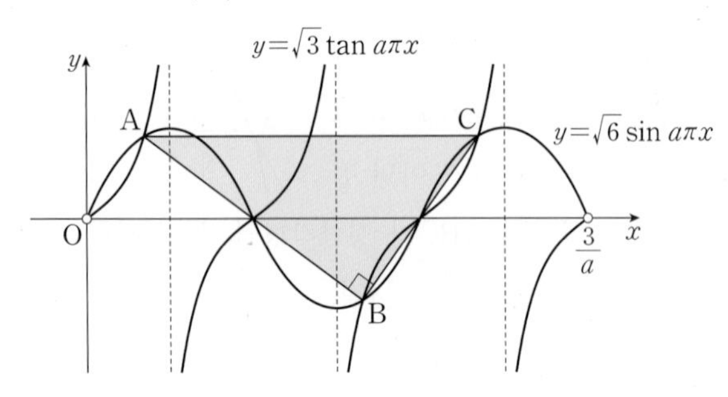


## 105 실전 예상

그림과 같이 두 양수 $a$, $b$에 대하여 곡선 $y=a\sin b\pi x\left(0\le x\le\frac{3}{b}\right)$가 직선 $y=a$와 만나는 서로 다른 두 점을 A, B, 직선 $y=-a$와 만나는 점을 C라 하자. 삼각형 ABC는 넓이가 $\frac{25}{4}$인 직각삼각형일 때, $20(a+b)$의 값을 구하시오.

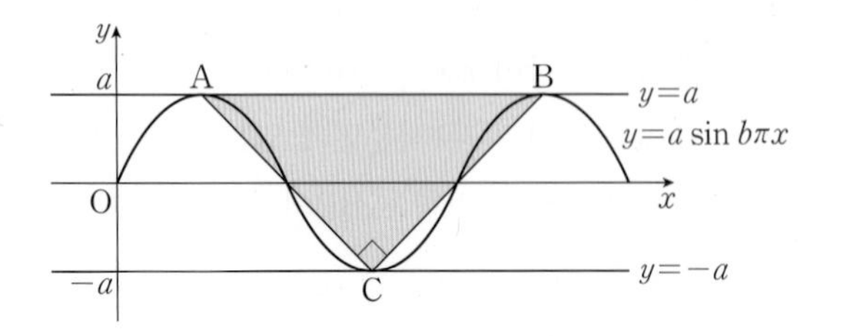


### 수능유형 06 삼각함수의 그래프 (3) - 교점의 개수 UP

## 106 대표 기출

•학평 기출•

$0\le x\le 2\pi$에서 정의된 함수 $y=a\sin 3x+b$의 그래프가 두 직선 $y=9$, $y=2$와 만나는 점의 개수가 각각 3, 7이 되도록 하는 두 양수 $a$, $b$에 대하여 $a\times b$의 값을 구하시오. [4점]

**핵심개념 & 연관개념**

**핵심개념** 교점의 개수

삼각함수의 주기, 최댓값, 최솟값, 평행이동을 이용하여 그래프를 그린 다음 직선(또는 곡선)과 만나는 점을 찾는다.

## 107 변형 유제

$0\le x\le 2\pi$에서 곡선 $y=2\sin 2x$와 곡선 $y=\cos 3x+1$의 교점의 개수는?

① 3　② 4　③ 5　④ 6　⑤ 7

○ 정답과 해설 35쪽

## 108 실전 예상

$0 \le x \le 2\pi$에서 함수 $y=\cos\left(2x+\frac{\pi}{3}\right)$의 그래프가 직선 $y=\frac{2}{3}$와 만나는 점의 $x$좌표를 각각 $\alpha$, $\beta$, $\gamma$, $\delta$라 할 때, $\cos(\alpha+\beta+\gamma+\delta)$의 값은?

① $-\frac{\sqrt{3}}{2}$　② $-\frac{1}{2}$　③ 0
④ $\frac{1}{2}$　⑤ $\frac{\sqrt{3}}{2}$

## 109 실전 예상

$0 \le x \le 2$에서 직선 $y=x$와 곡선 $y=\sin(n\pi x)$가 만나는 점의 개수가 4가 되도록 하는 모든 자연수 $n$의 값의 합을 구하시오.

### 수능유형 07 삼각함수의 성질

## 110 대표 기출

•학평 기출•

$\sin\left(\frac{\pi}{2}+\theta\right)\tan(\pi-\theta)=\frac{3}{5}$일 때, $30(1-\sin\theta)$의 값을 구하시오. [3점]

**핵심개념 & 연관개념**

**핵심개념** / 삼각함수의 성질

(1) $\sin(-x)=-\sin x$　(2) $\cos(-x)=\cos x$
(3) $\sin(\pi+x)=-\sin x$　(4) $\cos(\pi+x)=-\cos x$
(5) $\sin\left(\frac{\pi}{2}+x\right)=\cos x$　(6) $\cos\left(\frac{\pi}{2}+x\right)=-\sin x$
(7) $\tan(-x)=-\tan x$　(8) $\tan(\pi+x)=\tan x$

## 111 변형 유제

직선 $y=\frac{1}{2}x$ 위의 점 $\mathrm{P}(a, b)$ $(a<0)$에 대하여 선분 OP가 $x$축의 양의 방향과 이루는 각의 크기를 $\theta$라 할 때, $\left\{\sin\left(\frac{\pi}{2}+\theta\right)+2\cos(\pi-\theta)\right\}\times\tan\left(\frac{\pi}{2}+\theta\right)$의 값은?

① $-\frac{4\sqrt{5}}{5}$　② $-\frac{2\sqrt{5}}{5}$　③ $\frac{2\sqrt{5}}{5}$
④ 1　⑤ $\frac{4\sqrt{5}}{5}$

## 112 실전 예상

$\theta=\frac{\pi}{20}$일 때,

$$(\log_2 2\sin\theta+\log_2 2^2\sin 2\theta+\log_2 2^3\sin 3\theta+\cdots+\log_2 2^9\sin 9\theta)$$
$$-(\log_2\cos\theta+\log_2\cos 2\theta+\log_2\cos 3\theta+\cdots+\log_2\cos 9\theta)$$

의 값을 구하시오.

## 수능유형 08 삼각방정식

### 113 대표 기출

•수능 기출•

$0 \le x < 4\pi$일 때, 방정식

$$4\sin^2 x - 4\cos\left(\frac{\pi}{2}+x\right) - 3 = 0$$

의 모든 해의 합은? [4점]

① $5\pi$ ② $6\pi$ ③ $7\pi$
④ $8\pi$ ⑤ $9\pi$

**핵심개념 & 연관개념**

핵심개념 / 그래프를 이용한 삼각방정식의 풀이

$0 \le x \le 2\pi$에서 곡선 $y=\sin x$와 직선 $y=a$ ($a$는 실수)의 두 교점은

(1) $0<a<1$이면 직선 $x=\frac{\pi}{2}$에 대하여 대칭이다.

(2) $-1<a<0$이면 직선 $x=\frac{3}{2}\pi$에 대하여 대칭이다.

### 114 변형 유제

$0 \le x \le 2\pi$일 때, 방정식

$$4\sin^2 2x + 2(1-\sqrt{3})\sin\left(\frac{3}{2}\pi+2x\right) + \sqrt{3} - 4 = 0$$

의 모든 해의 합은?

① $4\pi$ ② $5\pi$ ③ $6\pi$
④ $7\pi$ ⑤ $8\pi$

### 115 실전 예상

$0 \le x \le 2\pi$일 때, 방정식

$$\sin^2 x - (\sqrt{3}+1)\sin x\cos x + \sqrt{3}\cos^2 x = 0$$

의 모든 해의 합은?

① $3\pi$ ② $\frac{19}{6}\pi$ ③ $\frac{10}{3}\pi$
④ $\frac{7}{2}\pi$ ⑤ $\frac{11}{3}\pi$

### 116 실전 예상

$x$에 대한 이차방정식 $x^2-2(\tan\theta)x+\tan^2\theta=0$의 해가 이차방정식 $x^2-\frac{5}{\sin\theta}x+7=0$의 해가 되도록 하는 모든 $\theta$의 값의 합은? (단, $0 \le \theta \le 2\pi$)

① $\pi$ ② $2\pi$ ③ $3\pi$
④ $4\pi$ ⑤ $5\pi$

○ 정답과 해설 38쪽

## 수능유형 09 삼각부등식

### 117 대표 기출

• 모평 기출 •

$0\le\theta<2\pi$일 때, $x$에 대한 이차방정식

$$x^2-(2\sin\theta)x-3\cos^2\theta-5\sin\theta+5=0$$

이 실근을 갖도록 하는 $\theta$의 최솟값과 최댓값을 각각 $\alpha$, $\beta$라 하자. $4\beta-2\alpha$의 값은? [4점]

① $3\pi$ ② $4\pi$ ③ $5\pi$

④ $6\pi$ ⑤ $7\pi$

**핵심개념 & 연관개념**

**핵심개념 /** 삼각부등식의 풀이

두 종류 이상의 삼각함수를 포함한 부등식은 한 종류의 삼각함수에 대한 부등식으로 변형하여 푼다.

**연관개념 /** 이차방정식이 실근을 가질 조건

이차방정식 $ax^2+bx+c=0$이 실근을 가지려면 판별식을 $D$라 할 때,

$$D=b^2-4ac\ge0$$

### 118 변형 유제

$0<x\le3\pi$일 때, 방정식 $6\sin^2x+\cos x-5=0$과 부등식 $\sin\left(\frac{3}{2}\pi-x\right)<\cos x$를 동시에 만족시키는 모든 $x$의 값의 합은?

① $4\pi$ ② $\frac{13}{3}\pi$ ③ $\frac{14}{3}\pi$

④ $5\pi$ ⑤ $\frac{16}{3}\pi$

### 119 실전 예상

$x$에 대한 이차부등식 $x^2-(\sin\theta)x+2\cos^2\theta<2$를 만족시키는 정수 $x$의 개수가 2가 되도록 하는 $\theta$의 값의 범위가 $\alpha<\theta<\beta$일 때, $\beta-\alpha$의 값은? (단, $0<\theta<\pi$)

① $\frac{\pi}{6}$ ② $\frac{\pi}{3}$ ③ $\frac{\pi}{2}$

④ $\frac{2}{3}\pi$ ⑤ $\frac{5}{6}\pi$

### 120 실전 예상

$0\le x<2\pi$에서 부등식 $\sin x<2\cos x$를 만족시키는 해가 $0\le x<\alpha$ 또는 $\beta<x<2\pi$일 때, $\cos(2\alpha-\beta)$의 값은? (단, $\alpha<\beta$)

① $-\frac{2\sqrt{5}}{5}$ ② $-\frac{\sqrt{5}}{5}$ ③ $0$

④ $\frac{\sqrt{5}}{5}$ ⑤ $\frac{2\sqrt{5}}{5}$

## 수능유형 10 사인법칙

### 121 대표 기출

•학평 기출•

그림과 같이 $\angle ABC=\frac{\pi}{2}$인 삼각형 ABC에 내접하고 반지름의 길이가 3인 원의 중심을 O라 하자. 직선 AO가 선분 BC와 만나는 점을 D라 할 때, $\overline{DB}=4$이다. 삼각형 ADC의 외접원의 넓이는? [4점]

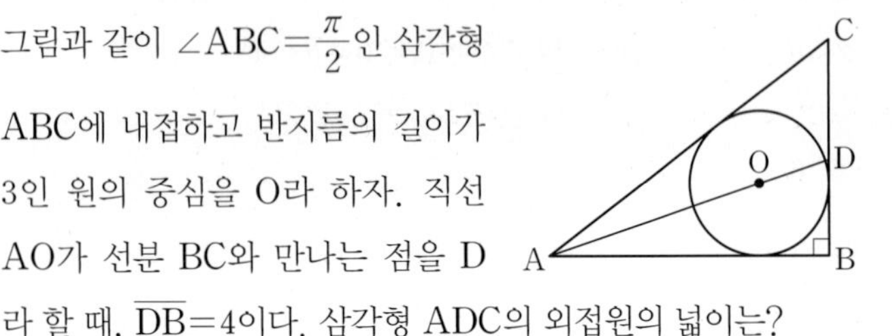


① $\frac{125}{2}\pi$ ② $63\pi$ ③ $\frac{127}{2}\pi$ ④ $64\pi$ ⑤ $\frac{129}{2}\pi$

**핵심개념 & 연관개념**

핵심개념/ 사인법칙

삼각형 ABC의 외접원의 반지름의 길이를 $R$라 하면

$$\frac{a}{\sin A}=\frac{b}{\sin B}=\frac{c}{\sin C}=2R$$

연관개념/ 삼각형의 각의 이등분선을 이용한 선분의 길이의 비

삼각형 ABC의 선분 BC 위의 점 D에 대하여 $\angle CAD=\angle BAD$이면

$\overline{AB}:\overline{AC}=\overline{BD}:\overline{DC}$

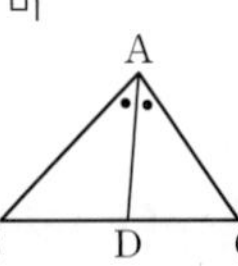


### 122 변형 유제

$\overline{AB}=\overline{AC}$, $\overline{BC}=6$이고 내접원의 반지름의 길이가 $\frac{3}{2}$인 이등변삼각형 ABC의 외접원의 넓이를 $\frac{q}{p}\pi$라 할 때, $p+q$의 값을 구하시오. (단, $p$와 $q$는 서로소인 자연수이다.)

### 123 실전 예상

넓이가 $50\pi$인 원에 내접하는 삼각형 ABC에 대하여

$\sin A \sin B : \sin B \sin C : \sin C \sin A=3\sqrt{2} : 15\sqrt{2} : 5$

이고 삼각형 ABC의 넓이가 6일 때, 이 삼각형의 둘레의 길이는 $p+q\sqrt{2}$이다. $p+q$의 값을 구하시오. (단, $p$, $q$는 정수이다.)

### 124 실전 예상

그림과 같이 $\sin(\angle BAC)=\frac{3}{4}$인 삼각형 ABC와 그 삼각형의 내부에 $\overline{AD}=4$인 점 D가 있다. 점 D에서 변 AB와 변 AC에 내린 수선의 발을 각각 $H_1$, $H_2$라 하고 삼각형 $AH_1H_2$의 외접원의 넓이를 $S_1$, 삼각형 ABC의 외접원의 넓이를 $S_2$라 할 때, $\frac{S_2}{S_1}=4$이다. $\overline{H_1H_2}+\overline{BC}$의 값은?

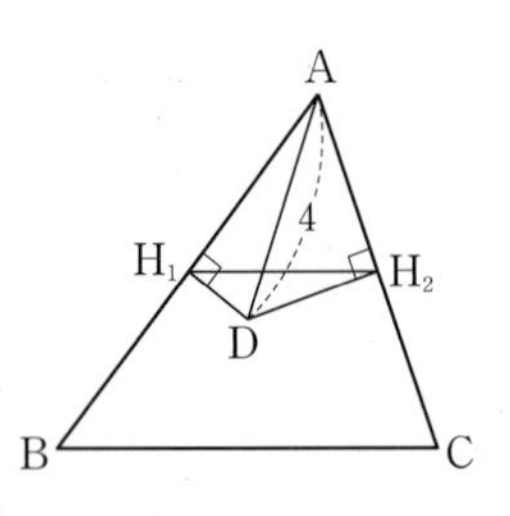


① 8 ② $\frac{17}{2}$ ③ 9 ④ $\frac{19}{2}$ ⑤ 10

## 수능유형 11 코사인법칙

### 125 대표 기출

• 모평 기출 •

그림과 같이 $\overline{AB}=4$, $\overline{AC}=5$이고 $\cos(\angle BAC)=\frac{1}{8}$인 삼각형 ABC가 있다. 선분 AC 위의 점 D와 선분 BC 위의 점 E에 대하여

$$\angle BAC=\angle BDA=\angle BED$$

일 때, 선분 DE의 길이는? [4점]

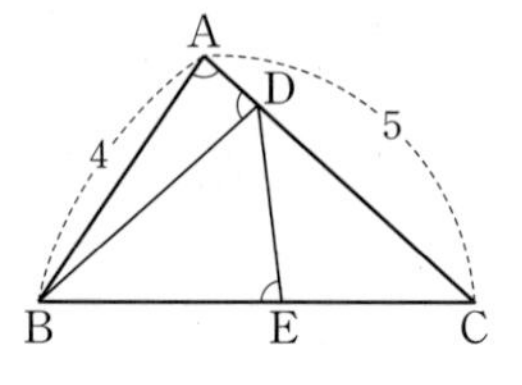


① $\frac{7}{3}$ ② $\frac{5}{2}$ ③ $\frac{8}{3}$

④ $\frac{17}{6}$ ⑤ 3

**핵심개념 & 연관개념**

핵심개념 / 코사인법칙

$a^2=b^2+c^2-2bc\cos A$,

$b^2=a^2+c^2-2ac\cos B$,

$c^2=a^2+b^2-2ab\cos C$

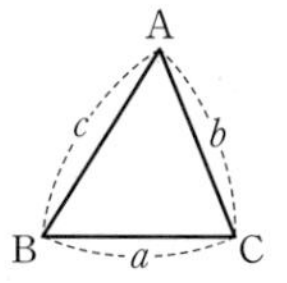


### 126 변형 유제

그림과 같이 사각형 ABCD에서 선분 AD와 선분 BC는 평행하고

$$\overline{BD}=\overline{BC}=4,\ \overline{DC}=2,\ \overline{AB}=2\sqrt{6}$$

일 때, 사각형 ABCD의 넓이는?

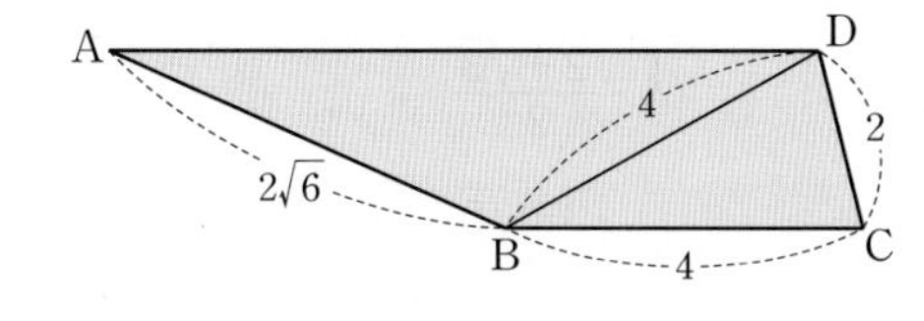


① $6\sqrt{3}$ ② $3\sqrt{15}$ ③ 12

④ $9\sqrt{2}$ ⑤ $6\sqrt{5}$

### 127 실전 예상

$\overline{AB}=3$인 삼각형 ABC가 있다. 선분 BC 위의 점 D에 대하여 다음 조건을 만족시킬 때, 선분 AC의 길이는?

(가) $\overline{BD}=3$

(나) $\overline{AD}=\overline{DC}$

(다) $\cos(\angle ADC)=-\frac{1}{3}$

① $\frac{4\sqrt{6}}{3}$ ② $\frac{5\sqrt{6}}{3}$ ③ $2\sqrt{6}$

④ $\frac{7\sqrt{6}}{3}$ ⑤ $\frac{8\sqrt{6}}{3}$

### 128 실전 예상

그림과 같이 삼각형 ABC 내부의 한 점 P에 대하여

$$\overline{PA}=2,\ \overline{PB}=\overline{PC}=5,$$

$$\angle CPB=\frac{\pi}{2}$$

이다. $\angle APB=\alpha$, $\angle APC=\beta$라 하면 $\sin\alpha : \sin\beta=3:4$이다. $\angle BAC=\theta$라 할 때, $205\cos^2\theta$의 값을 구하시오.

## 129 실전 예상

그림과 같이 $\angle A=\frac{\pi}{3}$인 마름모 ABCD가 있다. 선분 BA, 선분 AD, 선분 DC, 선분 CB를 각각 $k:(1-k)\left(\frac{1}{2}<k<1\right)$로 내분하는 점을 각각 E, F, G, H라 하자. 다음은 마름모 ABCD의 넓이와 사각형 EHGF의 넓이의 비가 49 : 25일 때, 선분 AB와 선분 EH의 길이의 비를 구하는 과정이다.

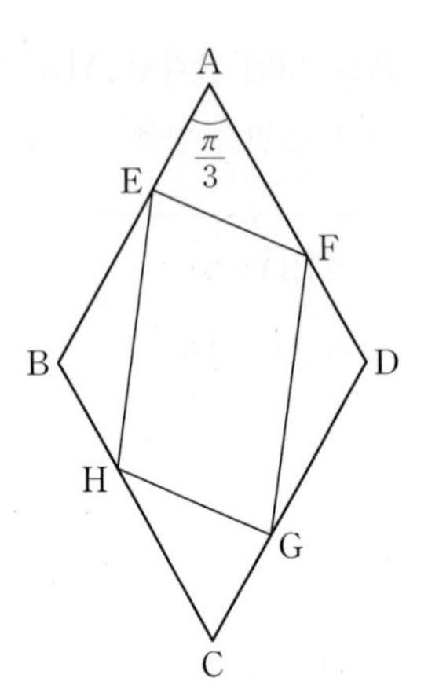


> 선분 AB의 길이를 $a$라 하면 마름모 ABCD의 넓이는 $\frac{\sqrt{3}}{2}a^2$
> 이고, 삼각형 EAF의 넓이는 [ (가) ] $\times a^2$이다.
> 이때 삼각형 FDG, 삼각형 GCH, 삼각형 HBE의 넓이는 모두 삼각형 EAF의 넓이와 같으므로
> (마름모 ABCD의 넓이) : (사각형 EHGF의 넓이)
> $=\frac{\sqrt{3}}{2}a^2:\left\{\frac{\sqrt{3}}{2}a^2-4\times\boxed{(가)}\times a^2\right\}$
> $=49:25$
> 이다. 식을 정리하여 계산하면
> $k=$ [ (나) ] $\left(\frac{1}{2}<k<1\right)$
> 이다. $\overline{EH}=ta\ (t>0)$라 하면 삼각형 EBH에서 코사인법칙에 의하여
> $t=$ [ (다) ]
> 따라서 $\overline{AB}:\overline{EH}=a:ta=1:t=1:$ [ (다) ]이다.

위의 (가)에 알맞은 식을 $f(k)$라 하고 (나), (다)에 알맞은 수를 각각 $p$, $q$라 할 때, $\dfrac{f(q^2)}{2f\left(\frac{p}{4}\right)}$의 값은?

① $\frac{33}{49}$ ② $\frac{34}{49}$ ③ $\frac{5}{7}$ ④ $\frac{36}{49}$ ⑤ $\frac{37}{49}$

### 수능유형 12 사인법칙과 코사인법칙의 혼합 UP

## 130 대표 기출 •모평 기출•

반지름의 길이가 $2\sqrt{7}$인 원에 내접하고 $\angle A=\frac{\pi}{3}$인 삼각형 ABC가 있다. 점 A를 포함하지 않는 호 BC 위의 점 D에 대하여 $\sin(\angle BCD)=\frac{2\sqrt{7}}{7}$일 때, $\overline{BD}+\overline{CD}$의 값은? [4점]

① $\frac{19}{2}$ ② 10 ③ $\frac{21}{2}$ ④ 11 ⑤ $\frac{23}{2}$

## 131 변형 유제

그림과 같이 반지름의 길이가 1인 원에 내접하고 $\angle A=\frac{\pi}{4}$인 예각삼각형 ABC가 있다. 점 B를 포함하지 않는 호 AC 위의 점 D에 대하여 $\cos(\angle DBC)=\frac{\sqrt{6}}{4}$일 때, 선분 BD의 길이는?

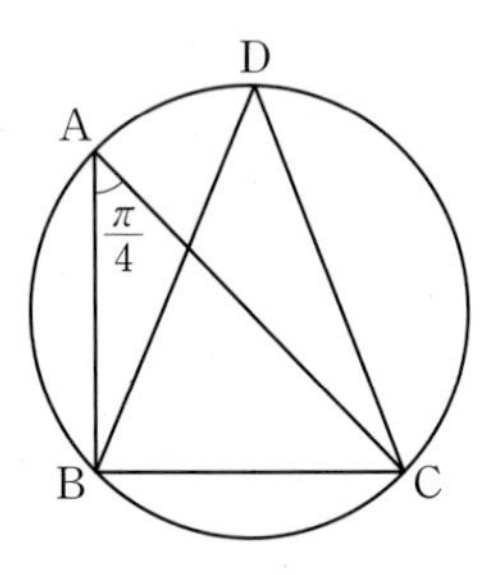


① $\frac{1+\sqrt{3}}{2}$ ② $\frac{\sqrt{2}+\sqrt{3}}{2}$ ③ $\sqrt{3}$ ④ $\frac{2+\sqrt{3}}{2}$ ⑤ $\frac{\sqrt{3}+\sqrt{5}}{2}$

## 132 실전 예상

$\sin A : \sin B : \sin C = 4 : 3 : 2$인 삼각형 ABC의 외접원의 반지름의 길이가 $2\sqrt{15}$일 때, 선분 BC의 길이를 구하시오.

## 133 실전 예상

$\angle A = \frac{\pi}{3}$인 삼각형 ABC가 반지름의 길이가 $\sqrt{14}$인 원에 내접하고 있다. $\overline{PB} : \overline{PC} = 2 : 1$을 만족시키는 원 위의 점 P에 대하여 삼각형 PBC의 넓이는?

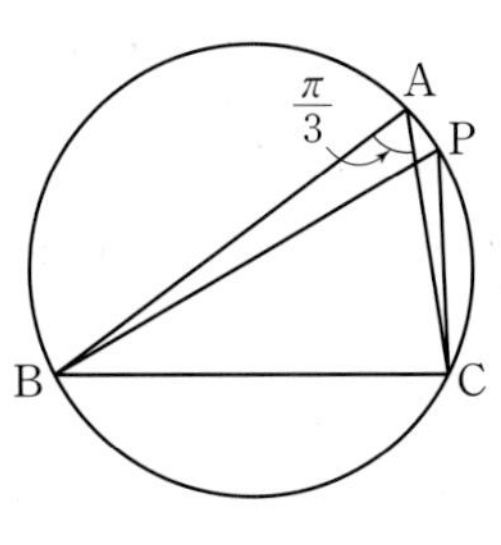


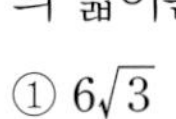

① $6\sqrt{3}$　② $7\sqrt{3}$　③ $8\sqrt{3}$　④ $9\sqrt{3}$　⑤ $10\sqrt{3}$

## 134 실전 예상

$\angle A = \frac{\pi}{3}$이고 넓이가 $\sqrt{3}$인 삼각형 ABC가 있다. 선분 BC의 길이가 최소가 될 때, 삼각형 ABC의 외접원의 넓이는?

① $\frac{4}{3}\pi$　② $\frac{13}{9}\pi$　③ $\frac{14}{9}\pi$　④ $\frac{5}{3}\pi$　⑤ $\frac{16}{9}\pi$

## 135 실전 예상

그림과 같이 반지름의 길이가 $\frac{4\sqrt{10}}{5}$인 원에 내접하는 사각형 ABCD에서

$\overline{AB} = 2$, $\overline{AD} = 4$, $\overline{BC} = \overline{CD}$

일 때, 사각형 ABCD의 넓이는?

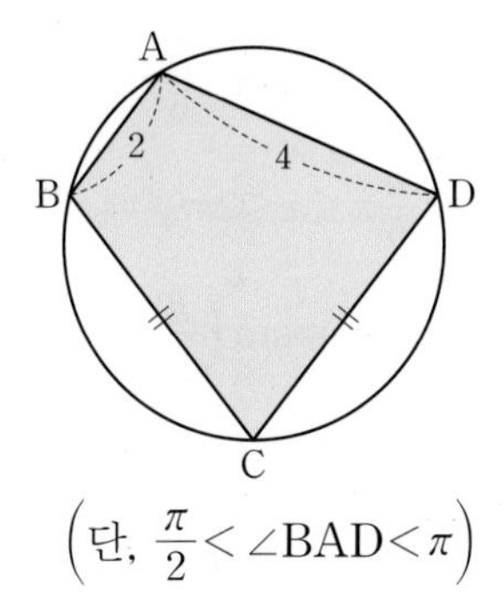


(단, $\frac{\pi}{2} < \angle BAD < \pi$)

① $3\sqrt{10}$　② $6\sqrt{3}$　③ $3\sqrt{15}$　④ $9\sqrt{2}$　⑤ $6\sqrt{5}$

step 2

# 등급을 가르는 핵심 특강

## 특강1 ≫ 삼각함수의 그래프의 주기에 따른 교점의 개수

대표 기출 •학평 기출•

닫힌구간 $[0,\ 2\pi]$에서 정의된 함수 $f(x)$는

$$f(x)=\begin{cases} \sin x & \left(0\le x\le \frac{k}{6}\pi\right) \\ 2\sin\left(\frac{k}{6}\pi\right)-\sin x & \left(\frac{k}{6}\pi< x\le 2\pi\right) \end{cases}$$

이다. 곡선 $y=f(x)$와 직선 $y=\sin\left(\frac{k}{6}\pi\right)$의 교점의 개수를 $a_k$라 할 때,

$a_1+a_2+a_3+a_4+a_5$의 값은? [4점]

① 6 ② 7 ③ 8
④ 9 ⑤ 10

≫ 행동전략

**1** 곡선 $y=f(x)$와 직선 $y=g(x)$의 교점의 개수는 방정식 $f(x)=g(x)$의 서로 다른 실근의 개수와 같음을 이용한다.

풀이

❶곡선 $y=f(x)$와 직선 $y=\sin\left(\frac{k}{6}\pi\right)$의 교점의 개수는 방정식 $f(x)=\sin\left(\frac{k}{6}\pi\right)$의 서로 다른 실근의 개수와 같다.

(i) $0\le x\le\frac{k}{6}\pi$일 때

$f(x)=\sin\left(\frac{k}{6}\pi\right)$에서 $\sin x=\sin\left(\frac{k}{6}\pi\right)$

(ii) $\frac{k}{6}\pi\le x\le 2\pi$일 때

$f(x)=\sin\left(\frac{k}{6}\pi\right)$에서 $2\sin\left(\frac{k}{6}\pi\right)-\sin x=\sin\left(\frac{k}{6}\pi\right)$ $\therefore \sin x=\sin\left(\frac{k}{6}\pi\right)$

따라서 구하는 교점의 개수는 닫힌구간 $[0,\ 2\pi]$에서 방정식 $\sin x=\sin\left(\frac{k}{6}\pi\right)$의 서로 다른 실근의 개수와 같다.

❷(iii) $k=1$ 또는 $k=5$일 때

$\sin\frac{\pi}{6}=\sin\frac{5}{6}\pi=\frac{1}{2}$이므로 방정식 $\sin x=\sin\left(\frac{k}{6}\pi\right)$,

즉 $\sin x=\frac{1}{2}$의 실근의 개수는 2이다.

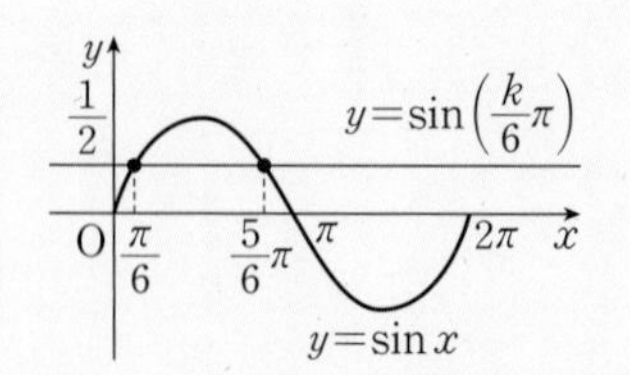


(iv) $k=2$ 또는 $k=4$일 때

$\sin\frac{\pi}{3}=\sin\frac{2}{3}\pi=\frac{\sqrt{3}}{2}$이므로 방정식 $\sin x=\sin\left(\frac{k}{6}\pi\right)$,

즉 $\sin x=\frac{\sqrt{3}}{2}$의 실근의 개수는 2이다.

(v) $k=3$일 때

$\sin\frac{\pi}{2}=1$이므로 방정식 $\sin x=\sin\left(\frac{k}{6}\pi\right)$, 즉 $\sin x=1$의 실근의 개수는 1이다.

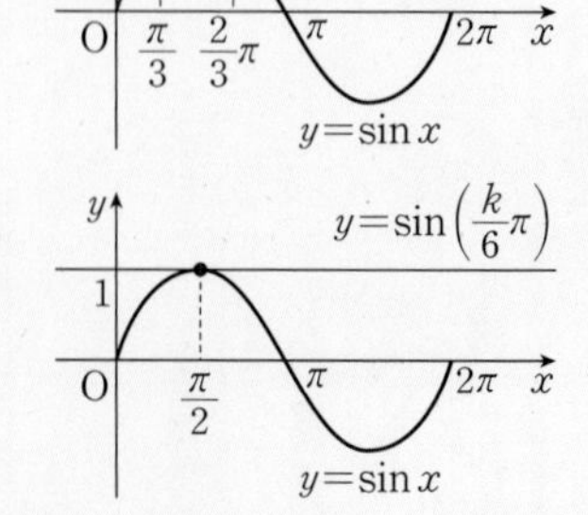


(iii), (iv), (v)에서 $a_1=a_2=a_4=a_5=2,\ a_3=1$

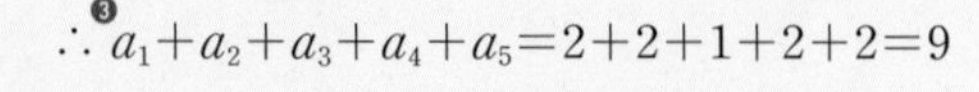
❸$\therefore a_1+a_2+a_3+a_4+a_5=2+2+1+2+2=9$

답 ④

내용전략

❶ 교점의 개수를 방정식의 실근의 개수로 바꾸기

❷ $k$의 값에 따른 방정식의 실근의 개수 구하기

❸ $a_1+a_2+a_3+a_4+a_5$의 값 구하기

## 136

$-2\pi \le x \le 2\pi$에서 정의된 함수

$$f(x)=\begin{cases} \sin x+1 & (-2\pi \le x \le -\pi) \\ \cos 2x & (-\pi < x < \pi) \\ -\sin x+1 & (\pi \le x \le 2\pi) \end{cases}$$

과 자연수 $n$에 대하여 $0 \le x \le 2\pi$에서 정의된 함수 $g(x)=2\pi \sin nx$가 있다. 함수 $y=(f \circ g)(x)$의 그래프와 직선 $y=\frac{3}{2}$이 만나는 점의 개수가 24가 되도록 하는 자연수 $n$의 값은?

① 2 ② 3 ③ 4
④ 6 ⑤ 8

## 137

자연수 $k$에 대하여 $0 \le x \le 2\pi$에서 정의된 두 함수 $y=\sin x$와 $y=\tan kx$의 그래프가 만나는 점의 개수를 $a_k$라 할 때, $a_1+a_2+a_3+a_4+a_5$의 값은?

① 35 ② 40 ③ 45
④ 50 ⑤ 55

## 138

$0 \le x \le 2\pi$에서 정의된 함수 $y=a\cos bx+c$의 그래프가 세 직선 $y=5$, $y=2$, $y=-1$과 만나는 점의 개수가 각각 5, 8, 4가 되도록 하는 세 자연수 $a$, $b$, $c$에 대하여 $abc$의 값은?

① 16 ② 20 ③ 24
④ 28 ⑤ 32

## 139

그림과 같이 $x \ge 0$에서 정의된 함수 $y=\frac{\sqrt{15}}{2}\tan a\pi x$의 그래프가 직선 $y=\frac{\sqrt{15}}{2}$와 만나는 점 중 $y$축에 가장 가까운 점을 A, 두 번째로 가까운 점을 B라 하자. 삼각형 AOB가 이등변삼각형일 때, $0 \le x \le 4$에서 두 함수 $y=\cos \pi x$와 $y=\frac{\sqrt{15}}{2}\tan a\pi x$의 그래프가 만나는 점의 개수를 구하시오.

(단, $a$는 양수이고 O는 원점이다.)

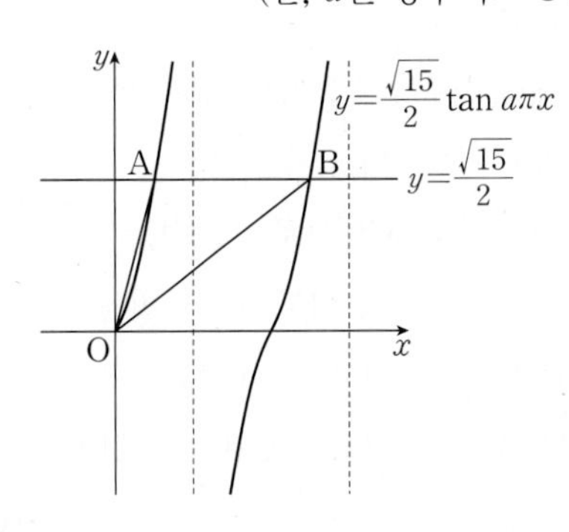

## 특강 2 ≫ 도형의 성질을 이용한 사인법칙과 코사인법칙의 활용

대표 기출 •학평 기출•

그림과 같이 $\overline{AB}=5$, $\overline{BC}=4$, $\cos(\angle ABC)=\frac{1}{8}$인 삼각형 ABC가 있다. ∠ABC의 이등분선과 ∠CAB의 이등분선이 만나는 점을 D, 선분 BD의 연장선과 삼각형 ABC의 외접원이 만나는 점을 E라 할 때, 보기에서 옳은 것만을 있는 대로 고른 것은? [4점]

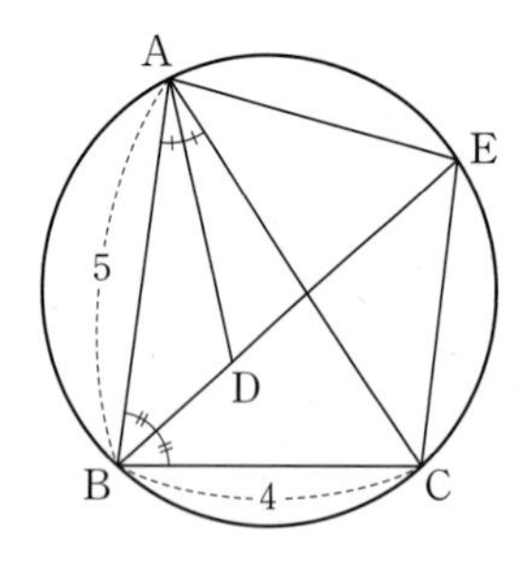


보기

ㄱ. $\overline{AC}=6$　　ㄴ. $\overline{EA}=\overline{EC}$　　ㄷ. $\overline{ED}=\frac{31}{8}$

① ㄱ　② ㄱ, ㄴ　③ ㄱ, ㄷ
④ ㄴ, ㄷ　⑤ ㄱ, ㄴ, ㄷ

≫ **행동전략**

**1** 사인법칙 또는 코사인법칙을 이용한다.

(1) $\frac{a}{\sin A}=\frac{b}{\sin B}=\frac{c}{\sin C}=2R$

(2) $a^2=b^2+c^2-2bc\cos A$

**2** 삼각형의 내각과 외각의 성질을 이용한다.

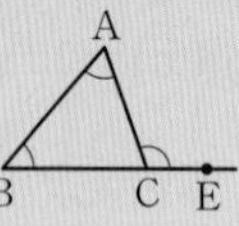


$\angle CAB+\angle ABC=\angle ACE$

**3** 원주각과 중심각의 크기를 이용한다.

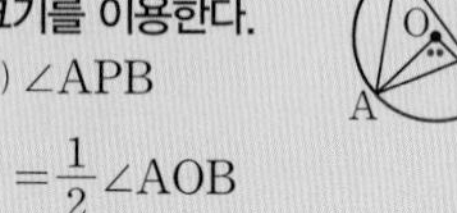
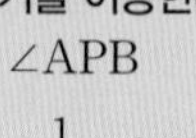


(1) $\angle APB=\frac{1}{2}\angle AOB$

(2) $\angle APB=\angle AQB$

**4** 원에 내접하는 사각형의 성질을 이용한다.

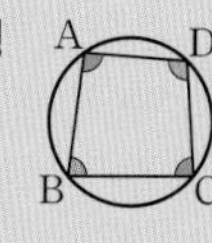


$\angle A+\angle C=180^\circ$,
$\angle B+\angle D=180^\circ$

풀이

ㄱ. ❶ 삼각형 ABC에서 코사인법칙을 이용하면

$\overline{AC}^2=\overline{AB}^2+\overline{BC}^2-2\times\overline{AB}\times\overline{BC}\times\cos(\angle ABC)$

$=5^2+4^2-2\times5\times4\times\frac{1}{8}=36$

$\therefore \overline{AC}=6$ (참)

ㄴ. ❷ 호 EA에 대한 원주각의 크기는 서로 같으므로 $\angle ACE=\angle ABE$

호 CE에 대한 원주각의 크기는 서로 같으므로 $\angle EAC=\angle EBC$

이때 $\angle ABE=\angle EBC$이므로 $\angle ACE=\angle EAC$

즉, 삼각형 EAC는 $\overline{EA}=\overline{EC}$인 이등변삼각형이다. (참)

ㄷ. ❸ 삼각형 ABD에서 $\angle ADE=\angle DAB+\angle ABD$

한편, $\angle DAB=\angle CAD$, $\angle ABD=\angle EBC$이므로

$\angle ADE=\angle CAD+\angle EBC=\angle CAD+\angle EAC=\angle EAD$

즉, 삼각형 EAD는 $\overline{EA}=\overline{ED}$인 이등변삼각형이다.

삼각형 EAC에서 코사인법칙을 이용하면

$\overline{AC}^2=\overline{EA}^2+\overline{EC}^2-2\times\overline{EA}\times\overline{EC}\times$❹$\cos(\pi-\angle ABC)$

$36=2\times\overline{EA}^2-2\times\overline{EA}^2\times\left(-\frac{1}{8}\right)$ (∵ ㄱ, ㄴ)

즉, $\overline{EA}=4$이므로 $\overline{ED}=\overline{EA}=4$ (거짓)

따라서 옳은 것은 ㄱ, ㄴ이다.

답 ②

**내용전략**

❶ $\overline{AB}=5$, $\overline{BC}=4$, $\cos(\angle ABC)=\frac{1}{8}$인 조건을 보고 코사인법칙 이용하기

❷ 원주각의 성질을 이용하여 크기가 같은 각 찾기

❸ 삼각형의 외각의 성질을 이용하여 선분 ED와 길이가 같은 선분 찾기

❹ 원에 내접하는 사각형의 성질을 이용하여 cos (∠AEC)의 값 구하기

## 140

그림과 같이 길이가 4인 선분 AB를 지름으로 하는 원 위에 $\angle PAB=30°$, $\angle QAB=15°$인 두 점 P, Q가 있다. 선분 AB 위를 움직이는 점 R에 대하여 삼각형 PRQ의 둘레의 길이가 최소가 될 때, $3\overline{AQ}^2+\overline{PR}^2$의 값을 구하시오. (단, 점 Q는 호 PB 위의 점이다.)

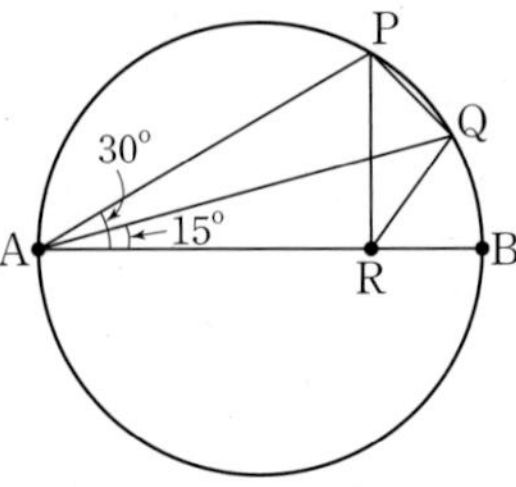


## 141

그림과 같이 반지름의 길이가 $\sqrt{14}$인 원에 내접하는 사각형 ABCD에 대하여

$\overline{CB}=\overline{CD}$, $\overline{AB}:\overline{AD}=2:1$,
$\overline{BC}:\overline{BD}=2:3$

일 때, 삼각형 ACD의 넓이는?

① $\frac{7\sqrt{7}}{4}$ ② $\frac{35\sqrt{7}}{16}$ ③ $\frac{21\sqrt{7}}{8}$
④ $\frac{49\sqrt{7}}{16}$ ⑤ $\frac{7\sqrt{7}}{2}$

## 142

그림과 같이 반지름의 길이가 $\frac{7\sqrt{3}}{3}$인 원에 내접하는 사각형 ABCD가 다음 조건을 만족시킨다.

> (가) $\overline{BD}=8$
>
> (나) $\angle DBC=\frac{\pi}{3}$
>
> (다) 삼각형 ABD의 넓이는 $6\sqrt{3}$이다.

사각형 ABCD의 두 대각선의 교점을 E라 할 때, $\overline{CE}+\overline{DE}$의 값은? (단, 삼각형 DBC는 예각삼각형이고 $\overline{AD}<\overline{AB}$이다.)

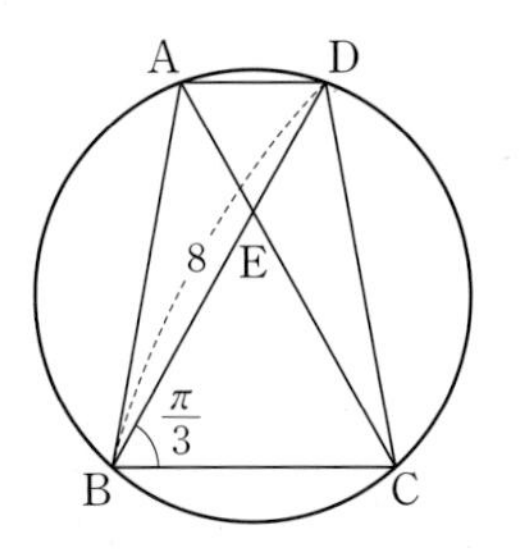


① 6 ② 7 ③ 8
④ 9 ⑤ 10

step 3

# 1등급 도약하기

## 143

수능유형 09

$\frac{\pi}{2} \le x < 2\pi$에서 부등식

$$4\sin^2\left(\frac{2x-\pi}{3}\right) - 2(1+\sqrt{3})\sin\left(\frac{11\pi-4x}{6}\right) - (4+\sqrt{3}) > 0$$

의 해가 $\alpha < x < \beta$일 때, $4\alpha - \beta$의 값은?

① $\frac{3}{2}\pi$　② $2\pi$　③ $\frac{5}{2}\pi$

④ $3\pi$　⑤ $\frac{7}{2}\pi$

## 144

수능유형 10

삼각형 ABC에서 $\overline{\mathrm{BC}}=a$, $\overline{\mathrm{AC}}=b$, $\overline{\mathrm{AB}}=c$, 삼각형 ABC의 내접원의 반지름의 길이를 $r$, 외접원의 반지름의 길이를 $R$라 하자.

$$(a+b) : (b+c) : (c+a) = 10 : 9 : 11,\ rR = 9$$

일 때, $\frac{abc}{15}$의 값을 구하시오.

## 145

수능유형 08

$0 < x < 2\pi$에서 방정식 $|a\sin^2 x - 1| - \cos x = 0$의 해가 $\alpha$, $\beta$ $(\alpha < \beta)$일 때, $\beta - \alpha = \frac{4\pi}{3}$가 되도록 하는 모든 실수 $a$의 값의 합은?

① 2　② $\frac{7}{3}$　③ $\frac{8}{3}$

④ 3　⑤ $\frac{10}{3}$

## 146

수능유형 12

그림과 같이 삼각형 ABC에서 $\angle$A의 이등분선이 선분 BC와 만나는 점을 D라 하자. $\frac{\overline{AD}^2}{\overline{BD}\times\overline{DC}}=\frac{5}{4}$일 때,

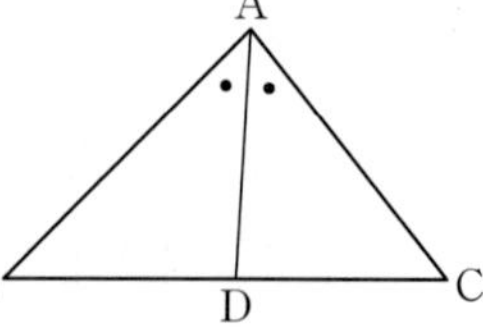


$6\times\frac{\sin(\angle BDA)}{\sin(\angle DAB)}$의 값을 구하시오. (단, $\overline{BD}\neq\overline{DC}$)

## 147

수능유형 02

그림과 같이 $\overline{AB}=6$ cm인 선분 AB를 1 : 2로 내분하는 점을 C, 2 : 1로 내분하는 점을 D, 선분 AB의 중점을 O라 하자. 점 P는 점 D에서 출발하여 선분 CD를 지름으로 하는 원 위를 반시계 방향으로 움직이고, 점 Q는 점 A에서 출발하여 선분 AB를 지름으로 하는 원 위를 시계 방향으로 움직이며 두 점 P, Q의 속도는 초속 $k$ cm로 같다. 10초 동안 삼각형 QOP의 넓이가 $\frac{3\sqrt{3}}{4}$ cm²가 되는 횟수가 6이 되도록 하는 $k$의 값의 범위가 $a\leq k<b$일 때, $b-a$의 최댓값은? (단, 두 점 P, Q는 동시에 출발한다.)

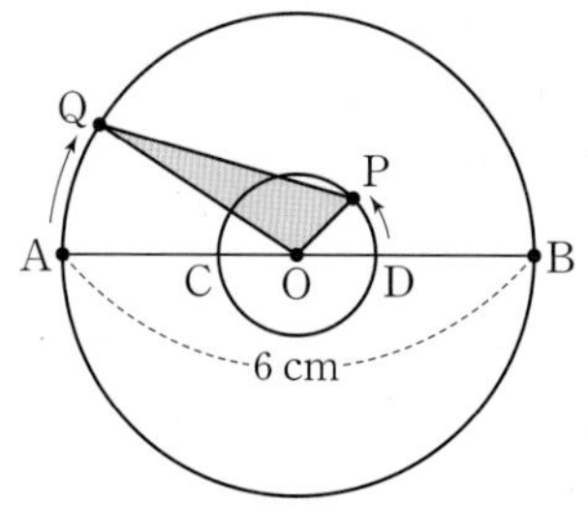


① $\frac{\pi}{20}$　② $\frac{\pi}{18}$　③ $\frac{\pi}{16}$　④ $\frac{\pi}{14}$　⑤ $\frac{\pi}{12}$

## 148

수능유형 06

$0\leq x\leq 2\pi$에서 정의된 두 함수 $y=|\sin nx|$와 $y=|\cos mx|$의 그래프의 교점의 $x$좌표를 $\alpha_1, \alpha_2, \alpha_3, \cdots, \alpha_{k-1}, \alpha_k$라 할 때, 보기에서 옳은 것만을 있는 대로 고른 것은?

(단, $\alpha_1<\alpha_2<\alpha_3<\cdots<\alpha_{k-1}<\alpha_k$이고 $n$, $m$은 자연수이다.)

보기

ㄱ. $n=m=2$일 때, $k=8$이다.

ㄴ. $\alpha_2+\alpha_{k-1}=2\pi$

ㄷ. $n=3$일 때, $\alpha_2<\frac{\pi}{18}$를 만족시키는 자연수 $m$의 최솟값은 13이다.

① ㄱ　② ㄱ, ㄴ　③ ㄱ, ㄷ　④ ㄴ, ㄷ　⑤ ㄱ, ㄴ, ㄷ

## 149

수능유형 11

그림과 같이 직선 $l$ 위의 한 점 A에 대하여 선분 AB와 선분 AC가 직선 $l$과 이루는 각의 크기가 각각 $45°$, $15°$이고 $\overline{AB}=10$, $\overline{AC}=15$이다. 직선 $l$ 위를 움직이는 점 P에 대하여 $\overline{PB}=a$, $\overline{PC}=b$라 하자. 다음은 $a+b$의 값이 최소가 될 때, $a-b$의 값을 구하는 과정이다.

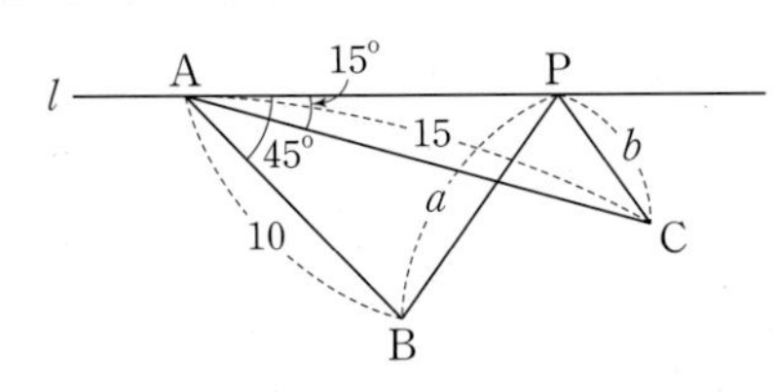


> 점 C를 직선 $l$에 대하여 대칭이동한 점을 C′이라 하면 점 P가 직선 BC′과 직선 $l$이 만나는 점일 때, $a+b$의 값은 최소가 된다. 삼각형 ABC′에서 코사인법칙에 의하여
>
> $\overline{BC'}=$ (가) 이므로 $a+b=$ (가) 이다.
>
> 한편, 선분 BC′이 선분 AC와 만나는 점을 D라 하면 삼각형 ABC′의 넓이
>
> $\frac{1}{2}\times10\times15\times\sin 60°$
>
> $=\frac{1}{2}\times10\times\overline{AD}\times\sin 30°+\frac{1}{2}\times\overline{AD}\times15\times\sin 30°$
>
> 에서 $\overline{AD}=$ (나) 이다.
>
> 이때 삼각형 ABC′에서 선분 AD는 ∠BAC′의 이등분선이므로
>
> $\overline{DC'}=\frac{3}{5}\overline{BC'}=\frac{3}{5}\times(a+b)=\frac{3}{5}\times$ (가)
>
> 이다. 또, 삼각형 ADC′에서 선분 AP는 ∠DAC′의 이등분선이므로
>
> $b=\overline{PC}=\overline{PC'}=\dfrac{\text{(다)}}{\text{(나)}+\text{(다)}}\times\left(\frac{3}{5}\times\text{(가)}\right)$
>
> 따라서 $a-b=(a+b)-2b$이므로
>
> $a-b=\text{(가)}-2\times\left\{\dfrac{\text{(다)}}{\text{(나)}+\text{(다)}}\times\left(\frac{3}{5}\times\text{(가)}\right)\right\}$
>
> … (이하 생략)

위의 (가), (나), (다)에 알맞은 수를 각각 $p$, $q$, $r$라 할 때, $\frac{pq}{r}$의 값은?

① $4\sqrt{3}$　② $2\sqrt{15}$　③ $6\sqrt{2}$　④ $2\sqrt{21}$　⑤ $4\sqrt{6}$

## 150

수능유형 06

자연수 $a$와 양수 $b$에 대하여 $x\ge\frac{b}{a}\pi$에서 정의된 함수 $f(x)=\sin(ax-b\pi)$의 그래프와 두 직선 $y=1$, $y=-1$이 만나는 점 중 $x$좌표가 가장 작은 점을 각각 A, B라 하고 두 점 A, B에서 $x$축에 내린 수선의 발을 각각 $H_1$, $H_2$라 할 때, 다음 조건을 만족시킨다.

> (가) $\triangle OAH_1 : \triangle OAH_2=5:9$
>
> (나) $\frac{b}{a}\pi\le x\le 2\pi$에서 함수 $f(x)=\sin(ax-b\pi)$의 그래프와 직선 $y=1$이 만나는 점의 개수는 3이다.

$\frac{b}{a}\pi\le x\le\pi$에서 방정식 $f(x)=\frac{1}{2}$의 모든 해의 합은?

(단, O는 원점이다.)

① $\frac{16}{9}\pi$　② $\frac{65}{36}\pi$　③ $\frac{33}{18}\pi$　④ $\frac{67}{36}\pi$　⑤ $\frac{17}{9}\pi$

## 151

수능유형 01, 07, 12

그림과 같이 빗변 AC의 길이가 $2\sqrt{6}$이고 $\angle CAB=\frac{5}{12}\pi$인 직각삼각형 ABC와 직각삼각형 ABC의 외접원이 있다. 점 B를 포함하지 않는 호 AC 위의 점 D에 대하여 선분 BC 위를 움직이는 점 P에서 직선 DC와 직선 DA에 내린 수선의 발을 각각 $H_1$, $H_2$라 하자. 점 P의 위치에 관계없이 $\overline{PH_1}+\overline{PH_2}$의 값이 일정할 때, **보기**에서 옳은 것만을 있는 대로 고른 것은?

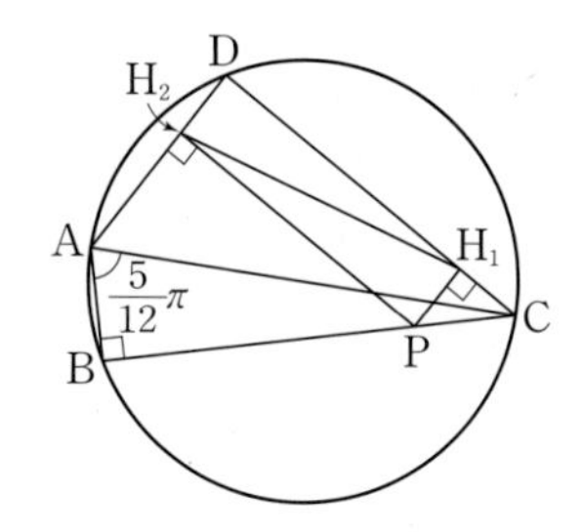


**보기**

ㄱ. 호 DB, 호 BC, 호 CD의 길이의 비는 3 : 5 : 4이다.

ㄴ. 선분 BC의 길이는 $3+\sqrt{3}$이다.

ㄷ. 삼각형 $H_2PH_1$의 외접원의 넓이가 $a\pi$일 때, 삼각형 $H_2PH_1$의 넓이는 $5-a$이다.

① ㄱ ② ㄴ ③ ㄱ, ㄴ
④ ㄱ, ㄷ ⑤ ㄱ, ㄴ, ㄷ

## 152

수능유형 12

그림과 같이 $\overline{AB}=6$, $\overline{BC}=5$, $\overline{CA}=4$인 삼각형 ABC의 외접원의 중심 O에 대하여 선분 BO의 중점을 M이라 하자. 점 M에서 세 선분 AB, BC, CA에 내린 수선의 발을 각각 P, Q, R라 하자. $\overline{PQ}=a$, $\overline{QR}=b$라 할 때, $\left(\frac{16}{9}ab\right)^2$의 값을 구하시오.

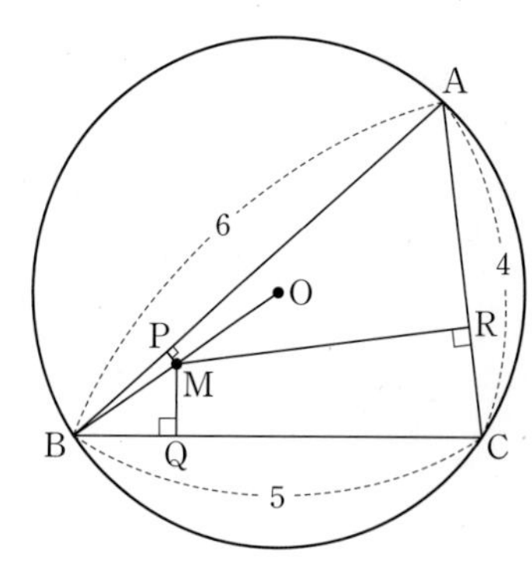

# III 수열

| 중단원명 | 수능유형명 |
| --- | --- |
| 01. 등차수열과 등비수열 | 01 등차수열 |
| | 02 등차수열의 합 |
| | 03 등차수열의 합과 일반항 사이의 관계 |
| | 04 등비수열 |
| | 05 등비수열의 합 |
| | 06 등비수열의 합과 일반항 사이의 관계 |
| | 07 수열에의 빈칸 추론 |
| 02. 수열의 합과 수학적 귀납법 | 08 $\sum$의 성질 |
| | 09 $\sum$와 등차수열 |
| | 10 $\sum$와 등비수열 |
| | 11 여러 가지 수열의 합 (1) - 지수와 로그, 부분분수 |
| | 12 여러 가지 수열의 합 (2) - 새롭게 정의되는 수열 |
| | 13 $\sum$를 이용한 수열의 합과 일반항 사이의 관계 |
| | 14 수열의 귀납적 정의 (1) - 직접 대입하기 |
| | 15 수열의 귀납적 정의 (2) - 규칙 찾기 |
| | 16 수열의 귀납적 정의 (3) - 그래프와 도형 |
| | 17 수열의 합에의 빈칸 추론 |
| | 18 수학적 귀납법 |

# 수능 실전 개념

## ① 등차수열

(1) 일반항

첫째항이 $a$, 공차가 $d$인 등차수열의 일반항 $a_n$은

$a_n=a+(n-1)d$

(2) 등차중항

세 수 $a$, $b$, $c$가 이 순서대로 등차수열을 이루면 $b$는 $a$와 $c$의 등차중항이고, $2b=a+c$이다.

**실전 전략**

등차수열을 이루는 수

(1) 등차수열을 이루는 세 수는 $a-d$, $a$, $a+d$로 놓는다.

(2) 등차수열을 이루는 네 수는 $a-3d$, $a-d$, $a+d$, $a+3d$로 놓는다.

(3) 등차수열의 합

등차수열의 첫째항부터 제$n$항까지의 합을 $S_n$이라 하면

① 첫째항이 $a$, 제$n$항이 $l$일 때, $S_n=\frac{n(a+l)}{2}$

② 첫째항이 $a$, 공차가 $d$일 때, $S_n=\frac{n\{2a+(n-l)d\}}{2}$

## ② 수열의 합과 일반항 사이의 관계

수열 $\{a_n\}$의 첫째항부터 제$n$항까지의 합을 $S_n$이라 하면

$a_1=S_1$, $a_n=S_n-S_{n-1}$ $(n\geq 2)$

## ③ 등비수열

(1) 일반항

첫째항이 $a$, 공비가 $r$인 등비수열의 일반항 $a_n$은

$a_n=ar^{n-1}$ $(r\neq 0)$

(2) 등비중항

0이 아닌 세 수 $a$, $b$, $c$가 이 순서대로 등비수열을 이루면 $b$는 $a$와 $c$의 등비중항이고, $b^2=ac$이다.

**실전 전략**

등비수열을 이루는 수

등비수열을 이루는 세 수는 $a$, $ar$, $ar^2$ $(ar\neq 0)$으로 놓는다.

(3) 등비수열의 합

첫째항이 $a$, 공비가 $r$인 등비수열의 첫째항부터 제$n$항까지의 합을 $S_n$이라 하면

① $r\neq 1$일 때, $S_n=\frac{a(1-r^n)}{1-r}=\frac{a(r^n-1)}{r-1}$

② $r=1$일 때, $S_n=na$

## ④ 수열의 합

(1) $a_1+a_2+a_3+\cdots+a_n=\sum_{k=1}^{n}a_k$

(2) $a_m+a_{m+1}+a_{m+2}+\cdots+a_n=\sum_{k=m}^{n}a_k=\sum_{k=1}^{n}a_k-\sum_{k=1}^{m-1}a_k$

(3) $\Sigma$의 성질

① $\sum_{k=1}^{n}(a_k\pm b_k)=\sum_{k=1}^{n}a_k\pm\sum_{k=1}^{n}b_k$ (복부호 동순)

② $\sum_{k=1}^{n}ca_k=c\sum_{k=1}^{n}a_k$ (단, $c$는 상수)

③ $\sum_{k=1}^{n}c=cn$ (단, $c$는 상수)

## ⑤ 자연수의 거듭제곱의 합

(1) $\sum_{k=1}^{n}k=\frac{n(n+1)}{2}$

(2) $\sum_{k=1}^{n}k^2=\frac{n(n+1)(2n+1)}{6}$

(3) $\sum_{k=1}^{n}k^3=\left\{\frac{n(n+1)}{2}\right\}^2$

## ⑥ 분수꼴인 수열의 합

(1) $\sum_{k=1}^{n}\frac{1}{k(k+1)}=\sum_{k=1}^{n}\left(\frac{1}{k}-\frac{1}{k+1}\right)$

(2) $\sum_{k=1}^{n}\frac{1}{(k+a)(k+b)}=\frac{1}{b-a}\sum_{k=1}^{n}\left(\frac{1}{k+a}-\frac{1}{k+b}\right)$ $(a\neq b)$

**실전 전략**

$\sum_{k=1}^{n}\frac{1}{\sqrt{k}+\sqrt{k+1}}=\sum_{k=1}^{n}(\sqrt{k+1}-\sqrt{k})$

## ⑦ 수열의 귀납적 정의

(1) 등차수열의 귀납적 정의

수열 $\{a_n\}$의 첫째항 $a$, 공차가 $d$인 등차수열일 때,

$a_1=a$, $a_{n+1}=a_n+d$ $(n=1, 2, 3, \cdots)$

**실전 전략**

등차수열 $\{a_n\}$에 대하여 $2a_{n+1}=a_n+a_{n+2}$이 성립한다.

(2) 등비수열의 귀납적 정의

수열 $\{a_n\}$의 첫째항 $a$, 공비가 $r$ $(r\neq 0)$인 등비수열일 때,

$a_1=a$, $a_{n+1}=ra_n$ $(n=1, 2, 3, \cdots)$

**실전 전략**

등비수열 $\{a_n\}$에 대하여 $a_{n+1}{}^2=a_na_{n+2}$이 성립한다.

# step 0 기출에서 뽑은 실전 개념 OX

정답 53쪽

■ 다음 문장이 참이면 '○'표, 거짓이면 '×'표를 (    ) 안에 써넣으시오.

**01** 등차수열 $\{a_n\}$에 대하여 세 수 $a_1$, $a_1+a_2$, $a_2+a_3$이 이 순서대로 등차수열을 이루면 수열 $\{a_n\}$의 공차는 $a_1$이다. (단, $a_1 \neq 0$) (    )

**02** 수열 $1$, $a_1$, $a_2$, $\cdots$, $a_{16}$, $2$가 이 순서대로 등차수열을 이루면 $1+a_1+a_2+\cdots+a_{16}+2=24$이다. (    )

**03** 두 수열 $\{a_n\}$, $\{b_n\}$에 대하여 $b_n=a_{n+1}-a_n$이 성립할 때, 수열 $\{a_n\}$이 등비수열이면 수열 $\{b_n\}$도 등비수열이다. (단, $a_nb_n \neq 0$) (    )

**04** 공차가 0이 아닌 등차수열 $\{a_n\}$의 세 항 $a_2$, $a_4$, $a_9$는 이 순서대로 공비가 2인 등비수열을 이룬다. (    )

**05** 등비수열 $\{a_n\}$의 첫째항부터 제$n$항까지의 합 $S_n$에 대하여 $S_4=9S_2$이면 $a_4=9a_2$이다. (    )

**06** 두 수열 $\{a_n\}$, $\{b_n\}$에 대하여 $\sum_{n=1}^{10} a_n=9$, $\sum_{n=1}^{10} b_n=7$이면 $\sum_{n=1}^{10}(2a_n-b_n)=\sum_{n=1}^{10}(-a_n+3b_n)$이다. (    )

**07** 수열 $\{a_n\}$이 $\sum_{k=1}^{n} a_k=2n-1$을 만족시키면 $a_{10}=2$이다. (    )

**08** $\sum_{k=1}^{9}\frac{1}{k(k+1)}=\sum_{k=2}^{10}\frac{1}{(k-1)k}$이다. (    )

**09** 수열 $\{a_n\}$이 모든 자연수 $n$에 대하여 $a_{n+1}-a_n=2n$을 만족시키면 $a_{10}-a_1=90$이다. (    )

**10** 수열 $\{a_n\}$이 모든 자연수 $n$에 대하여 $a_{n+1}+a_n=3n-1$을 만족시키고 $a_3=4$이면 수열 $\{a_n\}$은 등차수열이다. (    )

step 1

어려운 3점·쉬운 4점 유형 정복하기

## 수능유형 01 등차수열

### 153 대표 기출

• 모평 기출 •

자연수 $n$에 대하여 $x$에 대한 이차방정식

$$x^2-nx+4(n-4)=0$$

이 서로 다른 두 실근 $\alpha$, $\beta$ ($\alpha<\beta$)를 갖고, 세 수 1, $\alpha$, $\beta$가 이 순서대로 등차수열을 이룰 때, $n$의 값은? [3점]

① 5 ② 8 ③ 11 ④ 14 ⑤ 17

**핵심개념 & 연관개념**

핵심개념 / 등차중항

세 수 $a$, $b$, $c$가 이 순서대로 등차수열을 이룰 때,

$$2b=a+c,\ 즉\ b=\frac{a+c}{2}$$

참고 역으로 $b=\frac{a+c}{2}$이면 $b$는 $a$와 $c$의 등차중항이다.

### 154 변형 유제

서로 다른 세 정수 $n$, $n-4$, $2n$을 작은 수부터 차례로 나열한 것을 $a_1$, $a_2$, $a_3$이라 하자. 세 수 $a_1$, $a_2$, $a_3$이 이 순서대로 공차가 $d$인 등차수열을 이룰 때, 모든 $d$의 값의 합은?

① 2 ② 4 ③ 6 ④ 8 ⑤ 10

### 155 실전 예상

공차가 0이 아닌 등차수열 $\{a_n\}$에 대하여

$$a_6+a_8=|2a_5|,\ |a_6|+|a_8|=|a_5+2|$$

일 때, $a_9$의 최댓값과 최솟값을 각각 $M$, $m$이라 하자. $M-m$의 값은?

① 2 ② 4 ③ 6 ④ 8 ⑤ 10

### 156 실전 예상

모든 항이 자연수인 등차수열 $\{a_n\}$이 다음 조건을 만족시킨다.

(가) $a_1+a_2-a_3=0$
(나) 어떤 자연수 $m$에 대하여 $a_m+a_{m+2}=6m$이다.

$a_{10}+a_{20}$의 값을 구하시오.

## 수능유형 02 등차수열의 합

### 157 대표 기출

•학평 기출•

공차가 양수인 등차수열 $\{a_n\}$의 첫째항부터 제$n$항까지의 합을 $S_n$이라 하자. $S_9=|S_3|=27$일 때, $a_{10}$의 값은? [4점]

① 23 ② 24 ③ 25
④ 26 ⑤ 27

**핵심개념 & 연관개념**

핵심개념/ 등차수열의 합

첫째항이 $a$, 공차가 $d$인 등차수열 $\{a_n\}$의 첫째항부터 제$n$항까지의 합 $S_n$은

$$S_n=\frac{n\{2a+(n-1)d\}}{2}$$

### 158 변형 유제

첫째항이 양수인 등차수열 $\{a_n\}$의 첫째항부터 제$n$항까지의 합을 $S_n$이라 하자.

$S_5=S_7$, $|S_5|+|S_7|=70$

일 때, $S_3$의 값은?

① 21 ② 24 ③ 27
④ 30 ⑤ 33

### 159 실전 예상

등차수열 $\{a_n\}$의 첫째항부터 제$n$항까지의 합을 $S_n$이라 하면 $S_n=pn^2+qn$이다.

$a_1+a_3+a_5+a_7=0$,

$a_2+a_4+a_6+a_8=-8$

일 때, $|p|+|q|$의 값을 구하시오. (단, $p$, $q$는 상수이다.)

### 160 실전 예상

등차수열 $\{a_n\}$이 어떤 자연수 $m$ $(m>1)$에 대하여

$a_1+a_2+a_3+\cdots+a_m=100$,

$a_{m+1}+a_{m+2}+a_{m+3}+\cdots+a_{2m}=300$

일 때, $a_2$의 최댓값과 최솟값을 각각 $M$, $m$이라 하자. $M\times m$의 값은?

① 200 ② 225 ③ 250
④ 275 ⑤ 300

## 수능유형 03 등차수열의 합과 일반항 사이의 관계

### 161 대표 기출

•학평 기출•

수열 $\{a_n\}$의 첫째항부터 제$n$항까지의 합을 $S_n$이라 할 때, $S_n=2n^2-3n$이다. $a_n>100$을 만족시키는 자연수 $n$의 최솟값은? [3점]

① 25 ② 27 ③ 29 ④ 31 ⑤ 33

**핵심개념 & 연관개념**

**핵심개념** / 수열의 합과 일반항 사이의 관계

수열 $\{a_n\}$의 첫째항부터 제$n$항까지의 합을 $S_n$이라 하면

$a_1=S_1$, $a_n=S_n-S_{n-1}$ $(n\ge2)$

### 162 변형 유제

수열 $\{a_n\}$의 첫째항부터 제$n$항까지의 합을 $S_n$이라 할 때, $S_n=n^2-10n+20$이다. $a_n<10$을 만족시키는 모든 자연수 $n$의 값의 합은?

① 52 ② 53 ③ 54 ④ 55 ⑤ 56

### 163 실전 예상

$a_3=11$인 등차수열 $\{a_n\}$의 첫째항부터 제$n$항까지의 합을 $S_n$이라 하자. 세 수 $S_2+1$, $S_1+S_2$, $S_4-S_3$이 이 순서대로 등차수열을 이룰 때, $S_n<200$을 만족시키는 자연수 $n$의 최댓값은?

① 3 ② 5 ③ 7 ④ 9 ⑤ 11

### 164 실전 예상

두 등차수열 $\{a_n\}$, $\{b_n\}$의 첫째항부터 제$n$항까지의 합을 각각 $S_n$, $T_n$이라 할 때, 두 수열 $\{S_n\}$, $\{T_n\}$이 다음 조건을 만족시킨다.

(가) 모든 자연수 $n$에 대하여 $S_n+T_n=2n^2$이다.

(나) $\dfrac{T_2}{S_2}=3$, $\dfrac{T_3}{S_3}=2$

$|S_m-T_m|<10$을 만족시키는 모든 자연수 $m$의 값의 합은?

① 5 ② 10 ③ 15 ④ 20 ⑤ 25

○ 정답과 해설 55쪽

## 수능유형 04 등비수열

### 165 대표 기출

• 학평 기출 •

공비가 1보다 큰 등비수열 $\{a_n\}$이 다음 조건을 만족시킨다.

(가) $a_3 \times a_5 \times a_7 = 125$

(나) $\frac{a_4 + a_8}{a_6} = \frac{13}{6}$

$a_9$의 값은? [3점]

① 10 ② $\frac{45}{4}$ ③ $\frac{25}{2}$

④ $\frac{55}{4}$ ⑤ 15

**핵심개념 & 연관개념**

핵심개념 / 등비수열의 일반항

첫째항이 $a$, 공비가 $r$ $(r \neq 0)$인 등비수열 $\{a_n\}$의 일반항 $a_n$은

$a_n = ar^{n-1}$ (단, $n=1, 2, 3, \cdots$)

### 166 변형 유제

공비가 2보다 작고 모든 항이 양수인 등비수열 $\{a_n\}$이 다음 조건을 만족시킨다.

(가) $a_2 a_4 = 36$

(나) $\frac{a_1 - a_2 + a_3 - a_4}{a_3 + a_5} = \frac{1 - \sqrt{3}}{3}$

집합 $A = \{a_n | n$은 10 이하의 자연수$\}$의 원소 중 자연수인 모든 원소의 합은?

① 242 ② 244 ③ 246

④ 248 ⑤ 250

### 167 실전 예상

모든 항이 실수인 등비수열 $\{a_n\}$에 대하여

$$a_1 + a_2 = 6, \frac{1}{a_3} + \frac{1}{a_4} = 8$$

일 때, $100a_n < 1$을 만족시키는 자연수 $n$의 최솟값은?

① 6 ② 7 ③ 8

④ 9 ⑤ 10

### 168 실전 예상

공차가 자연수인 등차수열 $\{a_n\}$과 첫째항이 자연수인 등비수열 $\{b_n\}$이 다음 조건을 만족시킨다.

(가) $a_1 = b_2$

(나) $a_3 = b_3$

(다) $a_9 = b_4$

$100 < a_5 + b_5 < 200$일 때, $a_5 + b_5$의 값을 구하시오.

## 수능유형 05 등비수열의 합

### 169 대표 기출

• 모평 기출 •

등비수열 $\{a_n\}$의 첫째항부터 제$n$항까지의 합을 $S_n$이라 하자.

$$a_1=1,\ \frac{S_6}{S_3}=2a_4-7$$

일 때, $a_7$의 값을 구하시오. [3점]

**핵심개념 & 연관개념**

핵심개념 / 등비수열의 합

첫째항이 $a$, 공비가 $r$인 등비수열 $\{a_n\}$의 첫째항부터 제$n$항까지의 합을 $S_n$이라 하면

$$S_n=\begin{cases}\dfrac{a(1-r^n)}{1-r} & (r\neq1)\\ na & (r=1)\end{cases}$$

### 170 변형 유제

등비수열 $\{a_n\}$의 첫째항부터 제$n$항까지의 합을 $S_n$이라 하자. $S_3=2$, $S_6=8$일 때, $S_{3n}>100$을 만족시키는 자연수 $n$의 최솟값은?

① 3 ② 4 ③ 5 ④ 6 ⑤ 7

### 171 실전 예상

모든 항이 양수이고 $a_1=2$, $a_5=8$인 등비수열 $\{a_n\}$이 있다. 두 수열 $\{a_n\}$, $\{a_n a_{n+2}\}$의 첫째항부터 제$n$항까지의 합을 각각 $S_n$, $T_n$이라 할 때, $\dfrac{T_{10}}{S_{10}}=p+q\sqrt{2}$이다. 두 유리수 $p$, $q$에 대하여 $|p|+|q|$의 값을 구하시오.

### 172 실전 예상

$a_2\neq0$인 등비수열 $\{a_n\}$이 다음 조건을 만족시킨다.

(가) $|4a_1|+|4a_2|=|a_3|+|a_4|$

(나) $|a_1|+\left|\dfrac{a_2}{a_1}\right|=4$

등비수열 $\{a_n\}$의 첫째항부터 제$n$항까지의 합을 $S_n$이라 할 때, **보기**에서 옳은 것만을 있는 대로 고른 것은?

**보기**

ㄱ. 모든 자연수 $n$에 대하여 $a_n\neq0$이다.

ㄴ. $|a_3|=8$

ㄷ. $S_{10}$의 최댓값은 2046이다.

① ㄱ ② ㄷ ③ ㄱ, ㄴ ④ ㄴ, ㄷ ⑤ ㄱ, ㄴ, ㄷ

## 수능유형 06 등비수열의 합과 일반항 사이의 관계

### 173 대표 기출

• 모평 기출 •

등비수열 $\{a_n\}$의 첫째항부터 제$n$항까지의 합을 $S_n$이라 하자. 모든 자연수 $n$에 대하여

$$S_{n+3}-S_n=13\times 3^{n-1}$$

일 때, $a_4$의 값을 구하시오. [4점]

**핵심개념 & 연관개념**

**핵심개념** / 수열의 합과 일반항 사이의 관계

수열 $\{a_n\}$의 첫째항부터 제$n$항까지의 합을 $S_n$이라 하면

$a_1=S_1$, $a_n=S_n-S_{n-1}\ (n\geq 2)$

### 174 변형 유제

수열 $\{a_n\}$의 첫째항부터 제$n$항까지의 합 $S_n$에 대하여

$S_n=2^{n-1}+k$이고, $\dfrac{a_2+a_4+a_6+a_8+a_{10}}{a_1+a_3+a_5+a_7+a_9}=\dfrac{31}{16}$일 때, $S_1+S_2$의 값을 구하시오. (단, $k$는 상수이다.)

### 175 실전 예상

$a_1=a_2=1$인 수열 $\{a_n\}$의 첫째항부터 제$n$항까지의 합을 $S_n$이라 하자. 모든 자연수 $n$에 대하여

$$S_{2n+2}=S_{2n}+2^n+(-2)^n$$

일 때, $S_{20}$의 값은?

① 680 ② 682 ③ 684 ④ 686 ⑤ 688

### 176 실전 예상

모든 항이 자연수인 두 등비수열 $\{a_n\}$, $\{b_n\}$의 첫째항부터 제$n$항까지의 합을 각각 $S_n$, $T_n$이라 하자. 두 수열 $\{S_n\}$, $\{T_n\}$이 모든 자연수 $n$에 대하여 다음 조건을 만족시킨다.

| |
|---|
| (가) $S_{n+2}-S_n=b_n$ |
| (나) $T_{n+2}-T_n=6b_n$ |

$a_1=1$, $b_1=6$일 때, $S_3+T_3$의 값을 구하시오.

## 수능유형 07 수열에의 빈칸 추론

### 177 대표 기출

•수능 기출•

상수 $k$ $(k>1)$에 대하여 다음 조건을 만족시키는 수열 $\{a_n\}$이 있다.

> 모든 자연수 $n$에 대하여 $a_n<a_{n+1}$이고 곡선 $y=2^x$ 위의 두 점 $\mathrm{P}_n(a_n,\ 2^{a_n})$, $\mathrm{P}_{n+1}(a_{n+1},\ 2^{a_{n+1}})$을 지나는 직선의 기울기는 $k\times 2^{a_n}$이다.

점 $\mathrm{P}_n$을 지나고 $x$축에 평행한 직선과 점 $\mathrm{P}_{n+1}$을 지나고 $y$축에 평행한 직선이 만나는 점을 $\mathrm{Q}_n$이라 하고 삼각형 $\mathrm{P}_n\mathrm{Q}_n\mathrm{P}_{n+1}$의 넓이를 $A_n$이라 하자. 다음은 $a_1=1$, $\dfrac{A_3}{A_1}=16$일 때, $A_n$을 구하는 과정이다.

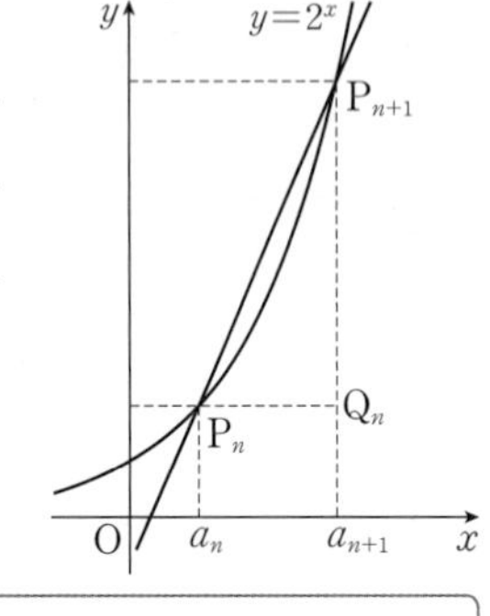


> 두 점 $\mathrm{P}_n$, $\mathrm{P}_{n+1}$을 지나는 직선의 기울기가 $k\times 2^{a_n}$이므로
>
> $$2^{a_{n+1}-a_n}=k(a_{n+1}-a_n)+1$$
>
> 이다. 즉, 모든 자연수 $n$에 대하여 $a_{n+1}-a_n$은 방정식 $2^x=kx+1$의 해이다.
> $k>1$이므로 방정식 $2^x=kx+1$은 오직 하나의 양의 실근 $d$를 갖는다. 따라서 모든 자연수 $n$에 대하여 $a_{n+1}-a_n=d$이고, 수열 $\{a_n\}$은 공차가 $d$인 등차수열이다.
> 점 $\mathrm{Q}_n$의 좌표가 $(a_{n+1},\ 2^{a_n})$이므로
>
> $$A_n=\frac{1}{2}(a_{n+1}-a_n)(2^{a_{n+1}}-2^{a_n})$$
>
> 이다. $\dfrac{A_3}{A_1}=16$이므로 $d$의 값은 (가) 이고,
> 수열 $\{a_n\}$의 일반항은
>
> $a_n=$ (나)
>
> 이다. 따라서 모든 자연수 $n$에 대하여 $A_n=$ (다) 이다.

위의 (가)에 알맞은 수를 $p$, (나)와 (다)에 알맞은 식을 각각 $f(n)$, $g(n)$이라 할 때, $p+\dfrac{g(4)}{f(2)}$의 값은? [4점]

① 118　② 121　③ 124　④ 127　⑤ 130

### 178 실전 예상

자연수 $m$에 대하여 집합

$$A=\{3^m,\ 3^m+1,\ 3^m+2,\ \cdots,\ 3^{2m}-1,\ 3^{2m}\}$$

의 원소 중 홀수인 모든 원소의 합을 $S_m$, 3의 배수인 모든 원소의 합을 $T_m$이라 하자. 다음은 $12(S_m-T_m)=3^{24}-3^{12}$을 만족시키는 자연수 $m$의 값을 구하는 과정이다.

> 두 수 $3^m$, $3^{2m}$은 모두 홀수이므로 집합 $A$의 원소 중 홀수인 원소는 $3^m$, $3^m+2$, $3^m+4$, $\cdots$, $3^{2m}$이다.
> 이때 $a_1=3^m$, $a_2=3^m+2$, $a_3=3^m+4$, $\cdots$, $a_k=3^{2m}$이라 하면 수열 $\{a_n\}$은 첫째항이 $3^m$, 공차가 2인 등차수열이므로 일반항 $a_n$은
>
> $$a_n=3^m+(n-1)\times 2$$
>
> 이다. $a_k=3^{2m}$에서
>
> $k=$ (가)
>
> 이므로
>
> $$S_m=3^m+(3^m+2)+(3^m+4)+\cdots+3^{2m}$$
> $$=\text{(가)}\times\frac{3^m+3^{2m}}{2}$$
>
> 이다.
> 한편, 두 수 $3^m$, $3^{2m}$은 모두 3의 배수이므로 집합 $A$의 원소 중 3의 배수인 원소는 $3^m$, $3^m+3$, $3^m+6$, $\cdots$, $3^{2m}$이다.
> 이때 $b_1=3^m$, $b_2=3^m+3$, $b_3=3^m+6$, $\cdots$, $b_l=3^{2m}$이라 하면 수열 $\{b_n\}$은 첫째항이 $3^m$, 공차가 3인 등차수열이므로 일반항 $b_n$은
>
> $$b_n=3^m+(n-1)\times 3$$
>
> 이다. $b_l=3^{2m}$에서
>
> $l=$ (나)
>
> 이므로
>
> $$T_m=3^m+(3^m+3)+(3^m+6)+\cdots+3^{2m}$$
> $$=\text{(나)}\times\frac{3^m+3^{2m}}{2}$$
>
> 이다. 따라서 $12(S_m-T_m)=3^{24}-3^{12}$을 만족시키는 $m$의 값은 (다) 이다.

위의 (가), (나)에 알맞은 식을 각각 $f(m)$, $g(m)$, (다)에 알맞은 수를 $p$라 할 때, $p\{f(2)+g(2)\}$의 값은?

① 370　② 371　③ 372　④ 373　⑤ 374

## 수능유형 08 $\Sigma$의 성질

### 179 대표 기출

•수능 기출•

수열 $\{a_n\}$에 대하여

$$\sum_{k=1}^{10}(a_k+1)^2=28,\ \sum_{k=1}^{10}a_k(a_k+1)=16$$

일 때, $\sum_{k=1}^{10}(a_k)^2$의 값을 구하시오. [4점]

**핵심개념 & 연관개념**

**핵심개념** / 합의 기호 $\Sigma$의 성질

$$\sum_{k=1}^{n}(pa_k+qb_k+r)=p\sum_{k=1}^{n}a_k+q\sum_{k=1}^{n}b_k+nr \text{ (단, } p, q, r\text{는 상수)}$$

### 180 변형 유제

수열 $\{a_n\}$에 대하여

$$\sum_{k=1}^{10}(a_k+1)^3=20,\ \sum_{k=1}^{10}a_k(a_k+1)=10$$

일 때, $\sum_{k=1}^{10}(1-a_k)^3+6\sum_{k=1}^{10}a_k$의 값을 구하시오.

### 181 실전 예상

사차방정식 $x^4+x^3-6x^2+5x-1=0$의 서로 다른 세 실근을 $\alpha$, $\beta$, $\gamma$ $(\alpha<\beta<\gamma)$라 할 때, $\sum_{k=1}^{10}(k-\alpha-\beta)(k-\gamma)$의 값은?

① 465 ② 470 ③ 475
④ 480 ⑤ 485

### 182 실전 예상

자연수 $n$과 양수 $p$에 대하여 곡선 $y=x^2-px$와 직선 $y=nx+np$가 서로 다른 두 점 $\mathrm{A}_n$, $\mathrm{B}_n$에서 만날 때, 두 점 $\mathrm{A}_n$, $\mathrm{B}_n$의 $x$좌표를 각각 $a_n$, $b_n$이라 하자.

$\sum_{n=1}^{5}(a_n{}^2+b_n{}^2)=195$일 때, $\sum_{n=1}^{5}(a_n+b_n)$의 값을 구하시오.

## 수능유형 09 $\Sigma$와 등차수열

### 183 대표 기출

•학평 기출•

공차가 양수인 등차수열 $\{a_n\}$에 대하여 $a_5=5$이고

$\sum_{k=3}^{7}|2a_k-10|=20$이다. $a_6$의 값은? [4점]

① 6　② $\frac{20}{3}$　③ $\frac{22}{3}$

④ 8　⑤ $\frac{26}{3}$

**핵심개념 & 연관개념**

핵심개념/ 등차수열의 관계식

등차수열 $\{a_n\}$의 공차를 $d$라 하면 모든 자연수 $n$에 대하여
$a_{n+1}-a_n=d$, 즉 $a_{n+1}=a_n+d$이다.
따라서 자연수 $m$에 대하여 $a_m-a_n=(m-n)d$이다.

### 184 변형 유제

등차수열 $\{a_n\}$에 대하여

$$a_3+a_{11}=3a_7,\ \sum_{k=1}^{15}a_k=30$$

일 때, $\sum_{k=1}^{15}|a_k|$의 값은?

① 111　② 112　③ 113

④ 114　⑤ 115

### 185 실전 예상

공차가 2인 등차수열 $\{a_n\}$에 대하여

$$\sum_{k=1}^{5}({a_{2k}}^2-{a_{2k-1}}^2)=40$$

일 때, $\sum_{k=1}^{5}({a_{2k}}^2+{a_{2k-1}}^2)$의 값은?

① 350　② 360　③ 370

④ 380　⑤ 390

### 186 실전 예상

공차가 0이 아니고 모든 항이 정수인 등차수열 $\{a_n\}$에 대하여

$$|a_1|=|a_3-a_2|,\ \left|\sum_{k=4}^{8}a_k\right|=20$$

일 때, $\sum_{k=1}^{8}|a_k|$의 값을 구하시오.

## 수능유형 10 $\sum$와 등비수열

### 187 대표 기출

• 학평 기출 •

첫째항이 양수이고 공비가 $-2$인 등비수열 $\{a_n\}$에 대하여

$$\sum_{k=1}^{9}(|a_k|+a_k)=66$$

일 때, $a_1$의 값은? [4점]

① $\frac{3}{31}$　② $\frac{5}{31}$　③ $\frac{7}{31}$　④ $\frac{9}{31}$　⑤ $\frac{11}{31}$

**핵심개념 & 연관개념**

**핵심개념** 등비수열 $\{a_n\}$과 수열 $\{|a_n|\}$의 관계

수열 $\{a_n\}$이 첫째항이 $a$, 공비가 $r$인 등비수열이면
수열 $\{|a_n|\}$은 첫째항이 $|a|$, 공비가 $|r|$인 등비수열이다.

### 188 변형 유제

모든 항이 정수이고 공비가 $-2$인 등비수열 $\{a_n\}$에 대하여

$$\sum_{k=1}^{5}(|a_k|+a_{k+1})=9$$

일 때, $\sum_{k=1}^{6}a_k a_{k+1}$의 값은?

① $-682$　② $-1364$　③ $-1365$　④ $-2730$　⑤ $-4095$

### 189 실전 예상

첫째항이 정수인 등비수열 $\{a_n\}$의 첫째항부터 제$n$항까지의 합을 $S_n$이라 하자.

$$\sum_{k=1}^{4}a_k=15,\ \frac{a_1+a_3}{a_1+a_2}=\frac{5}{6}$$

일 때, $\sum_{k=1}^{8}\frac{S_k}{2a_k}$의 값은?

① 250　② 251　③ 252　④ 253　⑤ 254

### 190 실전 예상

등비수열 $\{a_n\}$이 다음 조건을 만족시킨다.

> (가) $a_1$은 자연수이고, 공비는 정수이다.
> (나) $a_1+a_2+a_3=14$

자연수 $m$에 대하여 $\sum_{k=1}^{m}a_k=122$일 때, $a_m$의 값은?

① 160　② 161　③ 162　④ 163　⑤ 164

## 수능유형 11 여러 가지 수열의 합 (1) - 지수와 로그, 부분분수

### 191 대표 기출

•수능 기출•

자연수 $n$의 양의 약수의 개수를 $f(n)$이라 하고, 36의 모든 양의 약수를 $a_1$, $a_2$, $a_3$, $\cdots$, $a_9$라 하자.

$\sum_{k=1}^{9} \{(-1)^{f(a_k)} \times \log a_k\}$의 값은? [4점]

① $\log 2+\log 3$ ② $2\log 2+\log 3$
③ $\log 2+2\log 3$ ④ $2\log 2+2\log 3$
⑤ $3\log 2+2\log 3$

**핵심개념 & 연관개념**

연관개념 / 약수의 개수

자연수 $N$이 $N=p^m\times q^n$ ($p$, $q$는 소수, $m$, $n$은 자연수)으로 소인수분해될 때, $N$의 양의 약수의 개수는

$(m+1)(n+1)$

### 192 변형 유제

자연수 $n$에 대하여 $2^n\times 3^{n-1}$의 양의 약수의 개수를 $a_n$, 모든 양의 약수의 합을 $b_n$이라 할 때, $\sum_{k=1}^{4}(6^k-a_k-b_k)$의 값은?

① 48 ② 49 ③ 50
④ 51 ⑤ 52

### 193 실전 예상

$a_5=12$인 등차수열 $\{a_n\}$이 모든 자연수 $n$에 대하여

$$\sum_{k=1}^{n}\frac{a_k+a_{k+4}}{2}=n^2+7n$$

일 때, $\sum_{k=1}^{8}\frac{40}{a_k a_{k+1}}$의 값은?

① 4 ② 5 ③ 6
④ 7 ⑤ 8

### 194 실전 예상

자연수 $k$에 대하여 두 이차함수

$f(x)=x^2-2kx+k^2+k-2$,

$g(x)=-x^2+4kx-4k^2+2k+1$

이 있다. 직선 $y=m$과 두 곡선 $y=f(x)$, $y=g(x)$가 각각 서로 다른 두 점에서 만나도록 하는 모든 정수 $m$의 개수를 $a_k$라 할 때, $\sum_{k=1}^{n}\frac{300}{a_k a_{k+1}}\geq 90$을 만족시키는 자연수 $n$의 최솟값을 구하시오.

○ 정답과 해설 63쪽

## 195 실전 예상

첫째항이 1, 공비가 2인 등비수열 $\{a_n\}$의 첫째항부터 제$n$항까지의 합을 $S_n$이라 하자. $\sum_{n=1}^{5} \frac{\log(S_nS_{n+3}+S_n+S_{n+3}+1)}{m\log 2}$의 값이 자연수가 되도록 하는 모든 자연수 $m$의 값의 합은?

① 70 ② 72 ③ 74
④ 76 ⑤ 78

## 196 실전 예상

모든 항이 자연수인 수열 $\{a_n\}$의 첫째항부터 제$n$항까지의 합을 $S_n$이라 하면 $a_n$, $S_n$이 다음 조건을 만족시킨다.

> (가) $S_2=3$, $S_{10}=10$, $S_{12}=14$
> (나) $\sum_{k=1}^{10} \frac{a_{k+2}-a_k}{a_ka_{k+2}}=\frac{1}{6}$

이때 $a_1\times a_2+a_{11}\times a_{12}$의 값은?

① 3 ② 4 ③ 5
④ 6 ⑤ 7

### 수능유형 12 여러 가지 수열의 합 (2) - 새롭게 정의되는 수열

## 197 대표 기출

• 모평 기출 •

실수 전체의 집합에서 정의된 함수 $f(x)$가 구간 $(0, 1]$에서

$$f(x)=\begin{cases} 3 & (0<x<1) \\ 1 & (x=1) \end{cases}$$

이고, 모든 실수 $x$에 대하여 $f(x+1)=f(x)$를 만족시킨다.

$\sum_{k=1}^{20} \frac{k\times f(\sqrt{k})}{3}$의 값은? [4점]

① 150 ② 160 ③ 170
④ 180 ⑤ 190

**핵심개념 & 연관개념**

연관 개념 / 주기함수
함수 $f$의 정의역에 속하는 모든 실수 $x$에 대하여
$f(x+p)=f(x)$를 만족시키는 0이 아닌 상수 $p$가 존재할 때,
함수 $f$를 주기함수라 한다.

## 198 변형 유제

실수 전체의 집합에서 정의된 함수 $f(x)$가 $0\le x<2$에서

$$f(x)=\begin{cases} 1 & (x=0) \\ 2 & (0<x<2) \end{cases}$$

이고, 모든 실수 $x$에 대하여

$$f(-x)=f(x),\ f(1-x)=f(1+x)$$

를 만족시킨다. $\sum_{k=1}^{25} \{f(\sqrt[3]{k})-f(\sqrt{k})\}$의 값은?

① $-2$ ② $-1$ ③ 0
④ 1 ⑤ 2

## 199 실전 예상

자연수 전체의 집합의 부분집합 $A$가

$$A=\{x\,|\,x\text{는 2의 배수 또는 3의 배수}\}$$

일 때, 수열 $\{a_n\}$은 집합 $A$의 원소를 작은 수부터 차례로 모두 나열하여 만든 수열이다. 예를 들어 $a_2=3$, $a_5=8$이다.

$\sum_{k=1}^{20} a_k$의 값을 구하시오.

## 200 실전 예상

자연수 $n$에 대하여 곡선 $f(x)=\sqrt{x}$ 위에 점 $\mathrm{A}_n(n,\ f(n))$이 있다. 세 점 $\mathrm{A}_n$, $\mathrm{A}_{n+1}$, $\mathrm{A}_{n+2}$를 꼭짓점으로 하는 삼각형의 넓이를 $a_n$이라 할 때,

$$\sum_{k=1}^{14} \frac{1}{\sqrt{k+1-a_k}}=3+a\sqrt{2}+b\sqrt{15}$$

이다. 두 정수 $a$, $b$에 대하여 $ab$의 값은?

① $-2$ ② $-1$ ③ 0 ④ 1 ⑤ 2

### 수능유형 13 $\Sigma$를 이용한 수열의 합과 일반항 사이의 관계

## 201 대표 기출

• 모평 기출 •

수열 $\{a_n\}$이 모든 자연수 $n$에 대하여

$$\sum_{k=1}^{n} \frac{4k-3}{a_k}=2n^2+7n$$

을 만족시킨다. $a_5\times a_7\times a_9=\frac{q}{p}$일 때, $p+q$의 값을 구하시오.

(단, $p$와 $q$는 서로소인 자연수이다.) [4점]

**핵심개념 & 연관개념**

**핵심개념/** $\Sigma$로 표현된 수열의 합과 일반항

수열 $\{a_n\}$의 첫째항부터 제$n$항까지의 합을 $S_n$이라 하면

(i) $S_1=a_1$

(ii) $a_n=S_n-S_{n-1}=\sum_{k=1}^{n} a_k-\sum_{k=1}^{n-1} a_k$ (단, $n\geq 2$)

## 202 변형 유제

수열 $\{a_n\}$이 모든 자연수 $n$에 대하여

$$\sum_{k=1}^{n} \frac{1}{a_k}=5^n-1$$

을 만족시킬 때, $\sum_{k=1}^{10} \log_5 16a_k a_{k+1}$의 값은?

① $-200$ ② $-100$ ③ 0 ④ 100 ⑤ 200

## 203 실전 예상

두 수열 $\{a_n\}$, $\{b_n\}$이 모든 자연수 $n$에 대하여 다음 조건을 만족시킨다.

(가) $a_n=b_{n+1}$

(나) $\sum_{k=1}^{n} a_k b_k = \frac{4n^3+6n^2-n}{3}$

이때 $a_3(a_2+a_4)$의 값은?

① 92 ② 94 ③ 96
④ 98 ⑤ 100

## 204 실전 예상

수열 $\{a_n\}$이 모든 자연수 $n$에 대하여

$$\sum_{k=1}^{n} \frac{a_{k+1}}{a_k} = \frac{n^2+3n+2}{2}$$

를 만족시킬 때, $\sum_{k=1}^{10} \frac{a_{k+2}}{a_k}$의 값은?

① 571 ② 572 ③ 573
④ 574 ⑤ 575

### 수능유형 14 수열의 귀납적 정의 (1) - 직접 대입하기

## 205 대표 기출

• 학평 기출 •

첫째항이 6인 수열 $\{a_n\}$이 모든 자연수 $n$에 대하여

$$a_{n+1}=\begin{cases} 2-a_n & (a_n \geq 0) \\ a_n+p & (a_n<0) \end{cases}$$

을 만족시킨다. $a_4=0$이 되도록 하는 모든 실수 $p$의 값의 합을 구하시오. [4점]

**핵심개념 & 연관개념**

**핵심개념 /** 귀납적으로 정의된 여러 가지 수열

귀납적으로 정의된 수열 $\{a_n\}$에서 특정한 값을 구할 때에는 $n$에 1, 2, 3, …을 차례로 대입하여 항의 값을 구한다.

## 206 변형 유제

첫째항이 2 이상의 자연수인 수열 $\{a_n\}$이 모든 자연수 $n$에 대하여

$$a_{n+1}=\begin{cases} a_n-1 & (a_n\text{이 홀수인 경우}) \\ a_n+n+1 & (a_n\text{이 짝수인 경우}) \end{cases}$$

을 만족시킨다. $a_4a_5=66$일 때, $a_1$의 최댓값과 최솟값을 각각 $M$, $m$이라 하자. $M-m$의 값은?

① 1 ② 3 ③ 5
④ 7 ⑤ 9

## 207 실전 예상

수열 $\{a_n\}$이 모든 자연수 $n$에 대하여 다음 조건을 만족시킨다.

> (가) $a_{3n}=a_n+2$
> (나) $a_{3n+1}=2a_n+1$
> (다) $a_{3n+2}=3a_n-1$

$a_{100}+a_{101}+a_{102}=258$일 때, $a_1$의 값은?

① 10　② 12　③ 14　④ 16　⑤ 18

## 208 실전 예상

$a_1=10$, $a_2=a_3$인 수열 $\{a_n\}$이 이 다음 조건을 만족시킨다.

> (가) $1\le n\le 3$인 자연수 $n$에 대하여 $a_{n+3}=a_n-2$이다.
> (나) 모든 자연수 $n$에 대하여 $a_{n+6}=a_n+1$이다.

$\sum_{n=1}^{20} a_n=108$일 때, $a_8$의 값을 구하시오.

### 수능유형 15 수열의 귀납적 정의 (2) - 규칙 찾기

## 209 대표 기출

• 모평 기출 •

수열 $\{a_n\}$은 $a_1=9$, $a_2=3$이고, 모든 자연수 $n$에 대하여

$$a_{n+2}=a_{n+1}-a_n$$

을 만족시킨다. $|a_k|=3$을 만족시키는 100 이하의 자연수 $k$의 개수를 구하시오. [3점]

**핵심개념 & 연관개념**

**핵심개념** / 같은 수가 반복되는 수열

주어진 식의 $n$에 1, 2, 3, 4, …를 차례로 대입하여 같은 수가 반복되는 규칙을 찾는다.

수열 $\{a_n\}$이 $k$개의 수가 순서대로 반복하여 나타나는 수열이면

$a_{n+k}=a_n$ (단, $n\ge 1$)

## 210 변형 유제

수열 $\{a_n\}$이 모든 자연수 $n$에 대하여

$$a_{n+1}=(-1)^n\times a_n+1$$

을 만족시킨다. $a_3+a_{23}=0$일 때, $\sum_{k=1}^{50} a_k$의 값은?

① 22　② 23　③ 24　④ 25　⑤ 26

## 211 실전 예상

자연수 $n$에 대하여 $2^n+3^n+5^n$의 일의 자리의 수를 $a_n$이라 할 때, 부등식

$$100 \le \sum_{n=1}^{m} a_n \le 110$$

을 만족시키는 모든 자연수 $m$의 값의 합을 구하시오.

## 212 실전 예상

첫째항이 50인 수열 $\{a_n\}$이 모든 자연수 $n$에 대하여

$$a_{n+1}=\begin{cases} \dfrac{a_n}{4} & (a_n\text{이 4의 배수인 경우}) \\ a_n+1 & (a_n\text{이 4의 배수가 아닌 경우}) \end{cases}$$

를 만족시킨다. 집합 $A$가

$A=\{k \mid a_k=1,\ k\text{는 50 이하의 자연수}\}$일 때, 집합 $A$의 모든 원소의 합을 구하시오.

### 수능유형 16 수열의 귀납적 정의 (3) - 그래프와 도형 UP

## 213 대표 기출

• 모평 기출 •

좌표평면에서 그림과 같이 길이가 1인 선분이 수직으로 만나도록 연결된 경로가 있다. 이 경로를 따라 원점에서 멀어지도록 움직이는 점 P의 위치를 나타내는 점 $A_n$을 다음과 같은 규칙으로 정한다.

> (i) $A_0$은 원점이다.
> (ii) $n$이 자연수일 때, 점 $A_n$은 점 $A_{n-1}$에서 점 P가 경로를 따라 $\dfrac{2n-1}{25}$만큼 이동한 위치에 있는 점이다.

예를 들어, 점 $A_2$와 $A_6$의 좌표는 각각 $\left(\dfrac{4}{25},\ 0\right)$, $\left(1,\ \dfrac{11}{25}\right)$이다.

자연수 $n$에 대하여 점 $A_n$ 중 직선 $y=x$ 위에 있는 점을 원점에서 가까운 순서대로 나열할 때, 두 번째 점의 $x$좌표를 $a$라 하자. $a$의 값을 구하시오. [4점]

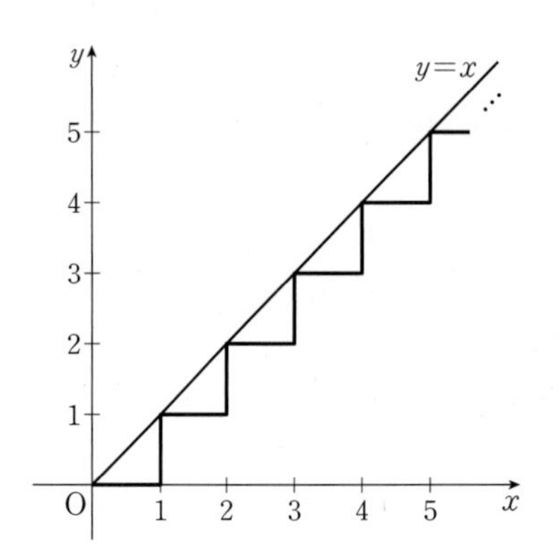


**핵심개념 & 연관개념**

**핵심개념** 수열의 귀납적 정의의 활용

$a_{n+1}=a_n+f(x)$의 $n$에 1, 2, 3, ⋯, $n-1$을 차례로 대입하여 규칙을 찾으면

$a_n=a_1+f(1)+f(2)+\cdots+f(n-1)$

## 214 변형 유제

좌표평면에서 그림과 같이 한 변의 길이가 1인 정사각형 OPQR의 경로가 있다. 점 O → 점 P → 점 Q → 점 R → 점 O → …의 순서로 경로를 따라 움직이는 점 A의 위치를 나타내는 점 $A_n$을 다음과 같은 규칙으로 정한다.

> (가) 점 $A_0$은 원점 O이다.
> (나) $n$이 자연수일 때, 점 $A_n$은 점 $A_{n-1}$에서 점 A가 경로를 따라 $\frac{3}{2}$만큼 이동한 위치에 있는 점이다.

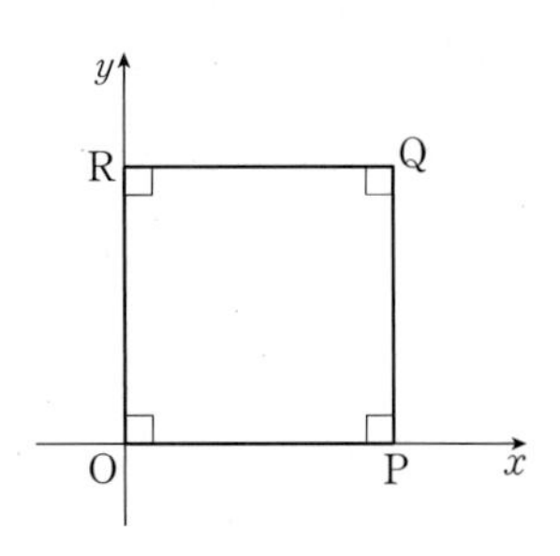


$\overline{OA_n}^2 \geq \frac{5}{4}$를 만족시키는 자연수 $n$의 값을 작은 수부터 차례로 나열한 수열을 $\{a_m\}$이라 할 때, $\sum_{k=1}^{30} a_k$의 값은?

① 1170　② 1180　③ 1190　④ 1200　⑤ 1210

## 215 실전 예상

그림과 같이 한 변의 길이가 2인 정삼각형 ABC가 있다. 점 A를 중심으로 하고 변 BC에 접하는 원이 두 변 AB, AC와 만나는 점을 각각 $B_1$, $C_1$이라 하고, 점 $C_1$에서 변 AB에 내린 수선의 발을 $B_2$라 하자. 점 A를 중심으로 하고 변 $AB_2$를 반지름으로 하는 원이 변 AC와 만나는 점을 $C_2$라 하고, 점 $C_2$에서 변 AB에 내린 수선의 발을 $B_3$이라 하자. 이와 같은 방법으로 자연수 $n$에 대하여 호 $B_nC_n$을 그릴 때, 호 $B_nC_n$, 두 선분 $B_nB_{n+1}$, $C_nB_{n+1}$로 둘러싸인 도형의 둘레의 길이를 $a_n$이라 하자. $\frac{a_1 \times a_{n+1}}{a_n} = \frac{\sqrt{3}(a\pi+b)+c}{12}$일 때, $a+b+c$의 값을 구하시오. (단, $a$, $b$, $c$는 자연수이다.)

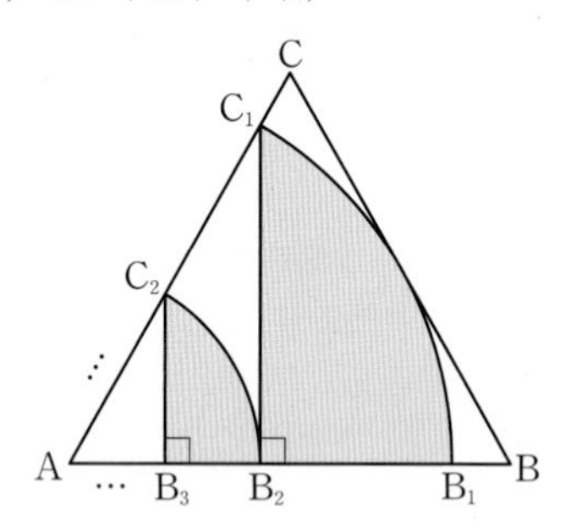


## 216 실전 예상

자연수 $n$에 대하여 원 $x^2+y^2=1$과 곡선 $y=\sqrt{x-\frac{n-10}{2}}$이 만나는 서로 다른 점의 개수를 $a_n$이라 하자. $\sum_{n=1}^{20} a_n$의 값을 구하시오.

○ 정답과 해설 69쪽

## 수능유형 17 수열의 합에의 빈칸 추론

### 217 대표 기출

•학평 기출•

다음은 2 이상의 자연수 $n$에 대하여 함수 $y=\sqrt{x}$의 그래프와 $x$축 및 직선 $x=n^2$으로 둘러싸인 도형의 내부에 있는 점 중에서 $x$좌표와 $y$좌표가 모두 정수인 점의 개수 $a_n$을 구하는 과정이다.

> $n=2$일 때, 곡선 $y=\sqrt{x}$, $x$축 및 직선 $x=4$로 둘러싸인 도형의 내부에 있는 점 중에서 $x$좌표와 $y$좌표가 모두 정수인 점은 $(2, 1)$, $(3, 1)$이므로
>
> $a_2=$ (가)
>
> 이다.
>
> 3 이상의 자연수 $n$에 대하여 $a_n$을 구하여 보자.
>
> 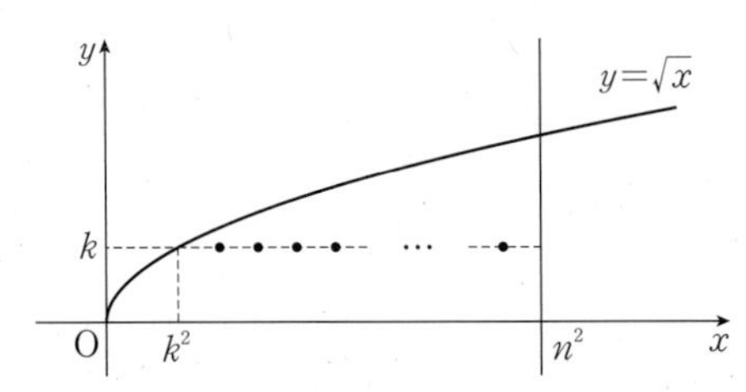
> 
>
> 위의 그림과 같이 $1\le k\le n-1$인 정수 $k$에 대하여 주어진 도형의 내부에 있는 점 중에서 $x$좌표가 정수이고, $y$좌표가 $k$인 점은
>
> $(k^2+1, k)$, $(k^2+2, k)$, $\cdots$, ( (나) , $k$)
>
> 이므로 이 점의 개수를 $b_k$라 하면
>
> $b_k=$ (나) $-k^2$
>
> 이다. 따라서
>
> $a_n=\sum_{k=1}^{n-1} b_k=$ (다)
>
> 이다.

위의 (가)에 알맞은 수를 $p$라 하고, (나), (다)에 알맞은 식을 각각 $f(n)$, $g(n)$이라 할 때, $p+f(4)+g(6)$의 값은? [4점]

① 131 ② 133 ③ 135 ④ 137 ⑤ 139

### 218 변형 유제

다음은 3 이상의 자연수 $n$에 대하여 두 곡선 $y=2^x$, $y=3^x$과 직선 $x=n$으로 둘러싸인 도형의 내부에 있는 점 중에서 $x$좌표와 $y$좌표가 모두 정수인 점의 개수 $a_n$을 구하는 과정이다.

> $n=3$일 때, 두 곡선 $y=2^x$, $y=3^x$ 및 직선 $x=3$으로 둘러싸인 도형의 내부에 있는 점 중에서 $x$좌표와 $y$좌표가 모두 정수인 점은 $(2, 5)$, $(2, 6)$, $(2, 7)$, $(2, 8)$이므로
>
> $a_3=$ (가)
>
> 이다.
>
> 4 이상의 자연수 $n$에 대하여 $a_n$을 구하여 보자.
>
> 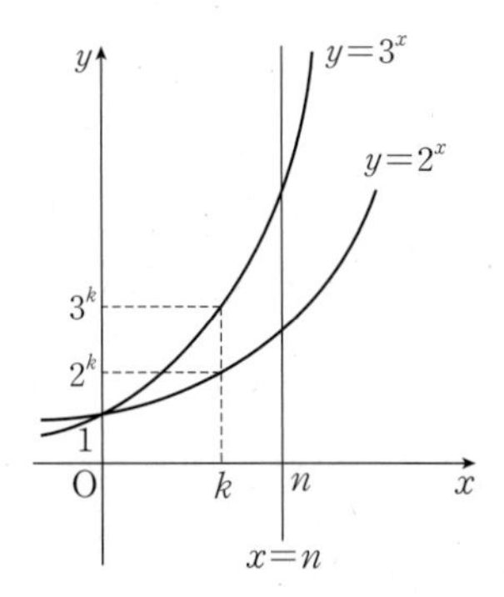
> 
>
> 위의 그림과 같이 $2\le k\le n-1$인 정수 $k$에 대하여 주어진 도형의 내부에 있는 점 중에서 $x$좌표가 $k$이고, $y$좌표가 정수인 점은
>
> $(k, 2^k+1)$, $(k, 2^k+2)$, $\cdots$, ($k$, (나) )
>
> 이므로 이 점의 개수를 $b_k$라 하면
>
> $b_k=$ (나) $-2^k$
>
> 이다. 따라서
>
> $a_n=\sum_{k=1}^{n-1} b_k=\sum_{k=1}^{n-1}($ (나) $-2^k)=$ (다)
>
> 이다.

위의 (가)에 알맞은 수를 $p$라 하고, (나), (다)에 알맞은 식을 각각 $f(k)$, $g(n)$이라 할 때, $p+f(3)+g(4)$의 값을 구하시오.

## 219 실전 예상

첫째항이 10인 수열 $\{a_n\}$이 모든 자연수 $n$에 대하여

$$n(n+2)a_{n+1}=(n+1)^2a_n+2n(n+1) \quad \cdots\cdots(*)$$

을 만족시킨다. 다음은 $\sum_{k=1}^{7}\log_2\frac{a_k}{k+9}$의 값을 구하는 과정이다.

> 주어진 식 $(*)$의 양변을 $n(n+1)$로 나누면
>
> $$\frac{n+2}{n+1}a_{n+1}=\frac{n+1}{n}a_n+2 \quad \cdots\cdots ㉠$$
>
> 이다.
>
> $b_n=\frac{n+1}{n}a_n$으로 놓으면
>
> $$b_1=2a_1=2\times10=20$$
>
> 이고, 식 ㉠은
>
> $$b_{n+1}=b_n+2$$
>
> 이므로
>
> $$b_n=\boxed{(가)}$$
>
> 이다. 따라서 $\frac{n+1}{n}a_n=\boxed{(가)}$에서
>
> $$a_n=\boxed{(나)}$$
>
> 이므로
>
> $$\sum_{k=1}^{7}\log_2\frac{a_k}{k+9}=\boxed{(다)}$$
>
> 이다.

위의 (가), (나)에 알맞은 식을 각각 $f(n)$, $g(n)$이라 하고, (다)에 알맞은 수를 $p$라 할 때, $f(p-1)\times g(p-1)$의 값은?

① 430 ② 432 ③ 434
④ 436 ⑤ 438

### 수능유형 18 수학적 귀납법

## 220 대표 기출

• 모평 기출 •

수열 $\{a_n\}$의 일반항은

$$a_n=(2^{2n}-1)\times2^{n(n-1)}+(n-1)\times2^{-n}$$

이다. 다음은 모든 자연수 $n$에 대하여

$$\sum_{k=1}^{n}a_k=2^{n(n+1)}-(n+1)\times2^{-n} \quad \cdots\cdots(*)$$

임을 수학적 귀납법을 이용하여 증명한 것이다.

> (i) $n=1$일 때, (좌변)$=3$, (우변)$=3$이므로 $(*)$이 성립한다.
>
> (ii) $n=m$일 때, $(*)$이 성립한다고 가정하면
>
> $$\sum_{k=1}^{m}a_k=2^{m(m+1)}-(m+1)\times2^{-m}$$
>
> 이다. $n=m+1$일 때,
>
> $$\sum_{k=1}^{m+1}a_k=2^{m(m+1)}-(m+1)\times2^{-m}+(2^{2m+2}-1)\times\boxed{(가)}+m\times2^{-m-1}$$
>
> $$=\boxed{(가)}\times\boxed{(나)}-\frac{m+2}{2}\times2^{-m}$$
>
> $$=2^{(m+1)(m+2)}-(m+2)\times2^{-(m+1)}$$
>
> 이다. 따라서 $n=m+1$일 때도 $(*)$이 성립한다.
>
> (i), (ii)에 의하여 모든 자연수 $n$에 대하여
>
> $$\sum_{k=1}^{n}a_k=2^{n(n+1)}-(n+1)\times2^{-n}$$
>
> 이다.

위의 (가), (나)에 알맞은 식을 각각 $f(m)$, $g(m)$이라 할 때, $\frac{g(7)}{f(3)}$의 값은? [4점]

① 2 ② 4 ③ 8
④ 16 ⑤ 32

**핵심개념 & 연관개념**

**핵심개념** 수학적 귀납법 – 등식의 증명

모든 자연수 $n$에 대하여 등식이 성립함을 증명할 때는
(i) $n=1$일 때, 등식이 성립함을 확인한다.
(ii) $n=k$일 때, 등식이 성립한다고 가정하면 $n=k+1$일 때에도 등식이 성립함을 확인한다.

## 221 변형 유제

다음은 모든 자연수 $n$에 대하여 명제

'$2^n+5^{n+1}$은 3의 배수이다.'

가 성립함을 수학적 귀납법을 이용하여 증명한 것이다.

(i) $n=1$일 때, $2^1+5^2=27$은 3의 배수이므로 주어진 명제가 성립한다.

(ii) $n=k$일 때, 주어진 명제가 성립한다고 가정하면

$2^k+5^{k+1}=3m$ ($m$은 자연수)

으로 놓을 수 있다.

$n=k+1$일 때,

$$2^{k+1}+5^{k+2}=2\times2^k+\boxed{(가)}\times5^{k+1}$$
$$=2(2^k+5^{k+1})+3\times5^{\boxed{(나)}}$$
$$=\boxed{(다)}\times(2m+5^{\boxed{(나)}})$$

이므로 $2^{k+1}+5^{k+2}$도 3의 배수이다.

즉, $n=k+1$일 때에도 주어진 명제가 성립한다.

(i), (ii)에 의하여 모든 자연수 $n$에 대하여 명제

'$2^n+5^{n+1}$은 3의 배수이다.'

는 성립한다.

위의 (가), (다)에 알맞은 수를 각각 $p$, $q$라 하고, (나)에 알맞은 식을 $f(k)$라 할 때, $\sum_{k=1}^{10} f(k)+p+q$의 값은?

① 71 ② 72 ③ 73 ④ 74 ⑤ 75

## 222 실전 예상

다음은 1보다 큰 모든 자연수 $n$에 대하여 부등식

$$\frac{1}{1^2}+\frac{1}{2^2}+\frac{1}{3^2}+\cdots+\frac{1}{n^2}<2-\frac{2}{n+1}$$

가 성립함을 수학적 귀납법을 이용하여 증명한 것이다.

(i) $n=2$일 때,

$$(\text{좌변})=\frac{1}{1^2}+\frac{1}{2^2}=\frac{5}{4},\ (\text{우변})=2-\frac{2}{3}=\boxed{(가)}$$

이므로 주어진 부등식이 성립한다.

(ii) $n=k\ (k\ge2)$일 때, 주어진 부등식이 성립한다고 가정하면

$$\frac{1}{1^2}+\frac{1}{2^2}+\frac{1}{3^2}+\cdots+\frac{1}{k^2}<2-\frac{2}{k+1}$$

위의 식의 양변에 $\frac{1}{(k+1)^2}$을 더하면

$$\frac{1}{1^2}+\frac{1}{2^2}+\frac{1}{3^2}+\cdots+\frac{1}{k^2}+\frac{1}{(k+1)^2}$$
$$<2-\frac{2}{k+1}+\frac{1}{(k+1)^2}$$
$$=2-\boxed{(나)}$$

이다. 이때

$$\left\{2-\boxed{(나)}\right\}-\left(2-\frac{2}{k+2}\right)=-\frac{k}{\boxed{(다)}}<0$$

이므로

$$2-\boxed{(나)}<2-\frac{2}{k+2}$$

이다. 따라서

$$\frac{1}{1^2}+\frac{1}{2^2}+\frac{1}{3^2}+\cdots+\frac{1}{k^2}+\frac{1}{(k+1)^2}<2-\frac{2}{k+2}$$

이다. 즉, $n=k+1$일 때에도 주어진 부등식이 성립한다.

(i), (ii)에 의하여 1보다 큰 모든 자연수 $n$에 대하여 주어진 부등식이 성립한다.

위의 (가)에 알맞은 수를 $p$, (나), (다)에 알맞은 식을 각각 $f(k)$, $g(k)$라 할 때, $p\times f(7)\times g(7)$의 값은?

① 120 ② 140 ③ 160 ④ 180 ⑤ 200

step 2

# 등급을 가르는 핵심 특강

## 특강1 ≫ 등차수열의 합과 이차함수

대표 기출 • 수능 기출 •

첫째항이 50이고 공차가 $-4$인 등차수열의 첫째항부터 제$n$항까지의 합을 $S_n$이라 할 때, $\sum_{k=m}^{m+4} S_k$의 값이 최대가 되도록 하는 자연수 $m$의 값은? [4점]

① 8　② 9　③ 10　④ 11　⑤ 12

≫ 행동전략

1 등차수열의 합 공식을 이용하여 $S_n$을 구한다.

2 $n$에 대한 이차함수의 일반형으로 나타내어진 $S_n$을 표준형으로 바꾸어 이차함수의 최대, 최소를 활용한다.

풀이

❶ 첫째항이 50이고 공차가 $-4$인 등차수열의 첫째항부터 제$n$항까지의 합 $S_n$은

$$S_n=\frac{n\{2\times 50+(n-1)\times(-4)\}}{2}$$

$$=\frac{n(-4n+104)}{2}$$

$$=-2n^2+52n$$

$$=-2(n-13)^2+338$$

❷ $f(n)=-2(n-13)^2+338$이라 하면 함수 $y=f(n)$의 그래프는 다음 그림과 같다.

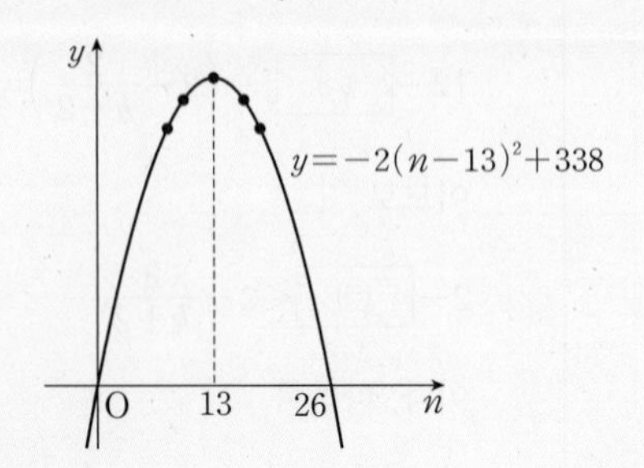


따라서 $f(n)$은 $n=13$에서 최댓값을 갖는다.

❸ $\sum_{k=m}^{m+4} S_k=S_m+S_{m+1}+S_{m+2}+S_{m+3}+S_{m+4}$

이므로 이 값이 최대가 되려면 $m+2=13$이어야 한다.

❹ 따라서 구하는 $m$의 값은 11이다.

답 ④

참고 $S_m=S_{m+4}$, 즉 $S_{11}=S_{15}$이고 $S_{m+1}=S_{m+3}$, 즉 $S_{12}=S_{14}$이다.

내용전략

❶ $S_n$ 구하기

❷ $S_n$의 값이 최대가 되도록 하는 $n$의 값 구하기

❸ $\Sigma$의 정의를 이용하여 $\sum_{k=m}^{m+4} S_k$를 합의 꼴로 나타내기

❹ $m$의 값 구하기

○ 정답과 해설 72쪽

## 223

첫째항이 20, 공차가 $-4$인 등차수열 $\{a_n\}$의 첫째항부터 제$n$항까지의 합을 $S_n$이라 하자. 다음 조건을 만족시키는 두 자연수 $p$, $q$에 대하여 $p\times q$의 최댓값과 최솟값을 각각 $M$, $m$이라 할 때, $M+m$의 값은?

| (가) $p<q$ | (나) $S_p=S_q$ |
|---|---|

① 25 ② 30 ③ 35
④ 40 ⑤ 45

## 224

수열 $\{a_n\}$은 $a_2=-84$, $a_4=-68$이고 모든 자연수 $n$에 대하여

$$a_{n+2}-a_{n+1}=a_{n+1}-a_n$$

을 만족시킨다. 수열 $\{a_n\}$의 첫째항부터 제$n$항까지의 합 $S_n$에 대하여 집합 $A$가

$$A=\{n\,|\,{S_n}^2S_{n+1}(S_n+S_{n+2})>(S_nS_{n+1})^2+{S_n}^3S_{n+2}\}$$

이다. 집합 $A$의 원소를 작은 수부터 차례로 나열한 수열을 $\{b_n\}$이라 할 때, $\sum_{k=1}^{30} b_k$의 값을 구하시오.

## 225

이차함수 $f(x)$가 다음 조건을 만족시킨다.

> (가) 이차함수 $y=f(x)$의 그래프는 원점을 지난다.
> (나) 이차함수 $y=f(x)$의 꼭짓점의 좌표는 $(2,\ -2)$이다.

등차수열 $\{a_n\}$의 첫째항부터 제$n$항까지의 합을 $S_n$이라 하고, 두 집합 $A$, $B$를

$$A=\{(n,\ S_n)\,|\,n\text{은 자연수}\},\ B=\{(x,\ f(x))\,|\,x\text{는 실수}\}$$

라 하자. $A\subset B$일 때, $10<a_m<20$을 만족시키는 모든 $a_m$의 합은?

① 100 ② 125 ③ 150
④ 175 ⑤ 200

step 3

# 1등급 도약하기

## 226

수능유형 05

$a_1=1$, $a_2=-2$인 수열 $\{a_n\}$의 첫째항부터 제$n$항까지의 합을 $S_n$이라 하자. 모든 자연수 $n$에 대하여 $a_{n+2}=-2a_n$일 때, $S_n>300$을 만족시키는 자연수 $n$의 최솟값은?

① 15　② 16　③ 17　④ 18　⑤ 19

## 227

수능유형 15

좌표평면 위의 점 $A_n(x_n, y_n)$이 모든 자연수 $n$에 대하여

$$x_{n+1}=\begin{cases} x_n & (n\text{이 2의 배수가 아닐 때}) \\ -x_n & (n\text{이 2의 배수일 때}) \end{cases}$$

$$y_{n+1}=\begin{cases} -y_n & (n\text{이 3의 배수가 아닐 때}) \\ y_n & (n\text{이 3의 배수일 때}) \end{cases}$$

를 만족시킨다. $x_1=1$, $y_1=2$일 때, 점 $A_m$이 제1사분면 위에 있도록 하는 100 이하의 자연수 $m$의 개수는?

① 31　② 32　③ 33　④ 34　⑤ 35

## 228

수능유형 18

수열 $\{a_n\}$은 $a_1=1$이고 모든 자연수 $n$에 대하여

$$a_{n+1}-2a_n=\frac{n+2}{n(n+1)}$$

를 만족시킨다. 다음은 수열 $\{a_n\}$의 일반항 $a_n$이

$$a_n=2^n-\frac{1}{n} \quad \cdots\cdots(*)$$

임을 수학적 귀납법을 이용하여 증명한 것이다.

(i) $n=1$일 때,

(좌변)$=a_1=1$, (우변)$=2^1-\frac{1}{1}=1$

이므로 $(*)$이 성립한다.

(ii) $n=k$일 때, $(*)$이 성립한다고 가정하면

$$a_k=2^k-\frac{1}{k}$$

$$\therefore a_{k+1}=2a_k+\frac{k+2}{k(k+1)}$$

$$=\boxed{(가)}+\frac{k+2}{k(k+1)}$$

$$=2^{k+1}+\left(\boxed{(나)}\right)$$

이다. 따라서 $n=k+1$일 때도 $(*)$이 성립한다.

(i), (ii)에 의하여 모든 자연수 $n$에 대하여

$$a_n=2^n-\frac{1}{n}$$

이다.

위의 (가), (나)에 알맞은 식을 각각 $f(k)$, $g(k)$라 할 때, $f(4)\times g(8)$의 값은?

① $-4$　② $-\frac{7}{2}$　③ $-3$　④ $-\frac{5}{2}$　⑤ $-2$

○ 정답과 해설 73쪽

## 229

수능유형 08

수열 $\{a_n\}$이 다음 조건을 만족시킨다.

(가) $\sum_{k=1}^{10} a_k = 10$

(나) $\sum_{k=1}^{10} (a_k+1)^2 = 48$

(다) 모든 자연수 $n$에 대하여 $a_n(a_n-1)(a_n-2)=0$이다.

$\sum_{k=1}^{10} {a_k}^3$의 값은?

① 34　② 35　③ 36　④ 37　⑤ 38

## 230

수능유형 16

방정식 $|x|+|y|=3$이 나타내는 도형을 $C_0$이라 하자. 도형 $C_0$을 $x$축의 방향으로 $n$만큼, $y$축의 방향으로 $n$만큼 평행이동한 도형을 $C_n$이라 하자. 도형 $C_n$의 경계 및 내부의 점 중에서 $x$좌표와 $y$좌표가 모두 자연수인 점의 개수를 $a_n$이라 할 때, $\sum_{k=1}^{10} a_k$의 값은?

① 200　② 225　③ 250　④ 275　⑤ 300

## 231

수능유형 01, 04

곡선 $y=\frac{8}{x}$ 위의 서로 다른 세 점 $\mathrm{A}(a_1, b_1)$, $\mathrm{B}(a_2, b_2)$, $\mathrm{C}(a_3, b_3)$이 다음 조건을 만족시킨다.

(가) 세 수 $a_1$, $a_2$, $a_3$은 이 순서대로 공차가 $d$인 등차수열을 이룬다.

(나) 세 수 $b_1$, $b_3$, $b_2$는 이 순서대로 공비가 $r$인 등비수열을 이룬다.

(다) $d+r=1$

이때 삼각형 ABC의 넓이를 구하시오.

## 232

수능유형 14

$a_1=1$, $a_6=5$인 수열 $\{a_n\}$이 모든 자연수 $n$에 대하여

$$a_{n+1}=\begin{cases} a_n+2p & (a_n \le q) \\ a_n-p & (a_n > q) \end{cases}$$

를 만족시키고,

$$a_1 < a_2 < \cdots < a_m,\ a_6 < \cdots < a_{m+1} < a_m$$

이 성립하도록 하는 2 이상 5 이하인 어떤 자연수 $m$이 존재한다. $(p+q)a_7$의 값은? (단, $p$, $q$는 자연수이다.)

① 42 ② 46 ③ 50 ④ 54 ⑤ 58

## 233

수능유형 01

두 등차수열 $\{a_n\}$, $\{b_n\}$이 다음 조건을 만족시킨다.

(가) $a_2-a_1 < b_2-b_1$

(나) 모든 자연수 $n$에 대하여

$a_n+b_n=6n+10$

$a_nb_n=8n^2+28n+k$ ($k$는 상수)

$k+a_2+b_4$의 값은?

① 50 ② 52 ③ 54 ④ 56 ⑤ 58

## 234

수능유형 02

첫째항이 20이고 모든 항이 정수인 등차수열 $\{a_n\}$의 첫째항부터 제$n$항까지의 합 $S_n$에 대하여 집합 $A$는

$$A=\{S_n \mid n\text{은 한 자리 자연수}\}$$

이다. $n(A)=5$일 때, $a_3-a_2$의 최댓값과 최솟값을 각각 $M$, $m$이라 하자. $M\times m$의 값은?

① 5　　② 10　　③ 15
④ 20　　⑤ 25

## 235

수능유형 11

자연수 $n$에 대하여 집합 $A_n$이

$$A_n=\{(x,\ y) \mid 3x+y=n,\ x,\ y\text{는 음이 아닌 정수}\}$$

이다. 집합 $A_n$의 원소의 개수를 $a_n$이라 하면 어떤 수열 $\{b_n\}$의 일반항 $b_n$에 대하여 등식 $\sum_{k=1}^{3m} a_k=\sum_{k=1}^{m} b_k$가 성립한다.

$\sum_{k=1}^{8} \frac{3}{b_k b_{k+1}}=\frac{q}{p}$일 때, $p+q$의 값을 구하시오.

(단, $m$은 자연수이고, $p$와 $q$는 서로소인 자연수이다.)

# 수능엔유형

# 미니 모의고사

• 문제 풀이 강의 서비스 제공 •

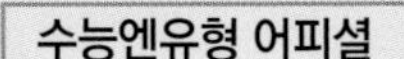

# 1회 미니 모의고사

제한 시간: 45분

| 시작 시각 | : | 종료 시각 | : |
|---|---|---|---|

## 1

•학평 기출•

닫힌구간 [2, 3]에서 함수 $f(x)=\left(\frac{1}{3}\right)^{2x-a}$의 최댓값은 27, 최솟값은 $m$이다. $a\times m$의 값을 구하시오. (단, $a$는 상수이다.) [3점]

## 2

•학평 기출•

$\pi<\theta<2\pi$인 $\theta$에 대하여 $\frac{\sin\theta\cos\theta}{1-\cos\theta}+\frac{1-\cos\theta}{\tan\theta}=1$일 때, $\cos\theta$의 값은? [3점]

① $-\frac{2\sqrt{5}}{5}$ ② $-\frac{\sqrt{5}}{5}$ ③ $\frac{1}{5}$
④ $\frac{\sqrt{5}}{5}$ ⑤ $\frac{2\sqrt{5}}{5}$

## 3

등비수열 $\{a_n\}$의 첫째항부터 제$n$항까지의 합을 $S_n$이라 하자. 모든 자연수 $n$에 대하여

$$S_{n+2}-S_n=3\times\left(\frac{a_2}{a_1}\right)^{n-2}$$

이고 $a_6-a_4=6$일 때, $a_9$의 값은?

① 32 ② 40 ③ 48
④ 56 ⑤ 64

# 4

자연수 $n$에 대하여 곡선 $y=\left(\frac{1}{2}\right)^x$이 두 직선 $x=\log_2 n$, $x=\log_2 2n$과 만나는 점을 각각 $\mathrm{P}_n$ ,$\mathrm{Q}_n$, 두 직선 $x=\log_2 n$, $x=\log_2 2n$이 $x$축과 만나는 점을 각각 $\mathrm{R}_n$, $\mathrm{S}_n$이라 할 때, 사각형 $\mathrm{P}_n\mathrm{R}_n\mathrm{S}_n\mathrm{Q}_n$의 넓이를 $T(n)$이라 하자.

$\sum_{k=1}^{16} T(k)T(k+1)$의 값은?

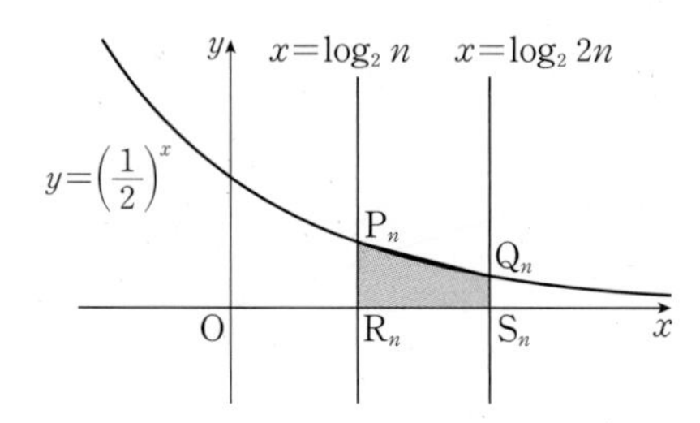


① $\frac{7}{17}$　② $\frac{9}{17}$　③ $\frac{11}{17}$

④ $\frac{13}{17}$　⑤ $\frac{15}{17}$

# 5

• 학평 기출 •

2 이상의 세 실수 $a$, $b$, $c$가 다음 조건을 만족시킨다.

> (가) $\sqrt[3]{a}$는 $ab$의 네제곱근이다.
>
> (나) $\log_a bc+\log_b ac=4$

$a=\left(\frac{b}{c}\right)^k$이 되도록 하는 실수 $k$의 값은? [4점]

① 6　② $\frac{13}{2}$　③ 7

④ $\frac{15}{2}$　⑤ 8

## 6

그림과 같이 두 곡선 $y=4^x$, $y=2^{-x+3}$이 만나는 점을 A, 점 A를 지나고 기울기가 $-\frac{1}{2}$인 직선이 곡선 $y=\log_4(x+a)$와 만나는 점을 B라 하고 직선 AB가 $x$축, $y$축과 만나는 점을 각각 C, D라 하자. $2\overline{AB}=\overline{DA}+\overline{BC}$일 때, 상수 $a$의 값은?

(단, $a>0$이고 점 B의 $x$좌표는 점 A의 $x$좌표보다 크다.)

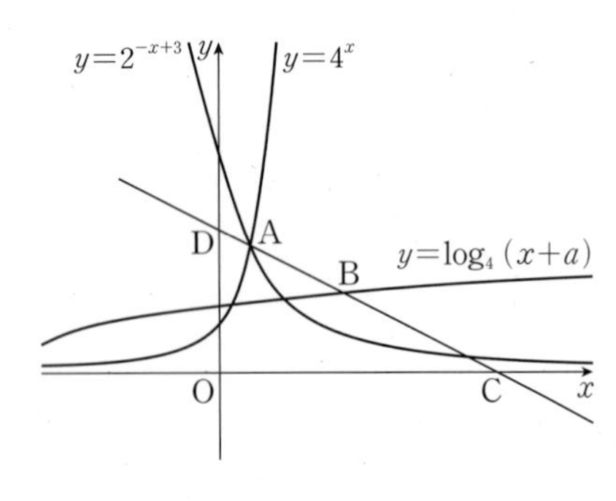


① 12 ② 16 ③ 20
④ 24 ⑤ 28

## 7

• 학평 기출 •

그림과 같이 평면 위에 한 변의 길이가 3인 정사각형 ABCD와 한 변의 길이가 4인 정사각형 CEFG가 있다.

$\angle DCG=\theta$ $(0<\theta<\pi)$라 할 때, $\sin\theta=\frac{\sqrt{11}}{6}$이다. $\overline{DG}\times\overline{BE}$의 값은? [4점]

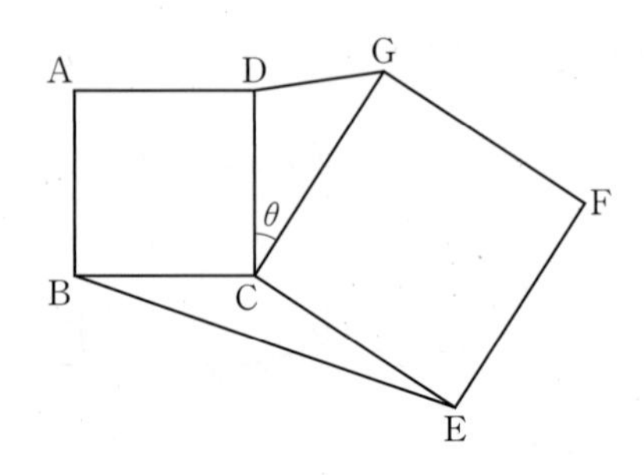


① 15 ② 17 ③ 19
④ 21 ⑤ 23

정답과 해설 79쪽

# 8

•학평 기출•

좌표평면에 그림과 같이 직선 $l$이 있다. 자연수 $n$에 대하여 점 $(n,\ 0)$을 지나고 $x$축에 수직인 직선이 직선 $l$과 만나는 점의 $y$좌표를 $a_n$이라 하자. $a_4=\frac{7}{2}$, $a_7=5$일 때, $\sum_{k=1}^{25} a_k$의 값을 구하시오. [4점]

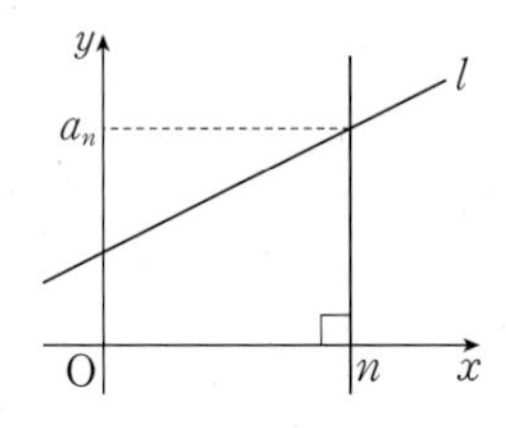


# 9

두 양수 $a$, $b$에 대하여 함수 $f(x)=a\cos bx$와 함수 $g(x)=2\sin\frac{\pi}{2}x$가 있다. 함수 $f(x)$의 주기는 2이고, $0\le x\le 2$에서 함수 $y=f(x)$의 그래프와 함수 $y=3^x-4$의 그래프의 점근선이 한 점에서 만날 때, $0\le x\le 2$에서 방정식 $(g\circ f)(x)=0$의 서로 다른 실근의 개수를 구하시오.

# 10

$|a_1|$이 홀수인 등차수열 $\{a_n\}$이 다음 조건을 만족시킨다.

> (가) $a_4-a_2=4$
>
> (나) $\sum_{k=1}^{10}|a_k|=68$

$a_1$의 최댓값을 $M$, 최솟값을 $m$이라 할 때, $M-m$의 값은?

① 9　② 10　③ 11　④ 12　⑤ 13

# 2회 미니 모의고사

| 제한 시간: 45분 | | | |
| --- | --- | --- | --- |
| 시작 시각 | : | 종료 시각 | : |

## 1

두 양수 $a$, $b$가 다음 조건을 만족시킬 때, $\dfrac{3a+4b}{2ab}$의 값은?

(가) $\sqrt{3^a}=\sqrt[3]{4^b}$

(나) $\log_6 3^a+\log_6 2^b=14$

① $\dfrac{1}{4}$ ② $\dfrac{1}{2}$ ③ 1 ④ 2 ⑤ 4

## 2

$0\le x<2\pi$일 때, 방정식

$$2\cos^2\left(\frac{\pi}{2}-x\right)+\cos(\pi+x)-1=0$$

을 만족시키는 모든 실수 $x$의 값의 합은?

① $2\pi$ ② $\dfrac{5}{2}\pi$ ③ $3\pi$ ④ $\dfrac{7}{2}\pi$ ⑤ $4\pi$

## 3

•모평 기출•

등차수열 $\{a_n\}$에 대하여

$$a_1=a_3+8,\ 2a_4-3a_6=3$$

일 때, $a_k<0$을 만족시키는 자연수 $k$의 최솟값은? [3점]

① 8 ② 10 ③ 12 ④ 14 ⑤ 16

## 4

•수능 기출•

모든 항이 양수인 등비수열 $\{a_n\}$에 대하여

$$\frac{a_{16}}{a_{14}}+\frac{a_8}{a_7}=12$$

일 때, $\dfrac{a_3}{a_1}+\dfrac{a_6}{a_3}$의 값을 구하시오. [3점]

# 5

•수능 기출•

이차함수 $y=f(x)$의 그래프와 일차함수 $y=g(x)$의 그래프가 그림과 같을 때, 부등식

$$\left(\frac{1}{2}\right)^{f(x)g(x)} \geq \left(\frac{1}{8}\right)^{g(x)}$$

을 만족시키는 모든 자연수 $x$의 값의 합은? [4점]

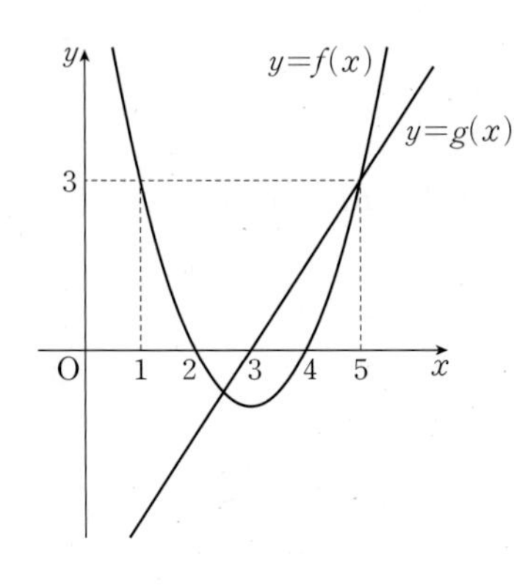


① 7 ② 9 ③ 11
④ 13 ⑤ 15

# 6

함수 $f(x)$가 다음 조건을 만족시킨다.

> (가) $0 \leq x \leq 1$일 때, $f(x)=2\sin(\pi x)$
>
> (나) 모든 실수 $x$에 대하여 $f(x+1)=\frac{1}{2}f(x)$이다.

$0 \leq x \leq 4$일 때, $x$에 대한 방정식 $nf(x)=1$의 서로 다른 실근의 개수를 $a_n$이라 할 때, $\sum_{k=1}^{10} a_k$의 값은? (단, $n$는 자연수이다.)

① 61 ② 63 ③ 65
④ 67 ⑤ 69

## 7

•모평 기출•

수열 $\{a_n\}$의 일반항은

$$a_n=\log_2\sqrt{\frac{2(n+1)}{n+2}}$$

이다. $\sum_{k=1}^{m} a_k$의 값이 100 이하의 자연수가 되도록 하는 모든 자연수 $m$의 값의 합은? [4점]

① 150 ② 154 ③ 158 ④ 162 ⑤ 166

## 8

수열 $\{a_n\}$이 모든 자연수 $n$에 대하여 다음 조건을 만족시킨다.

> (가) $a_{n+1}=\begin{cases} \frac{1}{4} & (a_n=0) \\ 4-\frac{1}{a_n} & (a_n\neq 0) \end{cases}$
>
> (나) $a_{n+2}=a_n$

$\sum_{k=1}^{8}(a_{2k}-2)$의 최댓값을 $M$, 최솟값을 $m$이라 할 때, $\left(\frac{m}{M}\right)^2$의 값은?

① $\frac{7}{6}$ ② $\frac{4}{3}$ ③ $\frac{3}{2}$ ④ $\frac{5}{3}$ ⑤ $\frac{11}{6}$

## 9

그림과 같이 사각형 ABCD가 반지름의 길이가 $\frac{7\sqrt{3}}{3}$인 원에 내접하고, $\overline{\text{AB}}=\overline{\text{CD}}=5$, $\angle\text{ABC}=\frac{2}{3}\pi$이다. 삼각형 ABD의 넓이를 $S$라 할 때, $S^2$의 값을 구하시오.

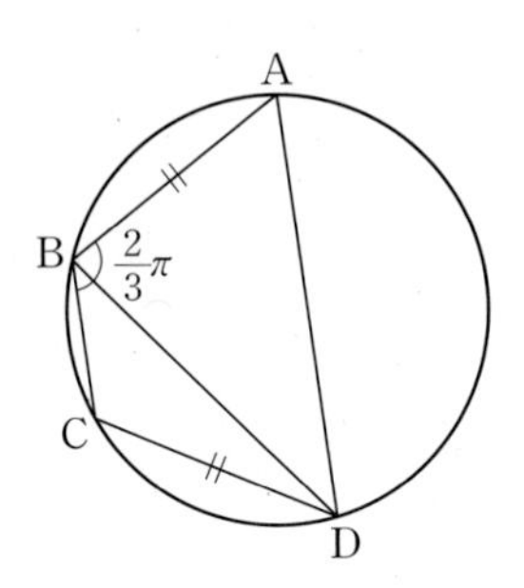


## 10

• 학평 기출 •

$k>1$인 실수 $k$에 대하여 두 곡선 $y=\log_{3k} x$, $y=\log_k x$가 만나는 점을 A라 하자. 양수 $m$에 대하여 직선 $y=m(x-1)$이 두 곡선 $y=\log_{3k} x$, $y=\log_k x$와 제1사분면에서 만나는 점을 각각 B, C라 하자. 점 C를 지나고 $y$축에 평행한 직선이 곡선 $y=\log_{3k} x$, $x$축과 만나는 점을 각각 D, E라 할 때, 세 삼각형 ADB, AED, BDC가 다음 조건을 만족시킨다.

> (가) 삼각형 BDC의 넓이는 삼각형 ADB의 넓이의 3배이다.
>
> (나) 삼각형 BDC의 넓이는 삼각형 AED의 넓이의 $\frac{3}{4}$배이다.

$\frac{k}{m}$의 값을 구하시오. [4점]

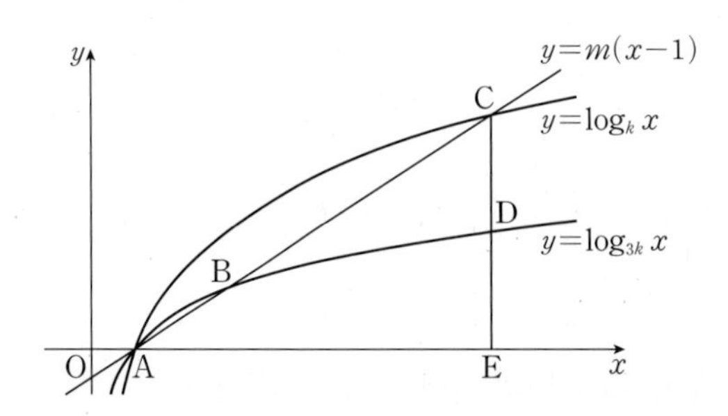

# 3회 미니 모의고사

| 제한 시간: 45분 | | | |
|---|---|---|---|
| 시작 시각 | : | 종료 시각 | : |

## 1

• 모평 기출 •

좌표평면 위의 두 점 $(2, \log_4 2)$, $(4, \log_2 a)$를 지나는 직선이 원점을 지날 때, 양수 $a$의 값은? [3점]

① 1　② 2　③ 3　④ 4　⑤ 5

## 2

두 상수 $a$, $b$에 대하여 점근선이 직선 $x=-3$인 함수 $f(x)=\log_a(x+b)$의 그래프가 그림과 같다.

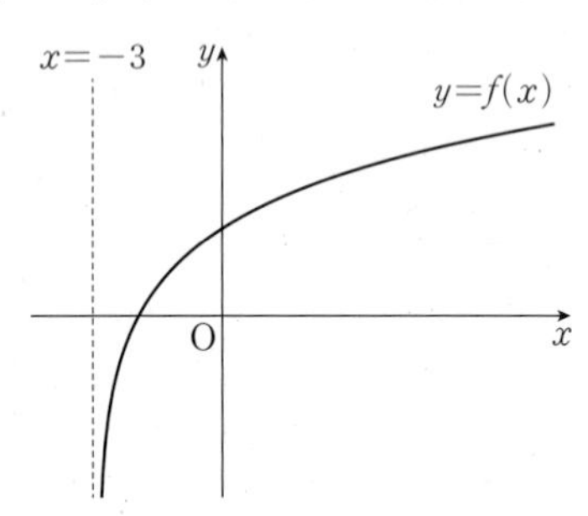


부등식 $4^{f(x)} \geq 7 \times 2^{1+f(x)}+32$의 해가 $x \geq 6$일 때, $a^2+b^2$의 값을 구하시오.

## 3

• 학평 기출 •

등차수열 $\{a_n\}$, 등비수열 $\{b_n\}$에 대하여 $a_1=b_1=3$이고

$$b_3=-a_2,\ a_2+b_2=a_3+b_3$$

일 때, $a_3$의 값은? [3점]

① $-9$　② $-3$　③ 0　④ 3　⑤ 9

# 4

실수 $a$에 대하여 함수

$$f(x)=\sin^2\left(x-\frac{\pi}{4}\right)+\cos\left(x+\frac{\pi}{4}\right)+a$$

의 최댓값은 $\frac{11}{4}$이고 최솟값은 $b$이다. $a+b$의 값은?

① $\frac{1}{2}$ ② $\frac{3}{4}$ ③ 1
④ $\frac{5}{4}$ ⑤ $\frac{3}{2}$

# 5

• 모평 기출 •

직선 $x=k$가 두 곡선 $y=\log_2 x$, $y=-\log_2(8-x)$와 만나는 점을 각각 A, B라 하자. $\overline{\mathrm{AB}}=2$가 되도록 하는 모든 실수 $k$의 값의 곱은? (단, $0<k<8$) [4점]

① $\frac{1}{2}$ ② 1 ③ $\frac{3}{2}$
④ 2 ⑤ $\frac{5}{2}$

# 6

• 모평 기출 •

두 양수 $a$, $b$에 대하여 곡선 $y=a\sin b\pi x\left(0\le x\le\frac{3}{b}\right)$이 직선 $y=a$와 만나는 서로 다른 두 점을 A, B라 하자. 삼각형 OAB의 넓이가 5이고 직선 OA의 기울기와 직선 OB의 기울기의 곱이 $\frac{5}{4}$일 때, $a+b$의 값은? (단, O는 원점이다.) [4점]

① 1 ② 2 ③ 3
④ 4 ⑤ 5

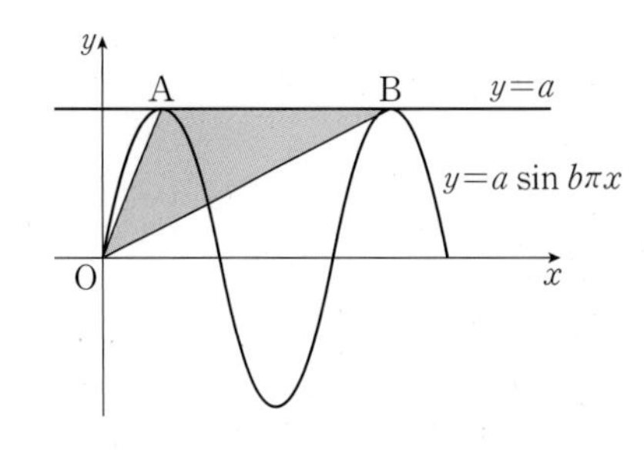

## 7

상수 $a$와 100 이하의 자연수 $n$이 다음 조건을 만족시킬 때, 두 수 $a$, $n$의 순서쌍 $(a, n)$의 개수는?

(가) $2^{a^2-5a}=4^{-3}$

(나) $\log_a 25\times\log_5 n$의 값은 자연수이다.

① 8 ② 10 ③ 12
④ 14 ⑤ 16

## 8

등차수열 $\{a_n\}$에 대하여

$$a_3=10,\ \sum_{k=1}^{10}a_k=25$$

이고, 공비가 양수인 등비수열 $\{b_n\}$에 대하여

$$b_1=a_6,\ b_3=a_1$$

이다. $a_n<0$을 만족시키는 자연수 $n$의 최솟값을 $m$이라 할 때, $\log_2\left|\frac{b_m}{a_m}\right|$의 값은?

① 11 ② 12 ③ 13
④ 14 ⑤ 15

정답과 해설 86쪽

# 9

그림과 같이 삼각형 ABC에서 $\overline{AB}=\overline{AC}=5$, $\overline{BC}=4$이고, 선분 AC를 3 : 2로 내분하는 점을 D, 선분 BC를 3 : 1로 외분하는 점을 E, 점 D를 지나고 선분 AC에 수직인 직선과 점 E를 지나고 선분 BE에 수직인 직선의 교점을 F라 하자.

$\angle FDE=\theta$라 할 때, $\cos^2\theta=\frac{q}{p}$이다. $p+q$의 값을 구하시오.

(단, $p$와 $q$는 서로소인 자연수이다.)

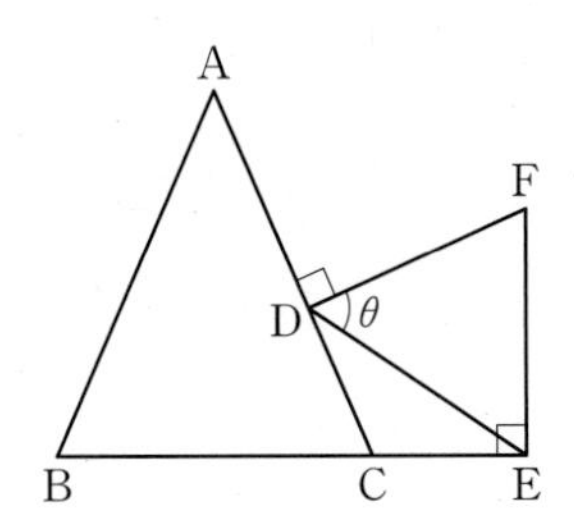


# 10

•학평 기출•

자연수 $n$에 대하여 두 점 $A(0,\ n+5)$, $B(n+4,\ 0)$과 원점 O를 꼭짓점으로 하는 삼각형 AOB가 있다. 삼각형 AOB의 내부에 포함된 정사각형 중 한 변의 길이가 1이고 꼭짓점의 $x$좌표와 $y$좌표가 모두 자연수인 정사각형의 개수를 $a_n$이라 하자. $\sum_{n=1}^{8} a_n$의 값을 구하시오. [4점]

# 4회 미니 모의고사

| 제한 시간: 45분 | | | |
| --- | --- | --- | --- |
| 시작 시각 | : | 종료 시각 | : |

## 1

$n>1$인 자연수 $n$에 대하여 $\log_n 27\times\log_3 4$의 값이 자연수가 되도록 하는 모든 $n$의 값의 합을 구하시오.

## 2

•학평 기출•

등차수열 $\{a_n\}$에 대하여 세 수 $a_1$, $a_1+a_2$, $a_2+a_3$이 이 순서대로 등차수열을 이룰 때, $\frac{a_3}{a_2}$의 값은? (단, $a_1\neq0$) [3점]

① $\frac{1}{2}$ ② $1$ ③ $\frac{3}{2}$
④ $2$ ⑤ $\frac{5}{2}$

## 3

•학평 기출•

$\sin\theta+\cos\theta=\frac{1}{2}$일 때, $\frac{1+\tan\theta}{\sin\theta}$의 값은? [3점]

① $-\frac{7}{3}$ ② $-\frac{4}{3}$ ③ $-\frac{1}{3}$
④ $\frac{2}{3}$ ⑤ $\frac{5}{3}$

## 4

부등식

$$\left(\frac{1}{4}\right)^{50}\le\left(\frac{1}{2}\right)^{n}<\frac{1}{2}$$

을 만족시키는 자연수 $n$ 중에서 $(\sqrt[3]{4^5})^{\frac{1}{8}}$이 어떤 자연수의 $n$제곱근이 되도록 하는 $n$의 개수는?

① 8 ② 9 ③ 10
④ 11 ⑤ 12

# 5

양수 $a$에 대하여 그림과 같이 곡선 $y=2^x$과 $y$축이 만나는 점을 A, 점 A를 지나고 기울기가 $-1$인 직선이 $x$축과 만나는 점을 B, 곡선 $y=2^x$과 곡선 $y=\log_2(x-a)$의 점근선이 만나는 점을 C, 점 C를 지나고 기울기가 $-1$인 직선이 $x$축과 만나는 점을 D라 하자. $8\overline{AB}=\overline{CD}$일 때, $\left(\frac{\overline{AD}}{\overline{BC}}\right)^2$의 값은?

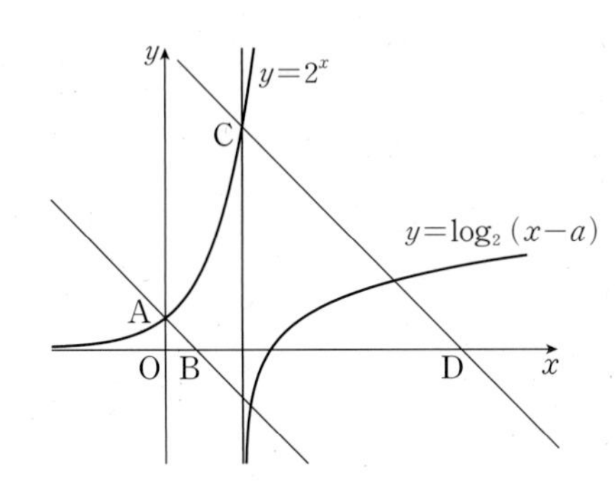


① $\frac{45}{34}$　② $\frac{49}{34}$　③ $\frac{53}{34}$　④ $\frac{57}{34}$　⑤ $\frac{61}{34}$

# 6

•학평 기출•

길이가 각각 10, $a$, $b$인 세 선분 AB, BC, CA를 각 변으로 하는 예각삼각형 ABC가 있다. 삼각형 ABC의 세 꼭짓점을 지나는 원의 반지름의 길이가 $3\sqrt{5}$이고 $\frac{a^2+b^2-ab\cos C}{ab}=\frac{4}{3}$일 때, $ab$의 값은? [4점]

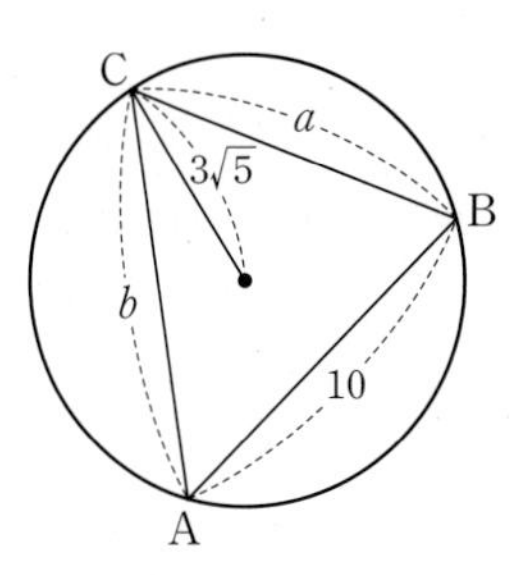


① 140　② 150　③ 160　④ 170　⑤ 180

## 7

• 모평 기출 •

모든 자연수 $n$에 대하여 다음 조건을 만족시키는 $x$축 위의 점 $P_n$과 곡선 $y=\sqrt{3x}$ 위의 점 $Q_n$이 있다.

> • 선분 $OP_n$과 선분 $P_nQ_n$이 서로 수직이다.
> • 선분 $OQ_n$과 선분 $Q_nP_{n+1}$이 서로 수직이다.

다음은 점 $P_1$의 좌표가 $(1, 0)$일 때, 삼각형 $OP_{n+1}Q_n$의 넓이 $A_n$을 구하는 과정이다. (단, O는 원점이다.)

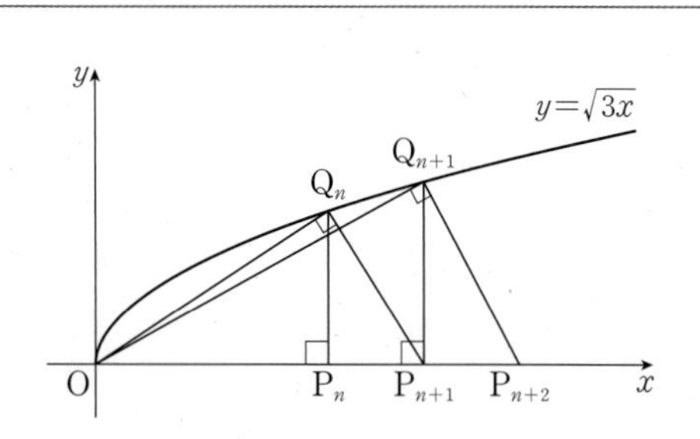


> 모든 자연수 $n$에 대하여 점 $P_n$의 좌표를 $(a_n, 0)$이라 하자.
> $\overline{OP_{n+1}}=\overline{OP_n}+\overline{P_nP_{n+1}}$이므로
> $$a_{n+1}=a_n+\overline{P_nP_{n+1}}$$
> 이다. 삼각형 $OP_nQ_n$과 삼각형 $Q_nP_nP_{n+1}$이 닮음이므로
> $$\overline{OP_n} : \overline{P_nQ_n}=\overline{P_nQ_n} : \overline{P_nP_{n+1}}$$
> 이고, 점 $Q_n$의 좌표는 $(a_n, \sqrt{3a_n})$이므로
> $$\overline{P_nP_{n+1}}=\boxed{(가)}$$
> 이다. 따라서 삼각형 $OP_{n+1}Q_n$의 넓이 $A_n$은
> $$A_n=\frac{1}{2}\times(\boxed{(나)})\times\sqrt{9n-6}$$
> 이다.

위의 (가)에 알맞은 수를 $p$, (나)에 알맞은 식을 $f(n)$이라 할 때, $p+f(8)$의 값은? [4점]

① 20 ② 22 ③ 24 ④ 26 ⑤ 28

## 8

수열 $\{a_n\}$이 모든 자연수 $n$에 대하여

$$a_{n+1}=\begin{cases} a_n+2 & (a_n\le 0) \\ a_n-3 & (a_n>0) \end{cases}$$

이고 $a_3=5$일 때, $\sum_{k=1}^{20} a_k$의 값은?

① 23 ② 24 ③ 25 ④ 26 ⑤ 27

정답과 해설 88쪽

## 9

자연수 $n$에 대하여 함수

$$f(x)=\begin{cases} \sin nx & (\sin nx \geq \cos nx) \\ \cos nx & (\sin nx < \cos nx) \end{cases}$$

이다. $0 \leq x \leq 2\pi$일 때, $x$에 대한 방정식

$\left\{f(x)+\frac{\sqrt{n}}{2}\right\}\left\{f(x)-\frac{1}{\sqrt{n}}\right\}=0$의 서로 다른 실근의 개수를 $g(n)$이라 할 때, $\sum_{k=1}^{15} g(k)$의 값을 구하시오.

## 10

•수능 기출•

첫째항이 자연수이고 공차가 음의 정수인 등차수열 $\{a_n\}$과 첫째항이 자연수이고 공비가 음의 정수인 등비수열 $\{b_n\}$이 다음 조건을 만족시킬 때, $a_7+b_7$의 값을 구하시오. [4점]

(가) $\sum_{n=1}^{5}(a_n+b_n)=27$

(나) $\sum_{n=1}^{5}(a_n+|b_n|)=67$

(다) $\sum_{n=1}^{5}(|a_n|+|b_n|)=81$

# 5회 미니 모의고사

제한 시간: 45분

| 시작 시각 | : | 종료 시각 | : |
| --- | --- | --- | --- |

## 1

•학평 기출•

$0<\theta<\frac{\pi}{2}$이고 $\tan\theta=\frac{3}{4}$일 때, $\cos\left(\frac{\pi}{2}-\theta\right)+2\sin(\pi-\theta)$의 값은? [3점]

① $\frac{6}{5}$ ② $\frac{7}{5}$ ③ $\frac{8}{5}$

④ $\frac{9}{5}$ ⑤ $2$

## 2

•학평 기출•

등차수열 $\{a_n\}$의 첫째항부터 제$n$항까지의 합을 $S_n$이라 하자.

$a_2=7$, $S_7-S_5=50$

일 때, $a_{11}$의 값을 구하시오. [3점]

## 3

함수 $f(x)=|\log_3(x+2)|$의 그래프와 두 함수 $g(x)=\log_{\frac{1}{3}}\frac{x}{3}$, $h(x)=\log_{\frac{1}{3}}\frac{1-x}{8}$의 그래프가 만나는 점을 각각 P, Q라 할 때, 삼각형 POQ의 넓이는?

(단, O는 원점이다.)

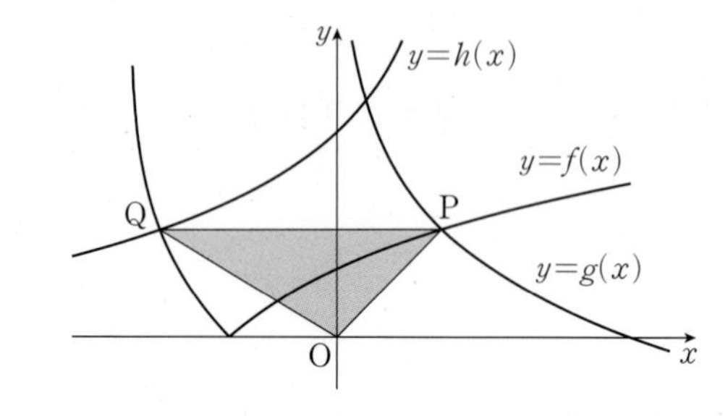


① $\frac{4}{3}$ ② $\frac{5}{3}$ ③ $2$

④ $\frac{7}{3}$ ⑤ $\frac{8}{3}$

## 4

•학평 기출•

모든 항이 실수인 등비수열 $\{a_n\}$에 대하여

$a_3+a_2=1$, $a_6-a_4=18$

일 때, $\frac{1}{a_1}$의 값을 구하시오. [4점]

# 5

그림과 같이 자연수 $n$에 대하여 원 $C$: $x^2+y^2=\frac{5}{4}n^2$ 위의 점 $\mathrm{P}\left(\frac{n}{2},\ n\right)$에서의 접선이 $x$축, $y$축과 만나는 점을 각각 A, B라 하고, 삼각형 OAB의 넓이를 $S_n$이라 하자.

$T_n=\frac{16}{25}(S_{n+1}-S_n)$이라 할 때, $\sum_{k=1}^{11}\frac{1}{T_kT_{k+1}}$의 값은?

(단, O는 원점이다.)

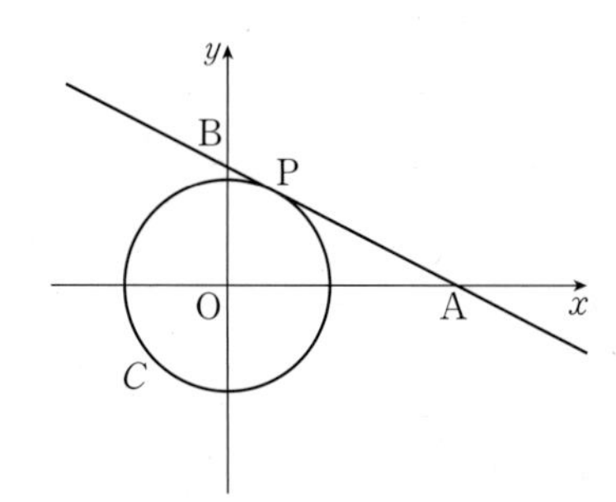


① $\frac{11}{75}$　② $\frac{13}{75}$　③ $\frac{17}{75}$　④ $\frac{19}{75}$　⑤ $\frac{23}{75}$

# 6

• 학평 기출 •

기울기가 $\frac{1}{2}$인 직선 $l$이 곡선 $y=\log_2 2x$와 서로 다른 두 점에서 만날 때, 만나는 두 점 중 $x$좌표가 큰 점을 A라 하고, 직선 $l$이 곡선 $y=\log_2 4x$와 만나는 두 점 중 $x$좌표가 큰 점을 B라 하자. $\overline{\mathrm{AB}}=2\sqrt{5}$일 때, 점 A에서 $x$축에 내린 수선의 발 C에 대하여 삼각형 ACB의 넓이는? [4점]

① 5　② $\frac{21}{4}$　③ $\frac{11}{2}$　④ $\frac{23}{4}$　⑤ 6

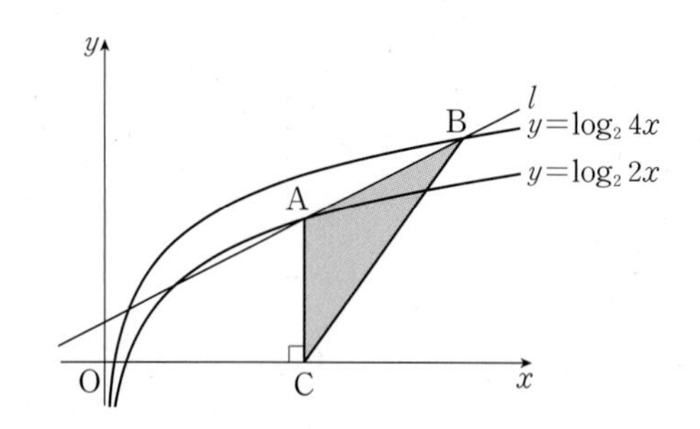

# 7

그림과 같이 $\overline{BC}=4$, $\angle ABC=\frac{\pi}{3}$인 삼각형 ABC의 외접원의 반지름의 길이는 $\frac{2\sqrt{21}}{3}$이다. 선분 AB를 1 : 2로 내분하는 점을 P, 선분 BC를 3 : 1로 내분하는 점을 Q라 하자. 선분 PQ의 길이가 $k$일 때, $k^2$의 값을 구하시오.

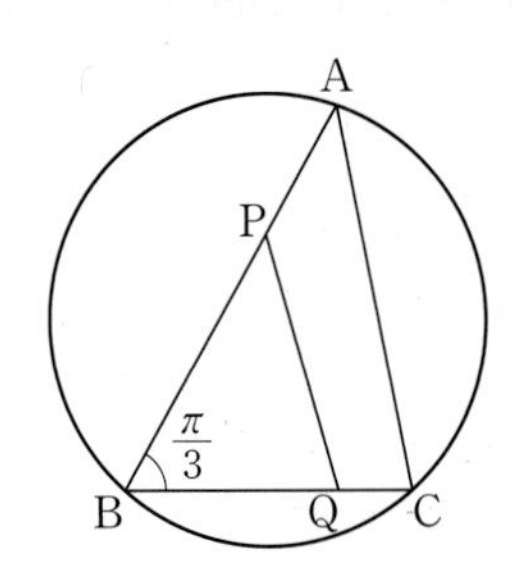


# 8

등차수열 $\{a_n\}$에 대하여

$$a_1=2,\ a_2+a_4=16$$

이고, 수열 $\{b_n\}$은 모든 자연수 $n$에 대하여

$$b_{n+1}=\begin{cases} a_{n+1}-a_n & (b_n\text{이 짝수인 경우}) \\ a_n+n+1 & (b_n\text{이 홀수인 경우}) \end{cases}$$

을 만족시킨다. $b_1=3$일 때, $\sum_{k=1}^{20} b_k$의 값은?

① 400 ② 410 ③ 420 ④ 430 ⑤ 440

정답과 해설 92쪽

# 9

두 자연수 $a$, $b$에 대하여 이차방정식 $x^2-8x+9=0$의 두 근의 합은 $4^a \times 2^{-b}$이다. 곡선 $y=\left(\frac{a}{5}\right)^x$과 원 $(x-1)^2+y^2=1$이 서로 다른 두 점에서 만날 때, $a+b$의 최댓값을 $M$, 최솟값을 $m$이라 하자. $M-m$의 값은?

① 2　　② 3　　③ 4
④ 5　　⑤ 6

# 10

•모평 기출•

$-1 \le t \le 1$인 실수 $t$에 대하여 $x$에 대한 방정식

$$\left(\sin\frac{\pi x}{2}-t\right)\left(\cos\frac{\pi x}{2}-t\right)=0$$

의 실근 중에서 집합 $\{x \mid 0 \le x < 4\}$에 속하는 가장 작은 값을 $\alpha(t)$, 가장 큰 값을 $\beta(t)$라 하자. **보기**에서 옳은 것만을 있는 대로 고른 것은? [4점]

보기

ㄱ. $-1 \le t < 0$인 모든 실수 $t$에 대하여 $\alpha(t)+\beta(t)=5$이다.

ㄴ. $\{t \mid \beta(t)-\alpha(t)=\beta(0)-\alpha(0)\}=\left\{t \,\middle|\, 0 \le t \le \frac{\sqrt{2}}{2}\right\}$

ㄷ. $\alpha(t_1)=\alpha(t_2)$인 두 실수 $t_1$, $t_2$에 대하여 $t_2-t_1=\frac{1}{2}$이면 $t_1 \times t_2=\frac{1}{3}$이다.

① ㄱ　　② ㄱ, ㄴ　　③ ㄱ, ㄷ
④ ㄴ, ㄷ　　⑤ ㄱ, ㄴ, ㄷ

# 6회 미니 모의고사

| 제한 시간: 45분 | | | |
| --- | --- | --- | --- |
| 시작 시각 | : | 종료 시각 | : |

## 1

두 실수 $a$, $b$에 대하여

$$ab=\frac{1}{2},\ a+\log_3 \frac{27}{4}=3$$

일 때, $2^{\frac{4}{a}} \times 3^{\frac{1}{2b}}$의 값은?

① 12 ② 18 ③ 24 ④ 30 ⑤ 36

## 2

•학평 기출•

$0 \le x < 2\pi$일 때, 방정식

$$|\sin 2x|=\frac{1}{2}$$

의 모든 실근의 개수는? [3점]

① 2 ② 4 ③ 6 ④ 8 ⑤ 10

## 3

첫째항이 25인 등차수열 $\{a_n\}$에 대하여

$$a_3=a_5+8$$

이다. 수열 $\{b_n\}$이 모든 자연수 $n$에 대하여

$$b_n=|a_n|+|a_{n+1}|+|a_{n+2}|$$

를 만족시킬 때, $b_n$의 최솟값은?

① 7 ② 8 ③ 9 ④ 10 ⑤ 11

## 4

•학평 기출•

부등식 $\sum_{k=1}^{5} 2^{k-1} < \sum_{k=1}^{n} (2k-1) < \sum_{k=1}^{5} (2 \times 3^{k-1})$을 만족시키는 모든 자연수 $n$의 값의 합을 구하시오. [3점]

## 5

• 학평 기출 •

그림과 같이 곡선 $y=2^x$을 $y$축에 대하여 대칭이동한 후, $x$축의 방향으로 $\frac{1}{4}$만큼, $y$축의 방향으로 $\frac{1}{4}$만큼 평행이동한 곡선을 $y=f(x)$라 하자. 곡선 $y=f(x)$와 직선 $y=x+1$이 만나는 점 A와 점 B$(0,\ 1)$ 사이의 거리를 $k$라 할 때, $\frac{1}{k^2}$의 값을 구하시오. [4점]

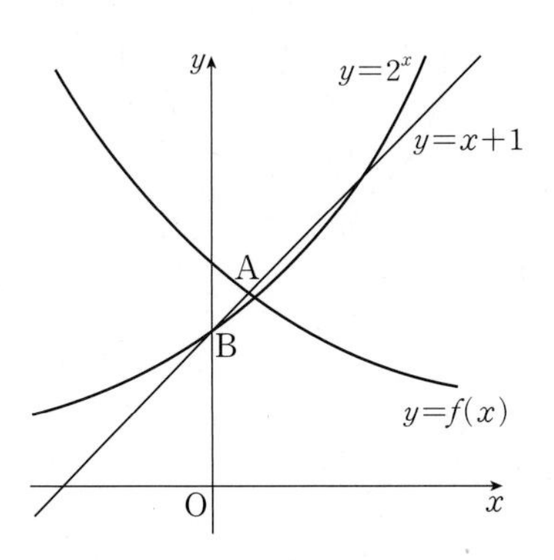


## 6

$a(a+1)>0$인 실수 $a$에 대하여 직선 $x=a$가 두 함수 $f(x)=\frac{2^x}{3}$, $g(x)=\frac{3^x}{2}$의 그래프와 만나는 점을 각각 P, Q라 하자. $\overline{\mathrm{PQ}}\times|3^a-2^a|=\frac{6^a}{3}$을 만족시키는 $a$의 최댓값을 $M$, 최솟값을 $m$이라 할 때, $\left(\frac{3}{2}\right)^{M-m}$의 값은?

① 2　② 4　③ 6　④ 8　⑤ 10

# 7

자연수 $n$에 대하여 곡선 $y=\log_2 x$와 직선 $x=n$이 만나는 점을 $A_n$이라 하자. 선분 $A_nA_{n+1}$을 대각선으로 하고 각 변이 $x$축 또는 $y$축에 평행한 직사각형과 직선 $y=x+a$가 만나도록 하는 실수 $a$의 값의 범위가 $p_n \le a \le q_n$일 때, $\sum_{k=1}^{15}(q_k-p_k)$의 값은?

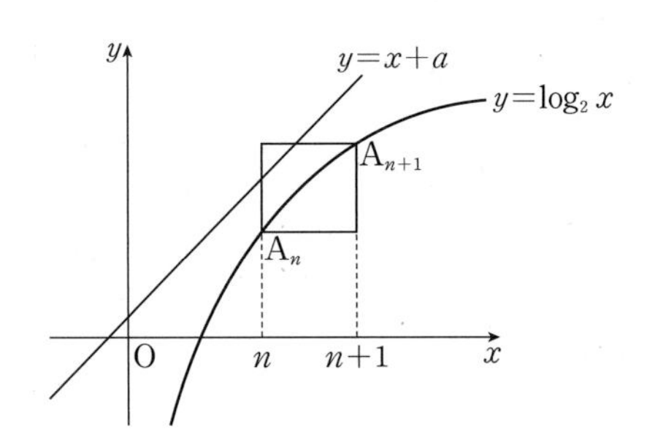


① 15 ② 16 ③ 17 ④ 18 ⑤ 19

# 8

•학평 기출•

그림과 같이 중심이 O이고 반지름의 길이가 $\sqrt{10}$인 원에 내접하는 예각삼각형 ABC에 대하여 두 삼각형 OAB, OCA의 넓이를 각각 $S_1$, $S_2$라 하자. $3S_1=4S_2$이고 $\overline{BC}=2\sqrt{5}$일 때, 선분 AB의 길이는? [4점]

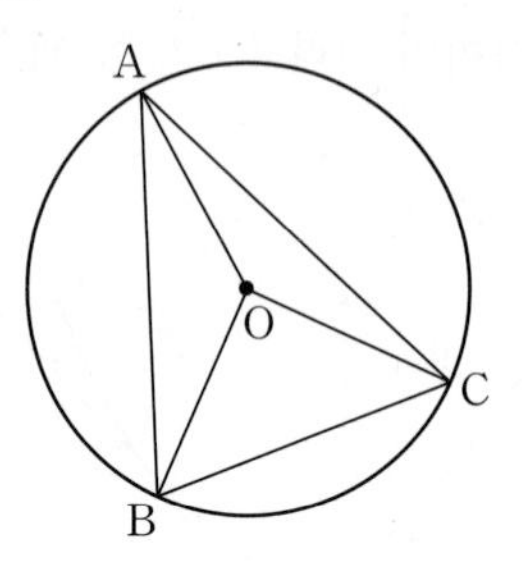


① $2\sqrt{7}$ ② $\sqrt{30}$ ③ $4\sqrt{2}$ ④ $\sqrt{34}$ ⑤ 6

정답과 해설 95쪽

## 9

함수 $f(x)=2\sin\frac{x}{2}$에 대하여 함수 $g(x)$가 모든 자연수 $n$에 대하여 다음을 만족시킨다.

> $2(n-1)\pi\le x<2n\pi$일 때, $g(x)=\left(\frac{1}{2}\right)^{n-1}\times|f(x)|$이다.

상수 $a$에 대하여 $0\le x<8\pi$에서 방정식 $g(x)=a$의 서로 다른 실근의 개수가 5일 때, 방정식 $g(x)=a$의 실근 중 가장 작은 실근을 $\alpha$, 가장 큰 실근을 $\beta$라 하자.

$f(\beta+\alpha)f(\beta-\alpha)=\frac{q}{p}$일 때, $p+q$의 값을 구하시오.

(단, $p$와 $q$는 서로소인 자연수이다.)

## 10

• 학평 기출 •

등차수열 $\{a_n\}$에 대하여

$$S_n=\sum_{k=1}^{n}a_k,\ T_n=\sum_{k=1}^{n}|a_k|$$

라 할 때, 수열 $\{a_n\}$이 다음 조건을 만족시킨다.

> (가) $a_7=a_6+a_8$
> (나) 6 이상의 모든 자연수 $n$에 대하여 $S_n+T_n=84$이다.

$T_{15}$의 값은? [4점]

① 96 ② 102 ③ 108 ④ 114 ⑤ 120

# 7회 미니 모의고사

| 제한 시간: 45분 | | | |
|---|---|---|---|
| 시작 시각 | : | 종료 시각 | : |

## 1

•학평 기출•

함수 $f(x)=\sin^2 x+\sin\left(x+\frac{\pi}{2}\right)+1$의 최댓값을 $M$이라 할 때, $4M$의 값을 구하시오. [3점]

## 2

•모평 기출•

$\overline{AB}=6$, $\overline{AC}=10$인 삼각형 ABC가 있다. 선분 AC 위에 점 D를 $\overline{AB}=\overline{AD}$가 되도록 잡는다. $\overline{BD}=\sqrt{15}$일 때, 선분 BC의 길이는? [3점]

① $\sqrt{37}$ ② $\sqrt{38}$ ③ $\sqrt{39}$
④ $2\sqrt{10}$ ⑤ $\sqrt{41}$

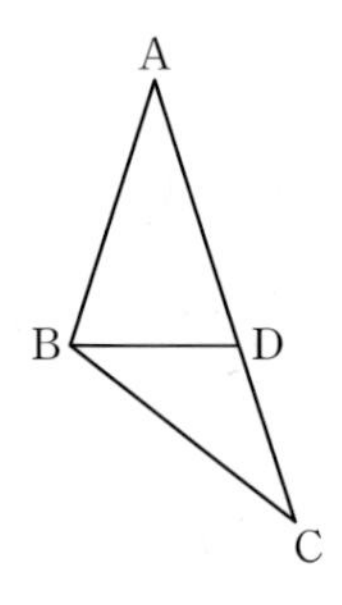


## 3

$a>1$인 실수 $a$에 대하여 함수 $y=\log_{\frac{1}{a}}(a-x)$의 그래프가 $x$축, $y$축과 만나는 점을 각각 P, Q라 하자. 삼각형 OPQ의 외접원의 중심이 함수 $y=\log_9(x-1)$의 그래프 위에 있을 때, $a$의 값은? (단, O는 원점이다.)

① $\frac{5}{3}$ ② $\frac{7}{3}$ ③ 3
④ $\frac{11}{3}$ ⑤ $\frac{13}{3}$

## 4

두 수열 $\{a_n\}$, $\{b_n\}$이 모든 자연수 $n$에 대하여

$$2a_n+b_n=3n-2$$

을 만족시킨다. $\sum_{k=1}^{10}(a_k-b_k)=65$일 때, $\sum_{k=1}^{10}(a_k+2b_k)$의 값은?

① 68 ② 72 ③ 76
④ 80 ⑤ 84

정답과 해설 96쪽

# 5

•모평 기출•

곡선 $y=2^{ax+b}$과 직선 $y=x$가 서로 다른 두 점 A, B에서 만날 때, 두 점 A, B에서 $x$축에 내린 수선의 발을 각각 C, D라 하자. $\overline{AB}=6\sqrt{2}$이고 사각형 ACDB의 넓이가 30일 때, $a+b$의 값은? (단, $a$, $b$는 상수이다.) [3점]

① $\frac{1}{6}$ ② $\frac{1}{3}$ ③ $\frac{1}{2}$

④ $\frac{2}{3}$ ⑤ $\frac{5}{6}$

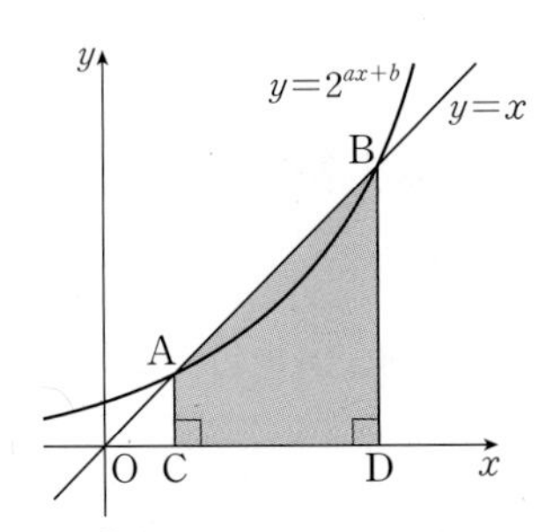


# 6

두 점 A$(-5, 6)$, B$(4, 0)$에 대하여 선분 AB를 $2:1$로 내분하는 점을 C라 하자. 1이 아닌 두 자연수 $a$, $b$에 대하여 직선

$\frac{x}{\log_a 2}+\frac{y}{\log_b 4}=4$가 점 C를 지난다. 직선

$\frac{x}{\log_a 2}+\frac{y}{\log_b 4}=4$가 $x$축, $y$축과 만나는 점을 각각 P, Q라

할 때, $\overline{PQ}^2$의 최댓값은 $k$이다. $\frac{9}{4}\times k$의 값을 구하시오.

## 7

$0\le x<2\pi$에서 방정식

$$|6\sin x+a|=4$$

가 서로 다른 세 실근 $\alpha$, $\beta$, $\gamma$ $(\alpha<\beta<\gamma)$를 가질 때, $a\sin(\gamma-\alpha)\sin(\beta-\gamma)$의 값은? (단, $a>0$)

① $\frac{8}{9}$ ② $\frac{10}{9}$ ③ $\frac{4}{3}$
④ $\frac{14}{9}$ ⑤ $\frac{16}{9}$

## 8

•학평 기출•

첫째항이 1인 수열 $\{a_n\}$의 첫째항부터 제$n$항까지의 합을 $S_n$이라 하자. 다음은 모든 자연수 $n$에 대하여

$$(n+1)S_{n+1}=\log_2(n+2)+\sum_{k=1}^{n}S_k \quad \cdots\cdots (*)$$

가 성립할 때, $\sum_{k=1}^{n}ka_k$를 구하는 과정이다.

주어진 식 (*)에 의하여

$$nS_n=\log_2(n+1)+\sum_{k=1}^{n-1}S_k \ (n\ge 2) \quad \cdots\cdots ㉠$$

이다. (*)에서 ㉠을 빼서 정리하면

$$(n+1)S_{n+1}-nS_n$$
$$=\log_2(n+2)-\log_2(n+1)+\sum_{k=1}^{n}S_k-\sum_{k=1}^{n-1}S_k \ (n\ge 2)$$

이므로

$$(\boxed{\quad (가) \quad})\times a_{n+1}=\log_2\frac{n+2}{n+1} \ (n\ge 2)$$

이다.

$a_1=1=\log_2 2$이고,

$2S_2=\log_2 3+S_1=\log_2 3+a_1$이므로

모든 자연수 $n$에 대하여

$$na_n=\boxed{\quad (나) \quad}$$

이다. 따라서

$$\sum_{k=1}^{n}ka_k=\boxed{\quad (다) \quad}$$

이다.

위의 (가), (나), (다)에 알맞은 식을 각각 $f(n)$, $g(n)$, $h(n)$이라 할 때, $f(8)-g(8)+h(8)$의 값은? [4점]

① 12 ② 13 ③ 14
④ 15 ⑤ 16

정답과 해설 98쪽

## 9

$0<k<2$인 실수 $k$에 대하여 정의역이 $\{x|0\le x\le 4\pi\}$인 함수 $f(x)=2\cos\dfrac{x}{2}+1$의 그래프와 직선 $y=1+k$가 만나는 두 점을 A, B라 하고 두 점 A, B의 $x$좌표를 각각 $\alpha_1$, $\alpha_2$ $(\alpha_1<\alpha_2)$라 하자. 함수 $y=f(x)$의 그래프와 직선 $y=1-k$가 만나는 두 점을 C, D라 하고 두 점 C, D의 $x$좌표를 각각 $\beta_1$, $\beta_2$ $(\beta_1<\beta_2)$라 하자. 사각형 ACDB의 넓이가 $3\pi$일 때,

$\cos\dfrac{\alpha_1+2\alpha_2+4\beta_1+8\beta_2+\pi}{6}$의 값은?

① $\dfrac{\sqrt{39}}{8}$　② $\dfrac{\sqrt{43}}{8}$　③ $\dfrac{\sqrt{47}}{8}$

④ $\dfrac{\sqrt{51}}{8}$　⑤ $\dfrac{\sqrt{55}}{8}$

## 10

•학평 기출•

첫째항이 0이 아닌 등차수열 $\{a_n\}$의 첫째항부터 제$n$항까지의 합 $S_n$에 대하여 $S_9=S_{18}$이다. 집합 $T_n$을

$$T_n=\{S_k|k=1,\ 2,\ 3,\ \cdots,\ n\}$$

이라 하자. 집합 $T_n$의 원소의 개수가 13이 되도록 하는 모든 자연수 $n$의 값의 합을 구하시오. [4점]

# 8회 미니 모의고사

| 제한 시간: 45분 | | | |
|---|---|---|---|
| 시작 시각 | : | 종료 시각 | : |

## 1

•학평 기출•

1보다 큰 두 실수 $a$, $b$에 대하여

$$\log_a \frac{a^3}{b^2}=2$$

가 성립할 때, $\log_a b+3\log_b a$의 값은? [3점]

① $\frac{9}{2}$ ② 5 ③ $\frac{11}{2}$ ④ 6 ⑤ $\frac{13}{2}$

## 2

자연수 $n$에 대하여 $0\le x\le \frac{n}{36}\pi$일 때, 방정식

$$2\sin^2(3x)+\sin(3x)-1=0$$

의 서로 다른 실근의 개수가 7이 되도록 하는 자연수 $n$의 개수는?

① 6 ② 7 ③ 8 ④ 9 ⑤ 10

## 3

첫째항과 공차가 모두 0이 아닌 등차수열 $\{a_n\}$의 첫째항부터 제$n$항까지의 합을 $S_n$이라 할 때, 수열 $\{a_n\}$과 수열 $\{S_n\}$이 다음 조건을 만족시킨다.

(가) $S_{10}=S_8+74$

(나) $\frac{1}{3}\sum_{k=1}^{9}\frac{a_{k+1}-a_k}{a_{k+1}a_k}=\frac{a_2-a_1}{a_{10}}$

$a_{10}$의 값은?

① 31 ② 33 ③ 35 ④ 37 ⑤ 39

## 4

•학평 기출•

공비가 $\sqrt{3}$인 등비수열 $\{a_n\}$과 공비가 $-\sqrt{3}$인 등비수열 $\{b_n\}$에 대하여

$$a_1=b_1,\ \sum_{n=1}^{8}a_n+\sum_{n=1}^{8}b_n=160$$

일 때, $a_3+b_3$의 값은? [3점]

① 9 ② 12 ③ 15 ④ 18 ⑤ 21

# 5

$a$가 양의 정수일 때, 이차함수 $f(x)=-x^2+2ax$에 대하여 부등식

$$\log_{\frac{1}{2}} f(x)<-2$$

를 만족시키는 정수 $x$의 개수는 5이다. $f(1)$의 값을 구하시오.

# 6

•모평 기출•

첫째항이 $-45$이고 공차가 $d$인 등차수열 $\{a_n\}$이 다음 조건을 만족시키도록 하는 모든 자연수 $d$의 값의 합은? [4점]

> (가) $|a_m|=|a_{m+3}|$인 자연수 $m$이 존재한다.
>
> (나) 모든 자연수 $n$에 대하여 $\sum_{k=1}^{n} a_k>-100$이다.

① 44 ② 48 ③ 52 ④ 56 ⑤ 60

# 7

•수능 기출•

두 점 $O_1$, $O_2$를 각각 중심으로 하고 반지름의 길이가 $\overline{O_1O_2}$인 두 원 $C_1$, $C_2$가 있다. 그림과 같이 원 $C_1$ 위의 서로 다른 세 점 A, B, C와 원 $C_2$ 위의 점 D가 주어져 있고, 세 점 A, $O_1$, $O_2$와 세 점 C, $O_2$, D가 각각 한 직선 위에 있다.

이때 $\angle BO_1A=\theta_1$, $\angle O_2O_1C=\theta_2$, $\angle O_1O_2D=\theta_3$이라 하자.

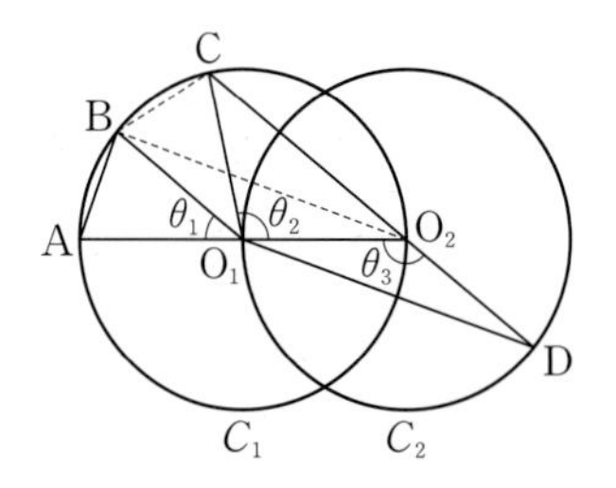


다음은 $\overline{AB}:\overline{O_1D}=1:2\sqrt{2}$이고 $\theta_3=\theta_1+\theta_2$일 때, 선분 AB와 선분 CD의 길이의 비를 구하는 과정이다.

> $\angle CO_2O_1+\angle O_1O_2D=\pi$이므로 $\theta_3=\frac{\pi}{2}+\frac{\theta_2}{2}$이고
>
> $\theta_3=\theta_1+\theta_2$에서 $2\theta_1+\theta_2=\pi$이므로 $\angle CO_1B=\theta_1$이다.
>
> 이때 $\angle O_2O_1B=\theta_1+\theta_2=\theta_3$이므로 삼각형 $O_1O_2B$와 삼각형 $O_2O_1D$는 합동이다.
>
> $\overline{AB}=k$라 할 때
>
> $\overline{BO_2}=\overline{O_1D}=2\sqrt{2}k$이므로 $\overline{AO_2}=$ (가) 이고,
>
> $\angle BO_2A=\frac{\theta_1}{2}$이므로 $\cos\frac{\theta_1}{2}=$ (나) 이다.
>
> 삼각형 $O_2BC$에서
>
> $\overline{BC}=k$, $\overline{BO_2}=2\sqrt{2}k$, $\angle CO_2B=\frac{\theta_1}{2}$이므로
>
> 코사인법칙에 의하여 $\overline{O_2C}=$ (다) 이다.
>
> $\overline{CD}=\overline{O_2D}+\overline{O_2C}=\overline{O_1O_2}+\overline{O_2C}$이므로
>
> $\overline{AB}:\overline{CD}=k:\left(\frac{\text{(가)}}{2}+\text{(다)}\right)$이다.

위의 (가), (다)에 알맞은 식을 각각 $f(k)$, $g(k)$라 하고, (나)에 알맞은 수를 $p$라 할 때, $f(p)\times g(p)$의 값은? [4점]

① $\frac{169}{27}$ ② $\frac{56}{9}$ ③ $\frac{167}{27}$ ④ $\frac{166}{27}$ ⑤ $\frac{55}{9}$

정답과 해설 102쪽

## 8

수열 $\{a_n\}$이 $a_1=1$이고, 모든 자연수 $n$에 대하여

$a_{n+1}=5n-a_n$

을 만족시킬 때, $a_{40}-a_{25}$의 값은?

① 38 ② 39 ③ 40
④ 41 ⑤ 42

## 9

•학평 기출•

상수 $k$에 대하여 다음 조건을 만족시키는 좌표평면의 점 A$(a, b)$가 오직 하나 존재한다.

(가) 점 A는 곡선 $y=\log_2(x+2)+k$ 위의 점이다.
(나) 점 A를 직선 $y=x$에 대하여 대칭이동한 점은 곡선 $y=4^{x+k}+2$ 위에 있다.

$a\times b$의 값을 구하시오. (단, $a\neq b$) [4점]

## 10

$0<a<6$인 상수 $a$에 대하여 함수 $y=\log_2(x-a)$의 그래프의 점근선과 정의역이 $\{x\,|\,0\leq x\leq 8\}$인 함수 $f(x)=2\tan\frac{\pi x}{4}$의 그래프는 만나지 않는다. 함수 $y=f(x)$의 그래프가 직선 $y=a$와 만나는 두 점을 각각 A, B라 하고, 직선 $y=-a$와 만나는 두 점을 각각 C, D라 하자. 양수 $b$에 대하여 사각형 ACDB와 함수 $y=\log_a bx$의 그래프가 만날 때, $ab$의 최댓값을 $M$, 최솟값을 $m$이라 하자. $\frac{M}{m}$의 값을 구하시오. (단, 점 B의 $x$좌표는 점 A의 $x$좌표보다 크고, 점 D의 $x$좌표는 점 C의 $x$좌표보다 크다.)

# 9회 미니 모의고사

| 제한 시간: 45분 | | | |
| --- | --- | --- | --- |
| 시작 시각 | : | 종료 시각 | : |

정답과 해설 103쪽

## 1

•모평 기출•

두 실수 $a$, $b$가

$$ab=\log_3 5,\ b-a=\log_2 5$$

를 만족시킬 때, $\frac{1}{a}-\frac{1}{b}$의 값은? [3점]

① $\log_5 2$　② $\log_3 2$　③ $\log_3 5$　④ $\log_2 3$　⑤ $\log_2 5$

## 2

$0<\theta<\frac{\pi}{2}$인 $\theta$에 대하여

$$\tan\theta+\frac{1}{\tan\theta}=\frac{64}{9}\sin\theta\cos\theta$$

일 때, $\sin\theta+\cos\theta$의 값은?

① $\frac{\sqrt{3}}{2}$　② $2$　③ $\frac{\sqrt{5}}{2}$　④ $\frac{\sqrt{6}}{2}$　⑤ $\frac{\sqrt{7}}{2}$

## 3

•수능 기출•

첫째항이 7인 등비수열 $\{a_n\}$의 첫째항부터 제$n$항까지의 합을 $S_n$이라 하자.

$$\frac{S_9-S_5}{S_6-S_2}=3$$

일 때, $a_7$의 값을 구하시오. [3점]

## 4

함수 $f(x)=2^{3-x}-2$에 대하여

$$|f(a-1)-f(-a+1)|=12$$

를 만족시키는 상수 $a$의 최댓값을 $M$, 최솟값을 $m$이라 하자. $4(M-m)$의 값은?

① 2　② 4　③ 6　④ 8　⑤ 10

## 5

•학평 기출•

두 함수 $f(x)=x^2-6x+11$, $g(x)=\log_3 x$가 있다.
정수 $k$에 대하여

$$k<(g\circ f)(n)<k+2$$

를 만족시키는 자연수 $n$의 개수를 $h(k)$라 할 때, $h(0)+h(3)$의 값은? [4점]

① 11 ② 13 ③ 15
④ 17 ⑤ 19

## 6

•학평 기출•

그림과 같이 1보다 큰 실수 $a$에 대하여 곡선 $y=|\log_a x|$가 직선 $y=k$ $(k>0)$과 만나는 두 점을 각각 A, B라 하고, 직선 $y=k$가 $y$축과 만나는 점을 C라 하자. $\overline{OC}=\overline{CA}=\overline{AB}$일 때, 곡선 $y=|\log_a x|$와 직선 $y=2\sqrt{2}$가 만나는 두 점 사이의 거리는 $d$이다. $20d$의 값을 구하시오.
(단, O는 원점이고, 점 A의 $x$좌표는 점 B의 $x$좌표보다 작다.)
[4점]

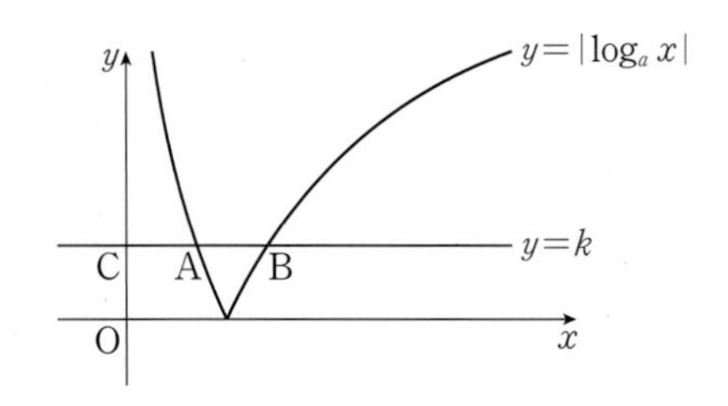


## 7

두 양수 $a$, $b$에 대하여 정의역이 $\{x\,|\,0\le x\le 2b\}$인 함수 $f(x)=a\cos\frac{\pi x}{b}$가 있다. 그림과 같이 함수 $y=f(x)$의 그래프가 $x$축과 만나는 점을 각각 P, Q, $y$축과 만나는 점을 R라 하자. $\overline{PQ}=\overline{PR}$이고 삼각형 PQR의 넓이가 $4\sqrt{3}$일 때, $b^2-a^2$의 값은?

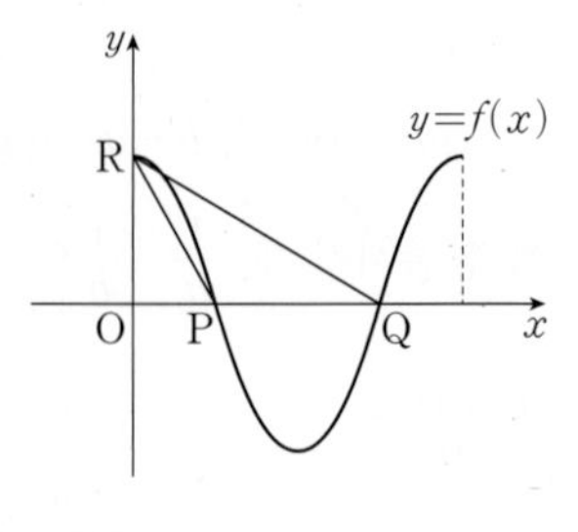


(단, O는 원점이고, $\overline{OP}<\overline{OQ}$이다.)

① 3 ② 4 ③ 5
④ 6 ⑤ 7

## 8

함수 $f(x)=4^{x-2}+k$의 그래프의 점근선이 원 $x^2-6x+y^2+2y=0$의 중심을 지난다. 함수 $f(x)$의 역함수 $g(x)$에 대하여 함수 $y=g(x)$의 그래프 위의 점 중에서 $x$좌표와 $y$좌표가 모두 정수인 점의 $x$좌표를 작은 수부터 크기순으로 모두 나열할 때, $n$번째 수를 $a_n$이라 하자.

$\log_2\left\{1+3\sum_{k=1}^{10}(a_k+1)\right\}$의 값은?

① 16 ② 18 ③ 20
④ 22 ⑤ 24

# 9

그림과 같이 $\overline{AB}=3$, $\angle ABC=\frac{\pi}{2}$인 직각삼각형 ABC가 있다. 변 AC 위의 점 D에 대하여 $\overline{AD}=2$이고, 삼각형 ABD의 외접원의 반지름의 길이는 $\frac{4\sqrt{7}}{7}$이다. $\overline{CD}=\frac{q}{p}$일 때, $p+q$의 값을 구하시오. (단, $\overline{BD}>\overline{AD}$이고, $p$와 $q$는 서로소인 자연수이다.)

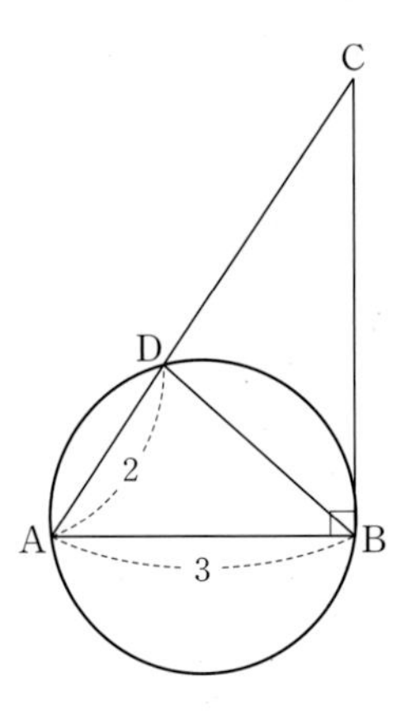


# 10

•학평 기출•

수열 $\{a_n\}$의 첫째항부터 제$n$항까지의 합 $S_n$이 다음 조건을 만족시킨다.

> (가) $S_n$은 $n$에 대한 이차식이다.
> (나) $S_{10}=S_{50}=10$
> (다) $S_n$은 $n=30$에서 최댓값 410을 갖는다.

50보다 작은 자연수 $m$에 대하여 $S_m>S_{50}$을 만족시키는 $m$의 최솟값을 $p$, 최댓값을 $q$라 할 때, $\sum_{k=p}^{q} a_k$의 값은? [4점]

① 39　　② 40　　③ 41　　④ 42　　⑤ 43

# 10회 미니 모의고사

| 제한 시간: 45분 | | | |
|---|---|---|---|
| 시작 시각 | : | 종료 시각 | : |

## 1

•학평 기출•

부등식 $\log_2 x \le 4-\log_2(x-6)$을 만족시키는 모든 정수 $x$의 값의 합은? [3점]

① 15 ② 19 ③ 23
④ 27 ⑤ 31

## 2

•학평 기출•

$0 \le x < 2\pi$일 때, 방정식

$$\sin x = \sqrt{3}(1+\cos x)$$

의 모든 해의 합은? [3점]

① $\frac{\pi}{3}$ ② $\frac{2}{3}\pi$ ③ $\pi$
④ $\frac{4}{3}\pi$ ⑤ $\frac{5}{3}\pi$

## 3

상수 $a$와 자연수 $b$에 대하여 함수 $y=5^{-x+1}+2$의 그래프의 점근선이 직선 $y=a$일 때, $\log_a\left(-x^2+\frac{b}{2}x\right)$의 값이 자연수가 되도록 하는 실수 $x$의 개수는 6이다. $a+b$의 최댓값을 구하시오.

## 4

$2 \le n \le 8$인 자연수 $n$에 대하여
$-\{\log_2(2^n+1)\}^2+5\log_2(2^n+1)$의 $n$제곱근 중에서 음의 실수가 존재하도록 하는 모든 $n$의 값의 합은?

① 16 ② 18 ③ 20
④ 22 ⑤ 24

# 5

•학평 기출•

그림과 같이 두 상수 $a$, $k$에 대하여 직선 $x=k$가 두 곡선 $y=2^{x-1}+1$, $y=\log_2(x-a)$와 만나는 점을 각각 A, B라 하고, 점 B를 지나고 기울기가 $-1$인 직선이 곡선 $y=2^{x-1}+1$과 만나는 점을 C라 하자. $\overline{AB}=8$, $\overline{BC}=2\sqrt{2}$일 때, 곡선 $y=\log_2(x-a)$가 $x$축과 만나는 점 D에 대하여 사각형 ACDB의 넓이는? (단, $0<a<k$) [4점]

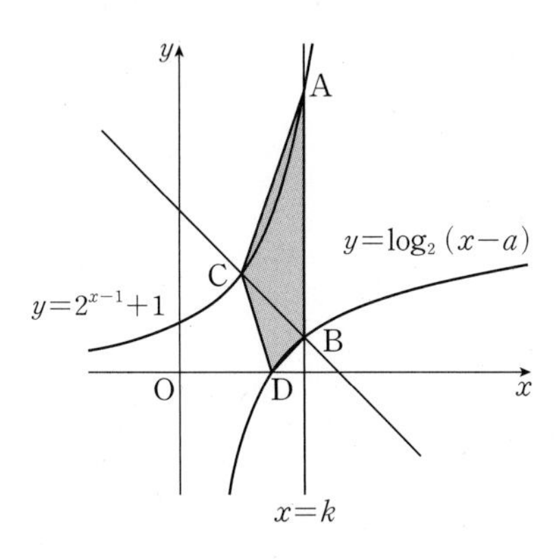


① 14 ② 13 ③ 12 ④ 11 ⑤ 10

# 6

삼각형 ABC의 외접원의 반지름의 길이는 $\sqrt{7}$이고, 삼각형 ABC가 다음 조건을 만족시킨다.

(가) $\sin^2 A+\sin^2 C=\sin^2 B+\sin A\sin C$
(나) $\overline{AB}+\overline{BC}=9$

삼각형 ABC의 넓이를 $S$라 할 때, $S^2$의 값을 구하시오.

# 7

•학평 기출•

공차가 자연수인 등차수열 $\{a_n\}$과 공비가 자연수인 등비수열 $\{b_n\}$이 $a_6=b_6=9$이고, 다음 조건을 만족시킨다.

(가) $a_7=b_7$
(나) $94<a_{11}<109$

$a_7+b_8$의 값은? [4점]

① 96 ② 99 ③ 102 ④ 105 ⑤ 108

# 8

두 수열 $\{a_n\}$, $\{b_n\}$은 모든 자연수 $n$에 대하여

$a_n=$($7^n+3^n$을 5로 나누었을 때의 나머지),

$$b_n=\frac{a_n a_{n+2}}{n(n+2)}$$

일 때, $a_{22}+\sum_{k=1}^{22} b_k$의 값은?

① $\frac{31}{8}$ ② $\frac{33}{8}$ ③ $\frac{35}{8}$ ④ $\frac{37}{8}$ ⑤ $\frac{39}{8}$

정답과 해설 108쪽

## 9

두 상수 $a$, $b$에 대하여 그림과 같이 정의역이 $\{x|-4<x<4\}$인 함수 $f(x)=\tan(ax+b)$의 그래프와 $x$축이 두 점 A(2, 0), B(−2, 0)에서 만난다. 원점을 지나고 기울기가 음수인 직선이 함수 $y=f(x)$의 그래프와 만나는 두 점을 각각 C, D라 하고, 점 C를 지나고 $x$축에 평행한 직선과 함수 $y=f(x)$의 그래프가 만나는 점 중 점 C가 아닌 점을 E라 하자. 삼각형 ACD의 넓이가 6일 때, 함수 $y=f(x)$의 그래프와 두 직선 AB, CE로 둘러싸인 부분의 넓이는 $S$이다. $\frac{b}{a}\times S$의 값을 구하시오. (단, $0<b<\pi$이고, 점 C는 제2사분면 위의 점이다.)

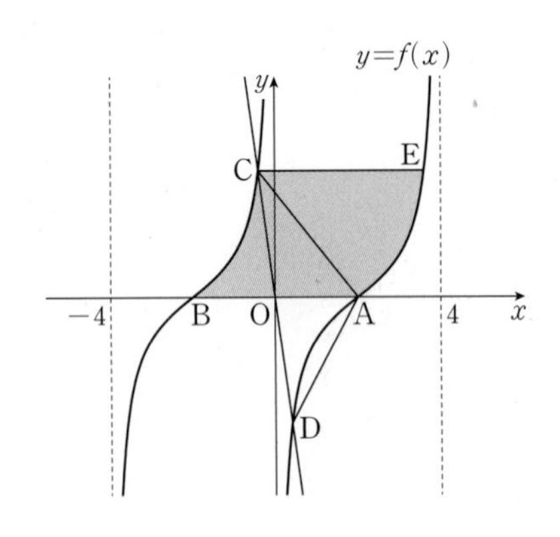


## 10

•학평 기출•

공차가 자연수 $d$이고 모든 항이 정수인 등차수열 $\{a_n\}$이 다음 조건을 만족시키도록 하는 모든 $d$의 값의 합을 구하시오. [4점]

(가) 모든 자연수 $n$에 대하여 $a_n\neq 0$이다.

(나) $a_{2m}=-a_m$이고 $\sum_{k=m}^{2m}|a_k|=128$인 자연수 $m$이 존재한다.

NE 능률 | EBS중학프리미엄

# 단기핵심공략서

**두께는 반으로 줄이고 점수는 두 배로 올린다!**

| 개념 중심 빠른 예습<br>**START CORE**<br>교과서 필수 개념,<br>내신 빈출 문제로 가볍게 시작 | 초스피드 시험 대비<br>**SPEED CORE**<br>유형별 출제 포인트를 짚어<br>효율적 시험 대비 | 단기속성 복습 완성<br>**SPURT CORE**<br>개념 압축 점검 및<br>빈출 유형으로 완벽한 마무리 |
|---|---|---|

SPEED CORE
11~12강

START CORE
8+2강

SPURT CORE
8+2강

*과목: 고등 수학(상), (하) / 수학I / 수학II / 확률과 통계 / 미적분 / 기하

3/4점 기출 집중 공략엔

# 수능엔유형

# 정답과 해설

## 수학 I

3/4점 기출 집중 공략엔

# 수능엔유형

## 수학 I

# 정답과 해설

# 빠른 정답

## Ⅰ 지수함수와 로그함수

| 001 | ① | 002 | ② | 003 | 56 | 004 | ⑤ | 005 | 124 | 006 | ② | 007 | ⑤ | 008 | ② | 009 | ① | 010 | ⑤ |
|---|---|---|---|---|---|---|---|---|---|---|---|---|---|---|---|---|---|---|---|
| 011 | ③ | 012 | 22 | 013 | 15 | 014 | ② | 015 | ③ | 016 | 26 | 017 | ② | 018 | ② | 019 | ④ | 020 | ⑤ |
| 021 | ① | 022 | ④ | 023 | ② | 024 | 13 | 025 | ③ | 026 | ③ | 027 | ③ | 028 | ③ | 029 | ③ | 030 | ④ |
| 031 | 18 | 032 | 6 | 033 | ⑤ | 034 | 4 | 035 | ④ | 036 | ④ | 037 | ③ | 038 | 3 | 039 | 9 | 040 | ⑤ |
| 041 | ④ | 042 | ① | 043 | 1 | 044 | ⑤ | 045 | ④ | 046 | 2 | 047 | ⑤ | 048 | ④ | 049 | ③ | 050 | ① |
| 051 | 27 | 052 | 11 | 053 | 38 | 054 | 15 | 055 | ④ | 056 | 3 | 057 | 7 | 058 | ⑤ | 059 | ② | 060 | ② |
| 061 | ④ | 062 | ④ | 063 | 10 | 064 | ⑤ | 065 | 2 | 066 | 5 | 067 | ③ | 068 | 4 | 069 | ③ | 070 | ③ |
| 071 | ⑤ | 072 | ⑤ | 073 | 11 | 074 | 75 | 075 | 78 | 076 | ① | 077 | ⑤ | 078 | ② | 079 | ① | 080 | 5 |
| 081 | ④ | 082 | 5 | 083 | ③ | 084 | ③ | 085 | 33 | 086 | ③ | | | | | | | | |

## Ⅱ 삼각함수

| 087 | ④ | 088 | 3 | 089 | ③ | 090 | 20 | 091 | 80 | 092 | 5 | 093 | 2 | 094 | ① | 095 | ① | 096 | ⑤ |
|---|---|---|---|---|---|---|---|---|---|---|---|---|---|---|---|---|---|---|---|
| 097 | 7 | 098 | ② | 099 | ③ | 100 | ② | 101 | ② | 102 | ③ | 103 | 2 | 104 | 192 | 105 | 33 | 106 | 14 |
| 107 | ② | 108 | ② | 109 | 7 | 110 | 48 | 111 | ① | 112 | 45 | 113 | ② | 114 | ⑤ | 115 | ② | 116 | ④ |
| 117 | ① | 118 | ② | 119 | ④ | 120 | ② | 121 | ① | 122 | 689 | 123 | 18 | 124 | ③ | 125 | ③ | 126 | ② |
| 127 | ① | 128 | 36 | 129 | ⑤ | 130 | ② | 131 | ⑤ | 132 | 15 | 133 | ② | 134 | ① | 135 | ③ | 136 | ② |
| 137 | ① | 138 | ③ | 139 | 2 | 140 | 48 | 141 | ④ | 142 | ③ | 143 | ② | 144 | 27 | 145 | ③ | 146 | 9 |
| 147 | ① | 148 | ⑤ | 149 | ④ | 150 | ② | 151 | ③ | 152 | 46 | | | | | | | | |

## Ⅲ 수열

| 153 | ③ | 154 | ③ | 155 | ④ | 156 | 60 | 157 | ① | 158 | ③ | 159 | 8 | 160 | ② | 161 | ② | 162 | ③ |
|---|---|---|---|---|---|---|---|---|---|---|---|---|---|---|---|---|---|---|---|
| 163 | ④ | 164 | ② | 165 | ② | 166 | ① | 167 | ② | 168 | 192 | 169 | 64 | 170 | ③ | 171 | 264 | 172 | ⑤ |
| 173 | 9 | 174 | 13 | 175 | ② | 176 | 49 | 177 | ⑤ | 178 | ③ | 179 | 14 | 180 | 60 | 181 | ① | 182 | 25 |
| 183 | ② | 184 | ④ | 185 | ③ | 186 | 22 | 187 | ① | 188 | ④ | 189 | ② | 190 | ③ | 191 | ① | 192 | ① |
| 193 | ① | 194 | 27 | 195 | ⑤ | 196 | ③ | 197 | ⑤ | 198 | ④ | 199 | 315 | 200 | ② | 201 | 58 | 202 | ② |
| 203 | ④ | 204 | ③ | 205 | 8 | 206 | ② | 207 | ① | 208 | 5 | 209 | 33 | 210 | ④ | 211 | 255 | 212 | 319 |
| 213 | 8 | 214 | ④ | 215 | 14 | 216 | 6 | 217 | ④ | 218 | 52 | 219 | ② | 220 | ④ | 221 | ③ | 222 | ④ |
| 223 | ④ | 224 | 493 | 225 | ③ | 226 | ③ | 227 | ③ | 228 | ② | 229 | ① | 230 | ② | 231 | 27 | 232 | ① |
| 233 | ③ | 234 | ④ | 235 | 17 | | | | | | | | | | | | | | |

## 미니 모의고사

### 1회

| | | | | |
|---|---|---|---|---|
| 1 21 | 2 ② | 3 ⑤ | 4 ② | 5 ① |
| 6 ⑤ | 7 ① | 8 200 | 9 9 | 10 ④ |

### 2회

| | | | | |
|---|---|---|---|---|
| 1 ① | 2 ③ | 3 ② | 4 36 | 5 ④ |
| 6 ⑤ | 7 ④ | 8 ② | 9 300 | 10 12 |

### 3회

| | | | | |
|---|---|---|---|---|
| 1 ② | 2 12 | 3 ① | 4 ④ | 5 ② |
| 6 ③ | 7 ② | 8 ① | 9 13 | 10 164 |

### 4회

| | | | | |
|---|---|---|---|---|
| 1 78 | 2 ③ | 3 ② | 4 ① | 5 ⑤ |
| 6 ② | 7 ⑤ | 8 ③ | 9 247 | 10 117 |

### 5회

| | | | | |
|---|---|---|---|---|
| 1 ④ | 2 43 | 3 ① | 4 12 | 5 ① |
| 6 ⑤ | 7 13 | 8 ④ | 9 ⑤ | 10 ② |

### 6회

| | | | | |
|---|---|---|---|---|
| 1 ⑤ | 2 ④ | 3 ③ | 4 105 | 5 8 |
| 6 ③ | 7 ⑤ | 8 ③ | 9 19 | 10 ④ |

### 7회

| | | | | |
|---|---|---|---|---|
| 1 9 | 2 ⑤ | 3 ④ | 4 ④ | 5 ④ |
| 6 148 | 7 ⑤ | 8 ① | 9 ⑤ | 10 273 |

### 8회

| | | | | |
|---|---|---|---|---|
| 1 ⑤ | 2 ③ | 3 ⑤ | 4 ② | 5 5 |
| 6 ② | 7 ② | 8 ① | 9 12 | 10 112 |

### 9회

| | | | | |
|---|---|---|---|---|
| 1 ④ | 2 ⑤ | 3 63 | 4 ④ | 5 ③ |
| 6 75 | 7 ② | 8 ③ | 9 13 | 10 ① |

### 10회

| | | | | |
|---|---|---|---|---|
| 1 ① | 2 ⑤ | 3 17 | 4 ② | 5 ⑤ |
| 6 75 | 7 ⑤ | 8 ③ | 9 24 | 10 170 |

# I 지수함수와 로그함수

## step 0 기출에서 뽑은 실전 개념 O×

본문 9쪽

| | | | | |
|---|---|---|---|---|
| 01 ○ | 02 ○ | 03 ○ | 04 × | 05 × |
| 06 × | 07 × | 08 ○ | 09 × | 10 ○ |

## step 1 3점·4점 유형 정복하기

어려운 쉬운

본문 10~27쪽

### 001

$n$이 짝수일 때와 홀수일 때로 나누어 $n$의 값을 구하면 다음과 같다.

(i) $n$이 짝수일 때

$-n^2+9n-18$의 $n$제곱근 중 음의 실수가 존재하려면

$-n^2+9n-18>0$이어야 한다.

즉, $n^2-9n+18<0$에서

$(n-3)(n-6)<0$

$\therefore 3<n<6$

이때 $n$은 짝수이어야 하므로

$n=4$

(ii) $n$이 홀수일 때

$-n^2+9n-18$의 $n$제곱근 중 음의 실수가 존재하려면

$-n^2+9n-18<0$이어야 한다.

즉, $n^2-9n+18>0$에서

$(n-3)(n-6)>0$

$\therefore 2\le n<3$ 또는 $6<n\le 11$ ($\because 2\le n\le 11$)

이때 $n$은 홀수이어야 하므로

$n=7,\ 9,\ 11$

(i), (ii)에 의하여 조건을 만족시키는 모든 $n$의 값의 합은

$4+7+9+11=31$

답 ①

**참고** $f(n)=-n^2+9n-18$로 놓으면 $f(n)$의 $n$제곱근은 $x$에 대한 방정식

$x^n=f(n)$ ……㉠

의 근이므로 $f(n)$의 $n$제곱근 중 음의 실수가 존재하려면 방정식 ㉠이 음의 실근을 가져야 한다.

(i) $n=2k$ ($k$는 자연수)일 때 방정식 ㉠이 음의 실근을 가지려면 오른쪽 그림과 같이 곡선 $y=x^n$과 직선 $y=f(n)$이 서로 다른 두 점에서 만나야 하므로

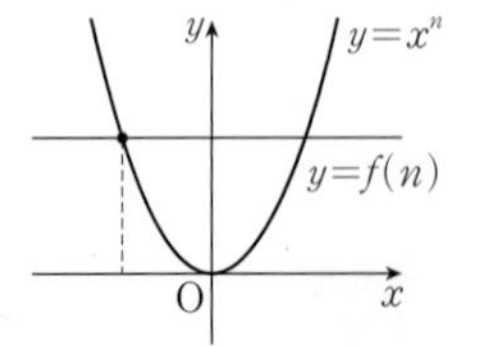


$f(n)>0$

(ii) $n=2k+1$ ($k$는 자연수)일 때 방정식 ㉠이 음의 실근을 가지려면 오른쪽 그림과 같이 곡선 $y=x^n$과 직선 $y=f(n)$의 교점의 $x$좌표가 음수이어야 하므로

$f(n)<0$

### 002

$n$이 짝수일 때와 홀수일 때로 나누어 $n$의 개수를 구하면 다음과 같다.

(i) $n$이 짝수일 때

$n+1$은 홀수이므로 $f(n+1)=1$

$f(n+1)>f(n)$, 즉 $f(n)<1$이려면 $f(n)=0$이어야 하므로

$n^2-12n+32<0$, $(n-4)(n-8)<0$

$\therefore 4<n<8$

이때 $n$은 짝수이므로 $n=6$

(ii) $n$이 홀수일 때

$f(n)=1$이므로 $f(n+1)>f(n)$, 즉 $f(n+1)>1$이려면

$f(n+1)=2$이어야 한다.

$$(n+1)^2-12(n+1)+32=\{(n+1)-4\}\{(n+1)-8\}$$
$$=(n-3)(n-7)$$

에서 $(n-3)(n-7)>0$

$\therefore 2\le n<3$ 또는 $7<n\le 20$ ($\because 2\le n\le 20$)

이때 $n$은 홀수이므로 $n$의 값은 9, 11, 13, 15, 17, 19의 6개이다.

(i), (ii)에 의하여 주어진 조건을 만족시키는 자연수 $n$의 개수는

$1+6=7$

답 ②

**참고** 실수 $a$의 $n$제곱근 중 실수인 것의 개수는 다음과 같다.

| | $a>0$ | $a=0$ | $a<0$ |
|---|---|---|---|
| $n$이 짝수일 때 | 2 | 1 | 0 |
| $n$이 홀수일 때 | 1 | 1 | 1 |

### 003

$n$이 짝수일 때와 홀수일 때로 나누어 순서쌍 $(n,\ x)$의 개수를 구하면 다음과 같다.

(i) $n$이 짝수일 때

$2\le n\le 10$에서 $n=2,\ 4,\ 6,\ 8,\ 10$

$x^n-1$의 네제곱근 중 양의 실수가 존재하려면 $x^n-1>0$이어야 하므로 이 부등식을 만족시키는 정수 $x$의 값은

$-5,\ -4,\ -3,\ -2,\ 2,\ 3,\ 4,\ 5$ ($\because -5\le x\le 5$)

따라서 순서쌍 $(n,\ x)$의 개수는 $5\times 8=40$

(ii) $n$이 홀수일 때

$2\le n\le 10$에서 $n=3,\ 5,\ 7,\ 9$

$x^n-1$의 네제곱근 중 양의 실수가 존재하려면 $x^n-1>0$이어야 하므로 이 부등식을 만족시키는 정수 $x$의 값은

$2,\ 3,\ 4,\ 5$ ($\because -5\le x\le 5$)

따라서 순서쌍 $(n,\ x)$의 개수는 $4\times 4=16$

(i), (ii)에 의하여 구하는 순서쌍 $(n,\ x)$의 개수는

$40+16=56$

답 56

### 004

ㄱ. $f(0)=4$의 네제곱근은 $\sqrt[4]{4}$, $-\sqrt[4]{4}$의 2개이므로

$g(0)=2$ (참)

ㄴ. $g(x)=0$, 즉 $f(x)$의 네제곱근 중 실수인 것이 존재하지 않으려면 $f(x)<0$이어야 하므로

$x<-4$ (참)

ㄷ. $g(f(x))=1$, 즉 $f(f(x))$의 네제곱근 중 실수인 것이 1개이려면 $f(f(x))=0$이어야 하므로

$f(x)=-4$ 또는 $f(x)=2$

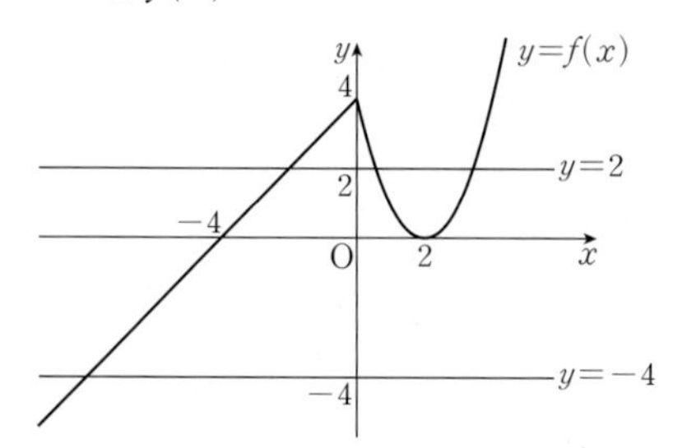


위의 그림과 같이 함수 $y=f(x)$와 두 직선 $y=-4$, $y=2$가 만나는 점의 개수는 각각 1, 3이므로 방정식 $f(f(x))=0$의 서로 다른 실근의 개수는

$1+3=4$

즉, $g(f(x))=1$을 만족시키는 서로 다른 $x$의 개수는 4이다. (참)

따라서 ㄱ, ㄴ, ㄷ 모두 옳다.

답 ⑤

## 005

$(\sqrt{3^n})^{\frac{1}{2}}=(3^{\frac{n}{2}})^{\frac{1}{2}}=3^{\frac{n}{4}}$, $\sqrt[n]{3^{100}}=3^{\frac{100}{n}}$

이므로 $3^{\frac{n}{4}}$, $3^{\frac{100}{n}}$이 모두 자연수가 되려면 $\frac{n}{4}$, $\frac{100}{n}$이 모두 0 또는 자연수이어야 한다.

(i) $\frac{n}{4}$이 자연수이려면 $n$은 4의 배수이어야 하므로

$n=4k$ ($k$는 자연수)

(ii) $\frac{100}{n}$이 자연수이려면 $n$은 100의 양의 약수이어야 하므로

$n=2, 4, 5, 10, 20, 25, 50, 100$ ($\because n\geq 2$)

(i), (ii)에 의하여 조건을 만족시키는 $n$의 값은 4, 20, 100이므로 구하는 합은

$4+20+100=124$

답 124

## 006

$a$는 9의 네제곱근 중 양의 실수이므로

$a=\sqrt[4]{9}=(3^2)^{\frac{1}{4}}=3^{\frac{1}{2}}$

$b$는 12의 세제곱근 중 실수이므로

$b^3=12=2^2\times 3$

$\therefore \sqrt[4]{(ab^3)^n}=(ab^3)^{\frac{n}{4}}=\left(3^{\frac{1}{2}}\times 2^2\times 3\right)^{\frac{n}{4}}$

$=2^{\frac{n}{2}}\times 3^{\frac{3}{8}n}$

즉, $\sqrt[4]{(ab^3)^n}$의 값이 자연수가 되기 위해서는 $n$은 2와 8의 최소공배수, 즉 8의 배수이어야 한다.

따라서 100 이하의 자연수 중 8의 배수는

8, 16, 24, $\cdots$, 88, 96

의 12개이다.

답 ②

## 007

$\sqrt{\frac{2^a}{2\times 3^b}}\times\sqrt[3]{\frac{3^b}{3\times 2^a}}=(2^{a-1}\times 3^{-b})^{\frac{1}{2}}\times(3^{b-1}\times 2^{-a})^{\frac{1}{3}}$

$=\left(2^{\frac{a-1}{2}}\times 3^{-\frac{b}{2}}\right)\times\left(2^{-\frac{a}{3}}\times 3^{\frac{b-1}{3}}\right)$

$=2^{\frac{a-3}{6}}\times 3^{-\frac{b+2}{6}}$

이 값이 유리수가 되려면

$a-3=6k$, $b+2=6l$ ($k$, $l$은 정수)

이어야 한다.

이때 정수 $k$에 대하여 $a=6k+3$이므로 가능한 정수 $a$의 값은

$-15, -9, -3, 3, 9, 15$ ($\because |a|\leq 20$)

또한, 정수 $l$에 대하여 $b=6l-2$이므로 가능한 정수 $b$의 값은

$-20, -14, -8, -2, 4, 10, 16$ ($\because |b|\leq 20$)

따라서 두 정수 $a$, $b$의 순서쌍 $(a, b)$의 개수는

$6\times 7=42$

답 ⑤

## 008

$\frac{\sqrt{8}\times\sqrt[3]{3^{-2}}}{\sqrt[m]{18^{-1}}}=\frac{2^{\frac{3}{2}}\times 3^{-\frac{2}{3}}}{(2\times 3^2)^{-\frac{1}{m}}}=\frac{2^{\frac{3}{2}}\times 3^{-\frac{2}{3}}}{2^{-\frac{1}{m}}\times 3^{-\frac{2}{m}}}$

$=2^{\frac{3}{2}+\frac{1}{m}}\times 3^{-\frac{2}{3}+\frac{2}{m}}=2^{\frac{3m+2}{2m}}\times 3^{\frac{-2m+6}{3m}}$

이 값이 어떤 자연수의 여섯제곱근이 되려면 $\left(2^{\frac{3m+2}{2m}}\times 3^{\frac{-2m+6}{3m}}\right)^6$이 자연수이어야 한다.

이때

$\left(2^{\frac{3m+2}{2m}}\times 3^{\frac{-2m+6}{3m}}\right)^6=2^{\frac{9m+6}{m}}\times 3^{\frac{-4m+12}{m}}$

$=2^{9+\frac{6}{m}}\times 3^{-4+\frac{12}{m}}$

이므로 이 값이 자연수이려면 다음을 모두 만족시켜야 한다.

(i) $\frac{6}{m}$, $\frac{12}{m}$가 자연수이어야 하므로 $m$은 6과 12의 최대공약수, 즉 6의 양의 약수이어야 한다.

$\therefore m=2, 3, 6$

(ii) $9+\frac{6}{m}>0$, $-4+\frac{12}{m}\geq 0$이어야 하므로

$\frac{6}{m}>-9$, $\frac{12}{m}\geq 4$ $\quad\therefore 0<m\leq 3$

(i), (ii)에 의하여 조건을 만족시키는 2 이상의 자연수 $m$의 값은 2, 3이므로 구하는 합은

$2+3=5$

답 ②

## 009

조건 (가)에 의하여 $\sqrt[3]{a}=b^{\frac{1}{m}}$이므로

$b=(\sqrt[3]{a})^m=a^{\frac{m}{3}}$ $\cdots\cdots$ ㉠

조건 (나)에 의하여 $\sqrt{b}=c^{\frac{1}{n}}$이므로

$c=(\sqrt{b})^n=b^{\frac{n}{2}}$ $\cdots\cdots$ ㉡

조건 (다)에 의하여 $c=(a^{12})^{\frac{1}{4}}$이므로

$c^4=a^{12}$

이때 ㉠, ㉡에서

$c^4=(b^{\frac{n}{2}})^4=b^{2n}=(a^{\frac{m}{3}})^{2n}=a^{\frac{2mn}{3}}$

즉, $a^{\frac{2mn}{3}}=a^{12}$이므로

$\frac{2mn}{3}=12 \qquad \therefore mn=18$

이를 만족시키는 1이 아닌 두 자연수 $m$, $n$의 순서쌍 $(m, n)$은

$(2, 9)$, $(3, 6)$, $(6, 3)$, $(9, 2)$

의 4개이다.

답 ①

## 010

$3^{2a-b}=5$, $3^{3a+b}=25$에서

$(3^{2a-b})^2=5^2=25=3^{3a+b}$

즉, $3^{4a-2b}=3^{3a+b}$이므로

$4a-2b=3a+b$

$\therefore a=3b \qquad \cdots\cdots$ ㉠

㉠을 $3^{2a-b}=5$에 대입하면

$3^{2\times 3b-b}=3^{5b}=5$

즉, $5^{\frac{1}{b}}=3^5$이므로

$5^{\frac{1}{a}+\frac{1}{b}}=5^{\frac{1}{3b}+\frac{1}{b}}=5^{\frac{4}{3b}}$

$=\left(5^{\frac{1}{b}}\right)^{\frac{4}{3}}=(3^5)^{\frac{4}{3}}$

$=3^{\frac{20}{3}}=\sqrt[3]{3^{20}}$

답 ⑤

## 011

$2^{\frac{1}{3}}\in(A\cap B)$이므로 $2^{\frac{1}{3}}$은 두 이차방정식

$x^2-\sqrt[3]{16}x+a=0$, $x^2-bx+\sqrt[3]{32}=0$

의 근이다.

이차방정식 $x^2-\sqrt[3]{16}x+a=0$에 $x=2^{\frac{1}{3}}$을 대입하면

$(2^{\frac{1}{3}})^2-\sqrt[3]{16}\times 2^{\frac{1}{3}}+a=0$

$2^{\frac{2}{3}}-2^{\frac{4}{3}}\times 2^{\frac{1}{3}}+a=0$

$\therefore a=2^{\frac{5}{3}}-2^{\frac{2}{3}}$

$=2^{\frac{2}{3}}\times(2-1)$

$=2^{\frac{2}{3}}$

이차방정식 $x^2-bx+\sqrt[3]{32}=0$에 $x=2^{\frac{1}{3}}$을 대입하면

$(2^{\frac{1}{3}})^2-2^{\frac{1}{3}}b+\sqrt[3]{32}=0$

$2^{\frac{2}{3}}-2^{\frac{1}{3}}b+2^{\frac{5}{3}}=0$

$\therefore b=2^{\frac{1}{3}}+2^{\frac{4}{3}}$

$=2^{\frac{1}{3}}\times(1+2)$

$=3\times 2^{\frac{1}{3}}$

$\therefore ab=2^{\frac{2}{3}}\times(3\times 2^{\frac{1}{3}})=2\times 3=6$

답 ③

## 012

점 A의 $x$좌표는 $x^3=k$에서 $x=k^{\frac{1}{3}}$

점 B의 $x$좌표는 $x^4=k$에서 $x=k^{\frac{1}{4}}$ $(\because x>0)$

점 C의 $x$좌표는 $x^6=k$에서 $x=k^{\frac{1}{6}}$ $(\because x>0)$

따라서 세 점 A, B, C의 좌표는

$A(k^{\frac{1}{3}}, k)$, $B(k^{\frac{1}{4}}, k)$, $C(k^{\frac{1}{6}}, k)$

한편, 직선 OC의 기울기가 9이므로

$\frac{k}{k^{\frac{1}{6}}}=k^{1-\frac{1}{6}}=k^{\frac{5}{6}}=9$

$\therefore k=9^{\frac{6}{5}}=3^{\frac{12}{5}} \qquad \cdots\cdots$ ㉠

이때 두 직선 OA, OB의 기울기의 곱은

$\frac{k}{k^{\frac{1}{3}}}\times\frac{k}{k^{\frac{1}{4}}}=k^{1-\frac{1}{3}}\times k^{1-\frac{1}{4}}=k^{\frac{2}{3}}\times k^{\frac{3}{4}}$

$=k^{\frac{2}{3}+\frac{3}{4}}=k^{\frac{17}{12}}$

$=(3^{\frac{12}{5}})^{\frac{17}{12}}$ $(\because$ ㉠$)$

$=3^{\frac{17}{5}}$

따라서 $p=5$, $q=17$이므로

$p+q=22$

답 22

## 013

$\log_{27}a=\log_{3^3}a=\frac{1}{3}\log_3 a$, $\log_3\sqrt{b}=\log_3 b^{\frac{1}{2}}=\frac{1}{2}\log_3 b$이므로

$\frac{1}{3}\log_3 a=\frac{1}{2}\log_3 b$, $\frac{\log_3 a}{\log_3 b}=\frac{3}{2}$

즉, $\log_b a=\frac{3}{2}$이므로

$20\log_b\sqrt{a}=20\log_b a^{\frac{1}{2}}=10\log_b a$

$=10\times\frac{3}{2}=15$

답 15

## 014

$\log_a b^2 : \log_b\sqrt{a}=9:1$에서

$2\log_a b : \frac{1}{2}\log_b a=9:1$

$2\log_a b=\frac{9}{2}\log_b a$

$\log_a b\times\frac{1}{\log_b a}=\frac{9}{4}$

$(\log_a b)^2=\frac{9}{4}$

$\therefore \log_a b=-\frac{3}{2}$ 또는 $\log_a b=\frac{3}{2}$

이때 $a<b$에서 $\log_a b>1$이므로

$\log_a b=\frac{3}{2}$

$\therefore b^{\log_a 2}=2^{\log_a b}=2^{\frac{3}{2}}=2\sqrt{2}$

답 ②

## 015

$\sqrt[3]{\dfrac{b^2}{a}}=\sqrt{a}$에서

$\left(\dfrac{b^2}{a}\right)^{\frac{1}{3}}=a^{\frac{1}{2}}$, $\dfrac{b^{\frac{2}{3}}}{a^{\frac{1}{3}}}=a^{\frac{1}{2}}$

$b^{\frac{2}{3}}=a^{\frac{1}{2}}\times a^{\frac{1}{3}}=a^{\frac{5}{6}}$

$\therefore b=a^{\frac{5}{6}\times\frac{3}{2}}=a^{\frac{5}{4}}$ ...... ㉠

이때

$\log_{\sqrt{2}} b=2\log_2 b$,

$\log_4 bc^2=\dfrac{1}{2}\log_2 bc^2$

$=\dfrac{1}{2}(\log_2 b+2\log_2 c)$

$=\dfrac{1}{2}\log_2 b+\log_2 c$

이므로 $\log_{\sqrt{2}} b=\log_4 bc^2$에서

$2\log_2 b=\dfrac{1}{2}\log_2 b+\log_2 c$

$\log_2 c=\dfrac{3}{2}\log_2 b$

$\therefore c=b^{\frac{3}{2}}$ ...... ㉡

㉠을 ㉡에 대입하면

$c=(a^{\frac{5}{4}})^{\frac{3}{2}}=a^{\frac{15}{8}}$

$\therefore \log_a c=\log_a a^{\frac{15}{8}}=\dfrac{15}{8}$

답 ③

## 016

조건 ㈎에 의하여 $a^3=b$, $b^4=c^k$이므로

$c=b^{\frac{4}{k}}=(a^3)^{\frac{4}{k}}=a^{\frac{12}{k}}$

$\therefore \log_a b=\log_a a^3=3$, $\log_a c=\log_a a^{\frac{12}{k}}=\dfrac{12}{k}$, $\log_b c=\log_b b^{\frac{4}{k}}=\dfrac{4}{k}$

즉,

$\log_a bc+\log_b ca+\log_c ab$

$=(\log_a b+\log_a c)+(\log_b c+\log_b a)+(\log_c a+\log_c b)$

$=(\log_a b+\log_b a)+(\log_b c+\log_c b)+(\log_c a+\log_a c)$

$=\left(\log_a b+\dfrac{1}{\log_a b}\right)+\left(\log_b c+\dfrac{1}{\log_b c}\right)+\left(\log_a c+\dfrac{1}{\log_a c}\right)$

$=\left(3+\dfrac{1}{3}\right)+\left(\dfrac{4}{k}+\dfrac{k}{4}\right)+\left(\dfrac{12}{k}+\dfrac{k}{12}\right)$

$=\dfrac{k^2+10k+48}{3k}$

이므로 조건 ㈏에 의하여

$\dfrac{k^2+10k+48}{3k}=12$

$k^2+10k+48=36k$

$k^2-26k+48=0$, $(k-2)(k-24)=0$

$\therefore k=2$ 또는 $k=24$

따라서 모든 실수 $k$의 값의 합은

$2+24=26$

답 26

## 017

두 점 $(a, \log_2 a)$, $(b, \log_2 b)$를 지나는 직선의 방정식은

$y=\dfrac{\log_2 b-\log_2 a}{b-a}(x-a)+\log_2 a$

이 직선의 $y$절편은

$-\dfrac{a(\log_2 b-\log_2 a)}{b-a}+\log_2 a$

두 점 $(a, \log_4 a)$, $(b, \log_4 b)$를 지나는 직선의 방정식은

$y=\dfrac{\log_4 b-\log_4 a}{b-a}(x-a)+\log_4 a$

이 직선의 $y$절편은

$-\dfrac{a(\log_4 b-\log_4 a)}{b-a}+\log_4 a$

$=-\dfrac{1}{2}\times\dfrac{a(\log_2 b-\log_2 a)}{b-a}+\dfrac{1}{2}\log_2 a$

두 직선의 $y$절편이 일치하므로

$-\dfrac{a(\log_2 b-\log_2 a)}{b-a}+\log_2 a$

$=-\dfrac{1}{2}\times\dfrac{a(\log_2 b-\log_2 a)}{b-a}+\dfrac{1}{2}\log_2 a$

$\dfrac{1}{2}\log_2 a=\dfrac{1}{2}\times\dfrac{a(\log_2 b-\log_2 a)}{b-a}$

$(b-a)\log_2 a=a(\log_2 b-\log_2 a)$

$b\log_2 a=a\log_2 b$, $\log_2 a^b=\log_2 b^a$

$\therefore a^b=b^a$

따라서 $f(x)=a^{bx}+b^{ax}=2a^{bx}$이므로 $f(1)=40$에서

$2a^b=40$ $\therefore a^b=20$

즉, $f(x)=2\times 20^x$이므로

$f(2)=2\times 20^2=800$

답 ②

## 018

점 A의 $x$좌표는 $x\log_a 2=4$에서

$x=\dfrac{4}{\log_a 2}=4\log_2 a$

점 B의 $x$좌표는 $x\log_b 4=4$에서

$x=\dfrac{4}{\log_b 4}=4\log_4 b=2\log_2 b$

따라서 두 점 A, B의 좌표는 A$(4\log_2 a, 4)$, B$(2\log_2 b, 4)$

$\therefore \overline{AB}=4\log_2 a-2\log_2 b$

$=2(2\log_2 a-\log_2 b)$

$=2\log_2\dfrac{a^2}{b}$ ...... ㉠

이때 삼각형 OAB의 넓이가 8이므로

$\dfrac{1}{2}\times\overline{AB}\times 4=8$에서 $\overline{AB}=4$

즉, ㉠에서

$2\log_2\dfrac{a^2}{b}=4$

$\log_2\dfrac{a^2}{b}=2$, $\dfrac{a^2}{b}=4$

$\therefore a^2=4b$ ...... ㉡

이때 $a>1$, $b>1$이므로 ㉡을 만족시키는 10 이하의 두 자연수 $a$, $b$의 순서쌍 $(a, b)$는

$(4, 4)$, $(6, 9)$

의 2개이다. 답 ②

## 019

삼각형 OAB의 무게중심 G의 좌표는

$G\left(\frac{0+4\log_b a+1}{3}, \frac{0+3+3\log_a b}{3}\right)$

$\therefore G\left(\frac{4\log_b a+1}{3}, \log_a b+1\right)$

점 G가 직선 $y=3x$ 위의 점이므로

$\log_a b+1=3\times\frac{4\log_b a+1}{3}$

$\log_a b+1=4\log_b a+1$

$\log_a b=\frac{4}{\log_a b}$, $(\log_a b)^2=4$

$\therefore \log_a b=-2$ 또는 $\log_a b=2$

이때 $a>1$, $b>1$에서 $\log_a b>0$이므로

$\log_a b=2$

따라서 $A(2, 3)$, $B(1, 6)$이므로 두 직선 OA, OB의 기울기의 곱은

$\frac{3}{2}\times 6=9$ 답 ④

**참고** 좌표평면 위의 세 점 $A(x_1, y_1)$, $B(x_2, y_2)$, $C(x_3, y_3)$을 꼭짓점으로 하는 삼각형 ABC의 무게중심 G의 좌표는 $\left(\frac{x_1+x_2+x_3}{3}, \frac{y_1+y_2+y_3}{3}\right)$이다.

## 020

$\log_9 a=\frac{1}{2}\log_3 a$이므로 점 A의 좌표는

$A\left(0, \frac{1}{2}\log_3 a\right)$

$\log_{\sqrt{3}} b=2\log_3 b$이므로 점 B의 좌표는

$B(2\log_3 b, 0)$

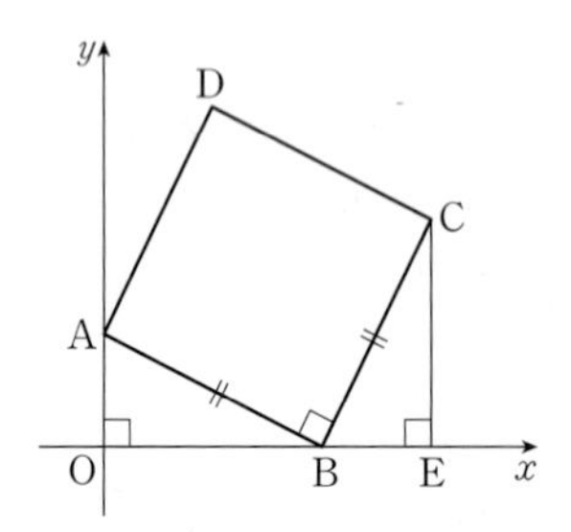


위의 그림과 같이 점 C에서 $x$축에 내린 수선의 발을 E라 하면

두 삼각형 AOB, BEC에서

$\overline{AB}=\overline{BC}$, $\angle BAO=90^\circ-\angle ABO=\angle CBE$,

$\angle AOB=\angle BEC=90^\circ$

이므로

$\triangle AOB\equiv\triangle BEC$ (RHA 합동)

이때 점 C의 좌표를 $(\alpha, \beta)$ $(\alpha>0, \beta>0)$라 하면

$\alpha=\overline{OB}+\overline{BE}=\overline{OB}+\overline{OA}=2\log_3 b+\frac{1}{2}\log_3 a$

$\beta=\overline{CE}=\overline{OB}=2\log_3 b$

주어진 조건에서 직선 AC의 기울기가 $\frac{1}{3}$이므로

$$\frac{2\log_3 b-\frac{1}{2}\log_3 a}{2\log_3 b+\frac{1}{2}\log_3 a}=\frac{1}{3}$$

$3\left(2\log_3 b-\frac{1}{2}\log_3 a\right)=2\log_3 b+\frac{1}{2}\log_3 a$

$4\log_3 b=2\log_3 a$, $\frac{\log_3 b}{\log_3 a}=\frac{1}{2}$

$\therefore \log_a b=\frac{1}{2}$ 답 ⑤

## 021

$10^{0.94}=k$의 양변에 상용로그를 취하면

$\log k=0.94$

$$\begin{aligned}\therefore \log k^2+\log\frac{k}{10}&=2\log k+(\log k-\log 10)\\&=3\log k-1\\&=3\times 0.94-1\\&=1.82\end{aligned}$$

답 ①

## 022

$10^{0.2}=k$의 양변에 상용로그를 취하면

$\log k=0.2$

$$\begin{aligned}\therefore \log k^2\times\log\frac{10}{k}&=2\log k\times(1-\log k)\\&=2\times 0.2\times 0.8=0.32\end{aligned}$$

답 ④

## 023

$$\begin{aligned}\log 2k^3-\log\frac{k}{5}&=\log\left(2k^3\times\frac{5}{k}\right)\\&=\log 10k^2\\&=\log 10+\log k^2\\&=1+2\log k\end{aligned}$$

에서 $1+2\log k=\frac{3}{4}$이므로

$\log k=-\frac{1}{8}$

$\therefore k=10^{-\frac{1}{8}}$ 답 ②

## 024

$$\begin{aligned}\log_4 2n^2-\frac{1}{2}\log_2\sqrt{n}&=\log_4 2n^2-\log_4\sqrt{n}\\&=\log_4\frac{2n^2}{\sqrt{n}}=\log_4 2n^{\frac{3}{2}}\end{aligned}$$

이 값이 40 이하의 자연수가 되려면

$2n^{\frac{3}{2}}=4^k$ ($k$는 40 이하의 자연수)

이어야 한다.

$2n^{\frac{3}{2}}=4^k$에서 $n^{\frac{3}{2}}=2^{2k-1}$

$\therefore n=2^{\frac{4k-2}{3}}$

이때 $\frac{4k-2}{3}$가 자연수이어야 하므로

$k=2, 5, 8, \cdots, 38$ ($\because$ $k$는 40 이하의 자연수)

따라서 주어진 조건을 만족시키는 자연수 $n$의 개수는 13이다. 답 13

**참고** $k$의 값에 따른 자연수 $n$의 값은 각각 $2^2, 2^6, 2^{10}, \cdots, 2^{50}$이다.

## 025

$\log_2\sqrt{n}+\log_4\sqrt[3]{n}=\frac{1}{2}\log_2 n+\frac{1}{6}\log_2 n$

$=\frac{2}{3}\log_2 n=\log_2 n^{\frac{2}{3}}$

이 값이 10 이하의 자연수가 되려면

$n^{\frac{2}{3}}=2^k$, 즉 $n=2^{\frac{3}{2}k}$ ($k$는 10 이하의 자연수)

이어야 한다.

이때 $n$이 자연수이므로

$k=2, 4, 6, 8, 10$

즉, 조건을 만족시키는 자연수 $n$의 값은

$2^3, 2^6, 2^9, 2^{12}, 2^{15}$

이므로 구하는 곱은

$2^3\times2^6\times2^9\times2^{12}\times2^{15}=2^{3+6+9+12+15}=2^{45}$ 답 ③

## 026

$\log_3\frac{n}{m^2}-6\log_9\frac{\sqrt{n}}{m}=\log_3\frac{n}{m^2}-3\log_3\frac{\sqrt{n}}{m}$

$=\log_3\frac{n}{m^2}-\log_3\frac{n\sqrt{n}}{m^3}$

$=\log_3\left(\frac{n}{m^2}\times\frac{m^3}{n\sqrt{n}}\right)=\log_3\frac{m}{\sqrt{n}}$

이 값이 자연수가 되려면

$\frac{m}{\sqrt{n}}=3^k$, 즉 $m=3^k\sqrt{n}$ ($k$는 자연수) …… ㉠

이어야 한다.

자연수 $k$의 값에 따라 ㉠을 만족시키는 100 이하의 두 자연수 $m$, $n$의 순서쌍 $(m, n)$은 다음과 같다.

(i) $k=1$일 때

$m=3\sqrt{n}$이므로 순서쌍 $(m, n)$은

$(3, 1), (6, 4), (9, 9), (12, 16), (15, 25), (18, 36), (21, 49), (24, 64), (27, 81), (30, 100)$

의 10개

(ii) $k=2$일 때

$m=9\sqrt{n}$이므로 순서쌍 $(m, n)$은

$(9, 1), (18, 4), (27, 9), (36, 16), (45, 25), (54, 36), (63, 49), (72, 64), (81, 81), (90, 100)$

의 10개

(iii) $k=3$일 때

$m=27\sqrt{n}$이므로 순서쌍 $(m, n)$은

$(27, 1), (54, 4), (81, 9)$의 3개

(iv) $k=4$일 때

$m=81\sqrt{n}$이므로 순서쌍 $(m, n)$은

$(81, 1)$의 1개

(v) $k\geq5$일 때, 100 이하의 자연수 $m$, $n$의 순서쌍은 없다.

(i)~(v)에 의하여 구하는 순서쌍 $(m, n)$의 개수는

$10+10+3+1=24$ 답 ③

## 027

$f(x)=\begin{cases}2^{-x} & (x<0)\\ 2^x & (x\geq0)\end{cases}$ 이므로 $-1\leq x\leq3$에서 함수 $y=f(x)$의 그래프는 오른쪽 그림과 같다.

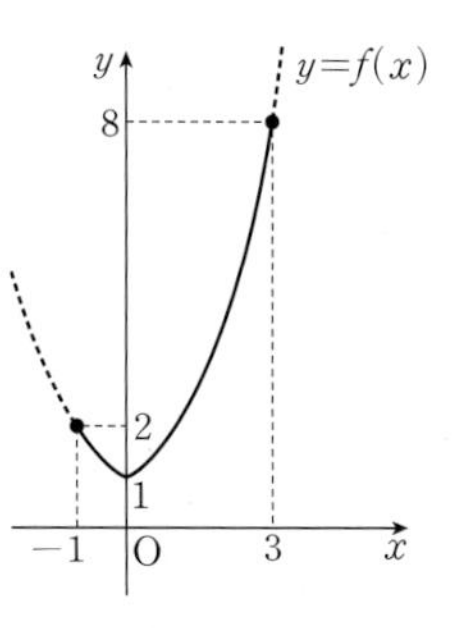


따라서 함수 $f(x)$는

$x=3$일 때 최댓값 $f(3)=2^3=8$,

$x=0$일 때 최솟값 $f(0)=2^0=1$

을 가지므로 구하는 최댓값과 최솟값의 합은

$8+1=9$ 답 ③

## 028

1이 아닌 모든 양수 $a$에 대하여

$a^2-2a+2=(a-1)^2+1>1$

이므로 함수 $f(x)=(a^2-2a+2)^x$은 $-1\leq x\leq1$에서 증가한다.

따라서 함수 $f(x)$는 $x=-1$일 때 최솟값 $\frac{1}{5}$을 가지므로

$(a^2-2a+2)^{-1}=\frac{1}{5}$

$a^2-2a+2=5$, $a^2-2a-3=0$

$(a+1)(a-3)=0$ $\therefore a=3$ ($\because a>0$)

따라서 $f(x)=(3^2-2\times3+2)^x=5^x$이므로

$M=f(1)=5$

$\therefore a\times M=3\times5=15$ 답 ③

## 029

$f(x)=2^{x+1}\times a^{-x}=2\times\left(\frac{2}{a}\right)^x$

(i) $0<\frac{2}{a}<1$, 즉 $a>2$일 때

함수 $f(x)$는 $2\leq x\leq6$에서 감소하므로 함수 $f(x)$는 $x=2$에서 최댓값을 갖는다.

따라서 $f(2)=2\times\left(\frac{2}{a}\right)^2=\frac{2^3}{a^2}$에서 $\frac{8}{a^2}=4$이므로

$a^2=2$

그런데 $a=2^{\frac{1}{2}}<2$이므로 조건을 만족시키지 않는다.

(ii) $\frac{2}{a}=1$, 즉 $a=2$일 때

$f(x)=2$에서 함수 $f(x)$의 최댓값은 2이므로 주어진 조건을 만족시키지 않는다.

(iii) $\frac{2}{a}>1$, 즉 $0<a<2$일 때

함수 $f(x)$는 $2\le x\le 6$에서 증가하므로 함수 $f(x)$는 $x=6$에서 최댓값을 갖는다.

따라서 $f(6)=2\times\left(\frac{2}{a}\right)^6=\frac{2^7}{a^6}$에서 $\frac{2^7}{a^6}=4$이므로

$a^6=2^5 \qquad \therefore a=2^{\frac{5}{6}}$

(i), (ii), (iii)에 의하여 양수 $a$의 값은 $2^{\frac{5}{6}}$ 답 ③

## 030

함수 $y=f(x)$의 그래프를 $x$축에 대하여 대칭이동한 그래프의 식은

$y=-a^x$

이 그래프를 $x$축의 방향으로 1만큼, $y$축의 방향으로 2만큼 평행이동한 그래프의 식은

$y=-a^{x-1}+2$

$\therefore g(x)=-a^{x-1}+2$

이때 함수 $g(x)$가 $x=3$에서 최솟값 $-\frac{1}{4}$을 가지므로

$g(3)=-\frac{1}{4}$에서

$-a^2+2=-\frac{1}{4}$, $a^2=\frac{9}{4}$

$\therefore a=\frac{3}{2}$ ($\because a>0$)

따라서 $g(x)=-\left(\frac{3}{2}\right)^{x-1}+2$이고, 닫힌구간 $[-1, 3]$에서 함수 $g(x)$는 $x=-1$일 때 최댓값을 가지므로

$M=g(-1)=-\left(\frac{3}{2}\right)^{-2}+2$

$=-\frac{4}{9}+2=\frac{14}{9}$

$\therefore a\times M=\frac{3}{2}\times\frac{14}{9}=\frac{7}{3}$ 답 ④

## 031

네 점 A, B, C, D의 좌표는

A$(1, n)$, B$(1, 2)$, C$(2, n^2)$, D$(2, 4)$

이때 $\overline{AB}=n-2$, $\overline{CD}=n^2-4$이므로 사다리꼴 ABDC의 넓이는

$\frac{1}{2}\times(\overline{AB}+\overline{CD})\times 1=\frac{1}{2}\{(n-2)+(n^2-4)\}$

$=\frac{n^2+n-6}{2}$

이 사다리꼴의 넓이가 18 이하이므로 $\frac{n^2+n-6}{2}\le 18$에서

$n^2+n-6\le 36$, $n^2+n-42\le 0$

$(n+7)(n-6)\le 0$

$\therefore 3\le n\le 6$ ($\because n\ge 3$)

따라서 주어진 조건을 만족시키는 자연수 $n$의 값은 3, 4, 5, 6이므로 구하는 합은

$3+4+5+6=18$ 답 18

## 032

$f(0)=\left(\frac{1}{n}\right)^{-1}+1=n+1$, $g(0)=\left(\frac{1}{3}\right)^{-1}+1=4$이므로

A$(0, n+1)$, B$(0, 4)$

$f(3)=\left(\frac{1}{n}\right)^2+1=\frac{1}{n^2}+1$, $g(3)=\left(\frac{1}{3}\right)^2+1=\frac{10}{9}$이므로

C$\left(3, \frac{1}{n^2}+1\right)$, D$\left(3, \frac{10}{9}\right)$

$\therefore \overline{AB}=n-3$, $\overline{CD}=\frac{1}{9}-\frac{1}{n^2}$

또, $f(x)=g(x)$에서 $\left(\frac{1}{n}\right)^{x-1}=\left(\frac{1}{3}\right)^{x-1}$

$n>3$이므로 $x-1=0 \qquad \therefore x=1$

$\therefore$ E$(1, 2)$

따라서 삼각형 ABE의 넓이 $S_1$은

$S_1=\frac{1}{2}\times\overline{AB}\times 1=\frac{n-3}{2}$

삼각형 CDE의 넓이 $S_2$는

$S_2=\frac{1}{2}\times\overline{CD}\times 2=\frac{1}{9}-\frac{1}{n^2}=\frac{n^2-9}{9n^2}$

$S_1=18S_2$에서 $\frac{n-3}{2}=18\times\frac{n^2-9}{9n^2}$

$n^2(n-3)=4(n^2-9)$, $n^2(n-3)-4(n-3)(n+3)=0$

$(n-3)(n^2-4n-12)=0$, $(n-3)(n+2)(n-6)=0$

$\therefore n=6$ ($\because n>3$) 답 6

## 033

$y=a^x+2$에 $x=0$을 대입하면 $y=3$

$y=-x+3$에 $x=0$을 대입하면 $y=3$

$\therefore$ A$(0, 3)$

곡선 $y=a^{x-2}$은 곡선 $y=a^x+2$를 $x$축의 방향으로 2만큼, $y$축의 방향으로 $-2$만큼 평행이동한 것과 같다.

한편, 점 A$(0, 3)$을 $x$축의 방향으로 2만큼, $y$축의 방향으로 $-2$만큼 평행이동한 점을 E라 하면 점 E의 좌표는 E$(2, 1)$이고, 점 E는 곡선 $y=a^{x-2}$ 위에 있다.

이때 직선 AE의 기울기는

$\frac{1-3}{2-0}=-1$

즉, 점 E는 직선 $y=-x+3$ 위의 점이므로 두 점 B와 E는 같은 점이다.

$\therefore$ B$(2, 1)$

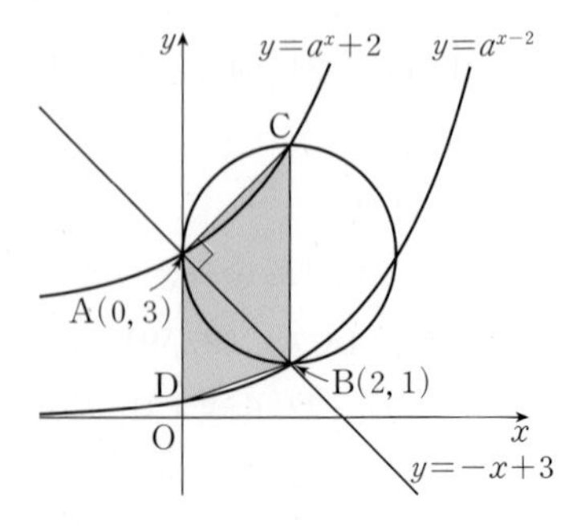

세 점 A, B, C가 선분 BC를 지름으로 하는 원 위의 점이므로

$\angle BAC=90^\circ$, 즉 두 직선 AB, AC는 서로 수직이다.

따라서 직선 AC는 점 A(0, 3)를 지나고 기울기가 1인 직선이므로 직선 AC의 방정식은

$y=x+3$

점 C의 $x$좌표는 2이므로 C(2, 5)이고 점 C가 곡선 $y=a^x+2$ 위의 점이므로

$a^2+2=5$, $a^2=3$

$\therefore a=\sqrt{3}$ ($\because a>1$)

이때 점 D는 곡선 $y=(\sqrt{3})^{x-2}$이 $y$축과 만나는 점이므로

$D\left(0, \frac{1}{3}\right)$

따라서 사각형 ADBC의 넓이는

$$\begin{aligned}\frac{1}{2}\times(\overline{AD}+\overline{BC})\times 2&=\overline{AD}+\overline{BC}\\&=\left(3-\frac{1}{3}\right)+(5-1)\\&=\frac{20}{3}\end{aligned}$$

답 ⑤

## 034

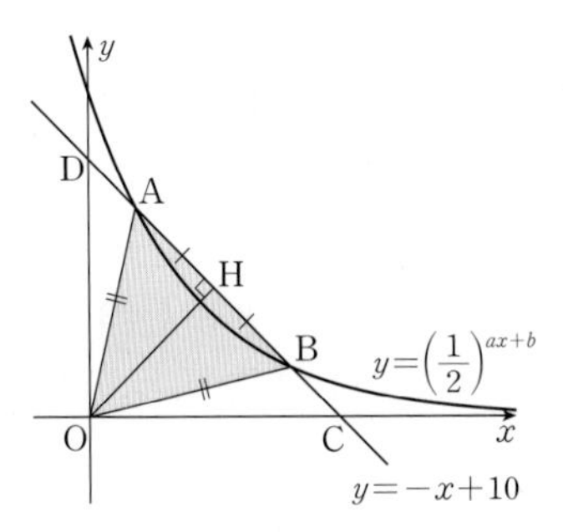


위의 그림과 같이 직선 $y=-x+10$이 $x$축, $y$축과 만나는 점을 각각 C, D라 하면

C(10, 0), D(0, 10)

삼각형 OAB가 $\overline{OA}=\overline{OB}$인 이등변삼각형이므로 원점 O에서 직선 $y=-x+10$에 내린 수선의 발을 H라 하면 점 H는 선분 AB의 중점, 즉 선분 CD의 중점이므로

H(5, 5)

$\therefore \overline{OH}=5\sqrt{2}$

이때 삼각형 OAB의 넓이가 30이므로

$\frac{1}{2}\times\overline{AB}\times\overline{OH}=\frac{1}{2}\times\overline{AB}\times 5\sqrt{2}=30$

$\therefore \overline{AB}=6\sqrt{2}$

점 A의 좌표를 $(\alpha, -\alpha+10)$ $(0<\alpha<5)$이라 하면 $\overline{AH}=3\sqrt{2}$이므로

$(5-\alpha)^2+\{5-(-\alpha+10)\}^2=(3\sqrt{2})^2$

$(5-\alpha)^2=9$ $\quad\therefore \alpha=2$ ($\because 0<\alpha<5$)

즉, 점 A의 좌표는 A(2, 8)이고, 점 A가 곡선 $y=\left(\frac{1}{2}\right)^{ax+b}$ 위의 점이므로

$\left(\frac{1}{2}\right)^{2a+b}=8$

$\therefore 2a+b=-3$ $\quad\cdots\cdots$ ㉠

같은 방법으로 하면 점 B의 좌표는 B(8, 2)이고, 점 B가 곡선 $y=\left(\frac{1}{2}\right)^{ax+b}$ 위의 점이므로

$\left(\frac{1}{2}\right)^{8a+b}=2$에서 $8a+b=-1$ $\quad\cdots\cdots$ ㉡

㉠, ㉡을 연립하여 풀면

$a=\frac{1}{3}$, $b=-\frac{11}{3}$

$\therefore a-b=\frac{1}{3}-\left(-\frac{11}{3}\right)=4$

답 4

**다른 풀이** $\overline{AH}=3\sqrt{2}$이고, 직선 $y=-x+10$의 기울기가 $-1$이므로

A(5−3, 5+3), 즉 A(2, 8)

마찬가지로 $\overline{BH}=3\sqrt{2}$이고 직선 $y=-x+10$의 기울기가 $-1$이므로

B(5+3, 5−3), 즉 B(8, 2)

## 035

$2^x=k$에서 $x=\log_2 k$이므로 점 A의 좌표는

$A(\log_2 k, k)$

$a^x=k$에서 $x=\log_a k$이므로 점 B의 좌표는

$B(\log_a k, k)$

C(0, $k$)이므로 $\overline{AB}=\overline{BC}$에서

$\log_2 k-\log_a k=\log_a k$

$2\log_a k=\log_2 k$

$\log_a k=\frac{1}{2}\log_2 k$, $\log_a k=\log_4 k$

즉, $a=4$이므로

$\overline{AB}=\log_2 k-\log_4 k=\frac{1}{2}\log_2 k$ $\quad\cdots\cdots$ ㉠

이때 $\overline{OB}=\overline{AD}$에서 $\overline{OD}=3\overline{AB}$이므로 사각형 ABOD의 넓이를 $S$라 하면

$$\begin{aligned}S&=\frac{1}{2}\times(\overline{AB}+\overline{OD})\times k\\&=\frac{1}{2}\times 4\overline{AB}\times k\\&=k\times\log_2 k\ (\because ㉠)\end{aligned}$$

따라서 $S$의 값이 자연수가 되기 위해서는 $\log_2 k$의 값이 자연수이어야 하므로 $2\le k\le 100$에서 가능한 자연수 $k$의 값은

$2, 2^2, 2^3, 2^4, 2^5, 2^6$

의 6개이다.

답 ④

## 036

$4^x-k\times 2^{x+1}+16=0$에서

$(2^x)^2-2k\times 2^x+16=0$

$2^x=t$ $(t>0)$로 놓으면

$t^2-2kt+16=0$ $\quad\cdots\cdots$ ㉠

주어진 방정식이 오직 하나의 실근 $\alpha$를 가지므로 이차방정식 ㉠은 양수인 중근을 갖는다.

이때 이차방정식 ㉠에서 근과 계수의 관계에 의하여

$2^\alpha+2^\alpha=2k$

즉, $2k>0$이므로

$k>0$ ...... ㉡

또한, 이차방정식 ㉠의 판별식을 $D$라 하면

$\frac{D}{4}=(-k)^2-16=0$

$k^2-16=0$, $(k+4)(k-4)=0$ $\therefore k=4$ ($\because$ ㉡)

이를 ㉠에 대입하면 $t^2-8t+16=0$에서 $(t-4)^2=0$

즉, $t=4$이므로

$2^x=4$ $\therefore x=2$

따라서 $a=2$이므로

$k+a=4+2=6$ 답 ④

## 037

두 곡선 $y=9^x+27$, $y=k\times 3^{x+1}$이 서로 다른 두 점에서 만나므로

$9^x+27=k\times 3^{x+1}$, 즉 $(3^x)^2-3k\times 3^x+27=0$

은 서로 다른 두 실근을 갖는다.

$3^x=t$ $(t>0)$로 놓으면

$t^2-3kt+27=0$ ...... ㉠

이차방정식 ㉠은 서로 다른 두 양의 실근을 가져야 하므로 이차방정식 ㉠에서 근과 계수의 관계에 의하여

$3k>0$ $\therefore k>0$ ...... ㉡

또한, 이차방정식 ㉠의 판별식을 $D$라 하면

$D=(-3k)^2-4\times 27>0$

$k^2-12>0$, $(k+2\sqrt{3})(k-2\sqrt{3})>0$

$\therefore k>2\sqrt{3}$ ($\because$ ㉡)

따라서 주어진 조건을 만족시키는 정수 $k$의 값은 4, 5, 6, $\cdots$, 10의 7개이다. 답 ③

**참고** 이차방정식 $ax^2+bx+c=0$ $(a\neq 0)$이 서로 다른 두 양의 실근을 가질 조건은 다음과 같다.

① (판별식 $D$)$=b^2-4ac>0$

② (두 근의 합)$=-\frac{b}{a}>0$

③ (두 근의 곱)$=\frac{c}{a}>0$

## 038

$4^x-(k+3)\times 2^x+2(k+1)=0$에서

$(2^x)^2-(k+3)\times 2^x+2(k+1)=0$

$2^x=t$ $(t>0)$로 놓으면

$t^2-(k+3)t+2(k+1)=0$ ...... ㉠

주어진 방정식이 서로 다른 두 실근을 가지므로 이차방정식 ㉠은 서로 다른 두 양의 실근을 갖는다.

이때 이차방정식 ㉠의 두 근이 $2^\alpha$, $2^\beta$이므로 이차방정식의 근과 계수의 관계에 의하여

$2^\alpha+2^\beta=k+3>0$ $\therefore k>-3$ ...... ㉡

$2^\alpha\times 2^\beta=2(k+1)>0$ $\therefore k>-1$ ...... ㉢

또한, 이차방정식 ㉠의 판별식을 $D$라 하면

$D=(k+3)^2-8(k+1)>0$

$k^2-2k+1>0$, $(k-1)^2>0$

$\therefore k\neq 1$ ...... ㉣

㉡, ㉢, ㉣에 의하여

$-1<k<1$ 또는 $k>1$ ...... ㉤

한편, $\frac{8^\alpha+8^\beta}{2^\alpha+2^\beta}=12$이므로

$$\begin{aligned}\frac{8^\alpha+8^\beta}{2^\alpha+2^\beta}&=\frac{2^{3\alpha}+2^{3\beta}}{2^\alpha+2^\beta}\\&=\frac{(2^\alpha+2^\beta)(2^{2\alpha}-2^\alpha\times 2^\beta+2^{2\beta})}{2^\alpha+2^\beta}\\&=2^{2\alpha}-2^\alpha\times 2^\beta+2^{2\beta}\\&=(2^\alpha+2^\beta)^2-3\times 2^\alpha\times 2^\beta\\&=(k+3)^2-6(k+1)\\&=k^2+3\end{aligned}$$

에서 $k^2+3=12$

$k^2=9$ $\therefore k=3$ ($\because$ ㉤) 답 3

**다른 풀이** $4^x-(k+3)\times 2^x+2(k+1)=0$에서

$(2^x-k-1)(2^x-2)=0$

$\therefore 2^x=k+1$ 또는 $2^x=2$

$2^\alpha=k+1$, $2^\beta=2$라 하면

$\frac{8^\alpha+8^\beta}{2^\alpha+2^\beta}=\frac{(k+1)^3+2^3}{k+1+2}=12$

$(k+1)^3-12(k+1)-16=0$

$(k+3)^2(k-3)=0$ $\therefore k=-3$ 또는 $k=3$

이때 $2^x=k+1>0$에서 $k>-1$이므로

$k=3$

## 039

$8^x-5\times 4^x+2^{x+2}=0$에서

$2^{3x}-5\times 2^{2x}+4\times 2^x=0$

$2^x=t$ $(t>0)$로 놓으면

$t^3-5t^2+4t=0$

$t(t^2-5t+4)=0$, $t(t-1)(t-4)=0$

$\therefore t=1$ 또는 $t=4$ ($\because t>0$)

즉, $2^x=1$ 또는 $2^x=4$이므로

$x=0$ 또는 $x=2$ $\therefore A=\{0, 2\}$

$9^x-(k+1)\times 3^x+k\leq 0$에서

$3^{2x}-(k+1)\times 3^x+k\leq 0$

$3^x=s$ $(s>0)$로 놓으면

$s^2-(k+1)s+k\leq 0$

$(s-1)(s-k)\leq 0$

$\therefore 1\leq s\leq k$ ($\because k\geq 1$)

즉, $3^0\leq 3^x\leq 3^{\log_3 k}$이므로

$0\leq x\leq \log_3 k$

$\therefore B=\{x\,|\,0\leq x\leq \log_3 k\}$

$A \subset B$이려면 $\log_3 k \geq 2$이어야 하므로

$k \geq 9$

따라서 자연수 $k$의 최솟값은 9이다. 답 9

## 040

$\left(\frac{1}{4}\right)^x - \left(\frac{1}{2}\right)^{x-a} - a + 16 \leq 0$의 해가 $-3 \leq x \leq b$이므로 $x$에 대한 방정식

$\left(\frac{1}{4}\right)^x - \left(\frac{1}{2}\right)^{x-a} - a + 16 = 0$ ⋯⋯ ㉠

의 두 근이 $x=-3$, $x=b$이다.

$x=-3$을 ㉠에 대입하면

$\left(\frac{1}{4}\right)^{-3} - \left(\frac{1}{2}\right)^{-3-a} + 16 = 0$

$4^3 - 2^{3+a} + 16 = 0$

$2^{3+a} = 80$, $8 \times 2^a = 80$

$2^a = 10$ $\therefore a = \log_2 10$

따라서 주어진 부등식 $\left(\frac{1}{4}\right)^x - \left(\frac{1}{2}\right)^{x-a} - a + 16 \leq 0$, 즉

$\left(\frac{1}{2}\right)^{2x} - 2^a \times \left(\frac{1}{2}\right)^x - a + 16 \leq 0$에서

$\left(\frac{1}{2}\right)^{2x} - 10 \times \left(\frac{1}{2}\right)^x + 16 \leq 0$

$\left(\frac{1}{2}\right)^x = t$ $(t>0)$로 놓으면

$t^2 - 10t + 16 \leq 0$

$(t-2)(t-8) \leq 0$ $\therefore 2 \leq t \leq 8$

이때 밑 $\frac{1}{2}$이 $0 < \frac{1}{2} < 1$이므로

$2 \leq \left(\frac{1}{2}\right)^x \leq 8$, $\left(\frac{1}{2}\right)^{-1} \leq \left(\frac{1}{2}\right)^x \leq \left(\frac{1}{2}\right)^{-3}$

$\therefore -3 \leq x \leq -1$

따라서 $b=-1$이므로

$\frac{b}{a} = \frac{-1}{\log_2 10} = -\log 2$ 답 ⑤

**다른 풀이** $\left(\frac{1}{4}\right)^x - \left(\frac{1}{2}\right)^{x-a} + 16 \leq 0$에서

$\left(\frac{1}{2}\right)^{2x} - 2^a \times \left(\frac{1}{2}\right)^x + 16 \leq 0$

$\left(\frac{1}{2}\right)^x = t$ $(t>0)$로 놓으면

$t^2 - 2^a t + 16 \leq 0$ ⋯⋯ ㉠

$-3 \leq x \leq b$에서 $\left(\frac{1}{2}\right)^b \leq t \leq \left(\frac{1}{2}\right)^{-3}$

$\therefore 2^{-b} \leq t \leq 8$ ⋯⋯ ㉡

해가 ㉡인 $t$에 대한 이차부등식은

$(t-2^{-b})(t-8) \leq 0$

$\therefore t^2 - (2^{-b}+8)t + 8 \times 2^{-b} \leq 0$

이 부등식이 ㉠과 일치하므로

$2^a = 8 + 2^{-b}$, $8 \times 2^{-b} = 16$

$\therefore a = \log_2 10$, $b=-1$

## 041

두 점 P, Q는 직선 $y=2x+k$ 위의 점이므로 두 점 P, Q의 좌표를

$\mathrm{P}(p, 2p+k)$, $\mathrm{Q}(q, 2q+k)$ $(p<q)$

라 하자.

이때 $\overline{\mathrm{PQ}} = \sqrt{5}$, 즉 $\overline{\mathrm{PQ}}^2 = 5$이므로

$(q-p)^2 + (2q-2p)^2 = 5$

$(q-p)^2 = 1$ $\therefore q-p=1$ $(\because q-p>0)$

즉, $q=p+1$이므로

$\mathrm{Q}(p+1, 2p+k+2)$

한편, 점 P는 함수 $y=\left(\frac{2}{3}\right)^{x+3}+1$의 그래프 위의 점이므로

$\left(\frac{2}{3}\right)^{p+3} + 1 = 2p+k$ ⋯⋯ ㉠

점 Q는 함수 $y=\left(\frac{2}{3}\right)^{x+1}+\frac{8}{3}$의 그래프 위의 점이므로

$\left(\frac{2}{3}\right)^{p+2} + \frac{8}{3} = 2p+k+2$ ⋯⋯ ㉡

㉡−㉠을 하면

$\left(\frac{2}{3}\right)^{p+2} - \left(\frac{2}{3}\right)^{p+3} + \frac{5}{3} = 2$

$\frac{1}{3} \times \left(\frac{2}{3}\right)^{p+2} = \frac{1}{3}$

$\therefore \left(\frac{2}{3}\right)^{p+2} = 1$

즉, $p+2=0$이므로 $p=-2$

$p=-2$를 ㉠에 대입하면

$\left(\frac{2}{3}\right)^{-2+3} + 1 = 2 \times (-2) + k$

$\frac{5}{3} = -4 + k$ $\therefore k = \frac{17}{3}$ 답 ④

**다른 풀이** 두 점 P, Q는 직선 $y=2x+k$, 즉 기울기가 2인 직선 위의 점이고 $\overline{\mathrm{PQ}} = \sqrt{5}$이므로 빗변이 선분 PQ인 직각삼각형에서 점 P의 좌표를 $\mathrm{P}(a, 2a+k)$라 하면 피타고라스 정리에 의하여 점 Q의 좌표는 $\mathrm{Q}(a+1, 2a+k+2)$

## 042

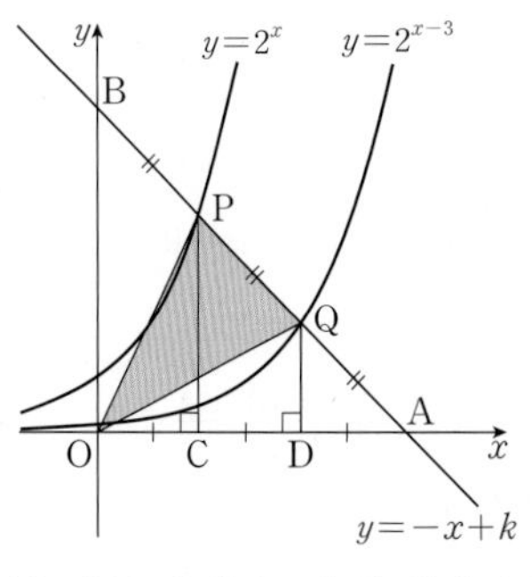


위의 그림과 같이 두 점 P, Q에서 $x$축에 내린 수선의 발을 각각 C, D라 하자.

$\overline{\mathrm{OC}} = \alpha$ $(\alpha>0)$로 놓으면

$\overline{\mathrm{BP}} = \overline{\mathrm{PQ}} = \overline{\mathrm{QA}}$에서 $\overline{\mathrm{OC}} = \overline{\mathrm{CD}} = \overline{\mathrm{DA}}$이므로

$\mathrm{C}(\alpha, 0)$, $\mathrm{D}(2\alpha, 0)$, $\mathrm{A}(3\alpha, 0)$

점 A는 직선 $y=-x+k$의 $x$절편이므로

$k=3a$

이때 점 P는 함수 $y=2^x$의 그래프와 직선 $y=-x+3a$의 교점이므로

$2^a=-a+3a$, 즉 $2^a=2a$ …… ㉠

또한, 점 Q는 함수 $y=2^{x-3}$의 그래프와 직선 $y=-x+3a$의 교점이므로

$2^{2a-3}=-2a+3a$, 즉 $2^{2a-3}=a$ …… ㉡

㉠, ㉡에 의하여

$2^a=2a=2\times2^{2a-3}$

$2^a=2^{2a-2}$, $a=2a-2$ $\therefore a=2$

따라서 직선의 방정식은 $y=-x+6$이고 $\overline{BP}=\overline{PQ}=\overline{QA}$이므로

$\triangle OPQ=\frac{1}{3}\triangle OAB=\frac{1}{3}\times\left(\frac{1}{2}\times\overline{OA}\times\overline{OB}\right)$

$=\frac{1}{3}\times\left(\frac{1}{2}\times6\times6\right)=6$

답 ①

## 043

세 곡선 $y=a^{2x}$, $y=a^x$, $y=a^{-x}$과 직선 $x=k$는 다음 그림과 같다.

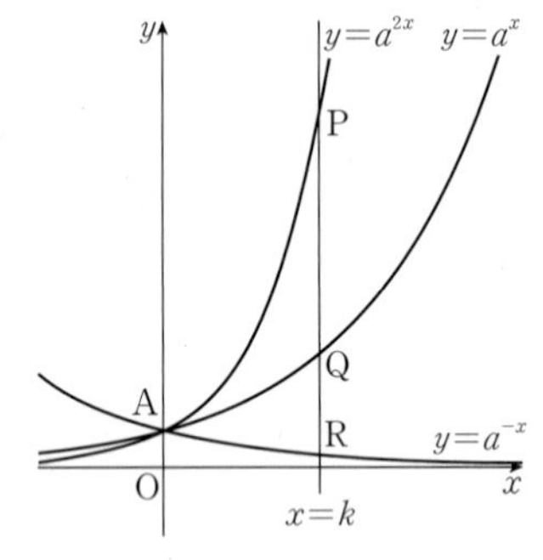


세 점 P, Q, R의 좌표는

$P(k, a^{2k})$, $Q(k, a^k)$, $R(k, a^{-k})$

$\therefore \overline{PQ}=a^{2k}-a^k$, $\overline{QR}=a^k-a^{-k}$

조건 (가)에서 $\overline{PQ}=\frac{9}{4}\overline{QR}$이므로

$a^{2k}-a^k=\frac{9}{4}(a^k-a^{-k})$

$4a^k(a^k-1)=9a^{-k}(a^{2k}-1)$

위 식의 양변에 $a^k$을 곱하면

$4a^{2k}(a^k-1)=9(a^{2k}-1)$

$4a^{2k}(a^k-1)=9(a^k+1)(a^k-1)$

$a^k>1$이므로 $4a^{2k}=9(a^k+1)$

$4a^{2k}-9a^k-9=0$, $(a^k-3)(4a^k+3)=0$

$\therefore a^k=3$ ($\because a^k>1$)

즉, $P(k, 9)$, $Q(k, 3)$, $R\left(k, \frac{1}{3}\right)$이므로

직선 AP의 기울기는 $\frac{9-1}{k-0}=\frac{8}{k}$

직선 AR의 기울기는 $\frac{\frac{1}{3}-1}{k-0}=-\frac{2}{3k}$

조건 (나)에서 두 직선 AP, AR의 기울기의 곱이 $-\frac{4}{3}$이므로

$\frac{8}{k}\times\left(-\frac{2}{3k}\right)=-\frac{16}{3k^2}$

에서 $-\frac{16}{3k^2}=-\frac{4}{3}$

$k^2=4$ $\therefore k=2$ ($\because k>0$)

따라서 Q(2, 3)이므로 직선 AQ의 기울기는

$\frac{3-1}{2-0}=1$

답 1

## 044

두 점 P, Q의 좌표는

$P\left(k, \left(\frac{1}{4}\right)^{k-1}+2\right)$, $Q\left(k, \left(\frac{1}{2}\right)^{k-2}+1\right)$

$\therefore \overline{PQ}=\left|\left(\frac{1}{4}\right)^{k-1}+2-\left(\frac{1}{2}\right)^{k-2}-1\right|$

$=\left|4\times\left(\frac{1}{4}\right)^k-4\times\left(\frac{1}{2}\right)^k+1\right|$

$\overline{PQ}\le\frac{1}{4}$에서 $\left|4\times\left(\frac{1}{4}\right)^k-4\times\left(\frac{1}{2}\right)^k+1\right|\le\frac{1}{4}$

$\therefore -\frac{1}{4}\le4\times\left(\frac{1}{4}\right)^k-4\times\left(\frac{1}{2}\right)^k+1\le\frac{1}{4}$

이때 $\left(\frac{1}{2}\right)^k=t$ $(t>0)$로 놓으면

$-\frac{1}{4}\le4t^2-4t+1\le\frac{1}{4}$

(i) $4t^2-4t+1\ge-\frac{1}{4}$에서 $4t^2-4t+1=(2t-1)^2$이므로

부등식 $4t^2-4t+1\ge-\frac{1}{4}$, 즉 $(2t-1)^2\ge-\frac{1}{4}$은 항상 성립한다.

(ii) $4t^2-4t+1\le\frac{1}{4}$에서

$4t^2-4t+\frac{3}{4}\le0$

$16t^2-16t+3\le0$, $(4t-1)(4t-3)\le0$

$\therefore \frac{1}{4}\le t\le\frac{3}{4}$

(i), (ii)에 의하여 $\frac{1}{4}\le t\le\frac{3}{4}$이므로

$\frac{1}{4}\le\left(\frac{1}{2}\right)^k\le\frac{3}{4}$, $\log_{\frac{1}{2}}\frac{3}{4}\le k\le\log_{\frac{1}{2}}\frac{1}{4}$

$\therefore \log_2\frac{4}{3}\le k\le2$

즉, $\alpha=\log_2\frac{4}{3}$, $\beta=2$이므로

$\alpha\beta=2\times\log_2\frac{4}{3}=2(2-\log_2 3)$

$=4-2\log_2 3$

답 ⑤

## 045

함수 $f(x)=2\log_{\frac{1}{2}}(x+k)$의 밑이 1보다 작으므로 $0\le x\le12$에서 함수 $f(x)$는 $x=0$일 때 최댓값 $-4$, $x=12$일 때 최솟값 $m$을 갖는다.

즉, $f(0)=-4$이므로

$2\log_{\frac{1}{2}}k=-4$

$-2\log_2 k=-4$, $\log_2 k=2$

$\therefore k=2^2=4$

따라서 $f(x)=2\log_{\frac{1}{2}}(x+4)$이므로

$m=f(12)=2\log_{\frac{1}{2}}16$

$=-2\log_2 2^4=-8$

$\therefore k+m=4+(-8)=-4$ 답 ④

## 046

$f(x)=4-\log_3(k-x)=4+\log_{\frac{1}{3}}\{-(x-k)\}$

이므로 곡선 $y=f(x)$는 곡선 $y=\log_{\frac{1}{3}}x$를 $y$축에 대하여 대칭이동한 후, $x$축의 방향으로 $k$만큼, $y$축의 방향으로 4만큼 평행이동한 것이다.

따라서 함수 $f(x)$는 $x$의 값이 증가하면 $y$의 값도 증가하므로

$-7\le x\le -1$에서 함수 $f(x)$는 $x=-7$일 때 최솟값 $f(-7)$, $x=-1$일 때 최댓값 3을 갖는다.

즉, $f(-1)=3$이므로

$4-\log_3(k+1)=3$

$\log_3(k+1)=1$, $k+1=3$

$\therefore k=2$

따라서 $f(x)=4-\log_3(2-x)$이므로 구하는 최솟값은

$f(-7)=4-\log_3 9=4-2=2$ 답 2

## 047

$y=\log_4(-2x+m)=\log_4\left\{-2\left(x-\frac{m}{2}\right)\right\}$

$=\log_4\left\{-\left(x-\frac{m}{2}\right)\right\}+\frac{1}{2}$

이므로 곡선 $y=\log_4(-2x+m)$은 곡선 $y=\log_4 x$를 $y$축에 대하여 대칭이동한 후, $x$축의 방향으로 $\frac{m}{2}$만큼, $y$축의 방향으로 $\frac{1}{2}$만큼 평행이동한 것이다.

한편, 곡선 $y=\log_2(x-1)+1$이 $x$축과 만나는 점의 $x$좌표는

$\log_2(x-1)+1=0$에서

$\log_2(x-1)=-1$

$x-1=\frac{1}{2}$ $\therefore x=\frac{3}{2}$

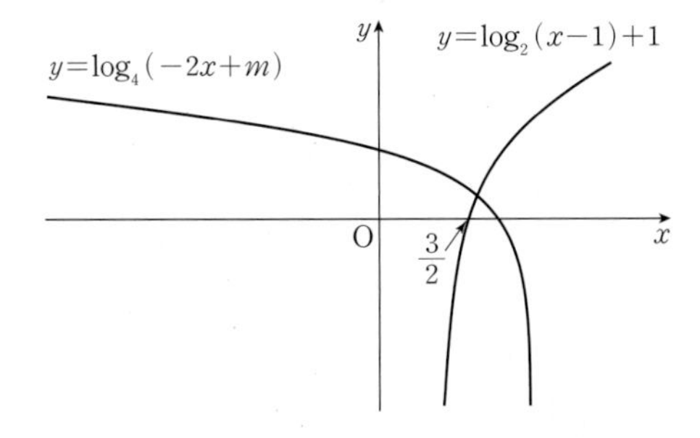


곡선 $y=\log_4(-2x+m)$이 곡선 $y=\log_2(x-1)+1$과 제1사분면에서 만나려면 위의 그림과 같이 $x=\frac{3}{2}$일 때 $y>0$이어야 하므로

$\log_4\left(-2\times\frac{3}{2}+m\right)>0$

$m-3>1$ $\therefore m>4$

따라서 자연수 $m$의 최솟값은 5이다. 답 ⑤

## 048

$g(x)=\frac{6x}{2x+5}=\frac{3(2x+5)-15}{2x+5}=-\frac{15}{2x+5}+3$

이므로 함수 $y=g(x)$의 그래프는 함수 $y=-\frac{15}{2x}$의 그래프를 $x$축의 방향으로 $-\frac{5}{2}$만큼, $y$축의 방향으로 3만큼 평행이동한 것이다.

즉, $\frac{1}{2}\le x\le a$에서 함수 $y=g(x)$의 그래프는 다음 그림과 같다.

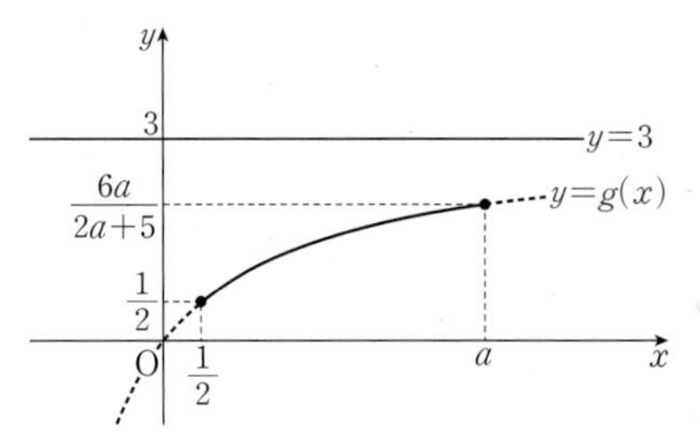


$\frac{1}{2}\le x\le a$에서

$\frac{1}{2}\le g(x)\le \frac{6a}{2a+5}$

한편, $h(x)=(f\circ g)(x)=f(g(x))$로 놓으면

$h(x)=\log_{\frac{1}{2}}g(x)$

이때 밑 $\frac{1}{2}$이 1보다 작으므로 $g(x)=\frac{1}{2}$에서 $h(x)$가 최대이고,

$g(x)=\frac{6a}{2a+5}$에서 $h(x)$가 최소이다.

함수 $h(x)$의 최솟값이 $-1$이므로

$\log_{\frac{1}{2}}\frac{6a}{2a+5}=-1$에서

$\frac{6a}{2a+5}=2$

$6a=4a+10$, $2a=10$

$\therefore a=5$

또한, 함수 $h(x)$의 최댓값은

$M=h\left(\frac{1}{2}\right)=\log_{\frac{1}{2}}\frac{1}{2}=1$

이므로 $a+M=5+1=6$ 답 ④

## 049

$\frac{1}{4}<a<1$에서 $1<4a<4$이므로 두 곡선 $y=\log_a x$, $y=\log_{4a}x$와 두 직선 $y=1$, $y=-1$은 다음 그림과 같다.

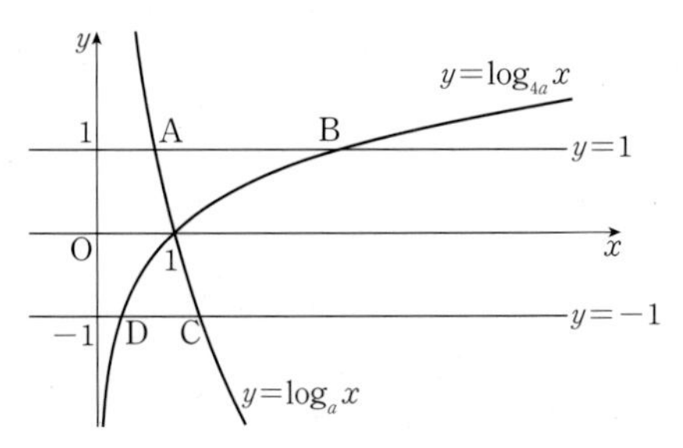


ㄱ. 점 A의 $x$좌표는 $\log_a x=1$에서 $x=a$

또, 점 B의 $x$좌표는 $\log_{4a}x=1$에서 $x=4a$

따라서 A$(a, 1)$, B$(4a, 1)$이므로 선분 AB를 1 : 4로 외분하는 점의 좌표는

$\left(\frac{1\times4a-4\times a}{1-4}, \frac{1\times1-4\times1}{1-4}\right)$, 즉 $(0, 1)$ (참)

ㄴ. 사각형 ABCD가 직사각형이면 선분 AD가 $y$축과 평행하므로 두 점 A, D의 $x$좌표는 같아야 한다.

점 D의 $x$좌표는 $\log_{4a} x=-1$에서

$x=\frac{1}{4a}$ $\therefore$ D$\left(\frac{1}{4a}, -1\right)$

이때 A$(a, 1)$이므로

$a=\frac{1}{4a}$, $a^2=\frac{1}{4}$

$\therefore a=\frac{1}{2}$ $\left(\because \frac{1}{4}<a<1\right)$ (참)

ㄷ. 점 C의 $x$좌표는 $\log_a x=-1$에서

$x=\frac{1}{a}$

따라서 $\overline{AB}=4a-a=3a$, $\overline{CD}=\frac{1}{a}-\frac{1}{4a}=\frac{3}{4a}$이므로

$\overline{AB}<\overline{CD}$이면

$3a<\frac{3}{4a}$, $a^2<\frac{1}{4}$

$\therefore \frac{1}{4}<a<\frac{1}{2}$ $\left(\because \frac{1}{4}<a<1\right)$ (거짓)

따라서 옳은 것은 ㄱ, ㄴ이다. 답 ③

## 050

두 점 A, D의 좌표는

A$(0, 2)$, D$(1, 0)$

점 B의 $x$좌표는 $\log_a x=2$에서

$x=a^2$ $\therefore$ B$(a^2, 2)$

또, 점 C의 $x$좌표는 $\log_b x=2$에서

$x=b^2$ $\therefore$ C$(b^2, 2)$

이때 조건 (가)에 의하여 $\overline{BC}=3\overline{AB}$이고, $\overline{BC}=b^2-a^2$, $\overline{AB}=a^2$이므로

$b^2-a^2=3a^2$, $b^2=4a^2$

$\therefore b=2a$ $(\because a>0, b>0)$ …… ㉠

또한, 직선 BD의 기울기는 $\frac{-2}{1-a^2}$, 직선 CD의 기울기는 $\frac{2}{b^2-1}$이므로 조건 (나)에 의하여

$\frac{-2}{1-a^2}\times\frac{2}{b^2-1}=-8$

$2(1-a^2)(b^2-1)=1$ …… ㉡

㉠을 ㉡에 대입하면

$2(1-a^2)(4a^2-1)=1$

$8a^4-10a^2+3=0$

$(2a^2-1)(4a^2-3)=0$

즉, $a^2=\frac{1}{2}$ 또는 $a^2=\frac{3}{4}$이므로

$a=\frac{\sqrt{2}}{2}$, $b=\sqrt{2}$ 또는 $a=\frac{\sqrt{3}}{2}$, $b=\sqrt{3}$ $(\because 0<a<1<b)$

(i) $a=\frac{\sqrt{2}}{2}$, $b=\sqrt{2}$일 때

$\overline{BC}=(\sqrt{2})^2-\left(\frac{\sqrt{2}}{2}\right)^2=\frac{3}{2}<2$

이므로 조건을 만족시키지 않는다.

(ii) $a=\frac{\sqrt{3}}{2}$, $b=\sqrt{3}$일 때

$\overline{BC}=(\sqrt{3})^2-\left(\frac{\sqrt{3}}{2}\right)^2=\frac{9}{4}>2$

이므로 조건을 만족시킨다.

(i), (ii)에 의하여 $\overline{BC}=\frac{9}{4}$이므로 삼각형 BCD의 넓이는

$\frac{1}{2}\times\overline{BC}\times2=\frac{1}{2}\times\frac{9}{4}\times2=\frac{9}{4}$ 답 ①

## 051

$f(x)=\log_a(x-1)$, $g(x)=\log_a(x+3)$으로 놓으면 두 곡선 $y=f(x)$, $y=g(x)$는 다음 그림과 같다.

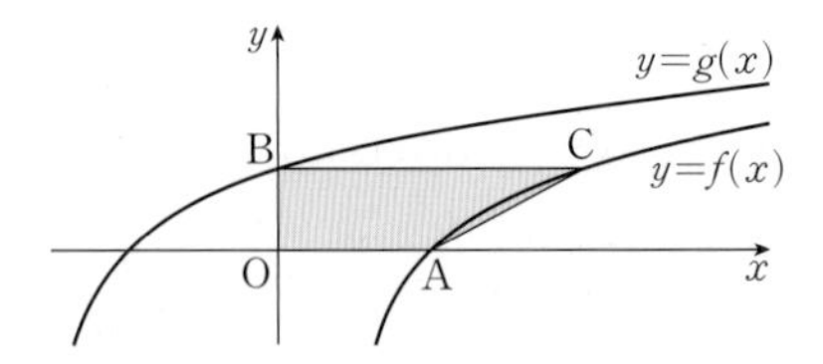


$\log_a(x-1)=0$에서 $x=2$이므로 점 A의 좌표는

A$(2, 0)$

$g(0)=\log_a 3$이므로 점 B의 좌표는

B$(0, \log_a 3)$

한편, 곡선 $y=f(x)$는 곡선 $y=g(x)$를 $x$축의 방향으로 4만큼 평행이동한 것과 같으므로

$\overline{BC}=4$

이때 사각형 OACB의 넓이가 2이므로

$\frac{1}{2}\times(\overline{OA}+\overline{BC})\times\overline{OB}=2$에서

$\frac{1}{2}\times(2+4)\times\log_a 3=2$

$\therefore \log_a 3=\frac{2}{3}$

따라서 $a^{\frac{2}{3}}=3$이므로

$a^2=3^3=27$ 답 27

## 052

$y=\log_2 4(x+1)=\log_2(x+1)+2$

이므로 곡선 $y=\log_2(x-2)$는 곡선 $y=\log_2(x+1)+2$를 $x$축의 방향으로 3만큼, $y$축의 방향으로 $-2$만큼 평행이동한 것이다.

점 P에서 $x$축에 내린 수선의 발을 P′이라 하고, 점 P의 $x$좌표를 $\alpha$ $(\alpha>0)$라 하면

P′$(\alpha, 0)$

점 Q에서 $x$축에 내린 수선의 발을 Q′, 선분 PP′에 내린 수선의 발을 H라 하면 $\overline{HQ}=3$이므로

Q′$(\alpha+3, 0)$

두 점 P, Q가 각각 두 곡선 및 기울기가 $-\frac{2}{3}$인 직선 위의 점이므로

$\overline{\mathrm{PH}}=2$

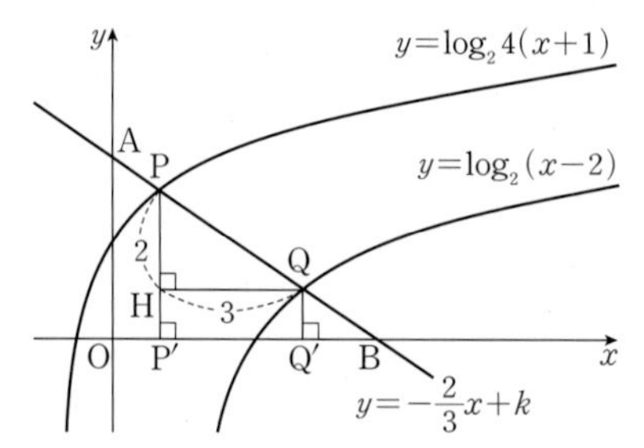


두 삼각형 PHQ, QQ'B는 서로 닮음이고, $\overline{\mathrm{PQ}}=2\overline{\mathrm{QB}}$이므로 그 닮음비는 2 : 1이다.

$\therefore \overline{\mathrm{QQ'}}=\frac{1}{2}\overline{\mathrm{PH}}=1$

이때 점 Q의 좌표는 $\mathrm{Q}(a+3,\ 1)$이고, 점 Q가 곡선 $y=\log_2(x-2)$ 위의 점이므로

$1=\log_2(a+1)$

$a+1=2$

$\therefore a=1$

따라서 점 $\mathrm{Q}(4,\ 1)$이 직선 $y=-\frac{2}{3}x+k$ 위의 점이므로

$1=-\frac{2}{3}\times 4+k$에서

$k=\frac{11}{3}$

$\therefore 3k=11$ 답 11

## 053

원 $C$: $\left(x-\frac{19}{6}\right)^2+y^2=\left(\frac{13}{6}\right)^2$의 중심을 C라 하면 원 $C$는 중심의 좌표가 $\mathrm{C}\left(\frac{19}{6},\ 0\right)$이고 반지름의 길이가 $\frac{13}{6}$인 원이므로 두 점 A, B의 좌표는

$\mathrm{A}(1,\ 0)$, $\mathrm{B}\left(\frac{16}{3},\ 0\right)$

직선 AP의 기울기가 $\frac{2}{3}$이므로 점 P에서 $x$축에 내린 수선의 발을 $\mathrm{H}_1$이라 하면

$\overline{\mathrm{AH_1}}=3k$, $\overline{\mathrm{PH_1}}=2k\ (k>0)$

로 놓을 수 있다.

$\therefore \mathrm{P}(1+3k,\ 2k)$

$\angle\mathrm{APB}=90^\circ$에서 직선 BP의 기울기는 $-\frac{3}{2}$이므로

$\frac{0-2k}{\frac{16}{3}-(1+3k)}=-\frac{3}{2}$에서

$4k=13-9k$

$\therefore k=1$

즉, $\mathrm{P}(4,\ 2)$이고 점 P가 곡선 $y=\log_a x$ 위의 점이므로

$2=\log_a 4 \qquad \therefore a^2=4$

한편, 직선 AQ의 기울기도 $-\frac{3}{2}$이므로 점 Q에서 $x$축에 내린 수선의 발을 $\mathrm{H}_2$라 하면

$\overline{\mathrm{AH_2}}=2l$, $\overline{\mathrm{QH_2}}=3l\ (l>0)$

로 놓을 수 있다.

즉, $\mathrm{Q}(1+2l,\ -3l)$이고 직선 BQ의 기울기가 $\frac{2}{3}$이므로

$\frac{0-(-3l)}{\frac{16}{3}-(1+2l)}=\frac{2}{3}$에서

$9l=\frac{26}{3}-4l \qquad \therefore l=\frac{2}{3}$

즉, $\mathrm{Q}\left(\frac{7}{3},\ -2\right)$이고 점 Q가 곡선 $y=\log_b x$ 위의 점이므로

$-2=\log_b \frac{7}{3}$

$b^{-2}=\frac{7}{3} \qquad \therefore b^2=\frac{3}{7}$

따라서 $a^2+b^2=4+\frac{3}{7}=\frac{31}{7}$이므로

$p=7,\ q=31$

$\therefore p+q=7+31=38$ 답 38

**다른 풀이** $\overline{\mathrm{AH_1}}=3k$, $\overline{\mathrm{PH_1}}=2k\ (k>0)$라 하면 $\overline{\mathrm{BH_1}}=\frac{13}{3}-3k$

직각삼각형 ABP에서 $\overline{\mathrm{AH_1}}\times\overline{\mathrm{BH_1}}=\overline{\mathrm{PH_1}}^2$이므로

$3k\times\left(\frac{13}{3}-3k\right)=(2k)^2=4k^2$

$13-9k=4k$, $13k=13 \qquad \therefore k=1$

점 $\mathrm{P}(1+3,\ 2)$, 즉 $\mathrm{P}(4,\ 2)$가 곡선 $y=\log_a x$ 위의 점이므로

$2=\log_a 4 \qquad \therefore a^2=4$

한편, 두 점 P, Q는 점 $\mathrm{C}\left(\frac{19}{6},\ 0\right)$에 대하여 대칭이므로

$\mathrm{Q}\left(\frac{7}{3},\ -2\right)$

점 Q가 곡선 $y=\log_b x$ 위의 점이므로

$-2=\log_b \frac{7}{3}$, $\log_b \frac{3}{7}=2$

$\therefore b^2=\frac{3}{7}$

## 054

진수 조건에서 $f(x)>0$, $x-1>0$이므로

$0<x<7$, $x>1$

$\therefore 1<x<7$ …… ㉠

부등식 $\log_3 f(x)+\log_{\frac{1}{3}}(x-1)\le 0$에서

$\log_3 f(x)-\log_3(x-1)\le 0$

$\therefore \log_3 f(x)\le\log_3(x-1)$

이때 밑 3이 $3>1$이므로

$f(x)\le x-1$ …… ㉡

함수 $y=f(x)$의 그래프와 직선 $y=x-1$의 교점 중 $x=4$가 아닌 점의 $x$좌표를 $\alpha\ (\alpha<0)$라 하면 부등식 ㉡의 해는

$x\le\alpha$ 또는 $x\ge 4$ …… ㉢

㉠, ㉢의 공통 범위를 구하면

$4 \le x < 7$

따라서 자연수 $x$의 값은 4, 5, 6이므로 구하는 합은

$4+5+6=15$ 답 15

## 055

진수 조건에서 $f(x)>0$, $g(x)>0$이므로

$x<3$ 또는 $x>6$, $-5<x<6$

$\therefore -5<x<3$ …… ㉠

부등식 $\log_{\frac{1}{2}} f(x) - 2\log_{\frac{1}{4}} g(x) \ge 0$에서

$\log_{\frac{1}{2}} f(x) \ge 2\log_{\frac{1}{4}} g(x)$, $\log_{\frac{1}{2}} f(x) \ge \log_{\frac{1}{2}} g(x)$

이때 밑 $\frac{1}{2}$이 $0<\frac{1}{2}<1$이므로

$f(x) \le g(x)$

주어진 그림에서 부등식 $f(x) \le g(x)$의 해는

$-1 \le x \le 6$ …… ㉡

㉠, ㉡의 공통 범위를 구하면

$-1 \le x < 3$

따라서 정수 $x$는 $-1$, 0, 1, 2의 4개이다. 답 ④

## 056

$\log_3 |x-1| \le k$의 진수 조건에서 $|x-1|>0$이므로

$x \ne 1$ …… ㉠

부등식 $\log_3 |x-1| \le k$에서

$\log_3 |x-1| \le \log_3 3^k$

이때 밑 3이 $3>1$이므로

$|x-1| \le 3^k$

$\therefore -3^k+1 \le x \le 3^k+1$ …… ㉡

㉠, ㉡에 의하여

$A=\{x \mid -3^k+1 \le x < 1$ 또는 $1 < x \le 3^k+1\}$

한편, $\log_3 (x^2-2x-15) \ge 2$의 진수 조건에서

$x^2-2x-15=(x+3)(x-5)>0$이므로

$x<-3$ 또는 $x>5$ …… ㉢

부등식 $\log_3 (x^2-2x-15) \ge 2$에서

$\log_3 (x^2-2x-15) \ge \log_3 3^2$

이때 밑 3이 $3>1$이므로

$x^2-2x-15 \ge 9$, $x^2-2x-24 \ge 0$

$(x+4)(x-6) \ge 0$

$\therefore x \le -4$ 또는 $x \ge 6$ …… ㉣

㉢, ㉣에 의하여

$B=\{x \mid x \le -4$ 또는 $x \ge 6\}$

$n(A\cap B)=46$이려면 $k$는 2 이상의 자연수이어야 하므로

$A\cap B=\{x \mid -3^k+1 \le x \le -4$ 또는 $6 \le x \le 3^k+1\}$

$\therefore n(A\cap B)=\{-4-(-3^k+1)+1\}+\{(3^k+1)-6+1\}$

$=2\times 3^k-8$

즉, $2\times 3^k-8=46$이므로 $3^k=27$

$\therefore k=3$ 답 3

## 057

$f(x)=x^2-8x=(x-4)^2-16$

이므로 $x>0$에서 함수 $y=|f(x)|$의 그래프는 오른쪽 그림과 같다.

$y$, $y=|f(x)|$, 16, $y=2^k$, O, 4, 8, $x$

$\log_2 |f(x)|=k$의 진수 조건에서

$|f(x)|>0$이므로

$f(x) \ne 0$

$\therefore x \ne 8$ ($\because x>0$)

방정식 $\log_2 |f(x)|=k$에서

$|f(x)|=2^k$

이때 집합 $A_k$의 원소의 개수는 방정식 $|f(x)|=2^k$을 만족시키는 양수 $x$의 개수, 즉 함수 $y=|f(x)|$의 그래프와 직선 $y=2^k$가 만나는 점 중 $x$좌표가 양수인 점의 개수와 같다.

(i) $1 \le k \le 3$일 때

함수 $y=|f(x)|$의 그래프와 직선 $y=2^k$이 만나는 점 중 $x$좌표가 양수인 점의 개수가 3이므로

$n(A_k)=3$

(ii) $k=4$일 때

함수 $y=|f(x)|$의 그래프와 직선 $y=16$이 만나는 점 중 $x$좌표가 양수인 점의 개수가 2이므로

$n(A_k)=2$

(iii) $k \ge 5$일 때

함수 $y=|f(x)|$의 그래프와 직선 $y=2^k$이 만나는 점 중 $x$좌표가 양수인 점의 개수가 1이므로

$n(A_k)=1$

(i), (ii), (iii)에 의하여

$$n(A_k)=\begin{cases} 3 & (k=1,\ 2,\ 3) \\ 2 & (k=4) \\ 1 & (k \ge 5) \end{cases}$$

따라서 $n(A_k)>n(A_{k+1})$을 만족시키는 자연수 $k$의 값은 3, 4이므로 구하는 합은

$3+4=7$ 답 7

## 058

진수 조건에서 $x+5>0$, $3-x>0$

$\therefore -5<x<3$

방정식 $\log_4 (x+5)+\log_4 (3-x)=\log_2 |a|$에서

$\log_4 (x+5)(3-x)=\log_4 a^2$

즉, $(x+5)(3-x)=a^2$에서

$-x^2-2x+15=a^2$

이 이차방정식이 서로 다른 두 실근을 가지려면

함수 $y=-x^2-2x+15=-(x+1)^2+16$의 그래프와 직선 $y=a^2$이 $-5<x<3$에서 서로 다른 두 점에서 만나야 한다.

함수 $y=-x^2-2x+15$의 그래프는 오른쪽 그림과 같으므로

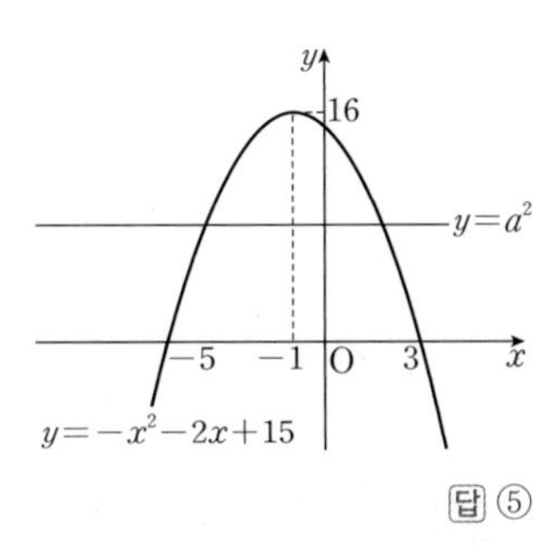


$0<a^2<16$

따라서 정수 $a$는

$-3,\ -2,\ -1,\ 1,\ 2,\ 3$

의 6개이다.

답 ⑤

## 059

$\log_2(x^2+2x)\le\log_2|x|+3$ ...... ㉠

진수 조건에서

$x^2+2x=x(x+2)>0,\ |x|>0$

$\therefore x<-2$ 또는 $x>0$

(i) $x>0$일 때

$|x|=x$이므로 부등식 ㉠에서

$\log_2(x^2+2x)\le\log_2 x+3$

$\log_2(x^2+2x)-\log_2 x\le3$

$\log_2(x+2)\le\log_2 2^3$

이때 밑 2가 $2>1$이므로

$x+2\le8$ $\therefore 0<x\le6\ (\because x>0)$

(ii) $x<-2$일 때

$|x|=-x$이므로 부등식 ㉠에서

$\log_2(x^2+2x)\le\log_2(-x)+3$

$\log_2(x^2+2x)-\log_2(-x)\le3$

$\log_2(-x-2)\le\log_2 2^3$

이때 밑 2가 $2>1$이므로

$-x-2\le8$ $\therefore -10\le x<-2\ (\because x<-2)$

(i), (ii)에 의하여 주어진 부등식의 해는 $-10\le x<-2$ 또는 $0<x\le6$이므로 조건을 만족시키는 정수 $x$의 개수는

$\{-2-(-10)\}+(6-0)=14$

답 ②

## 060

$f(x)=\log_n x$, $g(x)=-\log_n(x+3)+1$로 놓으면 곡선 $y=g(x)$는 곡선 $y=f(x)$를 $x$축에 대하여 대칭이동한 후, $x$축의 방향으로 $-3$만큼, $y$축의 방향으로 1만큼 평행이동한 것으로 두 곡선 $y=f(x)$, $y=g(x)$는 다음 그림과 같다.

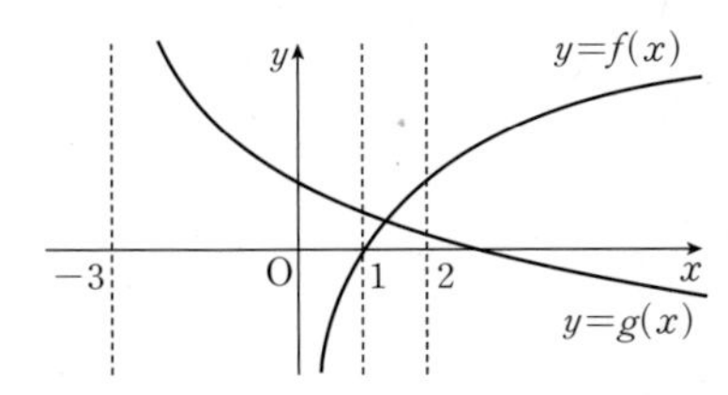


$h(x)=f(x)-g(x)$로 놓으면

$$h(x)=\log_n x+\{-\log_n(x+3)+1\}$$
$$=\log_n x+\log_n(x+3)-1$$
$$=\log_n\frac{x(x+3)}{n}$$

이때 두 곡선이 만나는 점의 $x$좌표가 1보다 크고 2보다 작아야 하므로

$h(1)<0,\ h(2)>0$

$h(1)<0$에서 $\log_n\frac{4}{n}<0$, 즉 $\frac{4}{n}<1$이므로

$n>4$

$h(2)>0$에서 $\log_n\frac{10}{n}>0$, 즉 $\frac{10}{n}>1$이므로

$n<10$

$\therefore 4<n<10$

따라서 자연수 $n$의 값은 5, 6, 7, 8, 9이므로 구하는 합은

$5+6+7+8+9=35$

답 ②

**다른 풀이** 두 곡선 $y=\log_n x$, $y=-\log_n(x+3)+1$이 만나는 점의 $x$좌표는 방정식

$\log_n x=-\log_n(x+3)+1$

의 실근이다.

이때 진수의 조건에서 $x>0$, $x+3>0$이므로

$x>0$

방정식 $\log_n x=-\log_n(x+3)+1$에서

$\log_n x+\log_n(x+3)=1$

$\log_n x(x+3)=1$

이때 $n$은 $n\ge2$인 자연수이므로

$x(x+3)=n$, 즉 $x^2+3x-n=0$

두 곡선이 만나는 점의 $x$좌표가 1보다 크고 2보다 작으려면 이차방정식 $x^2+3x-n=0$의 실근을 $\alpha$라 할 때, $1<\alpha<2$이어야 한다.

$f(x)=x^2+3x-n$으로 놓으면

$f(1)<0$, $f(2)>0$이어야 하므로

$f(1)<0$에서 $f(1)=1+3-n=4-n<0$

$\therefore n>4$

$f(2)>0$에서 $f(2)=4+6-n=10-n>0$

$\therefore n<10$

## 061

$f(x)=\log_2 n(x+1)$, $g(x)=\log_4(x+2)+3$으로 놓으면

$f(x)=\log_2(x+1)+\log_2 n$이므로 곡선 $y=f(x)$는 곡선 $y=\log_2 x$를 $x$축의 방향으로 $-1$만큼, $y$축의 방향으로 $\log_2 n$만큼 평행이동한 것이다.

또한, 곡선 $y=g(x)$는 곡선 $y=\log_4 x$를 $x$축의 방향으로 $-2$만큼, $y$축의 방향으로 3만큼 평행이동한 것이므로 두 곡선 $y=f(x)$, $y=g(x)$는 다음 그림과 같다.

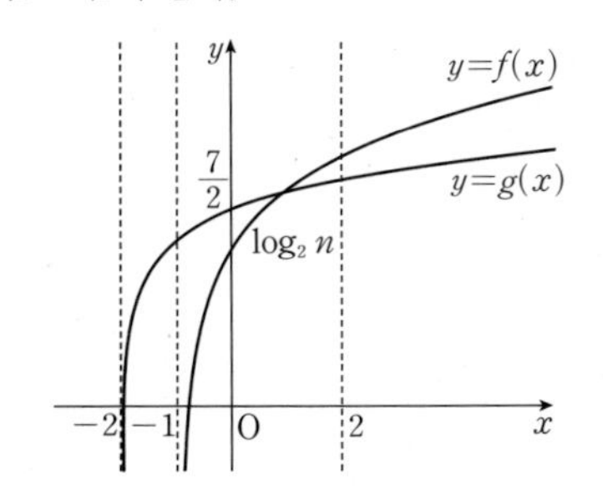

$h(x)=f(x)-g(x)$로 놓으면 두 곡선 $y=f(x)$, $y=g(x)$가 만나는 점의 $x$좌표가 0보다 크고 2보다 작아야 하므로

$h(0)<0$, $h(2)>0$

(i) $h(0)<0$일 때

$h(0)=f(0)-g(0)$

$=\log_2 n-(\log_4 2+3)$

$=\log_2 n-\frac{7}{2}$

즉, $\log_2 n-\frac{7}{2}<0$이므로

$\log_2 n<\frac{7}{2}$

$\therefore n<2^{\frac{7}{2}}=8\sqrt{2}$

(ii) $h(2)>0$일 때

$h(2)=f(2)-g(2)$

$=\log_2 3n-(\log_4 4+3)$

$=\log_2 3n-4$

즉, $\log_2 3n-4>0$이므로

$\log_2 3n>4$, $3n>16$

$\therefore n>\frac{16}{3}$

(i), (ii)에 의하여

$\frac{16}{3}<n<8\sqrt{2}$

따라서 조건을 만족시키는 자연수 $n$은 6, 7, 8, 9, 10, 11의 6개이다.

답 ④

## 062

점 B의 $x$좌표는 $\log_3(x+2)=0$에서

$x=-1$

$\therefore$ B$(-1, 0)$

점 C의 $x$좌표는 $\log_{\frac{1}{3}} x+p=0$에서

$\log_3 x=p$

즉, $x=3^p$이므로

C$(3^p, 0)$

두 곡선 $y=f(x)$, $y=g(x)$의 교점의 $x$좌표를 $\alpha$ $(\alpha>0)$라 하면

$\log_3(\alpha+2)=\log_{\frac{1}{3}}\alpha+p$

$\log_3(\alpha+2)=-\log_3\alpha+p$

$\log_3\alpha(\alpha+2)=p$

$\therefore 3^p=\alpha(\alpha+2)$ …… ㉠

이때 점 H의 좌표는 $(\alpha, 0)$이고, 두 삼각형 ABH, ACH의 넓이의 비가 1 : 2이므로

$\overline{BH}:\overline{CH}=1:2$

즉, $\overline{CH}=2\overline{BH}$이므로

$3^p-\alpha=2(\alpha+1)$

$\therefore 3^p=3\alpha+2$ …… ㉡

㉠, ㉡에서

$\alpha(\alpha+2)=3\alpha+2$

$\alpha^2-\alpha-2=0$, $(\alpha+1)(\alpha-2)=0$

$\therefore \alpha=2$ ($\because \alpha>0$)

$\alpha=2$를 ㉠에 대입하면

$3^p=2\times4=8$

$\therefore p=\log_3 8=3\log_3 2$

답 ④

## 063

$f(x)=\log_a x$, $g(x)=-\log_a(k-x)$로 놓으면

$g(x)=-\log_a(k-x)=-\log_a\{-(x-k)\}$

이므로 곡선 $y=g(x)$는 곡선 $y=f(x)$를 원점에 대하여 대칭이동한 후, $x$축의 방향으로 $k$만큼 평행이동한 것이다.

따라서 두 곡선 $y=f(x)$, $y=g(x)$는 점 $\left(\frac{k}{2}, 0\right)$에 대하여 대칭이다.

이때 두 점 P, Q가 점 A$\left(\frac{5}{4}, 0\right)$을 중심으로 하는 원 위의 점이므로

$\frac{k}{2}=\frac{5}{4}$ $\quad\therefore k=\frac{5}{2}$

즉, $g(x)=-\log_a\left(\frac{5}{2}-x\right)$이므로 두 곡선 $y=f(x)$, $y=g(x)$는 다음 그림과 같다.

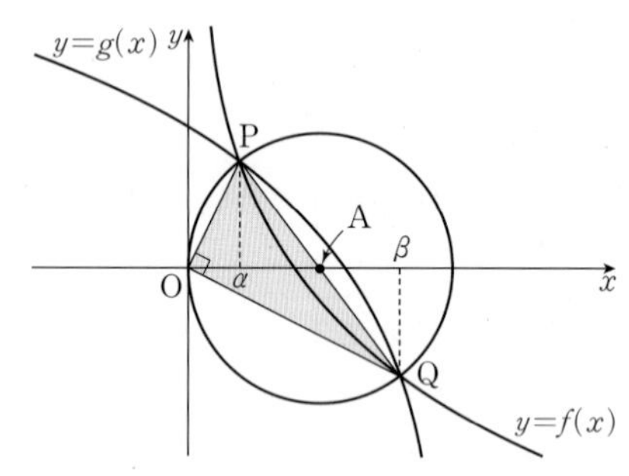


두 점 P, Q의 $x$좌표를 각각 $\alpha$, $\beta$ $(\alpha<\beta)$라 하면 방정식

$\log_a x=-\log_a\left(\frac{5}{2}-x\right)$의 근은 $\alpha$, $\beta$이다.

$\log_a x+\log_a\left(\frac{5}{2}-x\right)=0$에서 $\log_a x\left(\frac{5}{2}-x\right)=0$

$x\left(\frac{5}{2}-x\right)=1$, $2x^2-5x+2=0$

$(2x-1)(x-2)=0$

즉, $x=\frac{1}{2}$ 또는 $x=2$이므로

$\alpha=\frac{1}{2}$, $\beta=2$

따라서 P$\left(\frac{1}{2}, -\log_a 2\right)$, Q$(2, \log_a 2)$이고

$\overline{AQ}=\overline{OA}=\frac{5}{4}$

즉, $\overline{AQ}^2=\frac{25}{16}$이므로

$\left(2-\frac{5}{4}\right)^2+(\log_a 2)^2=\frac{25}{16}$

$\frac{9}{16}+(\log_a 2)^2=\frac{25}{16}$, $(\log_a 2)^2=1$

$0<a<1$에서 $\log_a 2<0$이므로

$\log_a 2=-1$ $\quad\therefore a=\frac{1}{2}$

따라서 $P\left(\frac{1}{2}, 1\right)$, $Q(2, -1)$이므로

$\overline{OP}=\sqrt{\left(\frac{1}{2}\right)^2+1^2}=\frac{\sqrt{5}}{2}$, $\overline{OQ}=\sqrt{2^2+(-1)^2}=\sqrt{5}$

따라서 삼각형 OPQ의 넓이 $S$는

$S=\frac{1}{2}\times\overline{OP}\times\overline{OQ}=\frac{1}{2}\times\frac{\sqrt{5}}{2}\times\sqrt{5}=\frac{5}{4}$

$\therefore 8S=10$ 답 10

## 064

점 P의 좌표를 $(t, a^t)$ $(t<0)$이라 하면 점 P를 직선 $y=x$에 대하여 대칭이동한 점 Q의 좌표는

$Q(a^t, t)$

직선 PQ의 기울기가 $-1$이고 $\angle PQR=45°$이므로 직선 QR는 $y$축과 평행하다.

즉, 두 점 Q, R의 $x$좌표는 같고, 점 R은 곡선 $y=-\log_a x$ 위의 점이므로

$R(a^t, -t)$

이때 직선 PR의 기울기가 $\frac{1}{7}$이므로

$\frac{a^t+t}{t-a^t}=\frac{1}{7}$

$7a^t+7t=t-a^t$, $8a^t=-6t$

$\therefore a^t=-\frac{3}{4}t$ ...... ㉠

또, $\overline{PR}=\frac{5\sqrt{2}}{2}$이므로

$\sqrt{(t-a^t)^2+(a^t+t)^2}=\frac{5\sqrt{2}}{2}$

$(t-a^t)^2+(a^t+t)^2=\frac{50}{4}$, $2(a^{2t}+t^2)=\frac{25}{2}$

$\therefore a^{2t}+t^2=\frac{25}{4}$ ...... ㉡

㉠을 ㉡에 대입하면

$\left(-\frac{3}{4}t\right)^2+t^2=\frac{25}{4}$, $\frac{25}{16}t^2=\frac{25}{4}$

$t^2=4$ $\therefore t=-2$ $(\because t<0)$

$t=-2$를 ㉠에 대입하면

$\frac{1}{a^2}=\frac{3}{2}$, $a^2=\frac{2}{3}$

$\therefore a=\frac{\sqrt{6}}{3}$ $(\because a>0)$ 답 ⑤

**참고** 점 $P(a, b)$를 직선 $y=x$에 대하여 대칭이동한 점을 Q라 하면 $Q(b, a)$이고, 직선 PQ의 기울기는 $-1$이다.

## 065

점 A의 $x$좌표는 $-\frac{1}{2}\log_a x=1$에서

$\log_a x=-2$ $\therefore x=\frac{1}{a^2}$

또, 점 B의 $x$좌표는 $a^{x-1}-1=1$에서

$a^{x-1}=2$ $\therefore x=\log_a 2+1$

따라서 $A\left(\frac{1}{a^2}, 1\right)$, $B(\log_a 2+1, 1)$이고, $\overline{AB}=\frac{5}{2}$이므로

$(\log_a 2+1)-\frac{1}{a^2}=\frac{5}{2}$

$\therefore \log_a 2=\frac{1}{a^2}+\frac{3}{2}=\frac{3a^2+2}{2a^2}$ ...... ㉠

두 곡선 $y=-\frac{1}{2}\log_a x$, $y=a^{x-1}-1$이 모두 점 $(1, 0)$을 지나므로

$C(1, 0)$

즉, 직선 AC의 기울기는

$\frac{-1}{1-\frac{1}{a^2}}=\frac{-a^2}{a^2-1}$

또, 직선 BC의 기울기는

$\frac{1}{(\log_a 2+1)-1}=\frac{1}{\log_a 2}$

이때 두 직선 AC, BC가 서로 수직이므로

$\frac{-a^2}{a^2-1}\times\frac{1}{\log_a 2}=-1$

$\therefore \frac{a^2}{a^2-1}=\log_a 2$ ...... ㉡

㉠을 ㉡에 대입하면

$\frac{a^2}{a^2-1}=\frac{3a^2+2}{2a^2}$

$2a^4=(a^2-1)(3a^2+2)$

$a^4-a^2-2=0$, $(a^2+1)(a^2-2)=0$

$\therefore a^2=2$ $(\because a>1)$ 답 2

## 066

$y=\log_b(4x-3)$에서 로그의 진수 조건에 의하여

$4x-3>0$ $\therefore x>\frac{3}{4}$

이때 조건 (가), (나)에 의하여 두 점 A, B에서 $x$축에 내린 수선의 발을 각각 C, D라 하면 두 삼각형 AOC, BOD는 서로 닮음이고, 그 닮음비는 1 : 2이다.

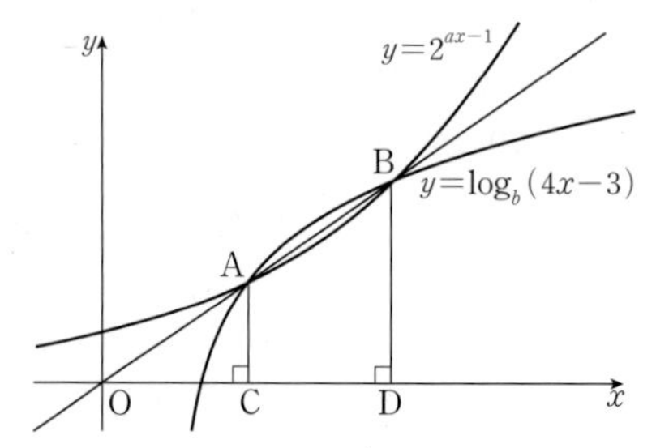


두 점 A, B는 곡선 $y=2^{ax-1}$ 위의 점이므로

$A(k, 2^{ak-1})$, $B(2k, 2^{2ak-1})$ $\left(k\text{는 상수, } k>\frac{3}{4}\right)$

이라 하면 $\overline{BD}=2\overline{AC}$에서

$2^{2ak-1}=2\times2^{ak-1}$

즉, $2^{2ak-1}=2^{ak}$이므로

$2ak-1=ak$ $\therefore ak=1$ ...... ㉠

따라서 A$(k, 1)$, B$(2k, 2)$이고 두 점 A, B는 곡선 $y=\log_b(4x-3)$ 위의 점이므로

$1=\log_b(4k-3)$, $2=\log_b(8k-3)$

$\therefore 4k-3=b$, $8k-3=b^2$

위의 두 식을 연립하여 풀면

$8k-3=(4k-3)^2$

$4k^2-8k+3=0$, $(2k-1)(2k-3)=0$

$\therefore k=\frac{3}{2}\left(\because k>\frac{3}{4}\right)$

$k=\frac{3}{2}$을 ㉠에 대입하면

$a=\frac{2}{3}$

또, $b=4k-3=4\times\frac{3}{2}-3=3$이므로

$3a+b=3\times\frac{2}{3}+3=5$ 답 5

## 067

$$y=|\log_2 x|=\begin{cases}-\log_2 x & (0<x<1)\\ \log_2 x & (x\geq 1)\end{cases}$$

$$y=|\log_2(-x+k)|=\begin{cases}\log_2(-x+k) & (x\leq k-1)\\ -\log_2(-x+k) & (k-1<x<k)\end{cases}$$

점 P는 두 곡선 $y=\log_2(-x+k)$, $y=-\log_2 x$의 교점이므로

$\log_2(-x_1+k)=-\log_2 x_1$, $-x_1+k=\frac{1}{x_1}$

$\therefore x_1^2-kx_1+1=0$ …… ㉠

점 R는 두 곡선 $y=-\log_2(-x+k)$, $y=\log_2 x$의 교점이므로

$-\log_2(-x_3+k)=\log_2 x_3$, $\frac{1}{-x_3+k}=x_3$

$\therefore x_3^2-kx_3+1=0$ …… ㉡

㉠, ㉡에 의하여 $x_1$, $x_3$은 이차방정식 $x^2-kx+1=0$의 서로 다른 두 실근이므로 이차방정식의 근과 계수의 관계에 의하여

$x_1x_3=1$

이때 $x_3-x_1=2\sqrt{3}$이므로

$(x_1+x_3)^2=(x_3-x_1)^2+4x_1x_3$

$=(2\sqrt{3})^2+4\times 1=16$

$\therefore x_1+x_3=4\ (\because x_1>0,\ x_3>0)$ 답 ③

## 068

$$y=|2^x-8|=\begin{cases}-2^x+8 & (x\leq 3)\\ 2^x-8 & (x>3)\end{cases}$$

$$y=|2^{k-x}-8|=\begin{cases}2^{k-x}-8 & (x\leq k-3)\\ -2^{k-x}+8 & (x>k-3)\end{cases}$$

점 P는 두 곡선 $y=-2^x+8$, $y=2^{k-x}-8$의 교점이므로

$-2^{x_1}+8=2^{k-x_1}-8$

$2^{x_1}+2^{k-x_1}-16=0$

$\therefore 2^{2x_1}-16\times 2^{x_1}+2^k=0$ …… ㉠

점 R는 두 곡선 $y=2^x-8$, $y=-2^{k-x}+8$의 교점이므로

$2^{x_3}-8=-2^{k-x_3}+8$

$2^{x_3}+2^{k-x_3}-16=0$

$\therefore 2^{2x_3}-16\times 2^{x_3}+2^k=0$ …… ㉡

㉠, ㉡에 의하여 방정식 $2^{2x}-16\times 2^x+2^k=0$의 서로 다른 두 실근이 $2^{x_1}$, $2^{x_3}$이므로 이차방정식의 근과 계수의 관계에 의하여

$2^{x_1}\times 2^{x_3}=2^k$, $2^{x_1+x_3}=2^k$

$\therefore x_1+x_3=k$

또, 점 Q는 두 곡선 $y=-2^x+8$, $y=-2^{k-x}+8$의 교점이므로

$-2^{x_2}+8=-2^{k-x_2}+8$, $2^{x_2}=2^{k-x_2}$

$x_2=k-x_2$ $\therefore x_2=\frac{k}{2}$

이때 $x_1+x_2+x_3=6$에서

$k+\frac{k}{2}=6$, $\frac{3}{2}k=6$

$\therefore k=4$ 답 4

## 069

$3\alpha+4\beta=0$에서 $\beta=-\frac{3}{4}\alpha$

두 곡선 $y=\log_2|kx|$, $y=\log_4(x+3)$의 교점의 $x$좌표는

$\log_4(x+3)=\log_2|kx|$에서

$\frac{1}{2}\log_2(x+3)=\log_2|kx|$

$\log_2(x+3)=\log_2|kx|^2$

$x+3=k^2x^2$

$\therefore k^2x^2-x-3=0$ …… ㉠

이차방정식 ㉠의 서로 다른 두 실근이 $\alpha$, $\beta$, 즉 $\alpha$, $-\frac{3}{4}\alpha$이므로 이차방정식의 근과 계수의 관계에 의하여

$\alpha+\left(-\frac{3}{4}\alpha\right)=\frac{1}{k^2}$, $\alpha\times\left(-\frac{3}{4}\alpha\right)=-\frac{3}{k^2}$

$\therefore \frac{\alpha}{4}=\frac{1}{k^2}$, $\frac{\alpha^2}{4}=\frac{1}{k^2}$

위의 두 식을 연립하여 풀면

$\frac{\alpha}{4}=\frac{\alpha^2}{4}$, $\alpha(\alpha-1)=0$

$\therefore \alpha=1\ (\because \alpha>0)$, $\beta=-\frac{3}{4}$

즉, $\frac{1}{k^2}=\frac{\alpha}{4}=\frac{1}{4}$에서

$k^2=4$

$\therefore k=2\ (\because k>0)$

$\therefore$ P$(1, 1)$, Q$\left(-\frac{3}{4}, \log_2 3-1\right)$

또, 두 점 R, S의 $x$좌표는 $\log_2|2x|=0$에서

$|2x|=1$, $2x=\pm 1$

즉, $x=\pm\frac{1}{2}$이므로

R$\left(-\frac{1}{2}, 0\right)$, S$\left(\frac{1}{2}, 0\right)$

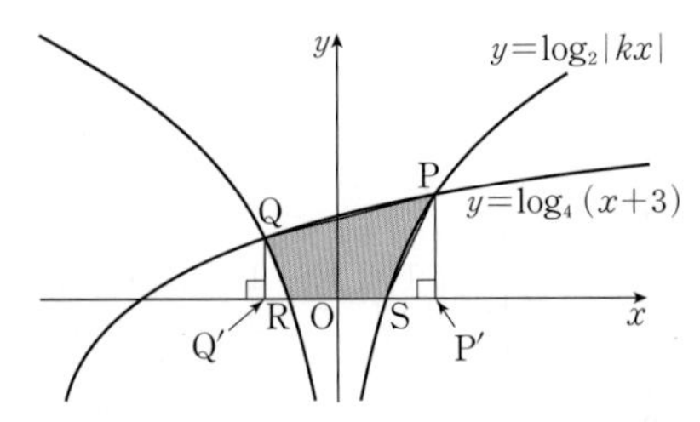


위의 그림과 같이 두 점 P, Q에서 $x$축에 내린 수선의 발을 각각 P′, Q′이라 하면

$\mathrm{P}'(1, 0)$, $\mathrm{Q}'\left(-\frac{3}{4}, 0\right)$

따라서 사각형 PQRS의 넓이는 사각형 PQQ′P′의 넓이에서 두 삼각형 PSP′, QRQ′의 넓이의 합을 뺀 것이므로

$\frac{1}{2}\times\{1+(\log_2 3-1)\}\times\frac{7}{4}-\left\{\frac{1}{2}\times\frac{1}{2}\times1+\frac{1}{2}\times\frac{1}{4}\times(\log_2 3-1)\right\}$

$=\frac{7}{8}\log_2 3-\left(\frac{1}{8}+\frac{1}{8}\log_2 3\right)$

$=\frac{6\log_2 3-1}{8}$

답 ③

**참고** 곡선 $y=\log_2|kx|$는 $y$축에 대하여 대칭이므로 두 점 R, S는 $y$축에 대하여 대칭이다.

## step 2 등급을 가르는 핵심 특강

본문 29, 31쪽

### 070

세 곡선 $y=\left(\frac{1}{2}\right)^x$, $y=\log_2(x+1)$, $y=\log_2 x$는 다음 그림과 같다.

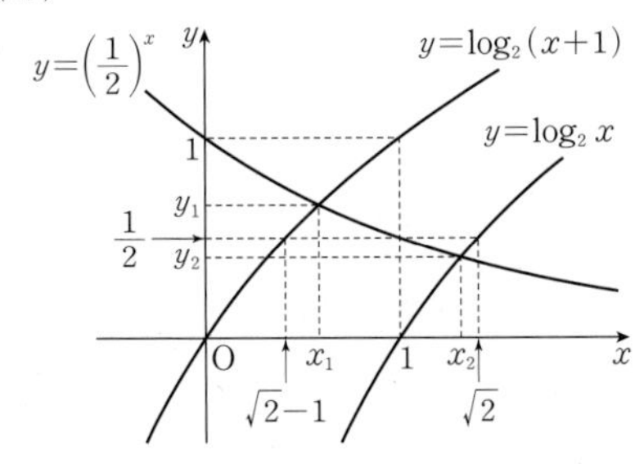


ㄱ. 직선 $y=\frac{1}{2}$이 곡선 $y=\log_2(x+1)$과 만나는 점의 $x$좌표는

$\log_2(x+1)=\frac{1}{2}$, $x+1=\sqrt{2}$

$\therefore x=\sqrt{2}-1$

이때 곡선 $y=\left(\frac{1}{2}\right)^x$이 점 $\left(1, \frac{1}{2}\right)$을 지나므로

$\sqrt{2}-1<x_1<1$ (참)

ㄴ. 곡선 $y=\left(\frac{1}{2}\right)^x$ 위의 두 점 $(0, 1)$, $(x_1, y_1)$을 지나는 직선을 $l_1$이라 하면 직선 $l_1$의 기울기는

$\frac{y_1-1}{x_1}$

곡선 $y=\left(\frac{1}{2}\right)^x$ 위의 두 점 $(0, 1)$, $(x_2, y_2)$를 지나는 직선을 $l_2$라 하면 직선 $l_2$의 기울기는

$\frac{y_2-1}{x_2}$

이때 직선 $l_1$의 기울기가 직선 $l_2$의 기울기보다 작으므로

$\frac{y_1-1}{x_1}<\frac{y_2-1}{x_2}$

양변에 $x_1x_2$를 곱하면

$x_2(y_1-1)<x_1(y_2-1)$ ($\because x_1x_2>0$) (거짓)

ㄷ. 직선 $y=\frac{1}{2}$이 곡선 $y=\log_2 x$와 만나는 점의 $x$좌표는

$\log_2 x=\frac{1}{2}$  $\therefore x=\sqrt{2}$

$y=\left(\frac{1}{2}\right)^{\sqrt{2}}<\frac{1}{2}$이므로

$1<x_2<\sqrt{2}$

ㄱ에서 $\sqrt{2}-1<x_1<1$이므로

$\sqrt{2}<x_1+x_2<\sqrt{2}+1$ …… ㉠

이때 $y_1=\left(\frac{1}{2}\right)^{x_1}$, $y_2=\left(\frac{1}{2}\right)^{x_2}$이므로

$y_1y_2=\left(\frac{1}{2}\right)^{x_1}\times\left(\frac{1}{2}\right)^{x_2}=\left(\frac{1}{2}\right)^{x_1+x_2}$

따라서 ㉠에 의하여

$\left(\frac{1}{2}\right)^{\sqrt{2}+1}<\left(\frac{1}{2}\right)^{x_1+x_2}<\left(\frac{1}{2}\right)^{\sqrt{2}}$

$\therefore 2^{-\sqrt{2}-1}<y_1y_2<2^{-\sqrt{2}}$ (참)

따라서 옳은 것은 ㄱ, ㄷ이다.

답 ③

### 071

$f(x)=\left(\frac{1}{4}\right)^x$, $g(x)=-\frac{1}{2}\log_2 x=\log_{\frac{1}{4}} x$로 놓으면 두 함수 $y=f(x)$, $y=g(x)$는 역함수 관계에 있다.

즉, 두 곡선 $y=f(x)$, $y=g(x)$는 직선 $y=x$에 대하여 대칭이므로 두 점 P, Q는 직선 $y=x$에 대하여 대칭이고, 점 R는 직선 $y=x$ 위의 점이다.

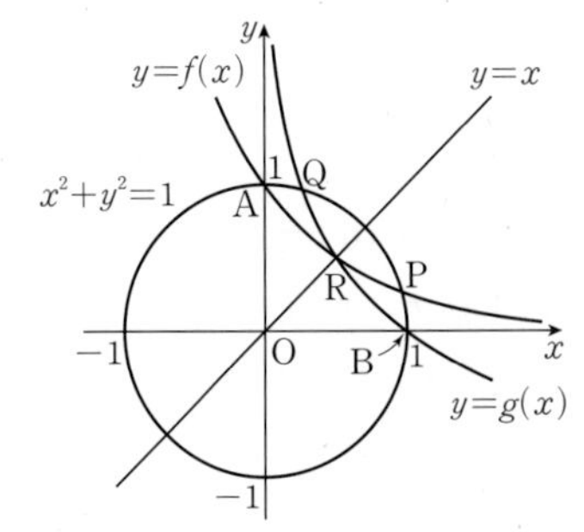


ㄱ. $f\left(\frac{1}{2}\right)=\left(\frac{1}{4}\right)^{\frac{1}{2}}=\sqrt{\frac{1}{4}}=\frac{1}{2}$,

$g\left(\frac{1}{2}\right)=-\frac{1}{2}\log_2\frac{1}{2}=-\frac{1}{2}\times(-1)=\frac{1}{2}$

이므로 점 R의 좌표는

$\mathrm{R}\left(\frac{1}{2}, \frac{1}{2}\right)$

따라서 직선 OR의 기울기는 1이고, 직선 AR의 기울기는

$$\frac{\frac{1}{2}-1}{\frac{1}{2}-0}=-1$$

즉, 두 직선 OR, AR는 서로 수직이므로

$\angle ORA=\frac{\pi}{2}$ (참)

ㄴ. 두 점 P, Q는 직선 $y=x$에 대하여 대칭이므로

$x_1=y_2,\ x_2=y_1$ $\quad\therefore x_2+y_1=2x_2$

이때 $g\left(\frac{1}{4}\right)=\log_{\frac{1}{4}}\frac{1}{4}=1$이므로

$\frac{1}{4}<x_2<\frac{1}{2}$

즉, $\frac{1}{2}<2x_2<1$이므로

$\frac{1}{2}<x_2+y_1<1$ (참)

ㄷ. B(1, 0)이라 하면

직선 BP의 기울기는 $\frac{-y_1}{1-x_1}$, 직선 AQ의 기울기는 $\frac{y_2-1}{x_2}$

직선 AQ의 기울기가 직선 BP의 기울기보다 크므로

$\frac{y_2-1}{x_2}>-\frac{y_1}{1-x_1}$

$\frac{1-y_2}{x_2}-\frac{y_1}{1-x_1}<0$

위의 식의 양변에 $x_2(1-x_1)$을 곱하면

$(1-x_1)(1-y_2)-x_2y_1<0$ ($\because x_2(1-x_1)>0$)

$\therefore (1-x_1)(1-y_2)<x_2y_1$ (참)

따라서 ㄱ, ㄴ, ㄷ 모두 옳다. 답 ⑤

**다른 풀이** ㄷ. $y_1=x_2,\ y_2=x_1$이므로

$(1-x_1)(1-y_2)-x_2y_1=(1-x_1)^2-x_2^2$

$=(1-x_1-x_2)(1-x_1+x_2)$

이때 $\frac{x_1+x_2}{2}>\frac{1}{2}$에서 $x_1+x_2>1$이므로 $1-x_1-x_2<0$

또한, $1-x_1+x_2>0$이므로

$(1-x_1)(1-y_2)-x_2y_1<0$

$\therefore (1-x_1)(1-y_2)<x_2y_1$ (참)

## 072

$f(x)=|\log_2 x|=\begin{cases}-\log_2 x & (0<x\le 1)\\ \log_2 x & (x>1)\end{cases}$, $g(x)=2-x$로 놓으면 두 함수 $y=f(x)$, $y=g(x)$의 그래프는 다음 그림과 같다.

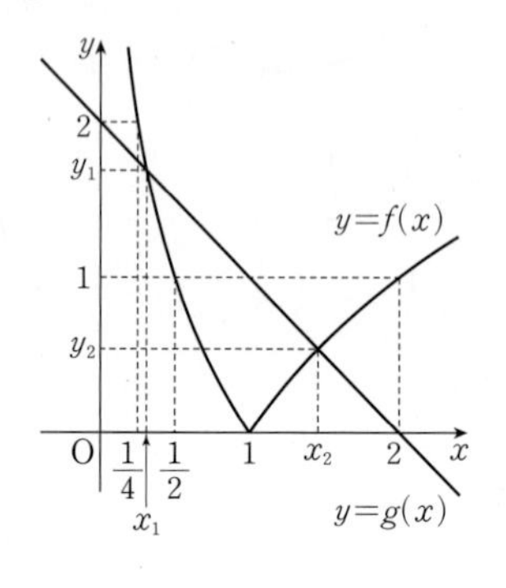


ㄱ. $f\left(\frac{1}{4}\right)=\left|\log_2\frac{1}{4}\right|=2$, $g\left(\frac{1}{4}\right)=2-\frac{1}{4}=\frac{3}{4}$이므로

$f\left(\frac{1}{4}\right)>g\left(\frac{1}{4}\right)$ ...... ㉠

$f\left(\frac{1}{2}\right)=\left|\log_2\frac{1}{2}\right|=1$, $g\left(\frac{1}{2}\right)=2-\frac{1}{2}=\frac{3}{2}$이므로

$f\left(\frac{1}{2}\right)<g\left(\frac{1}{2}\right)$ ...... ㉡

㉠, ㉡에 의하여 $\frac{1}{4}<x_1<\frac{1}{2}$ (참)

ㄴ. $f\left(\frac{5}{4}\right)=\log_2\frac{5}{4}=\log_2 1.25$,

$g\left(\frac{5}{4}\right)=2-\frac{5}{4}=\frac{3}{4}=\log_2 2^{\frac{3}{4}}>\log_2\sqrt{2}$에서

$1.25<\sqrt{2}$이고 밑 2가 $2>1$이므로

$f\left(\frac{5}{4}\right)<g\left(\frac{5}{4}\right)$ ...... ㉢

$f\left(\frac{3}{2}\right)=\log_2\frac{3}{2}=\log_2 1.5$,

$g\left(\frac{3}{2}\right)=2-\frac{3}{2}=\frac{1}{2}=\log_2\sqrt{2}$에서

$1.5>\sqrt{2}$이고 밑 2가 $2>1$이므로

$f\left(\frac{3}{2}\right)>g\left(\frac{3}{2}\right)$ ...... ㉣

㉢, ㉣에 의하여 $\frac{5}{4}<x_2<\frac{3}{2}$ (참)

ㄷ. 두 함수 $y=f(x)$, $y=g(x)$의 그래프의 두 교점의 $x$좌표가

$x_1,\ x_2\ (x_1<1<x_2)$이므로

$f(x_1)=g(x_1)$에서 $-\log_2 x_1=2-x_1$ ...... ㉤

$f(x_2)=g(x_2)$에서 $\log_2 x_2=2-x_2$ ...... ㉥

㉤+㉥을 하면 $\log_2\frac{x_2}{x_1}=4-(x_1+x_2)$ ...... ㉦

ㄱ, ㄴ에 의하여 $\frac{3}{2}<x_1+x_2<2$이므로

$2<4-(x_1+x_2)<\frac{5}{2}$

$\therefore 2<\log_2\frac{x_2}{x_1}<\frac{5}{2}$ ($\because$ ㉦)

이때 밑 2가 $2>1$이므로

$2^2<\frac{x_2}{x_1}<2^{\frac{5}{2}}$ $\quad\therefore 4<\frac{x_2}{x_1}<4\sqrt{2}$ (참)

따라서 ㄱ, ㄴ, ㄷ 모두 옳다. 답 ⑤

## 073

두 곡선 $y=2^x$, $y=\log_2 x$는 직선 $y=x$에 대하여 대칭이므로 점 A의 좌표를 $A(\alpha, \beta)$ $(\alpha>0,\ \beta>0)$로 놓으면 점 B의 좌표는

$B(\beta, \alpha)$

두 점 A, B에서 $x$축에 내린 수선의 발을 각각 E, F라 하면

$E(\alpha, 0)$, $F(\beta, 0)$

이때 $3\overline{AB}=5\overline{BC}$, 즉 $\overline{AB}:\overline{BC}=5:3$이므로

$\overline{AE}:\overline{BF}=\beta:\alpha=8:3$

$\therefore \beta=\frac{8}{3}\alpha$

점 A가 직선 $y=-x+k$ 위의 점이므로

$\beta=-\alpha+k \qquad \therefore k=\frac{11}{3}\alpha \qquad \cdots\cdots$ ㉠

한편, $\overline{AB}=\sqrt{2}(\beta-\alpha)=\frac{5\sqrt{2}}{3}\alpha$이고 원점 O에서 직선 $y=-x+k$까지의 거리를 $h$라 하면

$h=\frac{k}{\sqrt{2}}$

따라서 삼각형 OAB의 넓이는

$\frac{1}{2}\times\overline{AB}\times h=\frac{1}{2}\times\frac{5\sqrt{2}}{3}\alpha\times\frac{k}{\sqrt{2}}=\frac{5\alpha k}{6}$

이므로 $\frac{5\alpha k}{6}=\frac{55}{2}$에서

$\alpha k=33 \qquad \cdots\cdots$ ㉡

㉠, ㉡을 연립하여 풀면 $\alpha=3\ (\alpha>0)$, $k=11$

다른 풀이

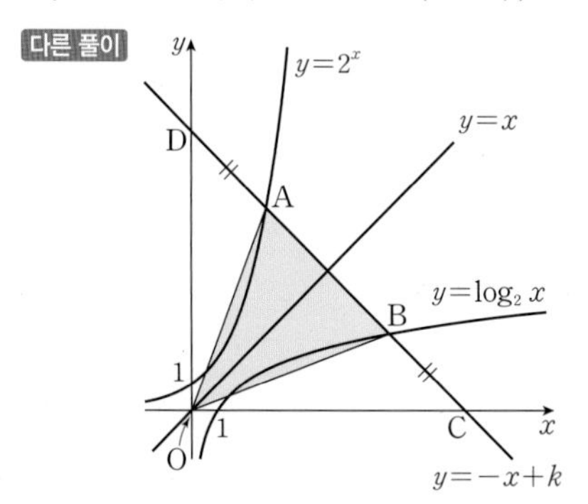


직선 $y=-x+k$가 $y$축과 만나는 점을 D라 하면

$C(k, 0)$, $D(0, k)$

또, $3\overline{AB}=5\overline{BC}$이므로

$\overline{AB}:\overline{BC}=5:3$

이때 두 곡선 $y=2^x$, $y=\log_2 x$는 직선 $y=x$에 대하여 대칭이므로

$\overline{BC}=\overline{AD}$

$\therefore \overline{DA}:\overline{AB}:\overline{BC}=3:5:3$

따라서 삼각형 OAB의 넓이는 삼각형 OCD의 넓이의 $\frac{5}{11}$이므로

$\triangle OAB=\frac{5}{11}\triangle OCD$

$\frac{55}{2}=\frac{5}{11}\times\left(\frac{1}{2}\times k\times k\right)$, $k^2=11^2$

$\therefore\ k=11\ (\because k>0)$

답 11

## 074

점 C는 직선 $y=-x+k$가 $x$축과 만나는 점이므로

$C(k, 0)$

$\overline{BC}=\sqrt{2}$이고, 두 점 B, C를 지나는 직선의 기울기가 $-1$이므로

$B(k-1, 1)$

마찬가지로 $\overline{AB}=2\sqrt{2}$이고, 두 점 A, B를 지나는 직선의 기울기가 $-1$이므로

$A(k-3, 3)$

한편, $f(x)=a^x$, $g(x)=\log_a\frac{x-1}{a}$로 놓으면

$g(x)=\log_a\frac{x-1}{a}=\log_a(x-1)-1$

이므로 곡선 $y=g(x)$는 곡선 $y=f(x)$를 직선 $y=x$에 대하여 대칭이동한 후, $x$축의 방향으로 1만큼, $y$축의 방향으로 $-1$만큼 평행이동한 것이다. $\cdots\cdots$ ㉠

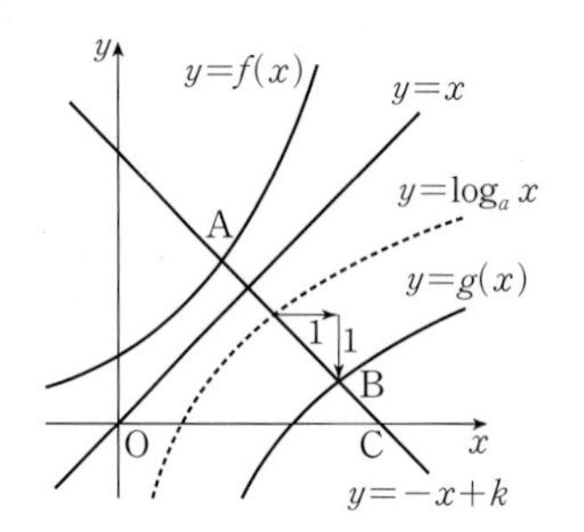


따라서 곡선 $y=f(x)$ 위의 점 $A(k-3, 3)$을 ㉠의 대칭이동과 평행이동에 의하여 이동한 점의 좌표는

$(4, k-4)$

이 점이 점 B와 일치하므로

$k-1=4 \qquad \therefore k=5$

$\therefore A(2, 3)$, $B(4, 1)$, $C(5, 0)$

이때 점 A가 곡선 $y=f(x)$ 위의 점이므로 $f(2)=3$에서

$a^2=3 \qquad \therefore a=\sqrt{3}\ (\because a>1)$

$\therefore (a\times k)^2=(\sqrt{3}\times 5)^2=75$

답 75

## 075

곡선 $y=\log_3 x$는 곡선 $y=\left(\frac{1}{3}\right)^x$을 직선 $y=x$에 대하여 대칭이동한 후, $x$축에 대하여 대칭이동한 것이므로 곡선 $y=\left(\frac{1}{3}\right)^x$ 위의 점 $(a, b)$는 이 대칭이동에 의하여 곡선 $y=\log_3 x$ 위의 점 $(b, -a)$로 이동한다. $\cdots\cdots$ ㉠

이때 $\frac{b}{a}\times\left(\frac{-a}{b}\right)=-1$이므로 원점과 점 $(a, b)$를 지나는 직선과 원점과 점 $(b, -a)$를 지나는 직선은 서로 수직이다.

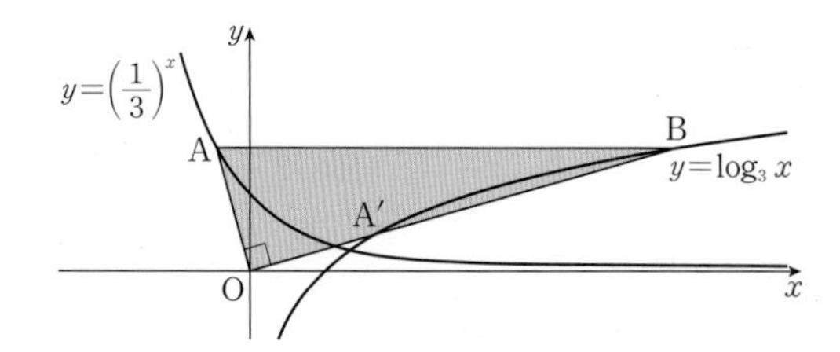


곡선 $y=\left(\frac{1}{3}\right)^x$ 위의 점 A의 좌표를 $\left(t, \left(\frac{1}{3}\right)^t\right)$ $(t<0)$이라 하면 점 A는 ㉠의 대칭이동에 의하여 곡선 $y=\log_3 x$ 위의 점 $A'\left(\left(\frac{1}{3}\right)^t, -t\right)$로 이동하고, 조건 ㈏에 의하여 세 점 O, A′, B는 일직선 위에 있다.

또한, 조건 ㈎에 의하여 점 B의 좌표는 $\left(3\times\left(\frac{1}{3}\right)^t, -3t\right)$이고, 점 B가 곡선 $y=\log_3 x$ 위의 점이므로

$-3t=\log_3\left\{3\times\left(\frac{1}{3}\right)^t\right\}$

$-3t=\log_3 3^{1-t}$, $-3t=1-t$

$2t=-1 \qquad \therefore t=-\frac{1}{2}$

즉, $A\left(-\frac{1}{2}, \sqrt{3}\right)$이므로

$\overline{OA}^2=\left(-\frac{1}{2}\right)^2+(\sqrt{3})^2=\frac{13}{4}$

따라서 삼각형 AOB의 넓이 $S$는

$S=\frac{1}{2}\times\overline{OA}\times\overline{OB}=\frac{1}{2}\times\overline{OA}\times3\overline{OA}$

$=\frac{3}{2}\times\overline{OA}^2=\frac{3}{2}\times\frac{13}{4}=\frac{39}{8}$

$\therefore 16S=16\times\frac{39}{8}=78$ 답 78

## 076

점 P가 원 $C$의 중심이므로 두 대각선 AC, BD는 원 $C$의 지름이다.

즉, 사각형 ABCD는 직사각형이므로 두 점 A, B의 $x$좌표를 각각 $a$, $b$ $(a>b)$라 하면

$A(a, 3^a)$, $B(b, 3^b)$

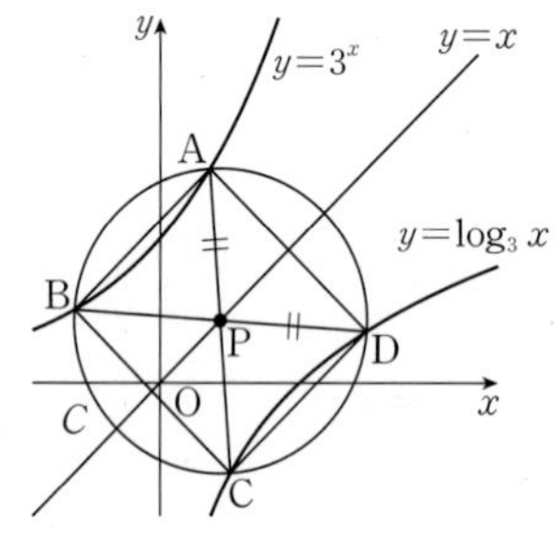


한편, 두 곡선 $y=3^x$, $y=\log_3 x$는 직선 $y=x$에 대하여 대칭이고, $\overline{PA}=\overline{PD}$이므로 직선 AB는 직선 $y=x$와 평행하다.

즉, 직선 AB가 $x$축의 양의 방향과 이루는 각의 크기는 $\frac{\pi}{4}$이다.

이때 $\overline{AB}=\sqrt{2}$이므로

$a-b=1$, $3^a-3^b=1$

$b=a-1$이므로

$3^a-3^b=3^a-3^{a-1}=\frac{2}{3}\times3^a=1$

즉, $3^a=\frac{3}{2}$이므로

$a=\log_3\frac{3}{2}=1-\log_3 2$, $b=a-1=-\log_3 2$

따라서 두 점 A, B의 좌표는

$A\left(1-\log_3 2, \frac{3}{2}\right)$, $B\left(-\log_3 2, \frac{1}{2}\right)$

점 C는 점 B와 직선 $y=x$에 대하여 대칭이므로

$C\left(\frac{1}{2}, -\log_3 2\right)$

이때 점 P는 선분 AC의 중점이므로 점 P의 $x$좌표는

$\left\{(1-\log_3 2)+\frac{1}{2}\right\}\times\frac{1}{2}=\left(\frac{3}{2}-\log_3 2\right)\times\frac{1}{2}=\frac{1}{2}\log_3\frac{3\sqrt{3}}{2}$

점 P가 직선 $y=x$ 위의 점이므로 $P\left(\frac{1}{2}\log_3\frac{3\sqrt{3}}{2}, \frac{1}{2}\log_3\frac{3\sqrt{3}}{2}\right)$

즉, $k=2\times\frac{1}{2}\log_3\frac{3\sqrt{3}}{2}=\log_3\frac{3\sqrt{3}}{2}$이므로

$3^k=\frac{3\sqrt{3}}{2}$ 답 ①

# step 3 1등급 도약하기

본문 32~35쪽

## 077

**전략** 거듭제곱근의 정의와 로그의 성질을 이용한다.

조건 (가)에 의하여 $a^3=\sqrt{bc}$이므로

$a^6=bc$ ······ ㉠

조건 (나)에서 $\log_a bc=\log_a a^6=6$이므로

$6\times\log_a\frac{b}{c}=12$

$\log_a\frac{b}{c}=2$, $\frac{b}{c}=a^2$

$\therefore b=a^2c$ ······ ㉡

㉡을 ㉠에 대입하면

$a^6=a^2c^2$, $c^2=a^4$

$\therefore c=a^2\ (\because c>0)$

즉, $b=a^2c=a^4$이므로

$\log_b c=\log_{a^4} a^2=\frac{1}{2}$, $\log_c a=\log_{a^2} a=\frac{1}{2}$

$a^{\log_b c}\times b^{\log_c a}=a^{\frac{1}{2}}\times b^{\frac{1}{2}}=a^{\frac{1}{2}}\times(a^4)^{\frac{1}{2}}$

$=a^{\frac{1}{2}+2}=a^{\frac{5}{2}}$

$\therefore k=\frac{5}{2}$ 답 ⑤

## 078

**전략** $2^{f(x)}$에 대한 부등식을 풀어 $f(x)$의 값의 범위를 구한다.

부등식 $4^{f(x)}-(k+1)\times2^{f(x)}+k\le0$에서

$(2^{f(x)}-1)(2^{f(x)}-k)\le0$

$\therefore 1\le2^{f(x)}\le k\ (\because k\ge1)$

각 변에 밑이 2인 로그를 취하면

$0\le f(x)\le\log_2 k$ ······ ㉠

한편,

$f(x)=\frac{1}{5}(x^2-2x+7)=\frac{1}{5}(x-1)^2+\frac{6}{5}$

이므로 함수 $y=f(x)$의 그래프는 다음 그림과 같다.

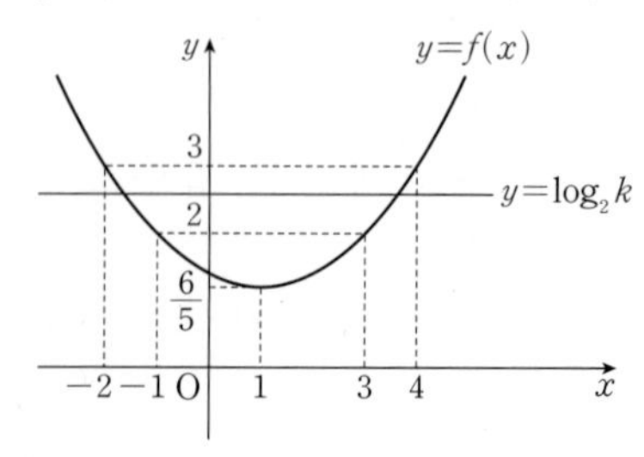


이때 부등식 ㉠을 만족시키는 정수 $x$의 개수가 5이므로 가능한 정수 $x$의 값은

$-1, 0, 1, 2, 3$

따라서 $f(3)\le\log_2 k<f(4)$이어야 하고, 이때 $f(3)=2$, $f(4)=3$이므로

$2\le\log_2 k<3$ $\therefore 4\le k<8$

따라서 자연수 $k$의 값은 4, 5, 6, 7이므로 그 합은

$4+5+6+7=22$ 답 ②

## 079

**전략** **함수 $y=|x-k|$의 그래프를 그리고, $2 \le n < k-1$, $n=k$, $n > k+1$ 인 경우로 나누어 $f(n)$, $g(n)$의 값을 알아본다.**

(i) $2 \le n < k-1$일 때

$a_n > 0$, $b_n > 0$이므로

$n$이 홀수인 경우, $f(n)=g(n)=1$

$n$이 짝수인 경우, $f(n)=g(n)=2$

$\therefore g(n)-f(n)=0$

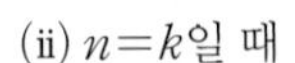

(ii) $n=k$일 때

$a_k=0$, $b_k > 0$이므로

$k$가 1이 아닌 홀수인 경우

$f(k)=g(k)=1$

$\therefore g(k)-f(k)=0$

$k$가 짝수인 경우

$f(k)=1$, $g(k)=2$

$\therefore g(k)-f(k)=1$

(iii) $n > k+1$일 때

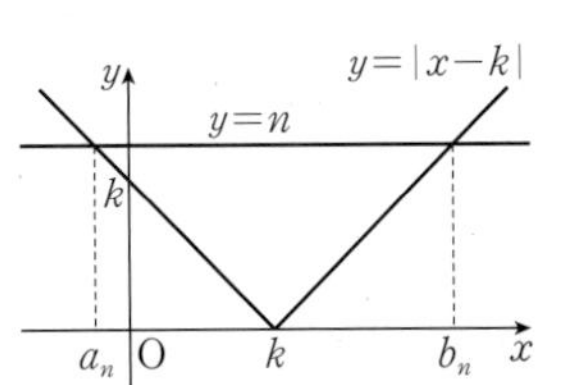


$a_n < 0$, $b_n > 0$이므로

$n$이 홀수인 경우, $f(n)=g(n)=1$

$\therefore g(n)-f(n)=0$

$n$이 짝수인 경우, $f(n)=0$, $g(n)=2$

$\therefore g(n)-f(n)=2$

$\sum_{n=2}^{15} \{g(n)-f(n)\}=9$에서 $9=2\times 4+1$이므로 $k$는 짝수이고 $k$보다 크고 15보다 작은 짝수가 4개임을 알 수 있다.

따라서 $k$는 15보다 작은 짝수를 큰 것부터 차례로 나열했을 때, 다섯 번째 수이므로

$k=6$ 답 ①

## 080

**전략** **점 C에서 $x$축에 내린 수선의 발을 H라 하고, 직각삼각형 CDH에서 피타고라스 정리를 이용한다.**

점 A는 두 곡선 $y=\log_a x$, $y=\log_b x$가 만나는 점이므로

A(1, 0)

조건 (가)에 의하여 사각형 ADCB는 한 변의 길이가 5인 마름모이므로

D(6, 0)

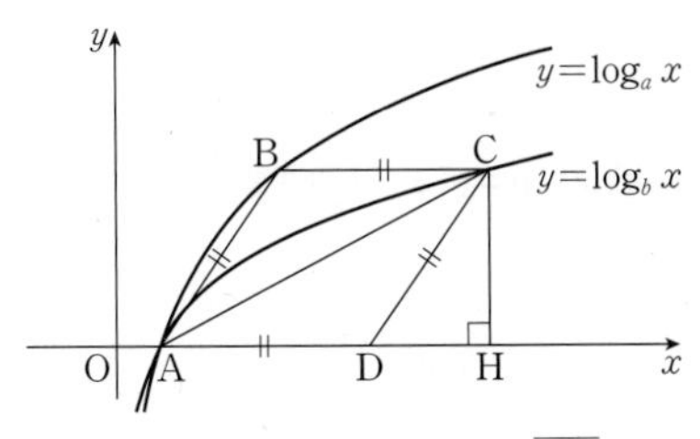


점 C에서 $x$축에 내린 수선의 발을 H라 하고, $\overline{DH}=k$ $(k>0)$라 하자.

조건 (나)에서 직선 AC의 기울기가 $\frac{1}{2}$이므로

$\frac{\overline{CH}}{\overline{AH}}=\frac{1}{2}$

$\therefore \overline{CH}=\frac{1}{2}\overline{AH}=\frac{k+5}{2}$

직각삼각형 CDH에서 피타고라스 정리에 의하여

$\overline{DH}^2+\overline{CH}^2=\overline{CD}^2$이므로

$k^2+\left(\frac{k+5}{2}\right)^2=5^2$

$k^2+2k-15=0$, $(k+5)(k-3)=0$

$\therefore k=3$ $(\because k>0)$

따라서 C(9, 4)이고, 점 C가 곡선 $y=\log_b x$ 위의 점이므로

$\log_b 9=4$, $b^4=9$

$\therefore b^2=3$

또한, $\overline{BC}=5$에서 B(4, 4)이고, 점 B가 곡선 $y=\log_a x$ 위의 점이므로

$\log_a 4=4$

$a^4=4$

$\therefore a^2=2$

$\therefore a^2+b^2=2+3=5$ 답 5

**다른 풀이** 점 A의 좌표는 A(1, 0)이고 조건 (가)에 의하여 점 D의 좌표는

D(6, 0)

점 B의 좌표를 B$(\alpha, \beta)$ $(\alpha>0, \beta>0)$로 놓으면

C$(\alpha+5, \beta)$ ($\because$ 조건 (가))

따라서 직선 AC의 기울기는

$\frac{\beta}{\alpha+4}=\frac{1}{2}$ ($\because$ 조건 (나))

이므로 $\alpha+4=2\beta$에서

$\alpha-2\beta=4$ …… ㉠

이때 마름모의 성질에 의하여 직선 BD의 기울기는 $-2$이므로

$\frac{-\beta}{6-\alpha}=-2$

에서 $-12+2\alpha=-\beta$

$\therefore 2\alpha-\beta=12$ …… ㉡

㉠, ㉡을 연립하여 풀면

$\alpha=4$, $\beta=4$

$\therefore$ B(4, 4), C(9, 4)

## 081

**전략** **두 집합 $A$, $B$를 이해하고, 가능한 자연수 $n$의 값이 1, 2, 3, 4, 5임을 이용하여 순서쌍의 개수를 구한다.**

집합 $B$는 $-50$ 이상 50 이하의 정수의 집합이고, $(-2)^6>50$이므로 집합 $A$에 대하여 $A\subset B$가 되도록 하는 자연수 $n$의 값으로 가능한 것은

1, 2, 3, 4, 5

이때 $n$의 값에 따라 조건을 만족시키는 순서쌍 $(m, n)$의 개수를 구하면 다음과 같다.

(ⅰ) $n=1$일 때

$-50\le(-2)\times\sqrt{m}\le 50$에서 $-25\le\sqrt{m}\le 25$

이를 만족시키는 정수 $m$의 값은

$0,\ 1^2,\ 2^2,\ 3^2,\ \cdots,\ 25^2$

의 26개이다.

(ⅱ) $n=2$일 때

$-50\le 4\times\sqrt[3]{m}\le 50$에서 $-\frac{25}{2}\le\sqrt[3]{m}\le\frac{25}{2}$

이를 만족시키는 정수 $m$의 값은

$(-12)^3,\ (-11)^3,\ (-10)^3,\ \cdots,\ (-1)^3,\ 0,\ 1^3,\ 2^3,\ 3^3,\ \cdots,\ 12^3$

의 25개이다.

(ⅲ) $n=3$일 때

$-50\le(-8)\times\sqrt[4]{m}\le 50$에서 $-\frac{25}{4}\le\sqrt[4]{m}\le\frac{25}{4}$

이를 만족시키는 정수 $m$의 값은

$0,\ 1^4,\ 2^4,\ 3^4,\ 4^4,\ 5^4,\ 6^4$

의 7개이다.

(ⅳ) $n=4$일 때,

$-50\le 16\times\sqrt[5]{m}\le 50$에서 $-\frac{25}{8}\le\sqrt[5]{m}\le\frac{25}{8}$

이를 만족시키는 정수 $m$의 값은

$(-3)^5,\ (-2)^5,\ (-1)^5,\ 0,\ 1^5,\ 2^5,\ 3^5$

의 7개이다.

(ⅴ) $n=5$일 때

$-50\le(-32)\times\sqrt[6]{m}\le 50$에서 $-\frac{25}{16}\le\sqrt[6]{m}\le\frac{25}{16}$

이를 만족시키는 정수 $m$의 값은

$0,\ 1^6$

의 2개이다.

(ⅰ)~(ⅴ)에 의하여 구하는 순서쌍 $(m,\ n)$의 개수는

$26+25+7+7+2=67$

답 ④

# 082

**전략** 두 곡선 $y=f(x)$, $y=g(x)$가 점 $(1,\ b)$에 대하여 대칭임을 이용한다.

곡선 $y=f(x)$는 곡선 $y=a^x$을 $x$축의 방향으로 1만큼, $y$축의 방향으로 $b$만큼 평행이동한 것이다.

$g(x)=-\frac{1}{a^{x-1}}+b=-a^{-(x-1)}+b$에서 곡선 $y=g(x)$는 곡선 $y=a^x$을 원점에 대하여 대칭이동한 후 $x$축의 방향으로 1만큼, $y$축의 방향으로 $b$만큼 평행이동한 것이다.

이때 두 곡선 $y=a^x$, $y=-a^{-x}$이 원점에 대하여 대칭이므로 두 곡선 $y=f(x)$, $y=g(x)$는 점 $(1,\ b)$에 대하여 대칭이다.

이 점을 $\mathrm{M}(1,\ b)$라 하자.

두 점 P, Q가 직선 $y=2x$ 위의 점이고, 조건 ㈎에서 사각형 PRQS는 선분 PQ를 대각선으로 하는 평행사변형이므로 두 점 P, Q는 선분 PQ의 중점에 대하여 대칭이다.

두 곡선 $y=f(x)$, $y=g(x)$가 점 $\mathrm{M}(1,\ b)$에 대하여 대칭이므로 점 M은 선분 PQ의 중점이고, 직선 $y=2x$ 위에 있다.

$\therefore b=2\times 1=2$

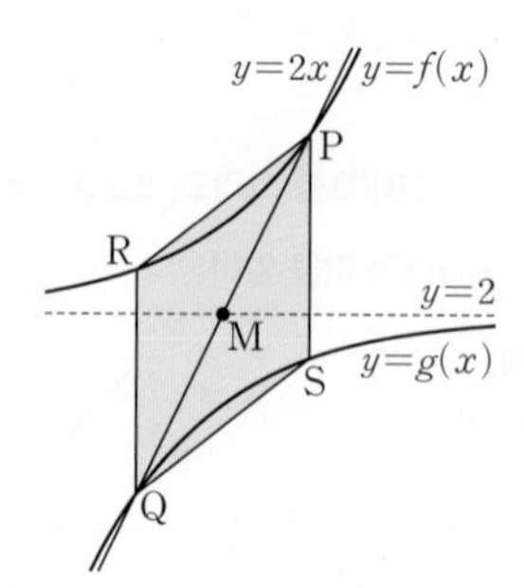


이때 점 P의 좌표를 $\mathrm{P}(t,\ 2t)\ (t>1)$로 놓으면 점 Q는 점 P와 점 $\mathrm{M}(1,\ 2)$에 대하여 대칭이므로 점 Q의 좌표는

$\mathrm{Q}(2-t,\ 4-2t)$

조건 ㈎에서 $\overline{\mathrm{PQ}}=2\sqrt{5}$이므로

$\overline{\mathrm{PQ}}^2=20$에서

$\overline{\mathrm{PQ}}^2=(2-2t)^2+(4-4t)^2=20t^2-40t+20$

즉, $20t^2-40t+20=20$이므로

$20t^2-40t=0,\ t^2-2t=0,\ t(t-2)=0\qquad \therefore t=2\ (\because t>1)$

따라서 두 점 P, Q의 좌표는 $\mathrm{P}(2,\ 4)$, $\mathrm{Q}(0,\ 0)$이고 점 P는 곡선 $y=a^{x-1}+2$ 위의 점이므로

$a+2=4\qquad \therefore a=2$

$\therefore f(x)=2^{x-1}+2,\ g(x)=-2^{-(x-1)}+2$

점 R는 곡선 $y=f(x)$ 위의 점이므로 점 R의 좌표를 $\mathrm{R}(s,\ 2^{s-1}+2)$로 놓으면 조건 ㈏에서 삼각형 PQR의 무게중심의 $y$좌표가 $\frac{13}{6}$이므로

$\frac{4+(2^{s-1}+2)+0}{3}=\frac{13}{6}$

$12+2^s=13,\ 2^s=1$

즉, $s=0$이므로 $\mathrm{R}\left(0,\ \frac{5}{2}\right)$

점 S는 점 R와 점 $\mathrm{M}(1,\ 2)$에 대하여 대칭이므로 $\mathrm{S}\left(2,\ \frac{3}{2}\right)$

$\therefore \overline{\mathrm{RS}}=\sqrt{2^2+\left(\frac{3}{2}-\frac{5}{2}\right)^2}=\sqrt{5}$

또한, 직선 MP의 기울기는 2, 직선 MR의 기울기는 $-\frac{1}{2}$이므로 평행사변형 PRQS의 두 대각선 PQ, RS는 서로 수직이다.

따라서 사각형 PRQS는 마름모이므로 그 넓이는

$\frac{1}{2}\times\overline{\mathrm{PQ}}\times\overline{\mathrm{RS}}=\frac{1}{2}\times 2\sqrt{5}\times\sqrt{5}=5$

답 5

# 083

**전략** 두 곡선 $y=f(x)$, $y=g(x)$의 관계를 파악한 후, 네 점 A, B, C, D의 좌표를 구한다.

점 A의 $x$좌표는 $\left(\frac{1}{2}\right)^x=2$에서

$x=-1\qquad \therefore \mathrm{A}(-1,\ 2)$

점 B의 $x$좌표는 $\log_2(x+1)+1=2$에서
$\log_2(x+1)=1$, $x+1=2$
즉, $x=1$이므로
B$(1, 2)$
$f(1)=\frac{1}{2}$이므로 C$\left(1, \frac{1}{2}\right)$
점 D의 $x$좌표는 $\log_2(x+1)+1=0$에서
$\log_2(x+1)=-1$, $x+1=\frac{1}{2}$
즉, $x=-\frac{1}{2}$이므로
D$\left(-\frac{1}{2}, 0\right)$
한편, 곡선 $y=g(x)$는 곡선 $y=f(x)$를 직선 $y=x$에 대하여 대칭이동하고 $x$축에 대하여 대칭이동한 후, $x$축의 방향으로 $-1$만큼, $y$축의 방향으로 1만큼 평행이동한 것이다. ⋯⋯ ㉠
따라서 곡선 $y=f(x)$ 위의 점 A$(-1, 2)$, C$\left(1, \frac{1}{2}\right)$은 ㉠의 대칭이동과 평행이동에 의하여 각각 곡선 $y=g(x)$ 위의 점 B$(1, 2)$, D$\left(-\frac{1}{2}, 0\right)$으로 이동한다.
또, 두 곡선 $y=f(x)$, $y=g(x)$가 만나는 점을 E$(0, 1)$이라 하고, 점 E에서 선분 BC에 내린 수선의 발을 F라 하면
F$(1, 1)$
두 점 E, F는 ㉠의 대칭이동과 평행이동에 의하여 각각 점 E와 원점으로 이동한다.
다음 그림과 같이 곡선 $y=g(x)$와 두 직선 EF, BF로 둘러싸인 부분의 넓이는 곡선 $y=f(x)$와 직선 $y=2$ 및 $y$축으로 둘러싸인 부분의 넓이와 같고, 곡선 $y=f(x)$와 두 직선 EF, FC로 둘러싸인 부분의 넓이는 곡선 $y=g(x)$ 및 $x$축, $y$축으로 둘러싸인 부분의 넓이와 같다.

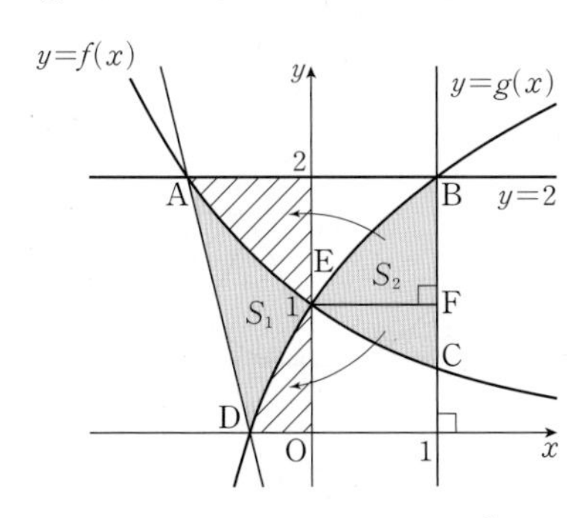


따라서 $S_1+S_2$의 값은 두 밑변의 길이가 각각 $\frac{1}{2}$, 1이고 높이가 2인 사다리꼴의 넓이와 같으므로
$$S_1+S_2=\frac{1}{2}\times\left(\frac{1}{2}+1\right)\times 2=\frac{3}{2}$$
답 ③

**참고** 곡선 $y=\left(\frac{1}{2}\right)^x$을 직선 $y=x$에 대하여 대칭이동한 도형의 방정식은 $y=\log_{\frac{1}{2}} x$, 즉 $y=-\log_2 x$이고, 이 곡선을 $x$축에 대하여 대칭이동한 도형의 방정식은 $y=\log_2 x$이다.
곡선 $y=\log_2 x$를 $x$축의 방향으로 $-1$만큼, $y$축의 방향으로 1만큼 평행이동한 도형의 방정식은
$y=\log_2(x+1)+1$

## 084

**전략** 지수함수의 그래프의 점근선을 이용하여 함수 $y=f(x)$의 그래프를 그리고, $g(t)$를 구한다.

곡선 $y=\left(\frac{1}{4}\right)^{x-3}$과 직선 $y=\left(\frac{1}{2}\right)^k+4$가 만나는 점의 $x$좌표가 $a$이므로
$$f(x)=\begin{cases}\left(\frac{1}{4}\right)^{x-3}-\left(\frac{1}{2}\right)^k-4 & (x\le a)\\ -\left(\frac{1}{4}\right)^{x-3}+\left(\frac{1}{2}\right)^k+4 & (x>a)\end{cases}$$
이때 $y=-\left(\frac{1}{4}\right)^{x-3}+\left(\frac{1}{2}\right)^k+4$의 그래프의 점근선의 방정식은 $y=\left(\frac{1}{2}\right)^k+4$이므로 함수 $y=f(x)$의 그래프는 다음 그림과 같다.

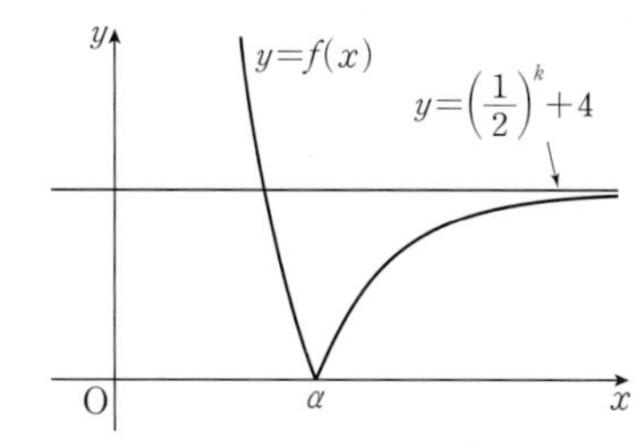


함수 $g(t)$는 함수 $y=f(x)$의 그래프와 직선 $y=t$의 교점의 개수이므로
$$g(t)=\begin{cases}0 & (t<0)\\ 1 & (t=0)\\ 2 & \left(0<t<\left(\frac{1}{2}\right)^k+4\right)\\ 1 & \left(t\ge\left(\frac{1}{2}\right)^k+4\right)\end{cases}$$
주어진 조건에서 부등식 $g(t)>g(t+1)$을 만족시키는 정수 $t$의 최댓값이 11이므로
$11<\left(\frac{1}{2}\right)^k+4\le 12$ $\therefore 7<\left(\frac{1}{2}\right)^k\le 8$
위의 식에서 밑 $\frac{1}{2}$이 $0<\frac{1}{2}<1$이므로 각 변에 밑이 $\frac{1}{2}$인 로그를 취하면
$-3\le k<-\log_2 7$
이때 $-3<-\log_2 7<-2$이고, $k$가 정수이므로 $k=-3$
따라서 $f(x)=\left|\left(\frac{1}{4}\right)^{x-3}-\left(\frac{1}{2}\right)^{-3}-4\right|=\left|\left(\frac{1}{4}\right)^{x-3}-12\right|$이므로
$f(a)=0$에서
$\left(\frac{1}{4}\right)^{a-3}-12=0$, $4^{-a+3}=12$
$4^{-a}=\frac{3}{16}$ $\therefore 4^a=\frac{16}{3}$
답 ③

## 085

**전략** 로그의 정의와 이차함수의 그래프의 성질을 이용한다.

로그의 진수 조건과 조건 (가)에 의하여 부등식 $f(x)>0$의 해가 $x<0$ 또는 $x>3$이므로
$f(x)=\frac{1}{n}x(x-3)$
부등식 $|g(x)|\le 1$에서
$-1\le g(x)\le 1$, 즉 $-1\le\log_2 f(x)\le 1$

이때 밑 2가 $2>1$이므로

$\frac{1}{2} \le f(x) \le 2$ ...... ㉠

따라서 조건 (나)에 의하여 부등식 ㉠을 만족시키는 정수 $x$의 개수가 4이어야 한다.

이때 함수 $y=f(x)$의 그래프는 직선 $x=\frac{3}{2}$에 대하여 대칭이므로 부등식 ㉠을 만족시키는 정수 $x$ $(x>3)$의 개수가 2가 되도록 하는 자연수 $n$의 값의 범위를 구하면 된다.

$x>3$인 정수 $x$에 대하여

(i) 부등식 ㉠을 만족시키는 정수 $x$가 4, 5인 경우

$\frac{1}{2} \le f(4) < f(5) \le 2 < f(6)$이어야 하므로

$\frac{1}{2} \le \frac{4}{n} < \frac{10}{n} \le 2 < \frac{18}{n}$

$\therefore 5 \le n \le 8$

(ii) 부등식 ㉠을 만족시키는 정수 $x$가 5, 6인 경우

$f(4) < \frac{1}{2} \le f(5) < f(6) \le 2 < f(7)$이어야 하므로

$\frac{4}{n} < \frac{1}{2} \le \frac{10}{n} < \frac{18}{n} \le 2 < \frac{28}{n}$

$\therefore 9 \le n < 14$

(iii) 부등식 ㉠을 만족시키는 정수 $x$가 6, 7인 경우

$f(5) < \frac{1}{2} \le f(6) < f(7) \le 2 < f(8)$이어야 하므로

$\frac{10}{n} < \frac{1}{2} \le \frac{18}{n} < \frac{28}{n} \le 2 < \frac{40}{n}$

이를 만족시키는 자연수 $n$은 존재하지 않는다.

(i), (ii), (iii)에 의하여 조건을 만족시키는 자연수 $n$의 값은

5, 6, 7, $\cdots$, 13

이때 $g(x)=\log_2 f(x)$에서 밑 2가 $2>1$이므로 $g(5)$의 값은 $f(5)$의 값이 최대일 때 최댓값, $f(5)$의 값이 최소일 때 최솟값을 갖는다.

따라서 $g(5)$의 값은 $n=5$일 때 최대이므로 최댓값은

$M=\log_2 f(5)=\log_2 \left\{\frac{1}{5}\times 5\times(5-3)\right\}=\log_2 2=1$

$g(5)$의 값은 $n=13$일 때 최소이므로 최솟값은

$m=\log_2 f(5)=\log_2 \left\{\frac{1}{13}\times 5\times(5-3)\right\}=\log_2 \frac{10}{13}$

따라서 $2^M=2$, $2^m=\frac{10}{13}$이므로

$2^M \times 2^m = 2\times\frac{10}{13}=\frac{20}{13}$

즉, $p=13$, $q=20$이므로 $p+q=13+20=33$ 답 33

## 086

**전략** **두 곡선 사이의 관계와 두 점을 지나는 직선의 기울기를 이용하여 대소 관계를 파악한다.**

ㄱ. 곡선 $y=\log_2 x$는 곡선 $y=\left(\frac{1}{2}\right)^x$을 직선 $y=x$에 대하여 대칭이동한 후, $x$축에 대하여 대칭이동한 곡선이므로 곡선 $y=\left(\frac{1}{2}\right)^x$ 위의 점 $(x_1, y_1)$은 이 대칭이동에 의하여 곡선 $y=\log_2 x$ 위의 점 $(y_1, -x_1)$로 이동된다.

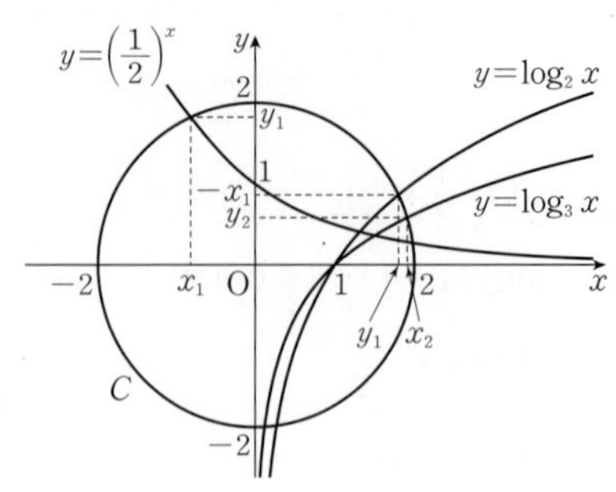


$\therefore x_2>y_1$ (참)

ㄴ. 원점과 점 $(x_2, y_2)$를 지나는 직선을 $l_1$이라 하면 직선 $l_1$의 기울기는 $\frac{y_2}{x_2}$

원점과 점 $(y_1, -x_1)$을 지나는 직선을 $l_2$라 하면 직선 $l_2$의 기울기는 $-\frac{x_1}{y_1}$

직선 $l_1$의 기울기가 직선 $l_2$의 기울기보다 작으므로

$\frac{y_2}{x_2} < -\frac{x_1}{y_1}$ $\therefore \frac{y_2}{x_2}+\frac{x_1}{y_1}<0$

위의 식의 양변에 $x_2y_1$을 곱하면

$x_1x_2+y_1y_2<0$ $(\because x_2y_1>0)$(거짓)

ㄷ. 곡선 $y=\left(\frac{1}{3}\right)^x$은 곡선 $y=\log_3 x$를 직선 $y=x$에 대하여 대칭이동한 후, $y$축에 대하여 대칭이동한 곡선이므로 곡선 $y=\log_3 x$ 위의 점 $(x_2, y_2)$는 이 대칭이동에 의하여 곡선 $y=\left(\frac{1}{3}\right)^x$ 위의 점 $(-y_2, x_2)$로 이동된다.

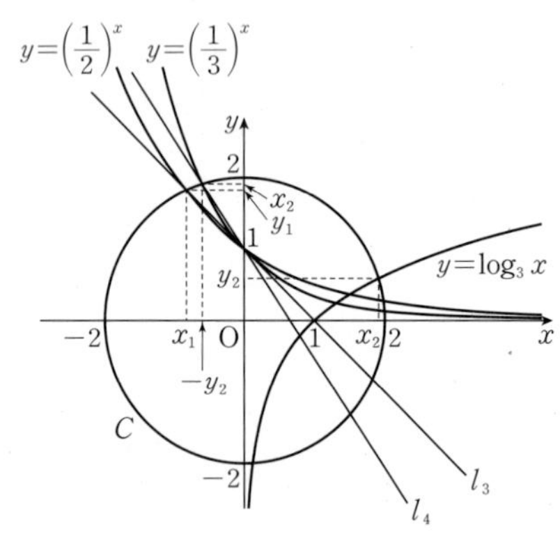


점 $(0, 1)$과 점 $(x_1, y_1)$을 지나는 직선을 $l_3$이라 하면 직선 $l_3$의 기울기는 $\frac{y_1-1}{x_1}$

점 $(0, 1)$과 점 $(-y_2, x_2)$를 지나는 직선을 $l_4$라 하면 직선 $l_4$의 기울기는 $-\frac{x_2-1}{y_2}$

직선 $l_4$의 기울기가 직선 $l_3$의 기울기보다 작으므로

$-\frac{x_2-1}{y_2} < \frac{y_1-1}{x_1}$ $\therefore \frac{x_2-1}{y_2}+\frac{y_1-1}{x_1}>0$

위의 식의 양변에 $x_1y_2$를 곱하면

$x_1(x_2-1)+y_2(y_1-1)<0$ $(\because x_1y_2<0)$ (참)

따라서 옳은 것은 ㄱ, ㄷ이다. 답 ③

# Ⅱ 삼각함수

## step 0 기출에서 뽑은 실전 개념 OX
본문 39쪽

| | | | | |
|---|---|---|---|---|
| 01 × | 02 ○ | 03 ○ | 04 × | 05 × |
| 06 ○ | 07 × | 08 ○ | 09 ○ | 10 × |

## step 1 3점·4점 유형 정복하기
(어려운 3점 · 쉬운 4점)
본문 40~51쪽

### 087

마름모 AOBO′에서 $\angle \mathrm{AO'B}=\angle \mathrm{AOB}=\frac{5}{6}\pi$

원 $O'$에서 중심각의 크기가 $\frac{7}{6}\pi$인 부채꼴 AO′B의 넓이를 $T_1$,

원 $O$에서 중심각의 크기가 $\frac{5}{6}\pi$인 부채꼴 AOB의 넓이를 $T_2$라 하면

$T_1=\frac{1}{2}\times 3^2\times\frac{7}{6}\pi=\frac{21}{4}\pi$, $T_2=\frac{1}{2}\times 3^2\times\frac{5}{6}\pi=\frac{15}{4}\pi$

이때 $S_1=T_1+S_2-T_2$이므로

$S_1-S_2=T_1-T_2=\frac{21}{4}\pi-\frac{15}{4}\pi=\frac{3}{2}\pi$ 답 ④

### 088

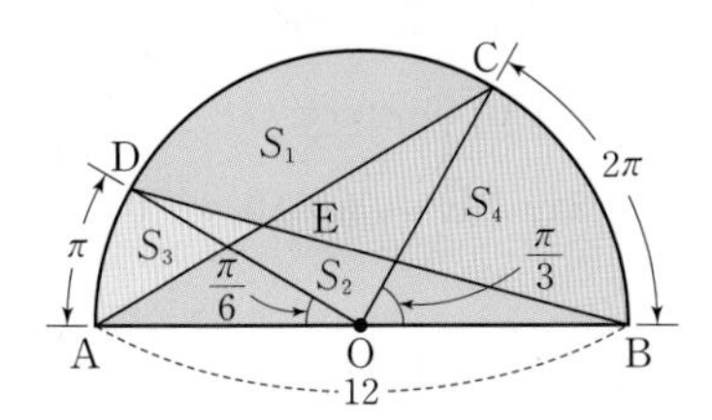


위의 그림과 같이 선분 AB의 중점을 O, 두 선분 ED, EA와 호 DA로 둘러싸인 부분의 넓이를 $S_3$, 두 선분 EC, EB와 호 CB로 둘러싸인 부분의 넓이를 $S_4$라 하자.

$S_1+S_2+S_3+S_4$의 값은 반지름의 길이가 6인 반원의 넓이와 같으므로

$S_1+S_2+S_3+S_4=\frac{1}{2}\times 6^2\times\pi=18\pi$ ······ ㉠

한편, $\angle \mathrm{COB}=\theta_1$, $\angle \mathrm{AOD}=\theta_2$라 하면 호 BC와 호 AD의 길이가 각각 $2\pi$, $\pi$이므로

$6\theta_1=2\pi$에서 $\theta_1=\frac{\pi}{3}$

$6\theta_2=\pi$에서 $\theta_2=\frac{\pi}{6}$

이때 $S_2+S_3$의 값은 삼각형 OBD의 넓이와 부채꼴 AOD의 넓이의 합과 같으므로

$S_2+S_3=\frac{1}{2}\times 6^2\times\sin\left(\pi-\frac{\pi}{6}\right)+\frac{1}{2}\times 6\times\pi=9+3\pi$ ······ ㉡

또, $S_2+S_4$의 값은 삼각형 OCA의 넓이와 부채꼴 BOC의 넓이의 합과 같으므로

$S_2+S_4=\frac{1}{2}\times 6^2\times\sin\left(\pi-\frac{\pi}{3}\right)+\frac{1}{2}\times 6\times 2\pi=9\sqrt{3}+6\pi$ ······ ㉢

㉠, ㉡, ㉢에 의하여

$$\begin{aligned}S_1-S_2&=(S_1+S_2+S_3+S_4)-\{(S_2+S_3)+(S_2+S_4)\}\\&=18\pi-\{(9+3\pi)+(9\sqrt{3}+6\pi)\}\\&=9(\pi-\sqrt{3}-1)\end{aligned}$$

따라서 $a=1$, $b=1$, $c=1$이므로

$a+b+c=3$ 답 3

### 089

원 $C$가 선분 OA, 호 AB, 선분 OB와 만나는 점을 각각 P, Q, R라 하고

원 $C$의 중심을 C라 하면

$\overline{\mathrm{CP}}=\overline{\mathrm{CQ}}=\overline{\mathrm{CR}}=2$

$\overline{\mathrm{OQ}}=6$에서 $\overline{\mathrm{OQ}}$는 원의 중심 C를 지나므로

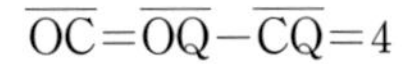

$\overline{\mathrm{OC}}=\overline{\mathrm{OQ}}-\overline{\mathrm{CQ}}=4$

또한, 두 직각삼각형 OPC와 ORC는 합동이므로

$\angle \mathrm{COP}=\angle \mathrm{COR}$

이때 $\angle \mathrm{COP}=\angle \mathrm{COR}=\theta\left(0<\theta<\frac{\pi}{2}\right)$라 하면 삼각형 OPC에서

$\sin\theta=\frac{\overline{\mathrm{CP}}}{\overline{\mathrm{OC}}}=\frac{2}{4}=\frac{1}{2}$이므로

$\theta=\frac{\pi}{6}$

따라서 $\angle \mathrm{BOA}=2\theta=\frac{\pi}{3}$이므로 호 AB의 길이는

$6\times\frac{\pi}{3}=2\pi$ 답 ③

### 090

$\overline{\mathrm{PB}}=r_1$, $\overline{\mathrm{QC}}=r_2$라 하면 구하는 값은 $r_1r_2$의 최댓값이다.

이때 부채꼴 PBF의 넓이는

$\frac{1}{2}\times r_1\times 5=\frac{5}{2}r_1$

또, 부채꼴 QEC의 넓이는

$\frac{1}{2}\times r_2\times 4=2r_2$

조건 (나)에서 부채꼴 PBF의 넓이와 부채꼴 QEC의 넓이의 합이 20이므로

$\frac{5}{2}r_1+2r_2=20$

산술평균과 기하평균의 관계에 의하여

$\frac{5}{2}r_1+2r_2\geq 2\sqrt{\frac{5}{2}r_1\times 2r_2}$ $\left(\text{단, 등호는 }\frac{5}{2}r_1=2r_2\text{일 때 성립}\right)$

즉, $20 \geq 2\sqrt{5r_1r_2}$에서

$\sqrt{5r_1r_2} \leq 10$, $5r_1r_2 \leq 100$

$\therefore r_1r_2 \leq 20$

따라서 $\overline{PB} \times \overline{QC}$의 최댓값은 20이다. 답 20

## 091

점 P의 좌표를 $(a, b)$ $(a>0, b>0)$라 하면

$Q(b, a)$, $R(-b, -a)$

$\sin \alpha = \frac{1}{3}$에서 $\frac{b}{\sqrt{a^2+b^2}} = \frac{1}{3}$

$3b = \sqrt{a^2+b^2}$, $9b^2 = a^2+b^2$

$\therefore a^2 = 8b^2$ ······ ㉠

$$\therefore \sin^2 \beta + \tan^2 \gamma = \left(\frac{a}{\sqrt{b^2+a^2}}\right)^2 + \left(\frac{-a}{-b}\right)^2$$

$$= \frac{a^2}{a^2+b^2} + \frac{a^2}{b^2}$$

$$= \frac{8b^2}{8b^2+b^2} + \frac{8b^2}{b^2} \ (\because ㉠)$$

$$= \frac{8}{9} + 8 = \frac{80}{9}$$

$\therefore 9(\sin^2 \beta + \tan^2 \gamma) = 9 \times \frac{80}{9} = 80$ 답 80

**참고 점 $(x, y)$의 대칭이동**

(1) $x$축에 대하여 대칭이동한 점의 좌표는 $(x, -y)$

(2) $y$축에 대하여 대칭이동한 점의 좌표는 $(-x, y)$

(3) 원점에 대하여 대칭이동한 점의 좌표는 $(-x, -y)$

(4) 직선 $y=x$에 대하여 대칭이동한 점의 좌표는 $(y, x)$

(5) 직선 $y=-x$에 대하여 대칭이동한 점의 좌표는 $(-y, -x)$

## 092

점 P의 좌표를 $(a, b)$ $(a>0, b>0)$라 하면

$Q(-b, -a)$

두 점 R, S는 점 Q를 각각 $x$축, $y$축에 대하여 대칭이동한 점이므로

$R(-b, a)$, $S(b, -a)$

$\therefore \sin \alpha = -\frac{a}{\sqrt{a^2+b^2}}$, $\sin \beta = \frac{a}{\sqrt{a^2+b^2}}$, $\sin \gamma = -\frac{a}{\sqrt{a^2+b^2}}$

이때 $\sin \alpha + 2\sin \beta + 3\sin \gamma = -\frac{\sqrt{15}}{2}$에서

$$-\frac{a}{\sqrt{a^2+b^2}} + \frac{2a}{\sqrt{a^2+b^2}} - \frac{3a}{\sqrt{a^2+b^2}} = -\frac{\sqrt{15}}{2}$$

$$-\frac{2a}{\sqrt{a^2+b^2}} = -\frac{\sqrt{15}}{2}$$

$4a = \sqrt{15(a^2+b^2)}$

$16a^2 = 15a^2 + 15b^2$ $\quad \therefore a^2 = 15b^2$

$$\therefore \sin \theta = \frac{b}{\sqrt{a^2+b^2}} = \frac{b}{\sqrt{16b^2}} = \frac{b}{4b} = \frac{1}{4} \ (\because b>0)$$

$\therefore 20\sin \theta = 20 \times \frac{1}{4} = 5$ 답 5

**다른 풀이** 오른쪽 그림과 같이 네 동경 OP, OQ, OR, OS가 나타내는 각 $\theta$, $\alpha$, $\beta$, $\gamma$에 대하여

$\alpha = \frac{3}{2}\pi - \theta$, $\beta = \frac{\pi}{2} + \theta$, $\gamma = \frac{3}{2}\pi + \theta$

이때 $0 < \theta < \frac{\pi}{2}$이므로

$\sin \alpha = \sin\left(\frac{3}{2}\pi - \theta\right) = -\cos \theta$

$\sin \beta = \sin\left(\frac{\pi}{2} + \theta\right) = \cos \theta$

$\sin \gamma = \sin\left(\frac{3}{2}\pi + \theta\right) = -\cos \theta$

이때 $\sin \alpha + 2\sin \beta + 3\sin \gamma = -\frac{\sqrt{15}}{2}$에서

$-\cos \theta + 2\cos \theta - 3\cos \theta = -2\cos \theta = -\frac{\sqrt{15}}{2}$

즉, $\cos \theta = \frac{\sqrt{15}}{4}$이므로

$$\sin \theta = \sqrt{1 - \left(\frac{\sqrt{15}}{4}\right)^2} = \frac{1}{4} \ \left(\because 0 < \theta < \frac{\pi}{2}\right)$$

## 093

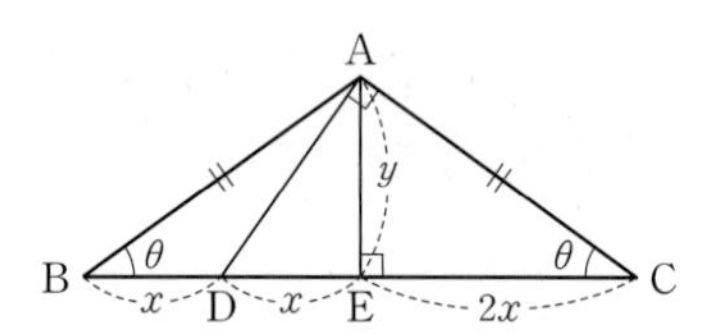


$\overline{BE} : \overline{EC} = 1 : 1$이므로 선분 AE는 변 BC의 수직이등분선이다.

즉, 삼각형 AEC는 $\angle AEC = \frac{\pi}{2}$인 직각삼각형이다.

한편, $\overline{BD} : \overline{DE} : \overline{EC} = 1 : 1 : 2$이므로

$\overline{BD} = \overline{DE} = x$, $\overline{EC} = 2x$, $\overline{AE} = y$ $(x>0, y>0)$

로 놓을 수 있다.

이때 삼각형 AEC와 삼각형 DEA에서

$\angle ACE = \frac{\pi}{2} - \angle CAE = \angle DAE$, $\angle AEC = \angle DEA = \frac{\pi}{2}$

이므로

$\triangle AEC \backsim \triangle DEA$ (AA 닮음)

$\therefore \overline{AE} : \overline{DE} = \overline{EC} : \overline{EA}$

즉, $y : x = 2x : y$에서

$y^2 = 2x^2$ ······ ㉠

따라서 삼각형 AEC에서

$\sin \theta = \frac{\overline{AE}}{\overline{AC}} = \frac{y}{\sqrt{4x^2+y^2}}$

$\tan \theta = \frac{y}{2x}$

$$\therefore 3\sin^2 \theta + 2\tan^2 \theta = 3 \times \frac{y^2}{4x^2+y^2} + 2 \times \frac{y^2}{4x^2}$$

$$= 3 \times \frac{2x^2}{6x^2} + 2 \times \frac{2x^2}{4x^2} \ (\because ㉠)$$

$$= 3 \times \frac{1}{3} + 2 \times \frac{1}{2} = 2$$

답 2

## 094

$\pi<\theta<\frac{3}{2}\pi$에서 $\tan\theta>0$

$\tan\theta-\frac{6}{\tan\theta}=1$에서

$\tan^2\theta-\tan\theta-6=0$, $(\tan\theta+2)(\tan\theta-3)=0$

$\therefore \tan\theta=3$ ($\because \tan\theta>0$)

즉, $\frac{\sin\theta}{\cos\theta}=3$이므로 $\sin\theta=3\cos\theta$ ...... ㉠

㉠을 $\sin^2\theta+\cos^2\theta=1$에 대입하면

$9\cos^2\theta+\cos^2\theta=1$

$\cos^2\theta=\frac{1}{10}$

$\therefore \cos\theta=-\frac{1}{\sqrt{10}}$, $\sin\theta=-\frac{3}{\sqrt{10}}$ $\left(\because \pi<\theta<\frac{3}{2}\pi\right)$

$\therefore \sin\theta+\cos\theta=-\frac{3}{\sqrt{10}}+\left(-\frac{1}{\sqrt{10}}\right)=-\frac{2\sqrt{10}}{5}$

답 ①

## 095

$$\frac{\sin^2\theta}{1+\tan^2\theta}=\frac{\sin^2\theta}{1+\frac{\sin^2\theta}{\cos^2\theta}}=\frac{\cos^2\theta\sin^2\theta}{\cos^2\theta+\sin^2\theta}$$

$$=\cos^2\theta\sin^2\theta=\frac{1}{16}$$

이때 $\frac{\pi}{2}<\theta<\pi$에서 $\cos\theta<0$, $\sin\theta>0$이므로

$\cos\theta\sin\theta=-\frac{1}{4}$

또한, $\cos\theta(1-\tan\theta)=\cos\theta\left(1-\frac{\sin\theta}{\cos\theta}\right)=\cos\theta-\sin\theta$이고,

$(\cos\theta-\sin\theta)^2=\cos^2\theta-2\cos\theta\sin\theta+\sin^2\theta$

$=1-2\times\left(-\frac{1}{4}\right)=\frac{3}{2}$

$\cos\theta-\sin\theta<0$이므로

$\cos\theta\,(1-\tan\theta)=\cos\theta-\sin\theta$

$=-\sqrt{\frac{3}{2}}=-\frac{\sqrt{6}}{2}$

답 ①

## 096

이차방정식 $x^2-kx-\frac{k^2}{2}=0$의 두 근이 $\sin\theta$, $\cos\theta$이므로 이차방정식의 근과 계수의 관계에 의하여

$\sin\theta+\cos\theta=k$, $\sin\theta\cos\theta=-\frac{k^2}{2}$

이때

$\sin^2\theta+\cos^2\theta=(\sin\theta+\cos\theta)^2-2\sin\theta\cos\theta$

$=k^2-2\times\left(-\frac{k^2}{2}\right)$

$=2k^2=1$

이므로 $k^2=\frac{1}{2}$

$\therefore \sin\theta\cos\theta=-\frac{k^2}{2}=-\frac{1}{4}$

$\therefore (\sin\theta-\cos\theta)^2=\sin^2\theta-2\sin\theta\cos\theta+\cos^2\theta$

$=1-2\times\left(-\frac{1}{4}\right)$

$=\frac{3}{2}$

한편, $\frac{3}{2}\pi<\theta<2\pi$에서 $\sin\theta<0$, $\cos\theta>0$이므로

$\sin\theta-\cos\theta<0$ ...... ㉠

$\therefore \sin\theta-\cos\theta=-\frac{\sqrt{6}}{2}$ ($\because$ ㉠)

$\therefore k^2+\sin\theta-\cos\theta=\frac{1}{2}+\left(-\frac{\sqrt{6}}{2}\right)$

$=\frac{1-\sqrt{6}}{2}$

답 ⑤

## 097

$\cos^2\theta=t$로 놓으면 $0<t<1$이고

$$\frac{5\tan^2\theta+7}{\tan^2\theta+1}+\frac{16}{5-2\sin^2\theta}=\frac{5\times\frac{\sin^2\theta}{\cos^2\theta}+7}{\frac{\sin^2\theta}{\cos^2\theta}+1}+\frac{16}{5-2(1-\cos^2\theta)}$$

$$=5\sin^2\theta+7\cos^2\theta+\frac{16}{2\cos^2\theta+3}$$

$$=2\cos^2\theta+5+\frac{16}{2\cos^2\theta+3}$$

$$=\boxed{2t+5}+\frac{16}{2t+3}$$

이때 $0<t<1$에서 $3<2t+3<5$이고

$\boxed{2t+5}+\frac{16}{2t+3}=2+(2t+3)+\frac{16}{2t+3}$

산술평균과 기하평균의 관계에 의하여

$(2t+3)+\frac{16}{2t+3}\ge 2\sqrt{(2t+3)\times\frac{16}{2t+3}}=8$

이므로

$\boxed{2t+5}+\frac{16}{2t+3}=2+(2t+3)+\frac{16}{2t+3}\ge 10$

$\left(\text{단, 등호는 } 2t+3=\frac{16}{2t+3}\text{일 때, 즉 } t=\boxed{\frac{1}{2}}\text{일 때 성립한다.}\right)$

이다.

$t=\cos^2\theta=\frac{1}{2}$에서 $0<\theta<\frac{\pi}{2}$이므로

$\cos\theta=\frac{\sqrt{2}}{2}$

$\therefore \theta=\frac{\pi}{4}$

따라서 $\frac{5\tan^2\theta+7}{\tan^2\theta+1}+\frac{16}{5-2\sin^2\theta}$은 $\theta=\boxed{\frac{\pi}{4}}$에서 최솟값 10을 갖는다.

즉, $f(t)=2t+5$, $a=\frac{1}{2}$, $b=\frac{\pi}{4}$이므로

$f(a)+2\sin\left(2b-\frac{\pi}{3}\right)=f\left(\frac{1}{2}\right)+2\sin\left(2\times\frac{\pi}{4}-\frac{\pi}{3}\right)$

$=\left(2\times\frac{1}{2}+5\right)+2\sin\frac{\pi}{6}=7$

답 7

## 098

함수 $f(x)$의 주기는 $\frac{2\pi}{a}$ ($\because a>0$)

함수 $g(x)$의 주기는 $\frac{\pi}{3}$

두 함수 $f(x)$, $g(x)$의 주기가 서로 같으므로

$\frac{2\pi}{a}=\frac{\pi}{3}$ $\quad\therefore a=6$

답 ②

## 099

ㄱ. 함수 $y=a|\cos(bx+1)|+c$의 주기는 $\frac{\pi}{|b|}$이므로

$\frac{\pi}{|b|}=\frac{\pi}{2}$, $|b|=2$

$\therefore b^2=4$ (참)

ㄴ. $a=0$이면 $y=c$이므로 주어진 조건을 만족시키지 않는다.

$\therefore a\neq 0$

(i) $a>0$일 때

$0\le|\cos(bx+1)|\le 1$이므로

$c\le a|\cos(bx+1)|+c\le a+c$

따라서 최댓값 $M=a+c$, 최솟값 $m=c$이므로

$M-m=(a+c)-c=4$에서

$a=4$

(ii) $a<0$일 때

$0\le|\cos(bx+1)|\le 1$이므로

$a+c\le a|\cos(bx+1)|+c\le c$

따라서 최댓값 $M=c$, 최솟값 $m=a+c$이므로

$M-m=c-(a+c)=4$에서

$a=-4$

(i), (ii)에 의하여

$a=4$ 또는 $a=-4$ (거짓)

ㄷ. ㄴ에서 $Mm=(a+c)c=ac+c^2$

(i) $a=4$일 때

$Mm=4c+c^2=-4$에서

$c^2+4c+4=0$

$(c+2)^2=0$ $\quad\therefore c=-2$

(ii) $a=-4$일 때

$Mm=-4c+c^2=4$에서

$c^2-4c+4=0$

$(c-2)^2=0$ $\quad\therefore c=2$

(i), (ii)에 의하여

$c=-2$ 또는 $c=2$

따라서 모든 실수 $c$의 값의 합은

$(-2)+2=0$ (참)

따라서 옳은 것은 ㄱ, ㄷ이다.

답 ③

**참고** 함수 $y=|\cos x|$의 주기는 $\pi$이므로 함수 $y=|\cos ax|$의 주기는 $\frac{\pi}{|a|}$이다.

## 100

$0<x<\frac{2}{3}\pi$에서 $-\frac{1}{2}<\cos x<1$이므로

$\frac{1}{2}<\cos x+1<2$, $\frac{\pi}{4}<\frac{\pi}{2}(\cos x+1)<\pi$

$\therefore \frac{\pi}{4}<g(x)<\pi$

$g(x)=t$로 놓으면 $\frac{\pi}{4}<t<\pi$이고

$(f\circ g)(x)=f(t)=\cos^2\left(t-\frac{\pi}{4}\right)+\sin\left(t-\frac{\pi}{4}\right)$

또, $t-\frac{\pi}{4}=k$로 놓으면 $0<k<\frac{3}{4}\pi$이고

$(f\circ g)(x)=\cos^2 k+\sin k=1-\sin^2 k+\sin k$

이때 $\sin k=\alpha$로 놓으면 $0<\alpha\le 1$이고

$(f\circ g)(x)=1-\alpha^2+\alpha$

$=-\left(\alpha-\frac{1}{2}\right)^2+\frac{5}{4}$

따라서 함수 $(f\circ g)(x)$는 $\alpha=\frac{1}{2}$일 때 최댓값 $\frac{5}{4}$, $\alpha=1$일 때 최솟값 1을 가지므로

$M=\frac{5}{4}$, $m=1$

$\therefore M+m=\frac{9}{4}$

답 ②

## 101

$\sin x=t$ $(-1\le t\le 1)$로 놓으면

$y=\frac{a\sin x+b}{\sin x+2}=\frac{at+b}{t+2}$

$=\frac{a(t+2)-2a+b}{t+2}$

$=\frac{b-2a}{t+2}+a$

이때 $f(t)=\frac{b-2a}{t+2}+a$로 놓으면 함수 $y=f(t)$의 그래프의 점근선의 방정식은 $t=-2$, $y=a$

또, $b-2a<0$이므로 $-1\le t\le 1$에서 함수 $y=f(t)$의 그래프는 오른쪽 그림과 같다.



따라서 함수 $y=f(t)$는 $t=1$일 때 최댓값 $\frac{a+b}{3}$를 가지므로

$\frac{a+b}{3}=3$ $\quad\therefore b=9-a$ $\quad\cdots\cdots$ ㉠

㉠을 $b<2a$에 대입하면

$9-a<2a$ $\quad\therefore a>3$

따라서 자연수 $a$, $b$의 순서쌍 $(a, b)$는

$(4, 5)$, $(5, 4)$, $(6, 3)$, $(7, 2)$, $(8, 1)$

의 5개이다.

답 ②

## 102

함수 $f(x)=\tan\frac{\pi x}{a}$의 주기는 $\frac{\pi}{\frac{\pi}{a}}=a$이므로

$\overline{AC}=a$

이때 삼각형 ABC는 정삼각형이므로

$\overline{AB}=\overline{AC}=a$, $\angle BAC=\frac{\pi}{3}$

또, $-\frac{a}{2}<x<\frac{a}{2}$에서 함수 $y=f(x)$의 그래프는 원점에 대하여 대칭이므로

$\overline{OA}=\overline{OB}=\frac{1}{2}\overline{AB}=\frac{a}{2}$

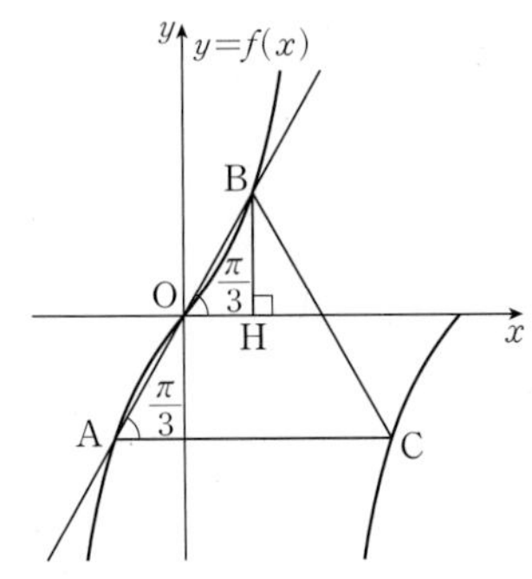


위의 그림과 같이 점 B에서 $x$축에 내린 수선의 발을 H라 하면 직각삼각형 BOH에서 $\angle BOH=\angle BAC=\frac{\pi}{3}$이므로

$\overline{OH}=\overline{OB}\cos\frac{\pi}{3}=\frac{a}{2}\times\frac{1}{2}=\frac{a}{4}$

이때 $f\left(\frac{a}{4}\right)=\tan\frac{\pi}{4}=1$이므로

$\overline{BH}=\overline{OB}\sin\frac{\pi}{3}=\frac{a}{2}\times\frac{\sqrt{3}}{2}=\frac{\sqrt{3}}{4}a$

에서 $\frac{\sqrt{3}}{4}a=1$

$a=\frac{4\sqrt{3}}{3}$ $\qquad \therefore a^2=\frac{16}{3}$

따라서 삼각형 ABC의 넓이는

$\frac{\sqrt{3}}{4}a^2=\frac{\sqrt{3}}{4}\times\frac{16}{3}=\frac{4\sqrt{3}}{3}$ 답 ③

**다른 풀이** 함수 $f(x)=\tan\frac{\pi x}{a}$의 주기는

$\frac{\pi}{\frac{\pi}{a}}=a$

이때 삼각형 ABC는 정삼각형이므로

$\angle BAC=\frac{\pi}{3}$, $\overline{AB}=\overline{BC}=\overline{CA}=a$

따라서 직선 AB는 원점을 지나고 기울기가 $\tan\frac{\pi}{3}=\sqrt{3}$인 직선이다.

즉, 양수 $t$에 대하여 $B(t, \sqrt{3}t)$로 놓으면 점 A는 점 B를 원점에 대하여 대칭이동한 점이므로

$A(-t, -\sqrt{3}t)$

$\therefore \overline{AB}=\sqrt{\{t-(-t)\}^2+\{\sqrt{3}t-(-\sqrt{3}t)\}^2}$
$=4t$

즉, $4t=a$이므로 점 C의 좌표는

$(-t+a, -\sqrt{3}t)$, 즉 $(3t, -\sqrt{3}t)$

이때 점 C는 곡선 $y=\tan\frac{\pi x}{a}=\tan\frac{\pi x}{4t}$ 위의 점이므로

$-\sqrt{3}t=\tan\frac{3}{4}\pi$, $-\sqrt{3}t=-1$

$\therefore t=\frac{\sqrt{3}}{3}$

따라서 삼각형 ABC의 넓이는

$\frac{\sqrt{3}}{4}a^2=\frac{\sqrt{3}}{4}\times(4t)^2=\frac{\sqrt{3}}{4}\times\left(\frac{4\sqrt{3}}{3}\right)^2=\frac{4\sqrt{3}}{3}$

**참고** 한 변의 길이가 $a$인 정삼각형의 넓이 $S$는

$S=\frac{\sqrt{3}}{4}a^2$

## 103

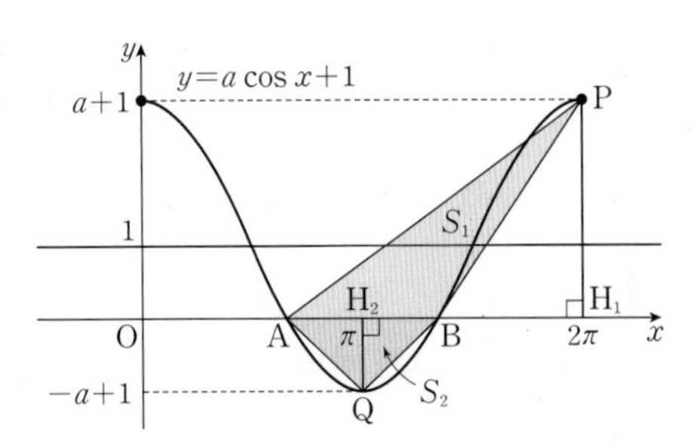


삼각형 ABP의 넓이가 최대가 될 때는 점 P의 $y$좌표가 $a+1$일 때이고, 삼각형 ABQ의 넓이가 최대가 될 때는 점 Q의 $y$좌표가 $-a+1$일 때이다.

두 점 P, Q에서 $x$축에 내린 수선의 발을 각각 $H_1$, $H_2$라 하면

$S_1=\frac{1}{2}\times\overline{AB}\times\overline{PH_1}$, $S_2=\frac{1}{2}\times\overline{AB}\times\overline{QH_2}$

$\therefore \frac{S_1}{S_2}=\frac{\overline{PH_1}}{\overline{QH_2}}=\frac{a+1}{a-1}$

즉, $\frac{a+1}{a-1}=3$이므로

$a+1=3a-3$ $\qquad \therefore a=2$

즉, 곡선 $y=2\cos x+1$이 $x$축과 만나는 점의 $x$좌표는

$2\cos x+1=0$에서

$\cos x=-\frac{1}{2}$ $\qquad \therefore x=\frac{2}{3}\pi$ 또는 $x=\frac{4}{3}\pi$ ($\because 0\le x\le 2\pi$)

$\therefore \overline{AB}=\frac{4}{3}\pi-\frac{2}{3}\pi=\frac{2}{3}\pi$

이때 $\overline{PH_1}=a+1=3$, $\overline{PH_2}=a-1=1$이므로

$S_1=\frac{1}{2}\times\overline{AB}\times\overline{PH_1}=\frac{1}{2}\times\frac{2}{3}\pi\times3=\pi$

$S_2=\frac{1}{2}\times\overline{AB}\times\overline{QH_2}=\frac{1}{2}\times\frac{2}{3}\pi\times1=\frac{\pi}{3}$

$\therefore \frac{S_1+3S_2}{\pi}=\frac{\pi+\pi}{\pi}=2$ 답 2

## 104

$\sqrt{6}\sin a\pi x=\sqrt{3}\tan a\pi x$에서

$\sqrt{2}\sin a\pi x=\frac{\sin a\pi x}{\cos a\pi x}$

$\sqrt{2}\sin a\pi x \times \cos a\pi x = \sin a\pi x$

$\sin a\pi x(\sqrt{2}\cos a\pi x - 1) = 0$

$\sin a\pi x = 0$ 또는 $\cos a\pi x = \frac{\sqrt{2}}{2}$

$\therefore x = \frac{1}{4a}$ 또는 $x = \frac{1}{a}$ 또는 $x = \frac{7}{4a}$ 또는 $x = \frac{2}{a}$ 또는 $x = \frac{9}{4a}$

$\left(\because 0 < x < \frac{3}{a}\right)$

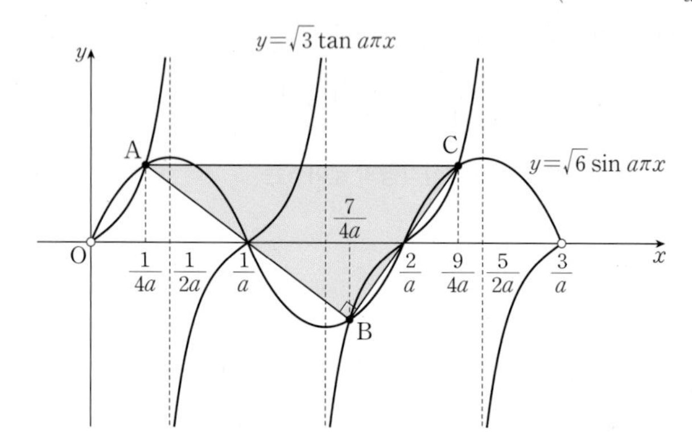


이때 두 점 A, C는 제1사분면에 있는 점이고, 점 B는 제4사분면에 있는 점이므로 세 점 A, B, C의 $x$좌표는 차례대로 $\frac{1}{4a}$, $\frac{7}{4a}$, $\frac{9}{4a}$이다.

$y = \sqrt{6}\sin a\pi x$에 $x = \frac{1}{4a}$을 대입하면 $y = \sqrt{3}$이므로

$A\left(\frac{1}{4a}, \sqrt{3}\right)$

함수 $y = \sqrt{6}\sin a\pi x$의 주기는 $\frac{2\pi}{a\pi} = \frac{2}{a}$이고, 함수 $y = \sqrt{3}\tan a\pi x$의 주기는 $\frac{\pi}{a\pi} = \frac{1}{a}$이므로 두 점 A, C의 $y$좌표는 같고, 두 점 B, C는 점 $\left(\frac{2}{a}, 0\right)$에 대하여 대칭이다.

즉, 두 점 B, C의 좌표는 각각

$B\left(\frac{7}{4a}, -\sqrt{3}\right)$, $C\left(\frac{9}{4a}, \sqrt{3}\right)$

따라서 직선 AB의 기울기는

$\frac{-\sqrt{3}-\sqrt{3}}{\frac{7}{4a}-\frac{1}{4a}} = -\frac{4a\sqrt{3}}{3}$

이고, 직선 BC의 기울기는

$\frac{\sqrt{3}-(-\sqrt{3})}{\frac{9}{4a}-\frac{7}{4a}} = 4a\sqrt{3}$

이때 직선 AB와 직선 BC가 서로 수직이므로

$-\frac{4a\sqrt{3}}{3} \times 4a\sqrt{3} = -1$

$16a^2 = 1$

$\therefore a = \frac{1}{4}$ $(\because a > 0)$

따라서 $A(1, \sqrt{3})$, $B(7, -\sqrt{3})$, $C(9, \sqrt{3})$이므로 삼각형 ABC의 넓이 $S$는

$S = \frac{1}{2} \times 8 \times 2\sqrt{3} = 8\sqrt{3}$

$\therefore S^2 = 192$

답 192

## 105

함수 $y = a\sin b\pi x$의 주기는 $\frac{2\pi}{b\pi} = \frac{2}{b}$이므로 $x = \frac{1}{2b}$, $x = \frac{5}{2b}$에서 최댓값 $a$, $x = \frac{3}{2b}$에서 최솟값 $-a$를 갖는다.

따라서 세 점 A, B, C의 좌표는

$A\left(\frac{1}{2b}, a\right)$, $B\left(\frac{5}{2b}, a\right)$, $C\left(\frac{3}{2b}, -a\right)$

이때 $\overline{AC} \perp \overline{BC}$이므로

$\frac{-a-a}{\frac{3}{2b}-\frac{1}{2b}} \times \frac{a-(-a)}{\frac{5}{2b}-\frac{3}{2b}} = -1$, $-2ab \times 2ab = -1$

$a^2 = \frac{1}{4b^2}$ $\quad \therefore a = \frac{1}{2b}$ $(\because a > 0, b > 0)$ …… ㉠

또, 삼각형 ABC의 넓이가 $\frac{25}{4}$이므로

$\frac{1}{2} \times \left(\frac{5}{2b} - \frac{1}{2b}\right) \times \{a - (-a)\} = \frac{25}{4}$

$\therefore \frac{a}{b} = \frac{25}{8}$ …… ㉡

㉠, ㉡을 연립하여 풀면 $a = \frac{5}{4}$, $b = \frac{2}{5}$ $(\because a > 0, b > 0)$

$\therefore 20(a+b) = 20 \times \left(\frac{5}{4} + \frac{2}{5}\right) = 33$

답 33

## 106

함수 $y = a\sin 3x + b$의 그래프의 주기가 $\frac{2}{3}\pi$이고 최댓값은 $a+b$, 최솟값은 $-a+b$이므로 $0 \le x \le 2\pi$에서 함수 $y = a\sin 3x + b$의 그래프는 다음 그림과 같다.

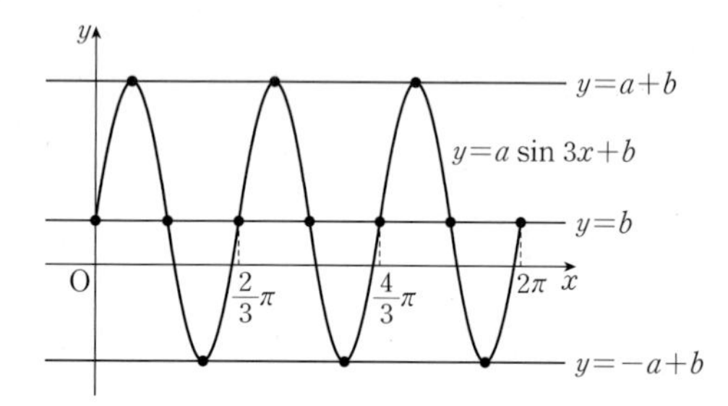


함수 $y = a\sin 3x + b$의 그래프가 직선 $y = a+b$ 또는 $y = -a+b$와 만나는 점의 개수는 각각 3이고 직선 $y = b$와 만나는 점의 개수는 7이다.

따라서 함수 $y = a\sin 3x + b$의 그래프가 직선 $y = 2$와 만나는 점의 개수가 7이려면

$b = 2$

또, 직선 $y = 9$와 만나는 점의 개수가 3이려면

$-a+2 = 9$ 또는 $a+2 = 9$

$\therefore a = 7$ $(\because a > 0)$

$\therefore a \times b = 14$

답 14

## 107

곡선 $y = 2\sin 2x$는 주기가 $\frac{2\pi}{2} = \pi$이고 최댓값이 2, 최솟값이 $-2$이다.

또, 곡선 $y=\cos 3x+1$은 주기가 $\frac{2}{3}\pi$이고 최댓값이 2, 최솟값이 0이다.

따라서 $0\le x\le 2\pi$에서 두 곡선 $y=2\sin 2x$, $y=\cos 3x+1$은 다음 그림과 같다.

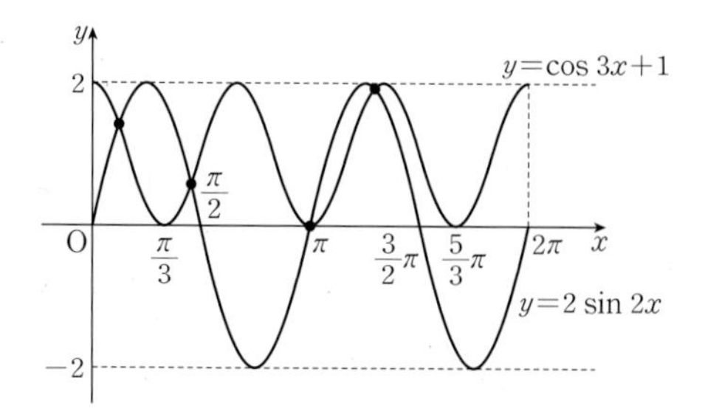


따라서 두 곡선의 교점의 개수는 4이다. 답 ②

## 108

$f(x)=\cos\left(2x+\frac{\pi}{3}\right)=\cos 2\left(x+\frac{\pi}{6}\right)$로 놓으면 함수 $y=f(x)$의 그래프는 $y=\cos 2x$의 그래프를 $x$축의 방향으로 $-\frac{\pi}{6}$만큼 평행이동한 것이고, 주기가 $\pi$이므로 다음 그림과 같다.

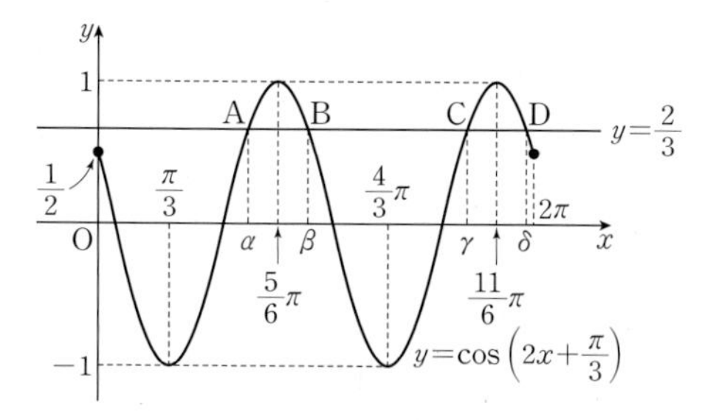


함수 $y=f(x)$의 그래프와 직선 $y=\frac{2}{3}$가 만나는 점을 A, B, C, D라 하고 네 점 A, B, C, D의 $x$좌표 $\alpha$, $\beta$, $\gamma$, $\delta$에 대하여
$\alpha<\beta<\gamma<\delta$라 하면

점 A와 점 B는 직선 $x=\frac{5}{6}\pi$에 대하여 대칭이므로

$\frac{\alpha+\beta}{2}=\frac{5}{6}\pi \qquad \therefore \alpha+\beta=\frac{5}{3}\pi$

점 C와 점 D는 직선 $x=\frac{11}{6}\pi$에 대하여 대칭이므로

$\frac{\gamma+\delta}{2}=\frac{11}{6}\pi \qquad \therefore \gamma+\delta=\frac{11}{3}\pi$

따라서 $\alpha+\beta+\gamma+\delta=\frac{5}{3}\pi+\frac{11}{3}\pi=\frac{16}{3}\pi$이므로

$$\cos(\alpha+\beta+\gamma+\delta)=\cos\frac{16}{3}\pi=\cos\frac{4}{3}\pi$$
$$=-\frac{1}{2}$$

답 ②

## 109

곡선 $y=\sin(n\pi x)$의 주기는 $\frac{2\pi}{n\pi}=\frac{2}{n}$이므로

$n$의 값에 따른 직선 $y=x$와 곡선 $y=\sin(n\pi x)$는 다음 그림과 같다.

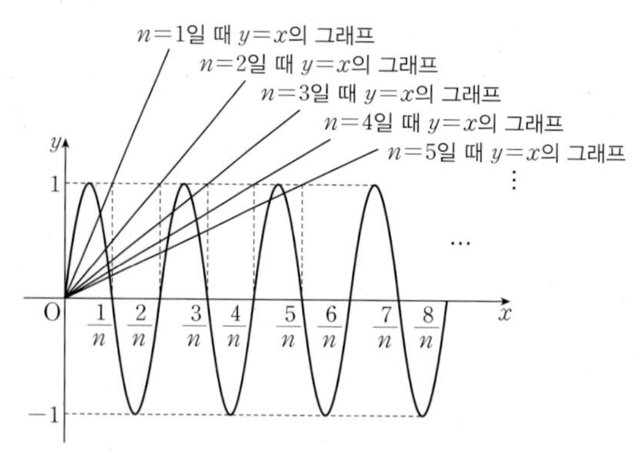


$n=1$, 2일 때 교점의 개수는 2

$n=3$, 4일 때 교점의 개수는 4

$n=5$, 6일 때 교점의 개수는 6

⋮

$n=2k-1$, $2k$ ($k$는 자연수)일 때 교점의 개수는 $2k$

따라서 $0\le x\le 2$에서 직선 $y=x$와 곡선 $y=\sin(n\pi x)$가 만나는 점의 개수가 4가 되도록 하는 모든 자연수 $n$의 값의 합은

$3+4=7$

답 7

## 110

$\sin\left(\frac{\pi}{2}+\theta\right)=\cos\theta$, $\tan(\pi-\theta)=-\tan\theta$이므로

$$\sin\left(\frac{\pi}{2}+\theta\right)\tan(\pi-\theta)=\cos\theta\times(-\tan\theta)$$
$$=\cos\theta\times\left(-\frac{\sin\theta}{\cos\theta}\right)=-\sin\theta=\frac{3}{5}$$

즉, $\sin\theta=-\frac{3}{5}$이므로

$30(1-\sin\theta)=30\left\{1-\left(-\frac{3}{5}\right)\right\}=30\times\frac{8}{5}=48$

답 48

## 111

점 $P(a, b)$가 직선 $y=\frac{1}{2}x$ 위의 점이고 $a<0$이므로 점 P는 제3사분면 위의 점이다.

$\therefore \pi<\theta<\frac{3}{2}\pi \qquad \cdots\cdots$ ㉠

이때 $\tan\theta=\frac{1}{2}$이므로

$\sin\theta=-\frac{\sqrt{5}}{5}$, $\cos\theta=-\frac{2\sqrt{5}}{5}$ ($\because$ ㉠)

한편,

$\sin\left(\frac{\pi}{2}+\theta\right)=\cos\theta$, $\cos(\pi-\theta)=-\cos\theta$, $\tan\left(\frac{\pi}{2}+\theta\right)=-\frac{1}{\tan\theta}$

이므로

$\left\{\sin\left(\frac{\pi}{2}+\theta\right)+2\cos(\pi-\theta)\right\}\times\tan\left(\frac{\pi}{2}+\theta\right)$

$=(\cos\theta-2\cos\theta)\times\left(-\frac{1}{\tan\theta}\right)$

$=\cos\theta\times\frac{1}{\tan\theta}=-\frac{2\sqrt{5}}{5}\times 2=-\frac{4\sqrt{5}}{5}$

답 ①

다른 풀이 점 P$(a, b)$가 직선 $y=\frac{1}{2}x$ 위의 점이므로

$b=\frac{1}{2}a \qquad \therefore a=2b$

이때 $b<0$이므로

$\cos\theta=\frac{a}{\sqrt{a^2+b^2}}=\frac{2b}{\sqrt{5b^2}}=-\frac{2}{\sqrt{5}}$

$\tan\theta=\frac{b}{a}=\frac{1}{2}$

$\therefore$ (주어진 식)$=\cos\theta\times\frac{1}{\tan\theta}=-\frac{2}{\sqrt{5}}\times 2=-\frac{4\sqrt{5}}{5}$

## 112

$\sin\theta=\cos\left(\frac{\pi}{2}-\theta\right)=\cos\left(\frac{\pi}{2}-\frac{\pi}{20}\right)=\cos\frac{9}{20}\pi=\cos 9\theta,$

$\sin 2\theta=\cos\left(\frac{\pi}{2}-2\theta\right)=\cos\left(\frac{\pi}{2}-\frac{2}{20}\pi\right)=\cos\frac{8}{20}\pi=\cos 8\theta,$

$\sin 3\theta=\cos\left(\frac{\pi}{2}-3\theta\right)=\cos\left(\frac{\pi}{2}-\frac{3}{20}\pi\right)=\cos\frac{7}{20}\pi=\cos 7\theta,$

$\vdots$

$\sin 9\theta=\cos\left(\frac{\pi}{2}-9\theta\right)=\cos\left(\frac{\pi}{2}-\frac{9}{20}\pi\right)=\cos\frac{1}{20}\pi=\cos\theta$

이므로

$(\log_2 2\sin\theta+\log_2 2^2\sin 2\theta+\log_2 2^3\sin 3\theta+\cdots+\log_2 2^9\sin 9\theta)$
$\quad-(\log_2\cos\theta+\log_2\cos 2\theta+\log_2\cos 3\theta+\cdots+\log_2\cos 9\theta)$
$=\{(\log_2 2+\log_2 2^2+\log_2 2^3+\cdots+\log_2 2^9)$
$\quad+(\log_2\sin\theta+\log_2\sin 2\theta+\log_2\sin 3\theta+\cdots+\log_2\sin 9\theta)\}$
$\quad-(\log_2\cos\theta+\log_2\cos 2\theta+\log_2\cos 3\theta+\cdots+\log_2\cos 9\theta)$
$=(1+2+3+\cdots+9)$
$\quad+(\log_2\cos 9\theta+\log_2\cos 8\theta+\log_2\cos 7\theta+\cdots+\log_2\cos\theta)$
$\quad-(\log_2\cos\theta+\log_2\cos 2\theta+\log_2\cos 3\theta+\cdots+\log_2\cos 9\theta)$
$=45$

답 45

다른 풀이 $(\log_2 2\sin\theta+\log_2 2^2\sin 2\theta+\log_2 2^3\sin 3\theta+\cdots+\log_2 2^9\sin 9\theta)$
$\quad-(\log_2\cos\theta+\log_2\cos 2\theta+\log_2\cos 3\theta+\cdots+\log_2\cos 9\theta)$
$=(\log_2 2+\log_2 2^2+\log_2 2^3+\cdots+\log_2 2^9)$
$\quad+(\log_2\sin\theta-\log_2\cos\theta)+(\log_2\sin 2\theta-\log_2\cos 2\theta)+\cdots$
$\quad+(\log_2\sin 9\theta-\log_2\cos 9\theta)$
$=1+2+3+\cdots+9+\log_2\tan\theta+\log_2\tan 2\theta+\cdots+\log_2\tan 9\theta$
$=45+\log_2(\tan\theta\times\tan 2\theta\times\cdots\times\tan 9\theta)$

$10\theta=\frac{\pi}{2}$이므로

$\tan 9\theta=\tan\left(\frac{\pi}{2}-\theta\right)=\frac{1}{\tan\theta},$

$\tan 8\theta=\tan\left(\frac{\pi}{2}-2\theta\right)=\frac{1}{\tan 2\theta},\ \cdots$

$\therefore \tan\theta\times\tan 2\theta\times\cdots\times\tan 9\theta=\tan 5\theta=\tan\frac{\pi}{4}=1$

즉, $\log_2(\tan\theta\times\tan 2\theta\times\cdots\times\tan 9\theta)=0$이므로

(주어진 식)$=45$

## 113

$4\sin^2 x-4\cos\left(\frac{\pi}{2}+x\right)-3=0$에서

$4\sin^2 x+4\sin x-3=0$

$(2\sin x-1)(2\sin x+3)=0$

$\therefore \sin x=\frac{1}{2}\ (\because -1\le\sin x\le 1)$

한편, $0\le x<4\pi$에서 함수 $y=\sin x$의 그래프는 다음 그림과 같다.

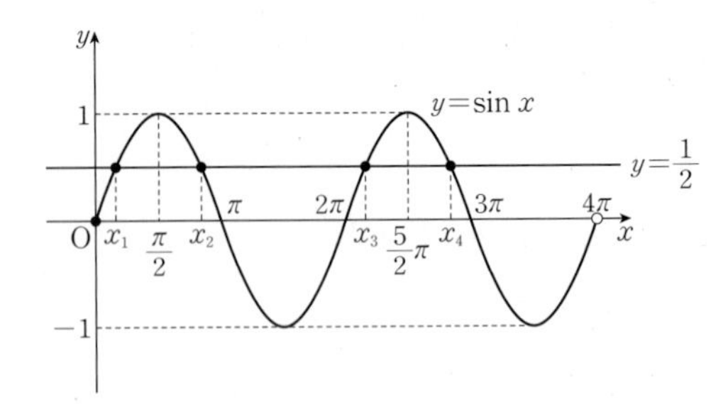


곡선 $y=\sin x$와 직선 $y=\frac{1}{2}$의 교점의 $x$좌표를 가장 작은 값부터 크기순으로 $x_1, x_2, x_3, x_4$라 하면

$\frac{x_1+x_2}{2}=\frac{\pi}{2} \qquad \therefore x_1+x_2=\pi \qquad \cdots\cdots ㉠$

$\frac{x_3+x_4}{2}=\frac{5}{2}\pi \qquad \therefore x_3+x_4=5\pi \qquad \cdots\cdots ㉡$

㉠, ㉡에 의하여 주어진 방정식의 모든 해의 합은

$x_1+x_2+x_3+x_4=6\pi$

답 ②

다른 풀이 $0\le x<4\pi$이므로 $\sin x=\frac{1}{2}$에서

$x=\frac{\pi}{6}$ 또는 $x=\frac{5}{6}\pi$ 또는 $x=2\pi+\frac{\pi}{6}$ 또는 $x=2\pi+\frac{5}{6}\pi$

따라서 주어진 방정식의 모든 해의 합은

$\frac{\pi}{6}+\frac{5}{6}\pi+\left(2\pi+\frac{\pi}{6}\right)+\left(2\pi+\frac{5}{6}\pi\right)=6\pi$

## 114

$4\sin^2 2x+2(1-\sqrt{3})\sin\left(\frac{3}{2}\pi+2x\right)+\sqrt{3}-4=0$에서

$4(1-\cos^2 2x)-2(1-\sqrt{3})\cos 2x+\sqrt{3}-4=0$

$4\cos^2 2x+(2-2\sqrt{3})\cos 2x-\sqrt{3}=0$

$(2\cos 2x-\sqrt{3})(2\cos 2x+1)=0$

$\therefore \cos 2x=\frac{\sqrt{3}}{2}$ 또는 $\cos 2x=-\frac{1}{2}$

한편, 함수 $y=\cos 2x$의 주기는 $\frac{2\pi}{2}=\pi$이므로 $0\le x\le 2\pi$에서 곡선 $y=\cos 2x$는 다음 그림과 같다.

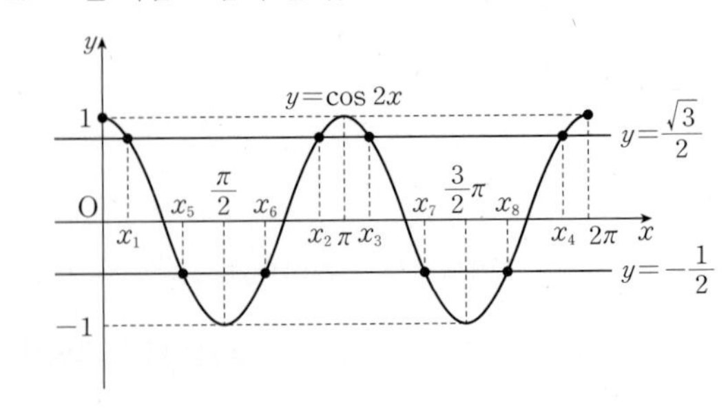

곡선 $y=\cos 2x$와 직선 $y=\frac{\sqrt{3}}{2}$의 교점의 $x$좌표를 가장 작은 값부터 크기순으로 $x_1$, $x_2$, $x_3$, $x_4$라 하면

$\frac{x_1+x_2}{2}=\frac{\pi}{2}$ $\quad\therefore x_1+x_2=\pi$ $\quad\cdots\cdots$ ㉠

$\frac{x_3+x_4}{2}=\frac{3}{2}\pi$ $\quad\therefore x_3+x_4=3\pi$ $\quad\cdots\cdots$ ㉡

곡선 $y=\cos 2x$와 직선 $y=-\frac{1}{2}$의 교점의 $x$좌표를 가장 작은 값부터 크기순으로 $x_5$, $x_6$, $x_7$, $x_8$이라 하면

$\frac{x_5+x_6}{2}=\frac{\pi}{2}$ $\quad\therefore x_5+x_6=\pi$ $\quad\cdots\cdots$ ㉢

$\frac{x_7+x_8}{2}=\frac{3}{2}\pi$ $\quad\therefore x_7+x_8=3\pi$ $\quad\cdots\cdots$ ㉣

㉠~㉣에 의하여 주어진 방정식의 모든 해의 합은

$x_1+x_2+x_3+x_4+x_5+x_6+x_7+x_8=8\pi$

답 ⑤

## 115

$\sin^2 x-(\sqrt{3}+1)\sin x\cos x+\sqrt{3}\cos^2 x=0$에서

$(\sin x-\sqrt{3}\cos x)(\sin x-\cos x)=0$

$\therefore \sin x=\sqrt{3}\cos x$ 또는 $\sin x=\cos x$

(i) $\sin x=\sqrt{3}\cos x$, 즉 $\frac{\sin x}{\cos x}=\sqrt{3}$일 때

$\tan x=\sqrt{3}$에서

$x=\frac{\pi}{3}$ 또는 $x=\frac{4}{3}\pi$

(ii) $\sin x=\cos x$, 즉 $\frac{\sin x}{\cos x}=1$일 때

$\tan x=1$에서

$x=\frac{\pi}{4}$ 또는 $x=\frac{5}{4}\pi$

(i), (ii)에 의하여 주어진 방정식의 모든 해의 합은

$\frac{\pi}{3}+\frac{4}{3}\pi+\frac{\pi}{4}+\frac{5}{4}\pi=\frac{19}{6}\pi$

답 ②

## 116

$x^2-2(\tan\theta)x+\tan^2\theta=0$에서

$(x-\tan\theta)^2=0$

$\therefore x=\tan\theta$

$x=\tan\theta$가 이차방정식 $x^2-\frac{5}{\sin\theta}x+7=0$의 해가 되어야 하므로

$\tan^2\theta-\frac{5}{\sin\theta}\times\tan\theta+7=0$

$\frac{\sin^2\theta}{\cos^2\theta}-\frac{5}{\cos\theta}+7=0$

양변에 $\cos^2\theta$를 곱하면

$\sin^2\theta-5\cos\theta+7\cos^2\theta=0$

$6\cos^2\theta-5\cos\theta+1=0$

$(2\cos\theta-1)(3\cos\theta-1)=0$

$\therefore \cos\theta=\frac{1}{2}$ 또는 $\cos\theta=\frac{1}{3}$

$0\le\theta\le 2\pi$에서 함수 $y=\cos\theta$의 그래프는 다음 그림과 같다.

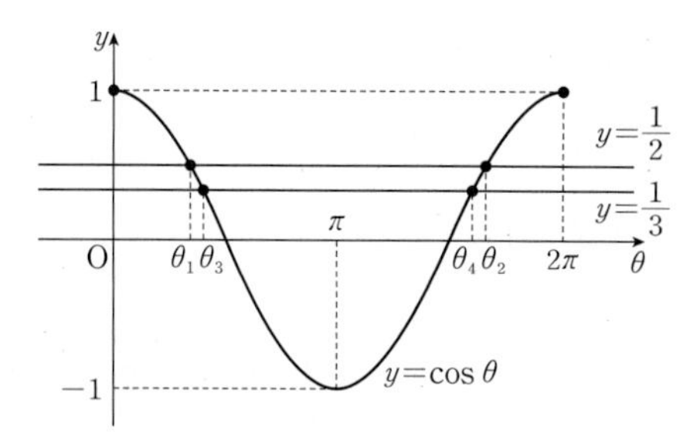


곡선 $y=\cos\theta$와 직선 $y=\frac{1}{2}$의 교점의 $\theta$좌표를 각각 $\theta_1$, $\theta_2$라 하면

$\frac{\theta_1+\theta_2}{2}=\pi$

$\therefore \theta_1+\theta_2=2\pi$ $\quad\cdots\cdots$ ㉠

곡선 $y=\cos\theta$와 직선 $y=\frac{1}{3}$의 교점의 $\theta$좌표를 각각 $\theta_3$, $\theta_4$라 하면

$\frac{\theta_3+\theta_4}{2}=\pi$

$\therefore \theta_3+\theta_4=2\pi$ $\quad\cdots\cdots$ ㉡

㉠, ㉡에 의하여 주어진 방정식의 모든 해의 합은

$\theta_1+\theta_2+\theta_3+\theta_4=4\pi$

답 ④

## 117

이차방정식 $x^2-(2\sin\theta)x-3\cos^2\theta-5\sin\theta+5=0$이 실근을 가지려면 이 이차방정식의 판별식을 $D$라 할 때

$\frac{D}{4}=(-\sin\theta)^2-(-3\cos^2\theta-5\sin\theta+5)\ge 0$

$\sin^2\theta+3\cos^2\theta+5\sin\theta-5\ge 0$

$\sin^2\theta+3(1-\sin^2\theta)+5\sin\theta-5\ge 0$

$2\sin^2\theta-5\sin\theta+2\le 0$

$(2\sin\theta-1)(\sin\theta-2)\le 0$

이때 $\sin\theta-2<0$이므로

$2\sin\theta-1\ge 0$ $\quad\therefore \sin\theta\ge\frac{1}{2}$

오른쪽 그림에서 부등식

$\sin\theta\ge\frac{1}{2}$의 해는

$\frac{\pi}{6}\le\theta\le\frac{5}{6}\pi$

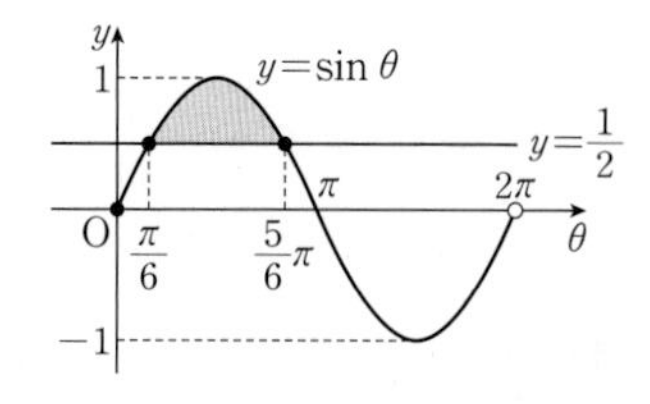


따라서 $\alpha=\frac{\pi}{6}$, $\beta=\frac{5}{6}\pi$이므로

$4\beta-2\alpha=4\times\frac{5}{6}\pi-2\times\frac{\pi}{6}=3\pi$

답 ①

## 118

(i) $6\sin^2 x+\cos x-5=0$에서

$6(1-\cos^2 x)+\cos x-5=0$

$6\cos^2 x-\cos x-1=0$

$(2\cos x-1)(3\cos x+1)=0$

$\therefore \cos x=\frac{1}{2}$ 또는 $\cos x=-\frac{1}{3}$ $\quad\cdots\cdots$ ㉠

(ii) $\sin\left(\frac{3}{2}\pi-x\right)<\cos x$에서

$-\cos x<\cos x \qquad \therefore \cos x>0 \qquad \cdots\cdots$ ㉡

㉠, ㉡에서 $\cos x=\frac{1}{2}$

오른쪽 그림에서 방정식

$\cos x=\frac{1}{2}$의 해는

$x=\frac{\pi}{3}$ 또는 $x=\frac{5}{3}\pi$

또는 $x=\frac{7}{3}\pi$

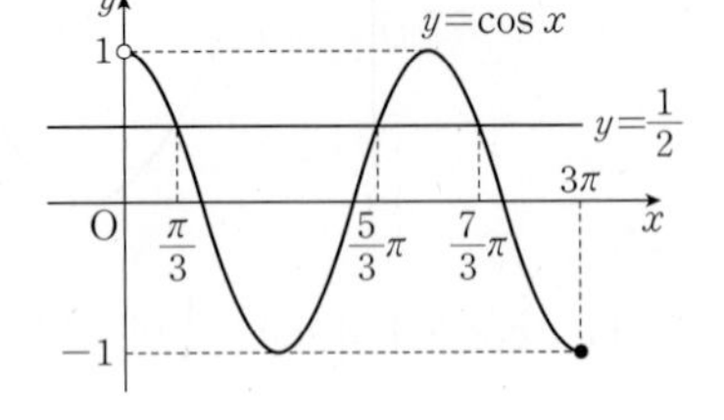


따라서 구하는 모든 $x$의 값의 합은

$\frac{\pi}{3}+\frac{5}{3}\pi+\frac{7}{3}\pi=\frac{13}{3}\pi$ 답 ②

## 119

$x^2-(\sin\theta)x+2\cos^2\theta<2$에서

$x^2-(\sin\theta)x+2(1-\sin^2\theta)<2$

$x^2-(\sin\theta)x-2\sin^2\theta<0$

$(x+\sin\theta)(x-2\sin\theta)<0$

$\therefore -\sin\theta<x<2\sin\theta \qquad \cdots\cdots$ ㉠

이때 $0<\theta<\pi$에서 $0<\sin\theta\le1$이므로 부등식 ㉠을 만족시키는 정수 $x$의 최솟값은 0이다.

따라서 ㉠을 만족시키는 정수 $x$의 개수가 2이려면 부등식 ㉠을 만족시키는 정수 $x$가 0, 1의 2개뿐이어야 하므로

$1<2\sin\theta\le2 \qquad \therefore \frac{1}{2}<\sin\theta\le1$

$0<\theta<\pi$일 때, 오른쪽 그림에서

부등식 $\frac{1}{2}<\sin\theta\le1$의 해는

$\frac{\pi}{6}<\theta<\frac{5}{6}\pi$

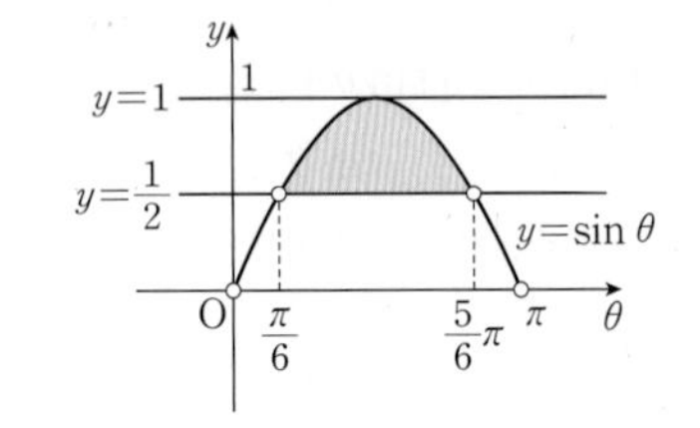


따라서 $\alpha=\frac{\pi}{6}$, $\beta=\frac{5}{6}\pi$이므로

$\beta-\alpha=\frac{5}{6}\pi-\frac{\pi}{6}=\frac{2}{3}\pi$ 답 ④

## 120

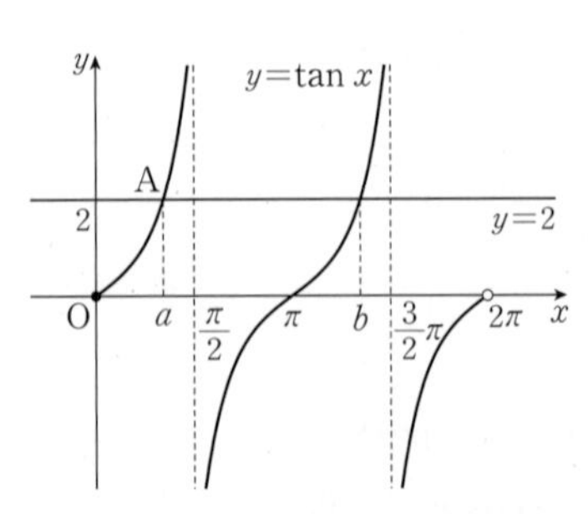


(i) $\cos x>0$, 즉 $0\le x<\frac{\pi}{2}$ 또는 $\frac{3}{2}\pi<x<2\pi$일 때

$\sin x<2\cos x$에서 $\frac{\sin x}{\cos x}<2$

$\therefore \tan x<2$

$0<x<\frac{\pi}{2}$에서 $\tan x=2$가 되는 $x$의 값을 $a$라 하면

$0\le x<a$ 또는 $\frac{3}{2}\pi<x<2\pi$

(ii) $\cos x<0$, 즉 $\frac{\pi}{2}<x<\frac{3}{2}\pi$일 때

$\sin x<2\cos x$에서 $\frac{\sin x}{\cos x}>2$

$\therefore \tan x>2$

$\frac{\pi}{2}<x<\frac{3}{2}\pi$에서 $\tan x=2$가 되는 $x$의 값을 $b$라 하면

$b<x<\frac{3}{2}\pi$

(iii) $\cos x=0$, 즉 $x=\frac{\pi}{2}$ 또는 $x=\frac{3}{2}\pi$일 때

$x=\frac{\pi}{2}$일 때는 $\sin x=1$이므로 주어진 부등식을 만족시키지 않는다.

또, $x=\frac{3}{2}\pi$일 때는 $\sin x=-1$이므로 주어진 부등식을 만족시킨다.

(i), (ii), (iii)에 의하여 주어진 부등식을 만족시키는 $x$의 값의 범위는

$0\le x<a$ 또는 $b<x<2\pi$

$\therefore \alpha=a,\ \beta=b=a+\pi$

한편, $\tan a=2$이므로

$\cos a=\frac{\sqrt{5}}{5}\ \left(\because 0<a<\frac{\pi}{2}\right)$

$\therefore \cos(2\alpha-\beta)=\cos(a-\pi)=-\cos a=-\frac{\sqrt{5}}{5}$ 답 ②

## 121

오른쪽 그림과 같이 삼각형 ABC에 내접하는 원이 세 선분 CA, AB, BC와 만나는 점을 각각 P, Q, R라 하자.

$\overline{RB}=\overline{OQ}=\overline{OR}=3$이므로

$\overline{DR}=\overline{DB}-\overline{RB}=1$

직각삼각형 DOR에서 $\overline{DO}=\sqrt{3^2+1^2}=\sqrt{10}$이므로

$\sin(\angle DOR)=\frac{1}{\sqrt{10}} \qquad \cdots\cdots$ ㉠

$\triangle DOR \backsim \triangle OAQ$ (AA 닮음)이므로

$\overline{DR}:\overline{OR}=\overline{OQ}:\overline{AQ}$, $1:3=3:\overline{AQ}$

$\therefore \overline{AQ}=9$

한편, 점 O가 삼각형 ABC의 내심이므로

$\overline{PA}=\overline{AQ}=9$, $\angle CAD=\angle DAB$

즉, 선분 AD는 $\angle A$의 이등분선이므로

$\overline{AB}:\overline{AC}=\overline{BD}:\overline{DC}$, $(9+3):(9+\overline{CP})=4:(\overline{CR}-1)$

$9+\overline{CP}=3(\overline{CR}-1)$

이때 $\overline{CP}=\overline{CR}$이므로

$2\overline{CR}=12 \qquad \therefore \overline{CR}=6$

$\therefore \overline{CD}=\overline{CR}-\overline{DR}=5$

직선 OR와 직선 AB가 평행하므로

$\angle DAB=\angle DOR \qquad \therefore \angle CAD=\angle DOR$

삼각형 ADC의 외접원의 반지름의 길이를 $R$라 하면 사인법칙에 의하여

$2R=\dfrac{\overline{CD}}{\sin(\angle CAD)}=\dfrac{5}{\sin(\angle DOR)}=5\sqrt{10}$ ($\because$ ㉠)

$\therefore R=\dfrac{5\sqrt{10}}{2}$

따라서 삼각형 ADC의 외접원의 넓이는

$\pi\times\left(\dfrac{5\sqrt{10}}{2}\right)^2=\dfrac{125}{2}\pi$ 답 ①

## 122

오른쪽 그림과 같이 $\overline{AB}=\overline{AC}$, $\overline{BC}=6$인 삼각형 ABC에서 내접원의 중심을 O, 내접원이 세 선분 AB, BC, CA와 만나는 점을 각각 D, E, F라 하고 $\overline{AD}=x$, $\overline{AO}=y$라 하면

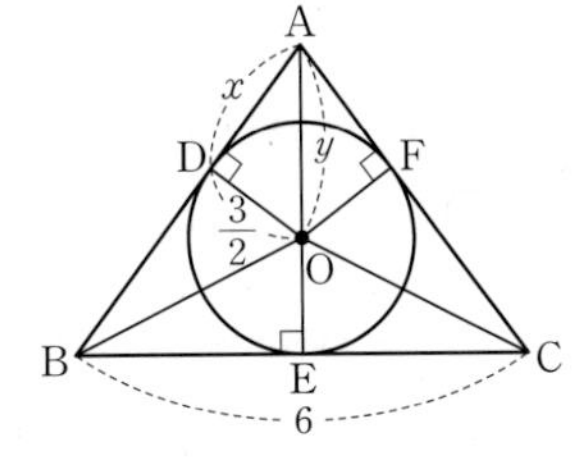


$\overline{AF}=\overline{AD}=x$,

$\overline{BD}=\overline{BE}=\overline{CE}=\overline{CF}=\dfrac{1}{2}\overline{BC}=3$

이때 $\triangle AOD\backsim\triangle ABE$ (AA 닮음)이므로

$\overline{AD}:\overline{DO}=\overline{AE}:\overline{EB}$, $x:\dfrac{3}{2}=\left(y+\dfrac{3}{2}\right):3$

$3x=\dfrac{3}{2}y+\dfrac{9}{4}$ $\quad\therefore y=2x-\dfrac{3}{2}$ ...... ㉠

한편, 삼각형 ABC의 넓이를 $S$라 하면

$S=\dfrac{1}{2}\times\overline{BC}\times\overline{AE}=\triangle OAB+\triangle OBC+\triangle OCA$

$\dfrac{1}{2}\times6\times\left(y+\dfrac{3}{2}\right)$

$=\dfrac{1}{2}\times(x+3)\times\dfrac{3}{2}+\dfrac{1}{2}\times6\times\dfrac{3}{2}+\dfrac{1}{2}\times(x+3)\times\dfrac{3}{2}$

$3y+\dfrac{9}{2}=\dfrac{3}{2}x+9$

$\therefore y=\dfrac{1}{2}x+\dfrac{3}{2}$ ...... ㉡

㉠, ㉡을 연립하여 풀면

$x=2$, $y=\dfrac{5}{2}$

즉, $\overline{AB}=\overline{AC}=5$, $\overline{AE}=4$이므로 직각삼각형 ABE에서

$\sin B=\dfrac{4}{5}$

또, 삼각형 ABC의 외접원의 반지름의 길이를 $R$라 하면 사인법칙에 의하여

$\dfrac{\overline{AC}}{\sin B}=\dfrac{5}{\frac{4}{5}}=2R$

$\therefore R=\dfrac{25}{8}$

따라서 삼각형 ABC의 외접원의 넓이는

$\pi\times\left(\dfrac{25}{8}\right)^2=\dfrac{625}{64}\pi$

즉, $p=64$, $q=625$이므로

$p+q=689$ 답 689

## 123

$\sin A\sin B:\sin B\sin C:\sin C\sin A=3\sqrt{2}:15\sqrt{2}:5$에서

$\sin A\sin B=3\sqrt{2}k^2$, $\sin B\sin C=15\sqrt{2}k^2$, $\sin C\sin A=5k^2$ $(k>0)$

이라 하면

$\sin A\sin B\times\sin B\sin C\times\sin C\sin A$

$=(\sin A\sin B\sin C)^2$

$=450k^6$

즉, $\sin A\sin B\sin C=15\sqrt{2}k^3$이므로

$\sin C=5k$, $\sin A=k$, $\sin B=3\sqrt{2}k$

한편, 삼각형 ABC의 외접원의 반지름의 길이를 $R$라 하면 외접원의 넓이가 $50\pi$이므로

$50\pi=\pi R^2$ $\quad\therefore R=5\sqrt{2}$

이때 삼각형 ABC에서 사인법칙에 의하여

$a:b:c=\sin A:\sin B:\sin C=1:3\sqrt{2}:5$

$a=t$, $b=3\sqrt{2}t$, $c=5t$ $(t>0)$라 하면

삼각형 ABC의 넓이는 6이므로

$\dfrac{1}{2}ab\sin C=\dfrac{1}{2}ab\times\dfrac{c}{2R}=\dfrac{abc}{4R}$

$=\dfrac{t\times3\sqrt{2}t\times5t}{4\times5\sqrt{2}}$

$=\dfrac{3}{4}t^3=6$

$t^3=8$ $\quad\therefore t=2$

따라서 $a=2$, $b=6\sqrt{2}$, $c=10$이므로 삼각형 ABC의 둘레의 길이는

$a+b+c=2+6\sqrt{2}+10=12+6\sqrt{2}$

$\therefore p+q=12+6=18$ 답 18

## 124

직각삼각형 $AH_1D$의 외접원의 지름은 선분 AD이고, 직각삼각형 $AH_2D$의 외접원의 지름도 선분 AD이다.

따라서 삼각형 $AH_1D$와 삼각형 $AH_2D$의 외접원은 일치하고 이 외접원은 삼각형 $AH_1H_2$의 외접원과도 일치한다.

삼각형 $AH_1H_2$의 외접원의 반지름의 길이를 $R_1$이라 하면

$2R_1=\overline{AD}=4$

$\therefore R_1=2$

이때 삼각형 $AH_1H_2$에서 사인법칙에 의하여

$\dfrac{\overline{H_1H_2}}{\sin A}=\dfrac{\overline{H_1H_2}}{\frac{3}{4}}=4$

$\therefore \overline{H_1H_2}=\dfrac{3}{4}\times4=3$

한편, 삼각형 ABC의 외접원의 반지름의 길이를 $R_2$라 하면

$\dfrac{S_2}{S_1}=4$에서 두 외접원의 넓이의 비가 $1:4$이므로

$R_1:R_2=1:2$, $2:R_2=1:2$

$\therefore R_2=4$

삼각형 ABC에서 사인법칙에 의하여

$$\frac{\overline{BC}}{\sin A}=\frac{\overline{BC}}{\frac{3}{4}}=2R_2=8$$

$\therefore \overline{BC}=\frac{3}{4}\times 8=6$

$\therefore \overline{H_1H_2}+\overline{BC}=3+6=9$

답 ③

## 125

삼각형 ABD에서 $\angle BAD=\angle BDA$이므로

$\overline{BD}=\overline{AB}=4$

오른쪽 그림과 같이 점 B에서 선분 AD에 내린 수선의 발을 H라 하면

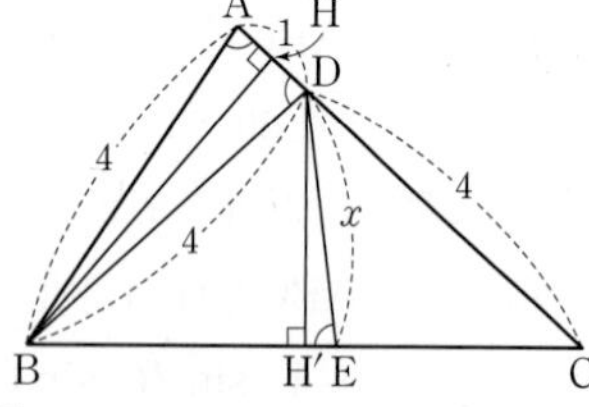


$\overline{AH}=\overline{AB}\cos(\angle BAC)$

$=4\times\frac{1}{8}=\frac{1}{2}$

$\therefore \overline{AD}=2\times\frac{1}{2}=1,\ \overline{CD}=\overline{AC}-\overline{AD}=5-1=4$

따라서 삼각형 BCD는 $\overline{BD}=\overline{CD}=4$인 이등변삼각형이므로 점 D에서 선분 BC에 내린 수선의 발을 H′, $\overline{DE}=x$라 하면

$\overline{DH'}=x\sin(\angle H'ED)$

$=x\times\sqrt{1-\cos^2(\angle BAC)}$

$=x\times\sqrt{1-\left(\frac{1}{8}\right)^2}=\frac{\sqrt{63}}{8}x$

한편, 삼각형 ABC에서 코사인법칙에 의하여

$\overline{BC}^2=\overline{AB}^2+\overline{AC}^2-2\times\overline{AB}\times\overline{AC}\times\cos(\angle BAC)$

$=4^2+5^2-2\times4\times5\times\frac{1}{8}=36$

$\therefore \overline{BC}=6$

이때 $\overline{BH'}=\frac{1}{2}\overline{BC}=3$이므로 직각삼각형 DBH′에서

$\overline{BD}^2=\overline{DH'}^2+\overline{BH'}^2$, 즉 $4^2=\left(\frac{\sqrt{63}}{8}x\right)^2+3^2$

$x^2=\frac{64}{9}\qquad \therefore x=\frac{8}{3}\ (\because x>0)$

따라서 선분 DE의 길이는 $\frac{8}{3}$이다.

답 ③

## 126

$\angle DBC=\theta$라 하면 삼각형 BCD에서 코사인법칙에 의하여

$\cos\theta=\frac{4^2+4^2-2^2}{2\times4\times4}=\frac{7}{8}$ ...... ㉠

$\therefore \sin\theta=\sqrt{1-\left(\frac{7}{8}\right)^2}=\frac{\sqrt{15}}{8}$ ...... ㉡

한편, 선분 AD와 선분 BC는 평행하므로

$\angle ADB=\angle DBC=\theta$ (∵ 엇각)

$\overline{AD}=x$라 하면 삼각형 ABD에서 코사인법칙에 의하여

$\cos\theta=\frac{x^2+4^2-(2\sqrt{6})^2}{2\times x\times 4}=\frac{7}{8}$ (∵ ㉠)

$x^2-7x-8=0,\ (x+1)(x-8)=0$

$\therefore x=8\ (\because x>0)$

따라서 사각형 ABCD의 넓이는

$\triangle ABD+\triangle BCD=\frac{1}{2}\times\overline{AD}\times\overline{BD}\sin\theta+\frac{1}{2}\times\overline{BC}\times\overline{BD}\sin\theta$

$=\frac{1}{2}\times8\times4\times\frac{\sqrt{15}}{8}+\frac{1}{2}\times4\times4\times\frac{\sqrt{15}}{8}$ (∵ ㉡)

$=3\sqrt{15}$

답 ②

## 127

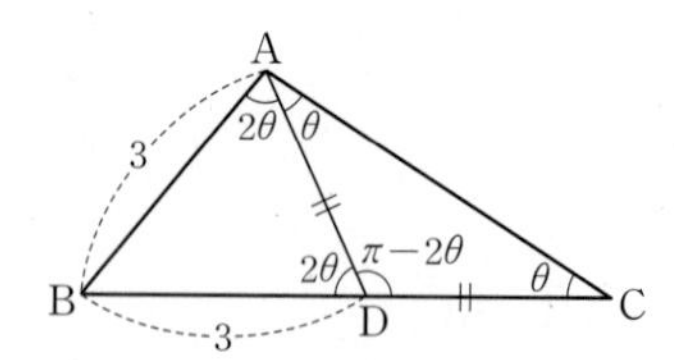


조건 (나)에서 $\overline{AD}=\overline{DC}$이므로 $\angle DAC=\theta$라 하면

$\angle ACD=\theta,\ \angle ADC=\pi-2\theta$

조건 (다)에서 $\cos(\pi-2\theta)=-\frac{1}{3}$이므로

$\cos 2\theta=\frac{1}{3}$

한편, 삼각형 ABD는 $\overline{AB}=\overline{BD}=3$인 이등변삼각형이므로 $\overline{AD}=x$라 하면 코사인법칙에 의하여

$3^2=3^2+x^2-2\times3\times x\times\cos 2\theta$

$9=9+x^2-2x,\ x^2-2x=0$

$x(x-2)=0\qquad \therefore x=2\ (\because x>0)$

$\overline{AD}=\overline{DC}=2$이므로 삼각형 ADC에서 코사인법칙에 의하여

$\overline{AC}^2=2^2+2^2-2\times2\times2\times\cos(\pi-2\theta)$

$=4+4-8\times\left(-\frac{1}{3}\right)=\frac{32}{3}$

$\therefore \overline{AC}=\frac{4\sqrt{6}}{3}$

답 ①

## 128

$\alpha+\beta=\frac{3}{2}\pi$이고 점 P는 삼각형 ABC의 내부의 점이므로

$\frac{\pi}{2}<\alpha<\pi,\ \frac{\pi}{2}<\beta<\pi$

이때 $\sin\beta=\sin\left(\frac{3}{2}\pi-\alpha\right)=-\cos\alpha$이므로

$\sin\alpha:\sin\beta=\sin\alpha:(-\cos\alpha)=3:4$

$\sin\alpha=3k,\ \cos\alpha=-4k\ (k>0)$라 하면

$\sin^2\alpha+\cos^2\alpha=(3k)^2+(-4k)^2=1$

$k^2=\frac{1}{25}\qquad \therefore k=\frac{1}{5}$

따라서 $\sin\alpha=\frac{3}{5}$이므로

$\cos\alpha=-\frac{4}{5},\ \cos\beta=\cos\left(\frac{3}{2}\pi-\alpha\right)=-\sin\alpha=-\frac{3}{5}$

삼각형 APB에서 코사인법칙에 의하여

$\overline{AB}^2=2^2+5^2-2\times2\times5\times\cos\alpha=29-20\times\left(-\frac{4}{5}\right)=45$

$\therefore \overline{AB}=3\sqrt{5}$

또, 삼각형 APC에서 코사인법칙에 의하여

$\overline{AC}^2=2^2+5^2-2\times2\times5\times\cos\beta$

$=29-20\times\left(-\frac{3}{5}\right)=41$

$\therefore \overline{AC}=\sqrt{41}$

$\overline{BC}=\sqrt{5^2+5^2}=5\sqrt{2}$이므로 삼각형 ABC에서 코사인법칙에 의하여

$\cos\theta=\frac{45+41-50}{2\times3\sqrt{5}\times\sqrt{41}}=\frac{6}{\sqrt{205}}$

$\therefore 205\cos^2\theta=205\times\frac{36}{205}=36$ 답 36

## 129

선분 AB의 길이를 $a$라 하면 마름모 ABCD의 넓이는

$a\times a\times\sin\frac{\pi}{3}=\frac{\sqrt{3}}{2}a^2$

$\overline{EA}=(1-k)a$, $\overline{AF}=ka$이므로 삼각형 EAF의 넓이는

$\frac{1}{2}\times(1-k)a\times ka\times\sin\frac{\pi}{3}=\boxed{\frac{\sqrt{3}}{4}(1-k)k}\times a^2$

이때 삼각형 FDG, 삼각형 GCH, 삼각형 HBE의 넓이는 모두 삼각형 EAF의 넓이와 같다.

따라서 사각형 EHGF의 넓이는 마름모 ABCD의 넓이에서 삼각형 EAF, 삼각형 FDG, 삼각형 GCH, 삼각형 HBE의 넓이를 뺀 것과 같으므로

(마름모 ABCD의 넓이) : (사각형 EHGF의 넓이)

$=\frac{\sqrt{3}}{2}a^2:\left\{\frac{\sqrt{3}}{2}a^2-4\times\boxed{\frac{\sqrt{3}}{4}(1-k)k}\times a^2\right\}$

$=49:25$

이다. 식을 정리하면

$49k^2-49k+12=0$

$(7k-4)(7k-3)=0$

$\therefore k=\boxed{\frac{4}{7}}\left(\because \frac{1}{2}<k<1\right)$

$\overline{EH}=ta\ (t>0)$라 하면 삼각형 EBH에서 코사인법칙에 의하여

$(ta)^2=\left(\frac{3}{7}a\right)^2+\left(\frac{4}{7}a\right)^2-2\times\frac{3}{7}a\times\frac{4}{7}a\times\cos\left(\pi-\frac{\pi}{3}\right)$

$t^2=\frac{37}{49}\qquad\therefore t=\boxed{\frac{\sqrt{37}}{7}}\ (\because t>0)$

따라서 $\overline{AB}:\overline{EH}=a:ta=1:t=1:\boxed{\frac{\sqrt{37}}{7}}$이다.

즉, $f(k)=\frac{\sqrt{3}}{4}(1-k)k$, $p=\frac{4}{7}$, $q=\frac{\sqrt{37}}{7}$이므로

$2f\left(\frac{p}{4}\right)=2f\left(\frac{1}{7}\right)=2\times\frac{\sqrt{3}}{4}\times\frac{6}{7}\times\frac{1}{7}=\frac{3\sqrt{3}}{49}$

$f(q^2)=f\left(\frac{37}{49}\right)=\frac{\sqrt{3}}{4}\times\frac{12}{49}\times\frac{37}{49}=\frac{111\sqrt{3}}{49^2}$

$\therefore \frac{f(q^2)}{2f\left(\frac{p}{4}\right)}=\frac{\frac{111\sqrt{3}}{49^2}}{\frac{3\sqrt{3}}{49}}=\frac{37}{49}$ 답 ⑤

**참고** **평행사변형의 넓이**

이웃하는 두 변의 길이가 $a$, $b$이고 그 끼인각의 크기가 $\theta$인 평행사변형 ABCD의 넓이 $S$는

$S=ab\sin\theta$

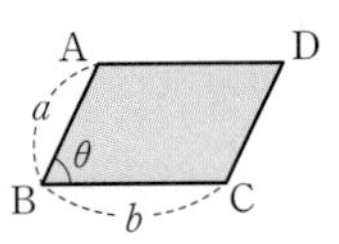


## 130

외접원의 반지름의 길이가 $2\sqrt{7}$이므로 삼각형 ABC에서 사인법칙에 의하여

$\frac{\overline{BC}}{\sin\frac{\pi}{3}}=4\sqrt{7}\qquad\therefore \overline{BC}=4\sqrt{7}\times\frac{\sqrt{3}}{2}=2\sqrt{21}$

또, 삼각형 BDC에서 사인법칙에 의하여

$\frac{\overline{BD}}{\sin(\angle BCD)}=4\sqrt{7}\qquad\therefore \overline{BD}=4\sqrt{7}\times\frac{2\sqrt{7}}{7}=8$

이때 $\angle BDC=\pi-\angle A=\frac{2}{3}\pi$이므로 $\overline{CD}=x$라 하면 삼각형 BDC에서 코사인법칙에 의하여

$(2\sqrt{21})^2=x^2+8^2-2\times x\times8\times\cos\frac{2}{3}\pi$

$x^2+8x-20=0$, $(x-2)(x+10)=0$

$\therefore x=2\ (\because x>0)$

즉, $\overline{CD}=2$이므로

$\overline{BD}+\overline{CD}=8+2=10$ 답 ②

**참고** 원에 내접하는 사각형에서 마주 보는 내각의 크기의 합은 $\pi$이다.

## 131

$\cos(\angle DBC)=\frac{\sqrt{6}}{4}$이므로

$\sin(\angle DBC)=\sqrt{1-\left(\frac{\sqrt{6}}{4}\right)^2}=\frac{\sqrt{10}}{4}\ (\because 0<\angle DBC<\pi)$

한편, 외접원의 반지름의 길이가 1이고, $\angle D=\angle A=\frac{\pi}{4}$이므로 두 삼각형 ABC, DBC에서 사인법칙에 의하여

$\frac{\overline{BC}}{\sin\frac{\pi}{4}}=\frac{\overline{DC}}{\sin(\angle DBC)}=2$

$\therefore \overline{BC}=2\times\frac{\sqrt{2}}{2}=\sqrt{2}$, $\overline{DC}=2\times\frac{\sqrt{10}}{4}=\frac{\sqrt{10}}{2}$

$\overline{BD}=x$라 하면 삼각형 DBC에서 코사인법칙에 의하여

$\left(\frac{\sqrt{10}}{2}\right)^2=x^2+(\sqrt{2})^2-2\times x\times\sqrt{2}\times\cos(\angle DBC)$

$2x^2-2\sqrt{3}x-1=0$

$\therefore x=\frac{\sqrt{3}+\sqrt{5}}{2}\ (\because x>0)$

따라서 선분 BD의 길이는 $\frac{\sqrt{3}+\sqrt{5}}{2}$이다. 답 ⑤

## 132

삼각형 ABC에서 사인법칙에 의하여

$a:b:c=\sin A:\sin B:\sin C=4:3:2$

$a=4k$, $b=3k$, $c=2k$ $(k>0)$라 하면 코사인법칙에 의하여

$$\cos A=\frac{(3k)^2+(2k)^2-(4k)^2}{2\times3k\times2k}=-\frac{1}{4}$$

$$\therefore \sin A=\sqrt{1-\cos^2 A}=\frac{\sqrt{15}}{4}\ (\because 0<\angle\mathrm{A}<\pi)$$

삼각형 ABC의 외접원의 반지름의 길이가 $2\sqrt{15}$이므로 사인법칙에 의하여

$$\frac{a}{\sin A}=4\sqrt{15}$$

$$\therefore a=4\sqrt{15}\times\frac{\sqrt{15}}{4}=15$$

따라서 선분 BC의 길이는 15이다. 답 15

## 133

$\angle\mathrm{P}=\angle\mathrm{A}=\frac{\pi}{3}$이고, $\overline{\mathrm{PB}}:\overline{\mathrm{PC}}=2:1$이므로

$\overline{\mathrm{PB}}=2t$, $\overline{\mathrm{PC}}=t$ $(t>0)$라 하면 삼각형 PBC에서 코사인법칙에 의하여

$$\overline{\mathrm{BC}}^2=(2t)^2+t^2-2\times2t\times t\times\cos\frac{\pi}{3}=3t^2$$

$$\therefore \overline{\mathrm{BC}}=\sqrt{3}t$$

또, 삼각형 PBC의 외접원의 반지름의 길이가 $\sqrt{14}$이므로 사인법칙에 의하여

$$\frac{\overline{\mathrm{BC}}}{\sin\frac{\pi}{3}}=\frac{\sqrt{3}t}{\frac{\sqrt{3}}{2}}=2\sqrt{14}\qquad\therefore t=\sqrt{14}$$

따라서 $\overline{\mathrm{PB}}=2\sqrt{14}$, $\overline{\mathrm{PC}}=\sqrt{14}$이므로 삼각형 PBC의 넓이는

$$\frac{1}{2}\times\overline{\mathrm{PB}}\times\overline{\mathrm{PC}}\times\sin\frac{\pi}{3}=\frac{1}{2}\times2\sqrt{14}\times\sqrt{14}\times\frac{\sqrt{3}}{2}=7\sqrt{3}$$

답 ②

## 134

삼각형 ABC의 넓이가 4이므로

$$\frac{1}{2}bc\sin\frac{\pi}{3}=\frac{\sqrt{3}}{4}bc=\sqrt{3}\qquad\therefore bc=4\qquad\cdots\cdots ㉠$$

또, 삼각형 ABC에서 코사인법칙에 의하여

$$a^2=b^2+c^2-2bc\cos\frac{\pi}{3}=b^2+c^2-4\ (\because ㉠)$$

산술평균과 기하평균의 관계에 의하여

$b^2+c^2\ge2\sqrt{b^2c^2}=2bc=8$ $(\because ㉠)$ (단, 등호는 $b=c$일 때 성립)

$\therefore a^2=b^2+c^2-4\ge8-4=4$

즉, $a\ge2$이므로 선분 BC의 길이의 최솟값은 2이다.

$\overline{\mathrm{BC}}=2$일 때, 삼각형 ABC의 외접원의 반지름의 길이를 $R$라 하면 사인법칙에 의하여

$$\frac{\overline{\mathrm{BC}}}{\sin\frac{\pi}{3}}=\frac{2}{\frac{\sqrt{3}}{2}}=2R\qquad\therefore R=\frac{2\sqrt{3}}{3}$$

따라서 선분 BC의 길이가 최소가 될 때의 삼각형 ABC의 외접원의 넓이는

$$\pi\times\left(\frac{2\sqrt{3}}{3}\right)^2=\frac{4}{3}\pi$$

답 ①

**참고 산술평균과 기하평균의 관계**

$a>0$, $b>0$일 때, $\frac{a+b}{2}\ge\sqrt{ab}$ (단, 등호는 $a=b$일 때 성립)

## 135

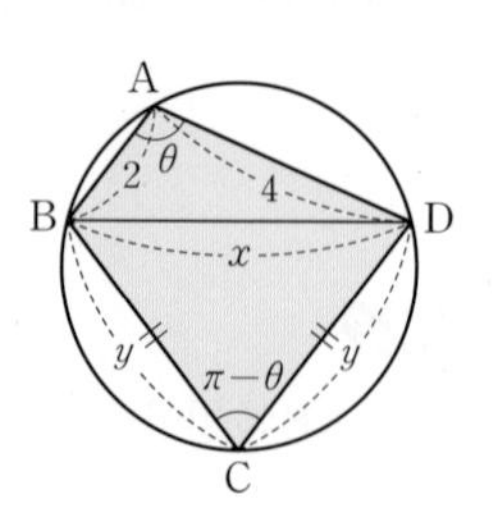


$\overline{\mathrm{BD}}=x$, $\angle\mathrm{BAD}=\theta$라 하면 $\frac{\pi}{2}<\theta<\pi$이므로

$\cos\theta<0$

삼각형 ABD에서 코사인법칙에 의하여

$$\cos\theta=\frac{2^2+4^2-x^2}{2\times2\times4}=\frac{20-x^2}{16}\qquad\cdots\cdots ㉠$$

외접원의 반지름의 길이가 $\frac{4\sqrt{10}}{5}$이므로 사인법칙에 의하여

$$\frac{x}{\sin\theta}=2\times\frac{4\sqrt{10}}{5}$$

$$\therefore \sin\theta=\frac{x}{2\times\frac{4\sqrt{10}}{5}}=\frac{\sqrt{10}}{16}x\qquad\cdots\cdots ㉡$$

㉠과 ㉡을 $\sin^2\theta+\cos^2\theta=1$에 대입하면

$$\left(\frac{\sqrt{10}}{16}x\right)^2+\left(\frac{20-x^2}{16}\right)^2=1$$

$x^4-30x^2+144=0$

$(x^2-6)(x^2-24)=0$

$\therefore x^2=6$ 또는 $x^2=24$

㉠에서 $\cos\theta<0$이므로

$x^2>20$

$\therefore x=2\sqrt{6}$

$x=2\sqrt{6}$을 ㉠, ㉡에 대입하면

$$\cos\theta=-\frac{1}{4},\ \sin\theta=\frac{\sqrt{15}}{4}$$

한편, $\angle\mathrm{BCD}=\pi-\theta$이고 $\overline{\mathrm{BC}}=\overline{\mathrm{CD}}=y$라 하면 삼각형 BCD에서 코사인법칙에 의하여

$$\cos(\pi-\theta)=\frac{y^2+y^2-24}{2\times y\times y}$$

$$\frac{1}{4}=\frac{2y^2-24}{2y^2}$$

$3y^2=48$, $y^2=16$

$\therefore y=4\ (\because y>0)$

사각형 ABCD의 넓이는 삼각형 ABD의 넓이와 삼각형 BCD의 넓이의 합과 같으므로

$$\frac{1}{2}\times\overline{\mathrm{AB}}\times\overline{\mathrm{AD}}\times\sin\theta+\frac{1}{2}\times\overline{\mathrm{BC}}\times\overline{\mathrm{CD}}\times\sin(\pi-\theta)$$

$$=\frac{1}{2}\times2\times4\times\frac{\sqrt{15}}{4}+\frac{1}{2}\times4\times4\times\frac{\sqrt{15}}{4}$$

$$=\sqrt{15}+2\sqrt{15}$$

$$=3\sqrt{15}$$

답 ③

## 136

두 함수 $y=f(x)$, $y=g(x)$의 그래프는 다음 그림과 같다.

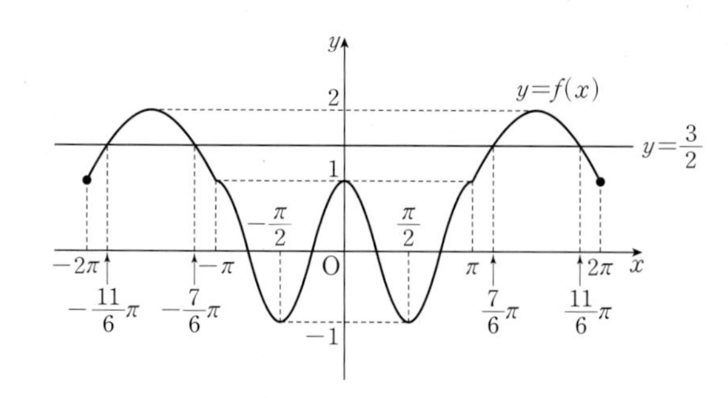

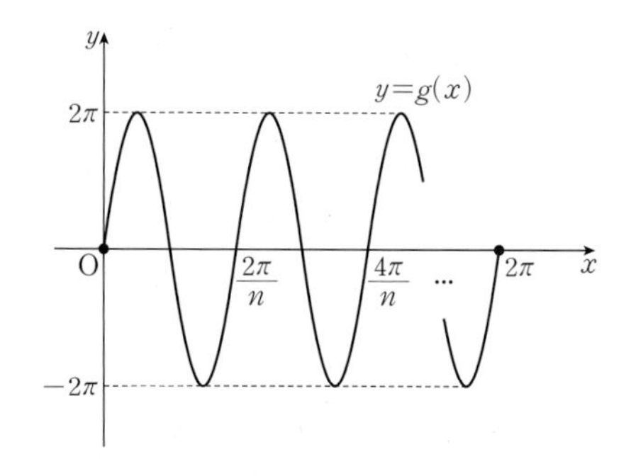

이때 $t=g(x)$로 놓으면 $-2\pi \le t \le 2\pi$이고

$(f \circ g)(x)=\frac{3}{2}$에서 $f(t)=\frac{3}{2}$

그런데 $-1 \le \cos 2t \le 1$이므로

$\sin t+1=\frac{3}{2}$ 또는 $-\sin t+1=\frac{3}{2}$

(i) $\sin t+1=\frac{3}{2}$일 때

$\sin t=\frac{1}{2}$이므로

$t=-\frac{11}{6}\pi$ 또는 $t=-\frac{7}{6}\pi$ ($\because -2\pi \le t \le -\pi$)

(ii) $-\sin t+1=\frac{3}{2}$일 때

$\sin t=-\frac{1}{2}$이므로

$t=\frac{7}{6}\pi$ 또는 $t=\frac{11}{6}\pi$ ($\because \pi \le t \le 2\pi$)

(i), (ii)에 의하여

$t=-\frac{11}{6}\pi$일 때, $-\frac{11}{6}\pi=2\pi \sin nx$, 즉 $\sin nx=-\frac{11}{12}$

$t=-\frac{7}{6}\pi$일 때, $-\frac{7}{6}\pi=2\pi \sin nx$, 즉 $\sin nx=-\frac{7}{12}$

$t=\frac{7}{6}\pi$일 때, $\frac{7}{6}\pi=2\pi \sin nx$, 즉 $\sin nx=\frac{7}{12}$

$t=\frac{11}{6}\pi$일 때, $\frac{11}{6}\pi=2\pi \sin nx$, 즉 $\sin nx=\frac{11}{12}$

따라서 함수 $y=(f \circ g)(x)$의 그래프와 직선 $y=\frac{3}{2}$이 만나는 점의 개수는 $0 \le x \le 2\pi$에서 함수 $y=\sin nx$의 그래프와 네 직선 $y=-\frac{11}{12}$, $y=-\frac{7}{12}$, $y=\frac{7}{12}$, $y=\frac{11}{12}$과 만나는 점의 개수와 같다.

오른쪽 그림과 같이 $0 \le x \le \frac{2\pi}{n}$에서 함수 $y=\sin nx$의 그래프와 네 직선 $y=-\frac{11}{12}$, $y=-\frac{7}{12}$, $y=\frac{7}{12}$, $y=\frac{11}{12}$과

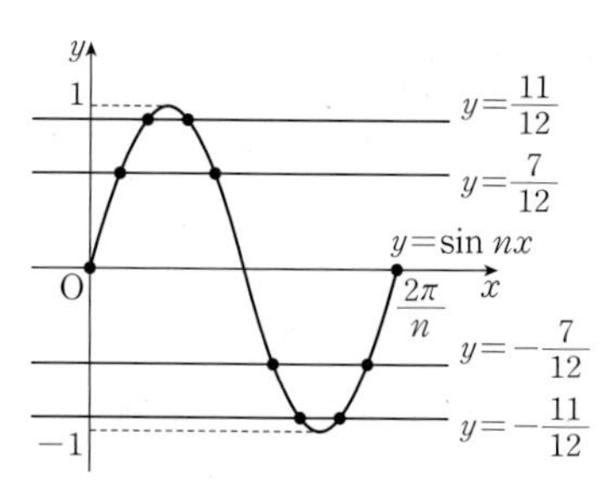

만나는 점의 개수의 합이 8이므로 $0 \le x \le 2\pi$에서 함수 $y=\sin nx$의 그래프와 네 직선이 만나는 점의 개수의 합은 $8n$이다.

따라서 함수 $y=(f \circ g)(x)$의 그래프와 직선 $y=\frac{3}{2}$이 만나는 점의 개수가 24이려면

$8n=24 \quad \therefore n=3$

답 ②

## 137

함수 $y=\tan kx$의 주기는 $\frac{\pi}{k}$이고, $0 \le x \le 2\pi$에서 함수 $y=\tan kx$의 그래프는 항상 세 점 $(0, 0)$, $(\pi, 0)$, $(2\pi, 0)$을 지난다.

함수 $y=\sin x$의 그래프도 세 점 $(0, 0)$, $(\pi, 0)$, $(2\pi, 0)$을 지나므로 $x=0, \pi, 2\pi$일 때 두 함수의 그래프는 항상 만난다. ······ ㉠

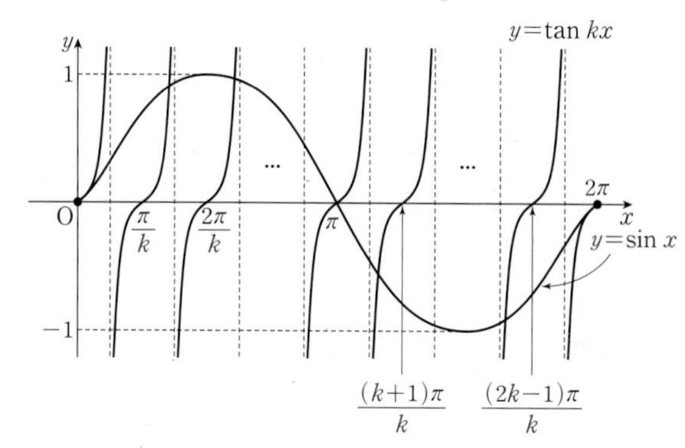

또, 두 함수 $y=\sin x$와 $y=\tan kx$의 그래프가 만나는 점은 $\frac{n\pi}{k}<x<\frac{(n+1)\pi}{k}$ $(n=1, 2, 3, \cdots, 2k-2)$에서 1개씩 있다.

따라서 $y \ne 0$에서 두 함수의 그래프가 만나는 점의 개수는 $2k-2$이므로

$a_k=3+(2k-2)=2k+1$ ($\because$ ㉠)

$\therefore a_1+a_2+a_3+a_4+a_5=3+5+7+9+11=35$

답 ①

## 138

함수 $y=a\cos bx+c$의 주기는 $\frac{2\pi}{b}$이므로 $0 \le x \le 2\pi$에서 함수 $y=a\cos bx+c$의 그래프는 다음 그림과 같다.

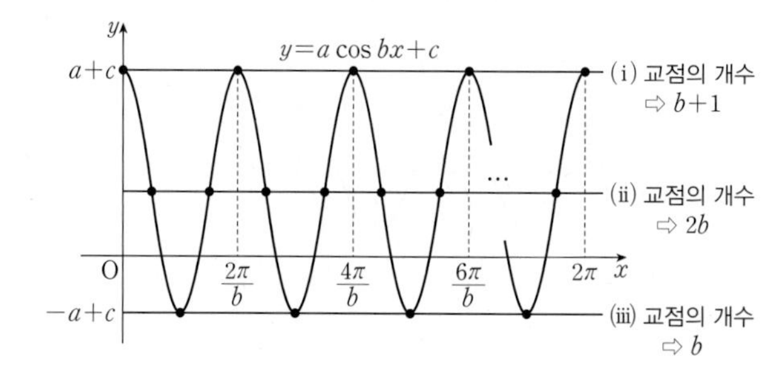

임의의 실수 $k$에 대하여 직선 $y=k$가 함수 $y=a\cos bx+c$의 그래프와 만나는 점의 개수는 다음과 같다.

(i) $k=a+c$일 때, $b+1$

(ii) $-a+c<k<a+c$일 때, $2b$

(iii) $k=-a+c$일 때, $b$

(iv) $k>a+c$, $k<-a+c$일 때, 0

(i)~(iv)에 의하여 함수 $y=a\cos bx+c$의 그래프가 세 직선 $y=5$, $y=2$, $y=-1$과 만나는 점의 개수가 각각 5, 8, 4가 되려면

$b=4$

이때 직선 $y=5$와 만나는 점의 개수가 5, 직선 $y=-1$과 만나는 점의 개수가 4이므로

$a+c=5$, $-a+c=-1$

위의 두 식을 연립하여 풀면

$a=3$, $c=2$

$\therefore abc=24$

답 ③

## 139

$\angle$BAO가 둔각이므로 삼각형 AOB가 이등변삼각형이 되려면 $\overline{AB}=\overline{AO}$이어야 한다.

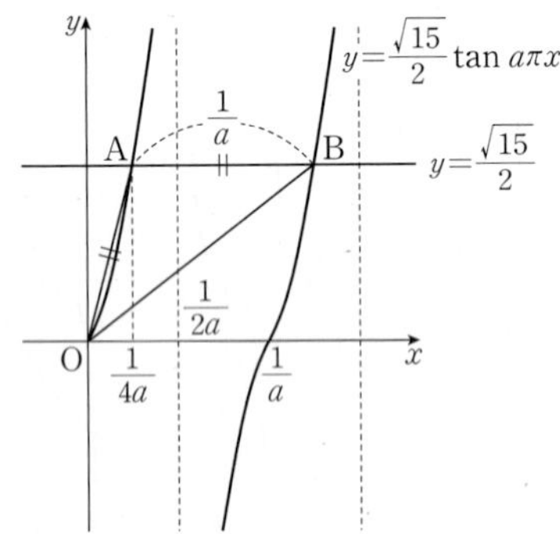


함수 $y=\frac{\sqrt{15}}{2}\tan a\pi x$의 주기는 $\frac{\pi}{a\pi}=\frac{1}{a}$이므로

$\overline{AB}=\frac{1}{a}$

또, 점 A의 좌표는 $A\left(\frac{1}{4a}, \frac{\sqrt{15}}{2}\right)$이므로

$\overline{AO}=\sqrt{\left(\frac{1}{4a}\right)^2+\left(\frac{\sqrt{15}}{2}\right)^2}=\frac{1}{a}$

양변을 제곱하여 정리하면

$\frac{1}{4a^2}=1$, $a^2=\frac{1}{4}$ $\quad\therefore a=\frac{1}{2}$ ($\because a>0$)

따라서 $0\le x\le 4$에서 두 함수 $y=\cos\pi x$와 $y=\frac{\sqrt{15}}{2}\tan\frac{\pi}{2}x$의 그래프는 다음 그림과 같으므로 두 그래프가 만나는 점의 개수는 2이다.

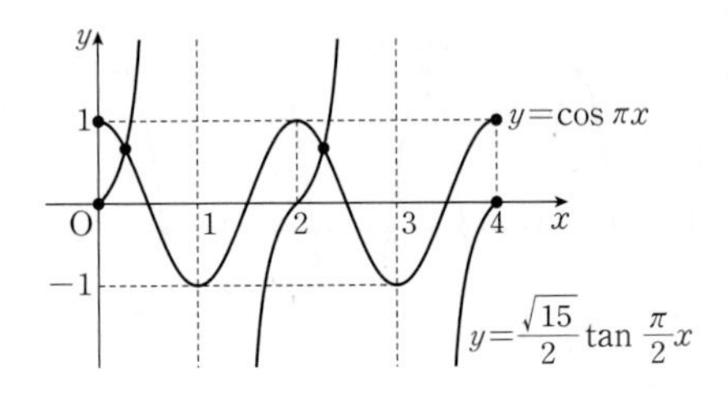


답 2

## 140

오른쪽 그림과 같이 원의 중심을 O, 점 Q를 직선 AB에 대하여 대칭이동한 점을 Q′이라 하면 $\overline{RQ}=\overline{RQ'}$이므로 삼각형 PRQ의 둘레의 길이는

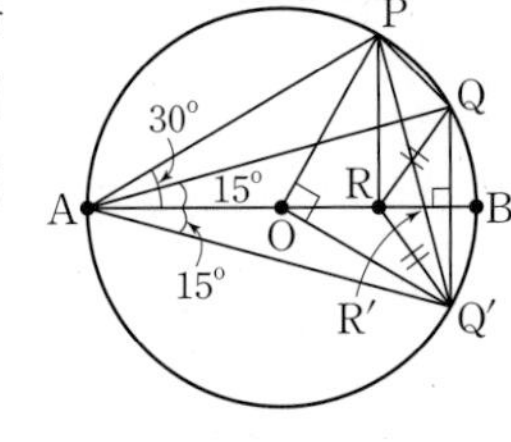


$\overline{PR}+\overline{RQ}+\overline{QP}=\overline{PR}+\overline{RQ'}+\overline{QP}$

$\ge\overline{PQ'}+\overline{QP}$

이때 $\overline{QP}$의 값은 일정하므로 점 R가 $\overline{AB}$와 $\overline{PQ'}$의 교점 R′일 때, 삼각형 PRQ의 둘레의 길이는 최소가 된다.

또한, 삼각형 QAQ′은 $\angle QAQ'=30°$, $\overline{AQ}=\overline{AQ'}$인 이등변삼각형이고, 이 삼각형의 외접원의 지름의 길이가 4이므로 사인법칙에 의하여

$\frac{\overline{QQ'}}{\sin 30°}=4$

$\therefore \overline{QQ'}=4\times\frac{1}{2}=2$

$\overline{AQ}=\overline{AQ'}=x$라 하면 삼각형 QAQ′에서 코사인법칙에 의하여

$\cos 30°=\frac{x^2+x^2-2^2}{2\times x\times x}=\frac{\sqrt{3}}{2}$

$(2-\sqrt{3})x^2=4$

$\therefore x^2=8+4\sqrt{3}$

한편, $\angle POQ'=2\times\angle PAQ'=90°$이므로 삼각형 POQ′은 직각이등변삼각형이다.

$\therefore \angle OPQ'=\angle OQ'P=45°$

또, $\angle OAP=\angle OPA=30°$이므로

$\angle APR'=30°+45°=75°$, $\angle AR'P=180°-(30°+75°)=75°$

$\therefore \overline{AP}=\overline{AR'}$

$\angle AQ'P=15°+45°=60°$이므로 삼각형 PAQ′에서 사인법칙에 의하여

$\frac{\overline{AP}}{\sin 60°}=4$ $\quad\therefore \overline{AP}=4\times\frac{\sqrt{3}}{2}=2\sqrt{3}$

$\therefore \overline{AR'}=\overline{AP}=2\sqrt{3}$

$\overline{PR'}=y$라 하면 삼각형 PAR′에서 코사인법칙에 의하여

$y^2=(2\sqrt{3})^2+(2\sqrt{3})^2-2\times2\sqrt{3}\times2\sqrt{3}\times\cos 30°=24-12\sqrt{3}$

따라서 삼각형 PRQ의 둘레의 길이가 최소가 될 때,

$3\overline{AQ}^2+\overline{PR}^2=3\overline{AQ}^2+\overline{PR'}^2$이므로 구하는 값은

$3x^2+y^2=3(8+4\sqrt{3})+(24-12\sqrt{3})$

$=48$

답 48

## 141

$\overline{CB}=\overline{CD}$이므로 삼각형 BCD는 이등변삼각형이다.

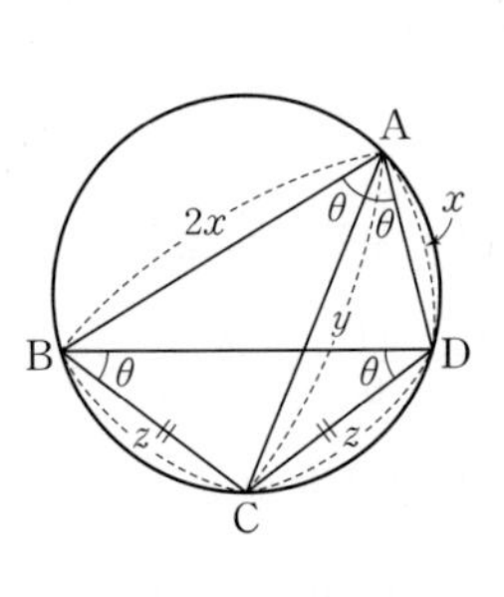


$\angle CBD=\angle BDC=\theta$라 하면 원주각의 성질에 의하여

$\angle CBD=\angle CAD$, $\angle BDC=\angle BAC$

$\therefore \angle CAD=\angle BAC=\theta$

$\overline{BC}=\overline{CD}=z$라 하면

$\overline{BD}=\frac{3}{2}z$

삼각형 BCD에서 코사인법칙에 의하여

$$\cos\theta=\frac{z^2+\left(\frac{3}{2}z\right)^2-z^2}{2\times z\times\frac{3}{2}z}=\frac{\frac{9}{4}z^2}{3z^2}=\frac{3}{4}$$

$$\therefore \sin\theta=\sqrt{1-\left(\frac{3}{4}\right)^2}=\frac{\sqrt{7}}{4}$$

$\overline{AB}:\overline{AD}=2:1$이므로 $\overline{AD}=x$, $\overline{AB}=2x$라 하고, $\overline{AC}=y$라 하면 삼각형 ABC에서 코사인법칙에 의하여

$z^2=4x^2+y^2-4xy\cos\theta=4x^2+y^2-3xy$ …… ㉠

삼각형 ACD에서 코사인법칙에 의하여

$z^2=x^2+y^2-2xy\cos\theta=x^2+y^2-\frac{3}{2}xy$ …… ㉡

㉠=㉡에서

$3x^2=\frac{3}{2}xy$

$\therefore x=\frac{1}{2}y\ (\because x>0)$ …… ㉢

한편, 삼각형 ABC에서 사인법칙에 의하여

$\frac{z}{\sin\theta}=2\sqrt{14}$

$\therefore z=2\sqrt{14}\times\frac{\sqrt{7}}{4}=\frac{7\sqrt{2}}{2}$ …… ㉣

㉢과 ㉣을 ㉡에 대입하면

$\left(\frac{7\sqrt{2}}{2}\right)^2=\left(\frac{1}{2}y\right)^2+y^2-\frac{3}{2}\times\frac{1}{2}y\times y$

$y^2=49 \qquad \therefore y=7$

$y=7$을 ㉢에 대입하면

$x=\frac{7}{2}$

따라서 삼각형 ACD의 넓이는

$\frac{1}{2}xy\sin\theta=\frac{1}{2}\times7\times\frac{7}{2}\times\frac{\sqrt{7}}{4}=\frac{49\sqrt{7}}{16}$ 답 ④

## 142

조건 (나)에서 $\angle DBC=\frac{\pi}{3}$이므로 삼각형 DBC에서 사인법칙에 의하여

$\frac{\overline{DC}}{\sin\frac{\pi}{3}}=\frac{14\sqrt{3}}{3} \qquad \therefore \overline{DC}=\frac{14\sqrt{3}}{3}\times\frac{\sqrt{3}}{2}=7$

또, $\overline{BC}=x$라 하면 코사인법칙에 의하여

$\cos\frac{\pi}{3}=\frac{8^2+x^2-7^2}{2\times8\times x}=\frac{1}{2}$

$x^2-8x+15=0$, $(x-3)(x-5)=0$

$\therefore x=3$ 또는 $x=5$

그런데 $x=3$이면 $8^2>7^2+3^2$에서 삼각형 DBC가 둔각삼각형이 되므로 조건을 만족시키지 않는다.

$\therefore x=5$, 즉 $\overline{BC}=5$

한편, $\overline{AB}=y$, $\overline{AD}=z$, $\angle DAB=\theta$라 하면 삼각형 ABD에서 사인법칙에 의하여

$\frac{8}{\sin\theta}=\frac{14\sqrt{3}}{3} \qquad \therefore \sin\theta=\frac{4\sqrt{3}}{7}$

조건 (다)에서 삼각형 ABD의 넓이는 $6\sqrt{3}$이므로

$\frac{1}{2}yz\sin\theta=\frac{2\sqrt{3}}{7}yz=6\sqrt{3}$

$\therefore yz=21$ …… ㉠

또, $\angle BCD=\pi-\theta$이고 삼각형 DBC에서 코사인법칙에 의하여

$\cos(\pi-\theta)=\frac{7^2+5^2-8^2}{2\times7\times5}=\frac{1}{7}$

$\therefore \cos\theta=-\frac{1}{7}$

이때 삼각형 ABD에서 코사인법칙에 의하여

$\cos\theta=\frac{y^2+z^2-8^2}{2\times y\times z}=-\frac{1}{7}$

$\frac{y^2+z^2-64}{2\times21}=-\frac{1}{7}\ (\because ㉠)$

$\therefore y^2+z^2=58$ …… ㉡

㉠, ㉡에 의하여

$(y+z)^2=y^2+z^2+2yz$

$=58+2\times21=100$

$\therefore y+z=10$

$y+z=10$, $yz=21$에서 $y$, $z$는 $t$에 대한 이차방정식 $t^2-10t+21=0$의 근이다.

$(t-3)(t-7)=0$

$\therefore t=3$ 또는 $t=7$

$\therefore y=7,\ z=3\ (\because \overline{AD}<\overline{AB})$

$\angle DAC=\angle DBC=\frac{\pi}{3}$이므로 삼각형 DAC에서 $\overline{AC}=k$라 하면 코사인법칙에 의하여

$\cos\frac{\pi}{3}=\frac{3^2+k^2-7^2}{2\times3\times k}=\frac{1}{2}$

$k^2-3k-40=0$

$(k+5)(k-8)=0$

$\therefore k=8\ (\because k>0)$

$\overline{AB}=\overline{CD}=7$, $\overline{AD}\neq\overline{BC}$, $\overline{AC}=\overline{BD}=8$이므로 사각형 ABCD는 등변사다리꼴이다.

즉, 직선 AD와 직선 BC는 평행하므로

$\angle ADE=\angle DBC=\frac{\pi}{3}$

따라서 삼각형 AED, 삼각형 EBC는 모두 정삼각형이므로

$\overline{CE}=\overline{BC}=5$, $\overline{DE}=\overline{AD}=3$

$\therefore \overline{CE}+\overline{DE}=8$ 답 ③

**참고 삼각형의 변의 길이에 대한 각의 크기**

삼각형 ABC에서 $\overline{AB}=c$, $\overline{BC}=a$, $\overline{CA}=b$이고 $c$가 가장 긴 변의 길이일 때

(1) $c^2<a^2+b^2$

➡ $\angle C<90°$이고 삼각형 ABC는 예각삼각형이다.

(2) $c^2=a^2+b^2$

➡ $\angle C=90°$이고 삼각형 ABC는 직각삼각형이다.

(3) $c^2>a^2+b^2$

➡ $\angle C>90°$이고 삼각형 ABC는 둔각삼각형이다.

## 143

**전략** $\frac{2x-\pi}{3}=\theta$로 놓고 주어진 삼각부등식의 해를 구한다.

$\frac{2x-\pi}{3}=\theta$로 놓으면 $\frac{\pi}{2}\le x<2\pi$에서

$0\le 2x-\pi<3\pi$

$\therefore 0\le\frac{2x-\pi}{3}<\pi$, 즉 $0\le\theta<\pi$

이때 $x=\frac{3\theta+\pi}{2}$이므로

$11\pi-4x=11\pi-4\times\frac{3\theta+\pi}{2}=9\pi-6\theta$

$\therefore \frac{11\pi-4x}{6}=\frac{3}{2}\pi-\theta$

주어진 부등식은

$4\sin^2\theta-2(1+\sqrt{3})\sin\left(\frac{3}{2}\pi-\theta\right)-(4+\sqrt{3})>0$

$4(1-\cos^2\theta)+2(1+\sqrt{3})\cos\theta-(4+\sqrt{3})>0$

$4\cos^2\theta-2(1+\sqrt{3})\cos\theta+\sqrt{3}<0$

$(2\cos\theta-1)(2\cos\theta-\sqrt{3})<0$

$\frac{1}{2}<\cos\theta<\frac{\sqrt{3}}{2}$

$\therefore \frac{\pi}{6}<\theta<\frac{\pi}{3}$ $(\because 0\le\theta<\pi)$

이때 $\theta=\frac{2x-\pi}{3}$이므로

$\frac{\pi}{6}<\frac{2x-\pi}{3}<\frac{\pi}{3}$

$\therefore \frac{3}{4}\pi<x<\pi$

따라서 $\alpha=\frac{3}{4}\pi$, $\beta=\pi$이므로

$4\alpha-\beta=3\pi-\pi=2\pi$

답 ②

## 144

**전략** $(a+b):(b+c):(c+a)=10:9:11$을 이용하여 $a$, $b$, $c$를 한 문자로 나타내고, 사인법칙과 삼각형의 넓이를 이용하여 $a$, $b$, $c$의 값을 구한다.

$(a+b):(b+c):(c+a)=10:9:11$이므로

$a+b=10k$, $b+c=9k$, $c+a=11k$ $(k>0)$ …… ㉠

라 하면

$(a+b)+(b+c)+(c+a)=2(a+b+c)=30k$

$\therefore a+b+c=15k$

$\therefore a=6k$, $b=4k$, $c=5k$ $(\because$ ㉠$)$

삼각형 ABC에서 사인법칙에 의하여

$\frac{a}{\sin A}=2R$ $\quad\therefore \sin A=\frac{a}{2R}=\frac{3k}{R}$

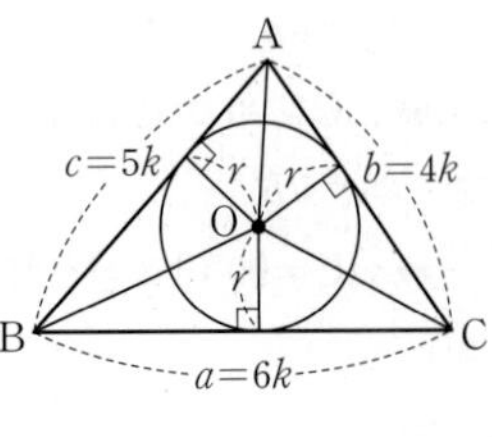


오른쪽 그림과 같이 삼각형 ABC의 내접원의 중심을 O, 삼각형 ABC의 넓이를 $S$라 하면

$S=\frac{1}{2}bc\sin A$

$=\frac{1}{2}\times4k\times5k\times\frac{3k}{R}=\frac{30k^3}{R}$ …… ㉡

또, 삼각형 ABC의 넓이 $S$는

$S=\triangle\text{OAB}+\triangle\text{OBC}+\triangle\text{OCA}$

$=\frac{1}{2}\times5k\times r+\frac{1}{2}\times6k\times r+\frac{1}{2}\times4k\times r$

$=\frac{15}{2}kr$ …… ㉢

㉡, ㉢에서

$\frac{30k^3}{R}=\frac{15}{2}kr$

즉, $4k^2=rR=9$이므로

$k=\frac{3}{2}$ $(\because k>0)$

따라서 $a=9$, $b=6$, $c=\frac{15}{2}$이므로

$\frac{abc}{15}=\frac{405}{15}=27$

답 27

## 145

**전략** 방정식 $f(x)-g(x)=0$의 해는 두 함수 $y=f(x)$, $y=g(x)$의 그래프의 교점의 $x$좌표와 같음을 이용한다.

$\cos x=t$로 놓으면 $0<x<2\pi$에서 $-1\le t<1$이고

$a\sin^2x-1=a(1-\cos^2x)-1=a(1-t^2)-1$

따라서 주어진 방정식은 $|a(1-t^2)-1|=t$ …… ㉠

함수 $y=|a(1-t^2)-1|$의 그래프와 직선 $y=t$는 $a$의 값에 따라 다음 그림과 같다.

(i) $a<0$일 때

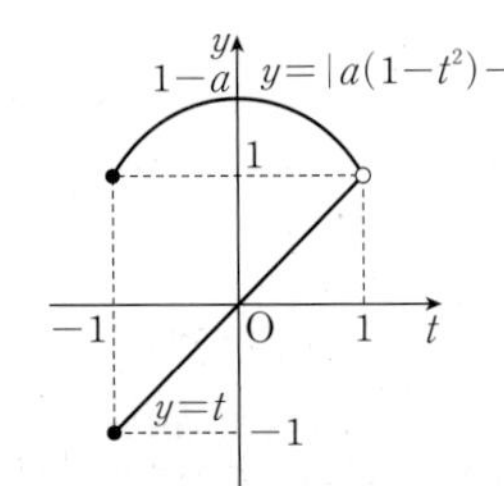


(ii) $0<a\le1$일 때

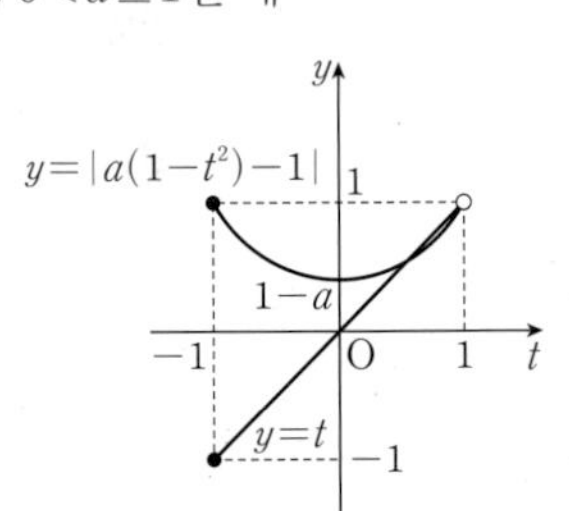


(iii) $a>1$일 때

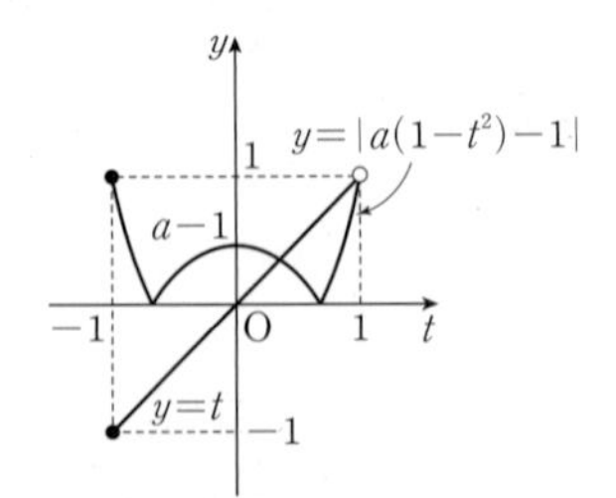


(i), (ii), (iii)에 의하여 방정식 ㉠의 해가 존재하려면 $a>0$이어야 한다.

이때 방정식 $|a\sin^2x-1|-\cos x=0$의 해는 $x=\pi$에 대칭이므로

$\beta+\alpha=2\pi$

이때 $\beta-\alpha=\frac{4}{3}\pi$이므로

$\alpha=\frac{\pi}{3}$, $\beta=\frac{5}{3}\pi$

따라서 $\cos\frac{\pi}{3}=\cos\frac{5}{3}\pi=\frac{1}{2}$이므로

$t=\frac{1}{2}$

(iv) $0<a\le 1$일 때

㉠에 $t=\frac{1}{2}$을 대입하면

$\left|\frac{3}{4}a-1\right|=\frac{1}{2},\ 1-\frac{3}{4}a=\frac{1}{2}\qquad \therefore a=\frac{2}{3}$

(v) $a>1$일 때

㉠에 $t=\frac{1}{2}$을 대입하면

$\left|\frac{3}{4}a-1\right|=\frac{1}{2},\ \frac{3}{4}a-1=\frac{1}{2}\qquad \therefore a=2$

(iv), (v)에 의하여 주어진 조건을 만족시키는 모든 $a$의 값의 합은

$\frac{2}{3}+2=\frac{8}{3}$ 답 ③

**주의** $a=0$이면 주어진 방정식은 $\cos x=1$이므로 $0<x<2\pi$에서 해가 존재하지 않는다.
따라서 $a\neq 0$이다.

## 146

**전략** 삼각형의 각의 이등분선의 성질과 사인법칙, 코사인법칙을 이용한다.

$\overline{BD}=a$, $\overline{DC}=b$, $\overline{AD}=c$라 하면 선분 AD는 $\angle A$의 이등분선이므로

$\overline{AB}:\overline{AC}=\overline{BD}:\overline{DC}=a:b$

$\overline{AB}=at$, $\overline{AC}=bt\ (t>0)$라 하면 삼각형 ABD와 삼각형 ADC에서 코사인법칙에 의하여

$\cos(\angle DAB)=\frac{(at)^2+c^2-a^2}{2\times at\times c}$,

$\cos(\angle CAD)=\frac{(bt)^2+c^2-b^2}{2\times bt\times c}$

이때 $\angle DAB=\angle CAD$이므로

$\frac{(at)^2+c^2-a^2}{2\times at\times c}=\frac{(bt)^2+c^2-b^2}{2\times bt\times c}$

$b\{(at)^2+c^2-a^2\}=a\{(bt)^2+c^2-b^2\}$

$(a-b)abt^2+(b-a)c^2-ab(a-b)=0$

$abt^2-c^2-ab=0\ (\because a\neq b)$

$abt^2=c^2+ab$

$\therefore t^2=\frac{c^2}{ab}+1$

$\frac{\overline{AD}^2}{\overline{BD}\times\overline{DC}}=\frac{5}{4}$에서 $\frac{c^2}{ab}=\frac{5}{4}$이므로

$t^2=\frac{5}{4}+1=\frac{9}{4}\qquad \therefore t=\frac{3}{2}\ (\because t>0)$

따라서 $\overline{AB}=\frac{3}{2}a$이므로 삼각형 ABD에서 사인법칙에 의하여

$\frac{\overline{BD}}{\sin(\angle DAB)}=\frac{\overline{AB}}{\sin(\angle BDA)}$

$\therefore \frac{\sin(\angle BDA)}{\sin(\angle DAB)}=\frac{\overline{AB}}{\overline{BD}}=\frac{\frac{3}{2}a}{a}=\frac{3}{2}$

$\therefore 6\times\frac{\sin(\angle BDA)}{\sin(\angle DAB)}=6\times\frac{3}{2}=9$ 답 9

## 147

**전략** 삼각형 QOP의 넓이가 $\frac{3\sqrt{3}}{4}$ cm$^2$가 될 때 두 동경 OP, OQ가 나타내는 각의 크기를 모두 구한다.

점 O는 선분 AB를 지름으로 하는 원과 선분 CD를 지름으로 하는 원의 중심이므로

$\overline{QO}=3$ cm, $\overline{PO}=1$ cm

삼각형 QOP의 넓이가 $\frac{3\sqrt{3}}{4}$ cm$^2$이므로

$\frac{1}{2}\times 3\times 1\times\sin(\angle QOP)=\frac{3\sqrt{3}}{4}$

$\therefore \sin(\angle QOP)=\frac{\sqrt{3}}{2}$

$\therefore \angle QOP=\frac{\pi}{3},\ \frac{2}{3}\pi,\ \frac{7}{3}\pi,\ \cdots$

한편, 두 점 P, Q가 움직인 거리는 같으므로

$\widehat{AQ}=\widehat{DP}$에서 $3\angle AOQ=\angle DOP$

$\therefore \angle AOQ=\frac{1}{3}\angle BOP$

반직선 OB를 시초선의 양의 방향으로 할 때, 두 동경 OP, OQ가 나타내는 각을 각각 $\alpha$, $\beta$라 하면

$\beta=\pi-\frac{\alpha}{3}$ ...... ㉠

이때 $\angle QOP$는 $\pi$에서부터 시작하여 작아지므로 삼각형 QOP의 넓이가 처음으로 $\frac{3\sqrt{3}}{4}$ cm$^2$가 될 때는

$\beta-\alpha=\frac{2}{3}\pi$ ...... ㉡

㉠, ㉡을 연립하여 풀면

$\alpha=\frac{\pi}{4},\ \beta=\pi-\frac{\pi}{12}$

삼각형 QOP의 넓이가 두 번째로 $\frac{3\sqrt{3}}{4}$ cm$^2$가 될 때는

$\beta-\alpha=\frac{\pi}{3}$일 때이므로 $\alpha=\frac{2\pi}{4},\ \beta=\pi-\frac{2\pi}{12}$이다.

그런데 $\alpha=\frac{3\pi}{4},\ \beta=-\pi-\frac{3\pi}{12}$일 때는 $\alpha-\beta=2\pi$이므로

세 점 Q, O, P가 한 직선 위에 있어서 삼각형이 되지 않는다.

삼각형 QOP의 넓이가 세 번째로 $\frac{3\sqrt{3}}{4}$ cm$^2$가 될 때는

$\beta-\alpha=-\frac{\pi}{3}$일 때로 $\alpha=\frac{4\pi}{4},\ \beta=\pi-\frac{4\pi}{12}$이다.

⋮

즉, $\alpha=\frac{\pi}{4},\ \frac{2\pi}{4},\ \frac{4\pi}{4},\ \frac{5\pi}{4},\ \frac{7\pi}{4},\ \frac{8\pi}{4},\ \frac{10\pi}{4},\ \cdots$일 때, 삼각형 QOP의 넓이는 $\frac{3\sqrt{3}}{4}$cm$^2$가 된다.

여기서 삼각형 QOP의 넓이가 $\frac{3\sqrt{3}}{4}$ cm$^2$가 되는 횟수가 6이 되려면

$\frac{8\pi}{4}\le a<\frac{10}{4}\pi$이어야 한다.

이때 10초 동안 점 P가 움직인 거리는 $10k$ cm이므로

$\overline{OD}\times \alpha=10k$에서

$\alpha=10k$

즉, $\frac{8\pi}{4}\le 10k<\frac{10}{4}\pi$에서

$\frac{\pi}{5}\le k<\frac{\pi}{4}$

따라서 $b-a$의 최댓값은

$\frac{\pi}{4}-\frac{\pi}{5}=\frac{\pi}{20}$ 답 ①

## 148

**전략** 삼각함수의 그래프를 그려서 보기의 참, 거짓을 판별한다.

ㄱ. $n=m=2$일 때, $0\le x\le 2\pi$에서 두 함수 $y=|\sin 2x|$와 $y=|\cos 2x|$의 그래프는 다음 그림과 같다.

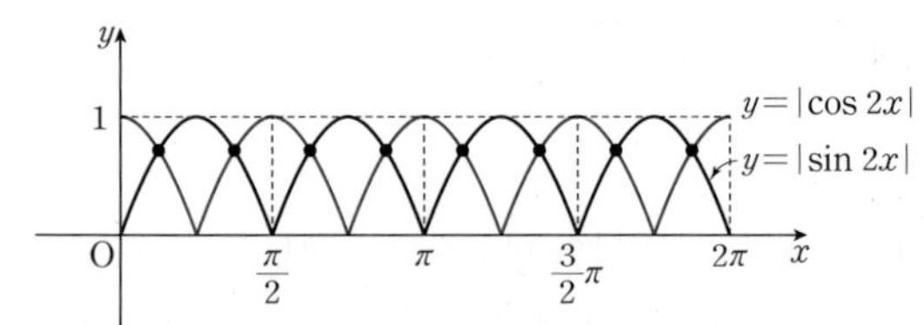


두 그래프의 교점의 개수는 8이므로

$k=8$ (참)

ㄴ. 두 함수 $y=|\sin nx|$와 $y=|\cos mx|$의 그래프는 모두 $n$, $m$의 값에 관계없이 직선 $x=\pi$에 대하여 대칭이므로 두 함수의 그래프의 교점 또한 직선 $x=\pi$에 대하여 대칭이다.

즉, $\frac{\alpha_2+\alpha_{k-1}}{2}=\pi$ $\quad\therefore \alpha_2+\alpha_{k-1}=2\pi$ (참)

ㄷ. $n=3$일 때, 함수 $y=|\sin 3x|$의 그래프는 다음 그림과 같다.

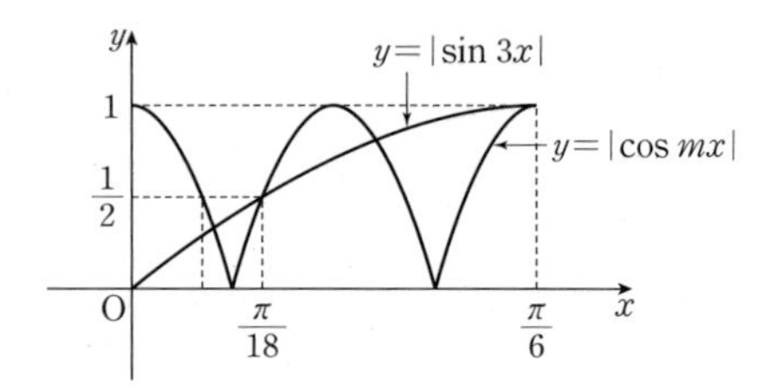


$x=\frac{\pi}{18}$일 때, $\sin\left(3\times\frac{\pi}{18}\right)=\sin\frac{\pi}{6}=\frac{1}{2}$

이때 $\frac{1}{2}=\left|\cos\frac{\pi}{3}\right|=\left|\cos\frac{2\pi}{3}\right|$이므로

$\alpha_2=\frac{\pi}{18}$이려면 $\left|\cos\left(m\times\frac{\pi}{18}\right)\right|=\left|\cos\frac{2}{3}\pi\right|$에서

$m\times\frac{\pi}{18}=\frac{2}{3}\pi$ $\quad\therefore m=12$

따라서 $\alpha_2<\frac{\pi}{18}$를 만족시키는 자연수 $m$의 최솟값은 13이다. (참)

따라서 ㄱ, ㄴ, ㄷ 모두 옳다. 답 ⑤

## 149

**전략** 점 C를 직선 $l$에 대하여 대칭이동한 점 C′을 그리고, 삼각형의 각의 이등분선의 성질과 코사인법칙을 이용하여 선분의 길이를 구한다.

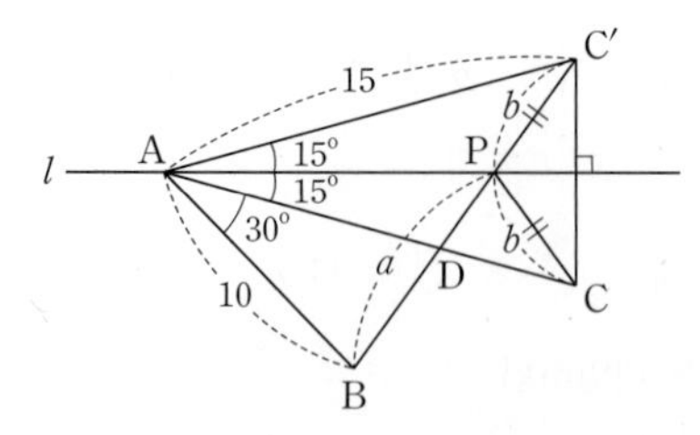


점 C를 직선 $l$에 대하여 대칭이동한 점을 C′이라 하면 점 P가 직선 BC′과 직선 $l$이 만나는 점일 때, $a+b$의 값은 최소가 된다.

삼각형 ACC′은 이등변삼각형이므로

$\overline{AC'}=\overline{AC}=15$, $\angle BAC'=60^\circ$

이때 삼각형 ABC′에서 코사인법칙에 의하여

$\overline{BC'}^2=10^2+15^2-2\times10\times15\times\cos 60^\circ=175$

즉, $\overline{BC'}=\boxed{5\sqrt{7}}$이므로 $a+b=\boxed{5\sqrt{7}}$이다.

한편, 선분 BC′과 선분 AC가 만나는 점을 D라 하면 삼각형 ABC′의 넓이는 삼각형 ABD의 넓이와 삼각형 ADC′의 넓이의 합과 같으므로

$\frac{1}{2}\times10\times15\times\sin 60^\circ$

$=\frac{1}{2}\times10\times\overline{AD}\times\sin 30^\circ+\frac{1}{2}\times\overline{AD}\times15\times\sin 30^\circ$

$\frac{25}{4}\overline{AD}=\frac{75\sqrt{3}}{2}$

$\therefore \overline{AD}=\boxed{6\sqrt{3}}$

이때 삼각형 ABC′에서 선분 AD는 $\angle BAC'$의 이등분선이므로

$\overline{BD}:\overline{DC'}=\overline{AB}:\overline{AC'}=10:15=2:3$

$\therefore \overline{DC'}=\frac{3}{5}\overline{BC'}=\frac{3}{5}\times(a+b)=\frac{3}{5}\times\boxed{5\sqrt{7}}$

또, 삼각형 ADC′에서 선분 AP는 $\angle DAC'$의 이등분선이므로

$\overline{DP}:\overline{PC'}=\overline{AD}:\overline{AC'}=6\sqrt{3}:15$

$\therefore b=\overline{PC}=\overline{PC'}=\frac{\boxed{15}}{\boxed{6\sqrt{3}}+\boxed{15}}\times\left(\frac{3}{5}\times\boxed{5\sqrt{7}}\right)$

따라서 $a-b=(a+b)-2b$이므로

$a-b=\boxed{5\sqrt{7}}-2\times\left\{\frac{\boxed{15}}{\boxed{6\sqrt{3}}+\boxed{15}}\times\left(\frac{3}{5}\times\boxed{5\sqrt{7}}\right)\right\}$

따라서 $p=5\sqrt{7}$, $q=6\sqrt{3}$, $r=15$이므로

$\frac{pq}{r}=\frac{5\sqrt{7}\times6\sqrt{3}}{15}=2\sqrt{21}$ 답 ④

## 150

**전략** 함수 $f(x)=\sin(ax-b\pi)$의 그래프의 성질을 이해하고 주어진 조건을 만족시키는 $a$, $b$의 값을 구한다.

$f(x)=\sin(ax-b\pi)=\sin\left\{a\left(x-\frac{b}{a}\pi\right)\right\}$이므로 함수 $f(x)$의 주기는 $\frac{2\pi}{a}$이고, 함수 $y=f(x)$의 그래프는 함수 $y=\sin ax$의 그래프를 $x$축의 방향으로 $\frac{b}{a}\pi$만큼 평행이동한 것이다.

따라서 두 점 A, B의 좌표는 각각

$A\left(\frac{2b+1}{2a}\pi,\ 1\right)$, $B\left(\frac{2b+3}{2a}\pi,\ -1\right)$

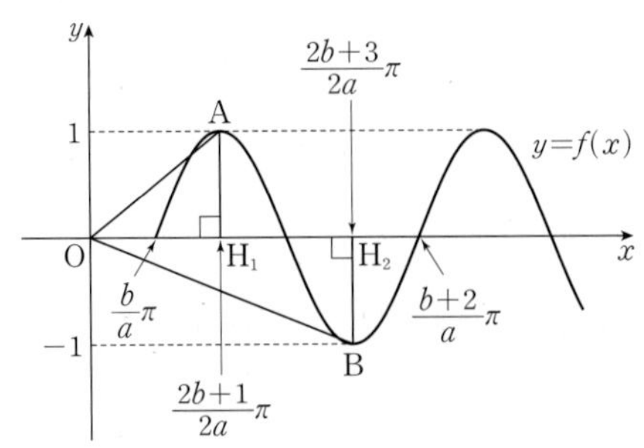


조건 (가)에서 $\overline{OH_1} : \overline{OH_2} = \triangle OAH_1 : \triangle OBH_2 = 5 : 9$이므로

$9\overline{OH_1} = 5\overline{OH_2}$

$9\times\frac{2b+1}{2a}\pi = 5\times\frac{2b+3}{2a}\pi$

$18b+9=10b+15$

$\therefore b=\frac{3}{4}$

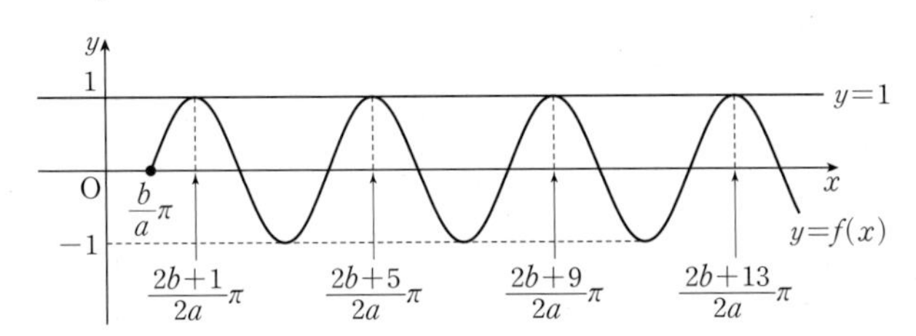


한편, $\frac{b}{a}\pi\le x\le 2\pi$에서 함수 $f(x)=\sin(ax-b\pi)$의 그래프와 직선 $y=1$이 만나는 교점의 개수가 3이 되려면 위의 그림에서

$\frac{2b+9}{2a}\pi\le 2\pi<\frac{2b+13}{2a}\pi$

이어야 하므로

$21\le 8a<29$

$\therefore a=3$ ($\because$ $a$는 자연수)

따라서 $f(x)=\sin(ax-b\pi)=\sin\left(3x-\frac{3}{4}\pi\right)$이므로

방정식 $f(x)=\frac{1}{2}$에서

$\sin\left(3x-\frac{3}{4}\pi\right)=\frac{1}{2}$

$\frac{\pi}{4}\le x\le\pi$에서 $0\le 3x-\frac{3}{4}\pi\le\frac{9}{4}\pi$이므로

$3x-\frac{3}{4}\pi=\frac{\pi}{6}$ 또는 $3x-\frac{3}{4}\pi=\frac{5}{6}\pi$ 또는 $3x-\frac{3}{4}\pi=\frac{13}{6}\pi$

$\therefore x=\frac{11}{36}\pi$ 또는 $x=\frac{19}{36}\pi$ 또는 $x=\frac{35}{36}\pi$

따라서 $\frac{\pi}{4}\le x\le\pi$에서 방정식 $f(x)=\frac{1}{2}$의 모든 해의 합은

$\frac{11}{36}\pi+\frac{19}{36}\pi+\frac{35}{36}\pi=\frac{65}{36}\pi$

답 ②

## 151

**전략** **$\overline{PH_1}+\overline{PH_2}$의 값이 일정함을 이용하여 $\angle BCD$의 크기를 구하고, 원의 성질과 사인법칙, 코사인법칙을 이용하여 보기의 참, 거짓을 판별한다.**

삼각형 ABC의 외접원의 중심을 O라 하자.

선분 AC가 외접원의 지름이므로 삼각형 DAC는 $\angle ADC=\frac{\pi}{2}$인 직각삼각형이다.

$\overline{PC}=t\ (t>0)$,

$\angle BCD=\theta\ \left(0<\theta<\frac{\pi}{2}\right)$라 하면

$\overline{PH_1}=t\sin\theta$, $\overline{PH_2}=\overline{DC}-\overline{H_1C}=\overline{DC}-t\cos\theta$

$\therefore \overline{PH_1}+\overline{PH_2}=t\sin\theta+\overline{DC}-t\cos\theta$

$=\overline{DC}+t(\sin\theta-\cos\theta)$ …… ㉠

$\overline{PH_1}+\overline{PH_2}$의 값이 $t$의 값에 관계없이 일정하므로

$\sin\theta-\cos\theta=0$ $\quad\therefore \sin\theta=\cos\theta$

이때 $0<\theta<\frac{\pi}{2}$이므로

$\theta=\frac{\pi}{4}$ …… ㉡

또한, $\angle BCA=\frac{\pi}{2}-\frac{5}{12}\pi=\frac{\pi}{12}$이므로

$\angle ACD=\frac{\pi}{4}-\frac{\pi}{12}=\frac{\pi}{6}$

ㄱ. 삼각형 OBC에서 $\angle OBC=\angle OCB=\frac{\pi}{12}$이므로

$\angle BOC=\frac{5}{6}\pi$

또, 삼각형 OCD에서 $\angle ODC=\angle OCD=\frac{\pi}{6}$이므로

$\angle DOC=\frac{2}{3}\pi$

$\angle BOD=2\pi-\frac{2}{3}\pi-\frac{5}{6}\pi=\frac{\pi}{2}$

호 DB, 호 BC, 호 CD의 길이의 비는

$\frac{\pi}{2} : \frac{5}{6}\pi : \frac{2}{3}\pi=3 : 5 : 4$ (참)

ㄴ. 직각삼각형 ACD에서

$\overline{DC}=\overline{AC}\times\cos\frac{\pi}{6}=2\sqrt{6}\times\frac{\sqrt{3}}{2}=3\sqrt{2}$

한편, 원주각의 성질에 의하여 $\angle CDB=\angle CAB=\frac{5}{12}\pi$이고,

$\angle BCD=\frac{\pi}{4}$이므로

$\angle DBC=\pi-\left(\frac{5}{12}\pi+\frac{\pi}{4}\right)=\frac{\pi}{3}$

삼각형 DBC에서 사인법칙에 의하여

$\frac{\overline{DB}}{\sin\frac{\pi}{4}}=2\sqrt{6}$

$\therefore \overline{DB}=2\sqrt{3}$

또, 코사인법칙에 의하여

$\overline{DC}^2=\overline{BD}^2+\overline{BC}^2-2\times\overline{BD}\times\overline{BC}\times\cos\frac{\pi}{3}$

$(3\sqrt{2})^2=(2\sqrt{3})^2+\overline{BC}^2-2\times2\sqrt{3}\times\overline{BC}\times\frac{1}{2}$

$\overline{BC}^2-2\sqrt{3}\times\overline{BC}-6=0$

$\therefore \overline{BC}=3+\sqrt{3}$ (참)

ㄷ. ㉠, ㉡에서 $\overline{PH_1}+\overline{PH_2}=\overline{DC}=3\sqrt{2}$이므로

$\overline{PH_1}=x$, $\overline{PH_2}=y$라 하면

$x+y=3\sqrt{2}$ …… ㉢

삼각형 $H_2PH_1$이 $\angle H_2PH_1=\frac{\pi}{2}$인 직각삼각형이므로

삼각형 $H_2PH_1$의 넓이를 $b$라 하면

$b=\frac{1}{2}xy$ …… ㉣

삼각형 $H_2PH_1$의 외접원은 선분 $H_2H_1$을 지름으로 하는 원이므로 외접원의 반지름의 길이는

$\frac{1}{2}\overline{H_2H_1}=\frac{\sqrt{x^2+y^2}}{2}$

따라서 삼각형 $H_2PH_1$의 외접원의 넓이는 $\frac{x^2+y^2}{4}\pi$이므로

$a=\frac{x^2+y^2}{4}=\frac{(x+y)^2-4\times\frac{1}{2}xy}{4}$

$=\frac{(3\sqrt{2})^2-4b}{4}$ ($\because$ ㉢, ㉣)

$\therefore b=\frac{9}{2}-a$

따라서 삼각형 $H_2PH_1$의 넓이는 $\frac{9}{2}-a$이다. (거짓)

따라서 옳은 것은 ㄱ, ㄴ이다. 답 ③

## 152

**전략** 삼각형의 외접원의 성질을 이해하고 사인법칙과 코사인법칙을 이용하여 선분의 길이를 구한다.

삼각형 ABC에서 코사인법칙에 의하여

$\cos(\angle ABC)=\frac{6^2+5^2-4^2}{2\times6\times5}=\frac{3}{4}$

$\therefore \sin(\angle ABC)=\sqrt{1-\left(\frac{3}{4}\right)^2}=\frac{\sqrt{7}}{4}$

삼각형 ABC의 외접원의 반지름의 길이를 $R$라 하면 삼각형 ABC에서 사인법칙에 의하여

$\frac{\overline{AC}}{\sin(\angle ABC)}=\frac{4}{\frac{\sqrt{7}}{4}}=2R \qquad \therefore R=\frac{8}{\sqrt{7}}$

$\therefore \overline{BM}=\overline{OM}=\frac{1}{2}\overline{BO}=\frac{1}{2}R=\frac{4}{\sqrt{7}}$

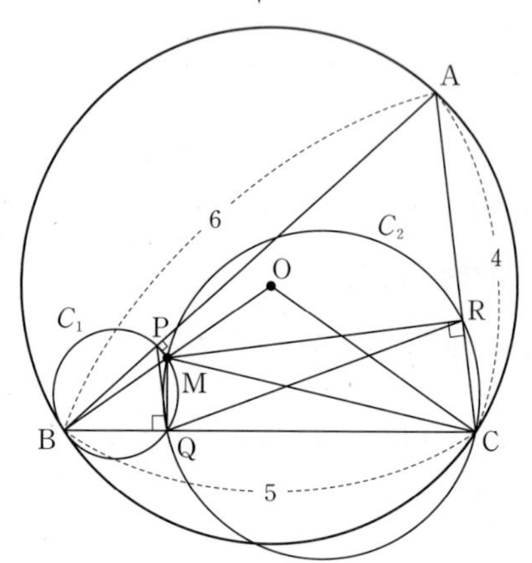


$\angle BPM=\angle BQM=\frac{\pi}{2}$에서 사각형 PBQM의 외접원을 $C_1$이라 하면 선분 BM은 원 $C_1$의 지름이므로 삼각형 PBQ에서 사인법칙에 의하여

$\frac{\overline{PQ}}{\sin(\angle PBQ)}=\overline{BM}$

$\therefore \overline{PQ}=\frac{4}{\sqrt{7}}\times\frac{\sqrt{7}}{4}=1$

$\angle MRC=\angle MQC=\frac{\pi}{2}$에서 사각형 MQCR의 외접원을 $C_2$라 하면 선분 CM은 원 $C_2$의 지름이므로 삼각형 RCQ에서 사인법칙에 의하여

$\frac{\overline{QR}}{\sin(\angle ACB)}=\overline{MC}$ …… ㉠

삼각형 ABC에서 사인법칙에 의하여

$\frac{\overline{AB}}{\sin(\angle ACB)}=\frac{6}{\sin(\angle ACB)}=\frac{16}{\sqrt{7}}$

$\therefore \sin(\angle ACB)=\frac{3\sqrt{7}}{8}$

$\overline{OB}=\overline{OC}=\frac{8}{\sqrt{7}}$, $\overline{BC}=5$이므로 삼각형 BOC에서 코사인법칙에 의하여

$\cos(\angle BOC)=\frac{\left(\frac{8}{\sqrt{7}}\right)^2+\left(\frac{8}{\sqrt{7}}\right)^2-5^2}{2\times\frac{8}{\sqrt{7}}\times\frac{8}{\sqrt{7}}}=-\frac{47}{128}$

이때 $\overline{OM}=\frac{4}{\sqrt{7}}$, $\overline{OC}=\frac{8}{\sqrt{7}}$이므로 삼각형 MOC에서 코사인법칙에 의하여

$\overline{MC}^2=\overline{OM}^2+\overline{OC}^2-2\times\overline{OM}\times\overline{OC}\times\cos(\angle BOC)$

$=\left(\frac{4}{\sqrt{7}}\right)^2+\left(\frac{8}{\sqrt{7}}\right)^2-2\times\frac{4}{\sqrt{7}}\times\frac{8}{\sqrt{7}}\times\left(-\frac{47}{128}\right)$

$=\frac{207}{14}$

즉, $\overline{MC}=\sqrt{\frac{207}{14}}$이므로 ㉠에서

$\overline{QR}=\overline{MC}\times\sin(\angle ACB)=\sqrt{\frac{207}{14}}\times\frac{3\sqrt{7}}{8}=\frac{9\sqrt{46}}{16}$

따라서 $a=1$, $b=\frac{9\sqrt{46}}{16}$이므로

$\left(\frac{16}{9}ab\right)^2=\left(\frac{16}{9}\times\frac{9\sqrt{46}}{16}\right)^2=46$ 답 46

# Ⅲ 수열

## step 0 기출에서 뽑은 실전 개념 OX

본문 63쪽

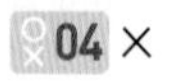

| 01 ○ | 02 × | 03 ○ | 04 × | 05 × |
|---|---|---|---|---|
| 06 × | 07 ○ | 08 ○ | 09 ○ | 10 × |

## step 1 3점·4점 유형 정복하기

(어려운 3점·쉬운 4점)

본문 64~83쪽

### 153

$x^2-nx+4(n-4)=0$에서

$(x-4)\{x-(n-4)\}=0$

$\therefore x=4$ 또는 $x=n-4$

한편, 세 수 1, $\alpha$, $\beta$가 이 순서대로 등차수열을 이루므로

$2\alpha=\beta+1$ …… ㉠

$n=8$이면 주어진 이차방정식의 근이 $x=4$(중근)가 되어 조건을 만족시키지 않는다.

$\therefore n\neq8$

(i) $n>8$일 때

$4<n-4$이므로 $\alpha=4$, $\beta=n-4$

이때 ㉠에서 $2\times4=(n-4)+1$ $\therefore n=11$

(ii) $n<8$일 때

$n-4<4$이므로 $\alpha=n-4$, $\beta=4$

이때 ㉠에서 $2(n-4)=4+1$ $\therefore n=\frac{13}{2}$

$n$은 자연수이어야 하므로 조건을 만족시키지 않는다.

(i), (ii)에 의하여 $n=11$

답 ③

### 154

서로 다른 세 정수 $a_1$, $a_2$, $a_3$이 이 순서대로 등차수열을 이루므로

$2a_2=a_1+a_3$ …… ㉠

이때 $a_2$의 값에 따라 다음과 같이 나누어 생각할 수 있다.

(i) $a_2=n$일 때

$n-4<n$이므로 $a_1=n-4$, $a_3=2n$

이때 ㉠에서 $2n=(n-4)+2n$ $\therefore n=4$

따라서 $a_1=0$, $a_2=4$, $a_3=8$이므로

$d=4$

(ii) $a_2=n-4$일 때

$n-4<n$이므로 $a_1=2n$, $a_3=n$

이때 ㉠에서 $2(n-4)=2n+n$ $\therefore n=-8$

따라서 $a_1=-16$, $a_2=-12$, $a_3=-8$이므로

$d=4$

(iii) $a_2=2n$일 때

$n-4<n$이므로 $a_1=n-4$, $a_3=n$

이때 ㉠에서 $2\times2n=(n-4)+n$ $\therefore n=-2$

따라서 $a_1=-6$, $a_2=-4$, $a_3=-2$이므로

$d=2$

(i), (ii), (iii)에 의하여 모든 $d$의 값의 합은

$4+2=6$

답 ③

### 155

등차수열 $\{a_n\}$의 공차를 $d$ $(d\neq0)$라 하면 일반항 $a_n$은

$a_n=a_1+(n-1)d$ …… ㉠

$a_6+a_8=2a_7$이므로 $a_6+a_8=|2a_5|$에서

$2a_7=2|a_5|$

$a_7=|a_5|$ $\therefore a_7=-a_5$ ($\because d\neq0$)

㉠에 의하여 $a_7=a_1+6d$, $a_5=a_1+4d$이므로

$a_1+6d=-(a_1+4d)$

즉, $a_1=-5d$이므로

$a_n=-5d+(n-1)d=(n-6)d$ ($\because$ ㉠)

한편, $|a_6|+|a_8|=|a_5+2|$에서

$|2d|=|-d+2|$

즉, $2d=d-2$ 또는 $2d=-d+2$이므로

$d=-2$ 또는 $d=\frac{2}{3}$

(i) $d=-2$일 때,

$a_9=3d=3\times(-2)=-6$

(ii) $d=\frac{2}{3}$일 때,

$a_9=3d=3\times\frac{2}{3}=2$

(i), (ii)에 의하여 $M=2$, $m=-6$이므로

$M-m=2-(-6)=8$

답 ④

### 156

등차수열 $\{a_n\}$의 공차를 $d$라 하면 수열 $\{a_n\}$의 모든 항이 자연수이므로 $d$는 자연수이다.

조건 (가)에 의하여 $a_1=a_3-a_2=d$이므로 수열 $\{a_n\}$의 일반항 $a_n$은

$a_n=a_1+(n-1)d=d+(n-1)d=nd$ …… ㉠

조건 (나)에서

$a_m+a_{m+2}=md+(m+2)d$ ($\because$ ㉠)

$=2(m+1)d=6m$

$\therefore d=\frac{3m}{m+1}$

이때 $d$가 자연수이므로 $m+1$이 3의 배수이어야 한다.

$\therefore m=3k-1$ ($k$는 자연수)

$\therefore d=\frac{3m}{m+1}=\frac{3(3k-1)}{(3k-1)+1}=3-\frac{1}{k}$

이때 $d$의 값이 자연수이려면 $k=1$이어야 하므로

$d=3-1=2$

따라서 ㉠에서

$a_n=2n$

$\therefore a_{10}+a_{20}=20+40=60$

답 60

## 157

등차수열 $\{a_n\}$의 첫째항을 $a$, 공차를 $d$ $(d>0)$라 하면

$S_9=27$에서

$\frac{9(2a+8d)}{2}=27$, $a+4d=3$

$\therefore a=3-4d$ ...... ㉠

또, $|S_3|=27$에서 $\left|\frac{3(2a+2d)}{2}\right|=27$

$\therefore |a+d|=9$ ...... ㉡

㉠을 ㉡에 대입하면 $|(3-4d)+d|=9$

$|3-3d|=9$, $|1-d|=3$

$\therefore d=4$ ($\because d>0$)

$d=4$를 ㉠에 대입하면

$a=3-4\times4=-13$

따라서 $a_n=-13+(n-1)\times4=4n-17$이므로

$a_{10}=40-17=23$

답 ①

## 158

등차수열 $\{a_n\}$의 첫째항을 $a$ $(a>0)$, 공차를 $d$라 하면

$S_5=S_7$에서 $S_7-S_5=0$이므로

$(a_1+a_2+\cdots+a_7)-(a_1+a_2+\cdots+a_5)=0$

$a_6+a_7=0$

$(a+5d)+(a+6d)=0$

$\therefore a=-\frac{11}{2}d$ ...... ㉠

이때 $a>0$이므로

$d<0$ ...... ㉡

$|S_5|+|S_7|=70$에서

$|S_5|+|S_7|=|S_5|+|S_5|=2|S_5|=70$

즉, $|S_5|=35$이므로

$\left|\frac{5(2a+4d)}{2}\right|=35$

$\therefore |a+2d|=7$ ...... ㉢

㉠을 ㉢에 대입하면 $\left|-\frac{11}{2}d+2d\right|=7$

$-\frac{7}{2}d=7$ ($\because$ ㉡) $\therefore d=-2$

$d=-2$를 ㉠에 대입하면

$a=-\frac{11}{2}\times(-2)=11$

$\therefore S_3=\frac{3\times\{2\times11+2\times(-2)\}}{2}=27$

답 ③

## 159

등차수열 $\{a_n\}$의 첫째항을 $a$, 공차를 $d$라 하면

$a_1+a_3+a_5+a_7=0$에서

$a+(a+2d)+(a+4d)+(a+6d)=4(a+3d)=0$

$\therefore a+3d=0$ ...... ㉠

$a_2+a_4+a_6+a_8=-8$에서

$(a+d)+(a+3d)+(a+5d)+(a+7d)=4(a+4d)=-8$

$\therefore a+4d=-2$ ...... ㉡

㉠, ㉡을 연립하여 풀면

$a=6$, $d=-2$

$\therefore S_n=\frac{n\{2\times6+(n-1)\times(-2)\}}{2}=-n^2+7n$

따라서 $p=-1$, $q=7$이므로

$|p|+|q|=1+7=8$

답 8

**다른 풀이** 수열 $\{a_n\}$이 등차수열이므로 세 수 $a_1$, $a_4$, $a_7$과 세 수 $a_3$, $a_4$, $a_5$와 세 수 $a_2$, $a_5$, $a_8$과 세 수 $a_4$, $a_5$, $a_6$은 모두 이 순서대로 등차수열을 이룬다.

등차중항에 의하여

$a_1+a_7=a_3+a_5=2a_4$

$a_2+a_8=a_4+a_6=2a_5$

즉, $a_1+a_3+a_5+a_7=0$에서 $4a_4=0$ $\therefore a_4=0$

$a_2+a_4+a_6+a_8=-8$에서 $4a_5=-8$ $\therefore a_5=-2$

이때 등차수열 $\{a_n\}$의 공차를 $d$라 하면

$d=a_5-a_4=-2-0=-2$

$a_4=a_1+3d=a_1+3\times(-2)=0$이므로

$a_1=6$

## 160

등차수열 $\{a_n\}$의 첫째항부터 제$n$항까지의 합을 $S_n$이라 하고, 첫째항을 $a$, 공차를 $d$라 하자.

$a_1+a_2+a_3+\cdots+a_m=100$ ...... ㉠

$a_{m+1}+a_{m+2}+a_{m+3}+\cdots+a_{2m}=300$ ...... ㉡

㉠에서 $S_m=100$이므로

$\frac{m\{2a+(m-1)d\}}{2}=100$

$\therefore 2am+m^2d-md=200$ ...... ㉢

㉠+㉡을 하면 $S_{2m}=400$이므로

$\frac{2m\{2a+(2m-1)d\}}{2}=400$

$\therefore 2am+2m^2d-md=400$ ...... ㉣

㉣−㉢을 하면

$m^2d=200=2^3\times5^2$

이때 $m$은 1보다 큰 자연수이므로 가능한 $m$의 값은

2, 5, 10

한편, ㉢에 $m^2d=200$을 대입하면

$2am-md=0$ $\therefore a=\frac{d}{2}$ ($\because m\neq0$) ...... ㉤

(i) $m=2$일 때

$m^2d=200$에서 $4d=200$ $\therefore d=50$

$d=50$을 ㉤에 대입하면 $a=25$

$\therefore a_2=a+d=75$

(ii) $m=5$일 때

$m^2d=200$에서 $25d=200$ $\therefore d=8$

$d=8$을 ㉤에 대입하면 $a=4$

$\therefore a_2=a+d=12$

(iii) $m=10$일 때

$m^2d=200$에서 $100d=200$ $\therefore d=2$

$d=2$를 ㉤에 대입하면 $a=1$

$\therefore a_2=a+d=3$

(i), (ii), (iii)에 의하여 $a_2$의 최댓값 $M=75$, 최솟값 $m=3$이므로

$M\times m=75\times3=225$ 답 ②

## 161

$S_n=2n^2-3n$에서

(i) $n=1$일 때, $a_1=S_1=-1$

(ii) $n\geq2$일 때

$a_n=S_n-S_{n-1}$

$=(2n^2-3n)-\{2(n-1)^2-3(n-1)\}$

$=4n-5$ …… ㉠

이때 $a_1=-1$은 ㉠에 $n=1$을 대입한 것과 같으므로

$a_n=4n-5$

$a_n>100$에서

$4n-5>100$, $4n>105$

$\therefore n>\frac{105}{4}=26.25$

따라서 구하는 자연수 $n$의 최솟값은 27이다. 답 ②

## 162

$S_n=n^2-10n+20$에서

(i) $n=1$일 때, $a_1=S_1=11$

(ii) $n\geq2$일 때

$a_n=S_n-S_{n-1}$

$=(n^2-10n+20)-\{(n-1)^2-10(n-1)+20\}$

$=2n-11$ …… ㉠

이때 $a_1=11$은 ㉠에 $n=1$을 대입한 것과 같지 않으므로

$a_1=11$, $a_n=2n-11$ $(n\geq2)$

$n\geq2$일 때, $a_n<10$에서

$2n-11<10$, $2n<21$

$n<\frac{21}{2}=10.5$

$\therefore n=2, 3, \cdots, 10$

이때 $a_1=11>10$이므로 조건을 만족시키는 모든 자연수 $n$의 값의 합은

$2+3+4+\cdots+10=54$ 답 ③

## 163

등차수열 $\{a_n\}$의 첫째항을 $a$, 공차를 $d$라 하면

$a_3=11$에서 $a+2d=11$ …… ㉠

또한, 세 수 $S_2+1$, $S_1+S_2$, $S_4-S_3$이 이 순서대로 등차수열을 이루므로

$2(S_1+S_2)=(S_2+1)+(S_4-S_3)$

$2(a_1+a_1+a_2)=(a_1+a_2+1)+a_4$

$3a_1+a_2-a_4=1$

$3a+(a+d)-(a+3d)=1$

$\therefore 3a-2d=1$ …… ㉡

㉠, ㉡을 연립하여 풀면

$a=3$, $d=4$

$\therefore S_n=\frac{n\{2\times3+(n-1)\times4\}}{2}=2n^2+n$

따라서

$S_9=2\times9^2+9=171$, $S_{10}=2\times10^2+10=210$

이므로 $S_n<200$을 만족시키는 자연수 $n$의 최댓값은 9이다. 답 ④

**참고** 수열 $\{a_n\}$은 첫째항이 3, 공차가 4인 등차수열이므로 모든 자연수 $n$에 대하여 $0<a_n<a_{n+1}$

$\therefore S_n<S_{n+1}$

## 164

조건 (가)에 의하여

$S_2+T_2=8$ …… ㉠

$S_3+T_3=18$ …… ㉡

조건 (나)에 의하여

$T_2=3S_2$, $T_3=2S_3$

$T_2=3S_2$를 ㉠에 대입하면

$S_2+3S_2=8$ $\therefore S_2=2$, $T_2=6$

$T_3=2S_3$을 ㉡에 대입하면

$S_3+2S_3=18$ $\therefore S_3=6$, $T_3=12$

이때 등차수열 $\{a_n\}$의 첫째항을 $a$, 공차를 $d$라 하면

$S_2=a_1+a_2=a+(a+d)$

$=2a+d=2$ …… ㉢

또한, $a_3=S_3-S_2=6-2=4$에서

$a+2d=4$ …… ㉣

㉢, ㉣을 연립하여 풀면

$a=0$, $d=2$

$\therefore S_n=\frac{n\{2\times0+(n-1)\times2\}}{2}=n^2-n$

조건 (가)에 의하여

$T_n=2n^2-S_n=2n^2-(n^2-n)=n^2+n$

$\therefore S_n-T_n=(n^2-n)-(n^2+n)=-2n$

$|S_m-T_m|<10$에서

$|-2m|<10$, $2m<10$ ($\because m$은 자연수)

$\therefore m<5$

따라서 조건을 만족시키는 모든 자연수 $m$의 값은 1, 2, 3, 4이므로 그 합은

$1+2+3+4=10$ 답 ②

## 165

등비수열 $\{a_n\}$의 첫째항을 $a$, 공비를 $r$ $(r>1)$이라 하자.

조건 (가)에서

$a_3\times a_5\times a_7=ar^2\times ar^4\times ar^6=a^3r^{12}=125$

$(ar^4)^3=5^3$ $\therefore ar^4=5$ ...... ㉠

조건 (나)에서

$$\frac{a_4+a_8}{a_6}=\frac{ar^3+ar^7}{ar^5}=\frac{ar^3(1+r^4)}{ar^5}=\frac{1+r^4}{r^2}=\frac{13}{6}$$

$6+6r^4=13r^2$

$6r^4-13r^2+6=0$, $(2r^2-3)(3r^2-2)=0$

$\therefore r^2=\frac{3}{2}$ $(\because r>1)$

$$\therefore a_9=ar^8=ar^4\times(r^2)^2=5\times\left(\frac{3}{2}\right)^2 \ (\because ㉠)=\frac{45}{4}$$

답 ②

## 166

등비수열 $\{a_n\}$의 첫째항을 $a$ $(a>0)$, 공비를 $r$ $(0<r<2)$라 하자.

조건 (가)에서

$a_2a_4=ar\times ar^3=(ar^2)^2=36$

$\therefore ar^2=6$ $(\because a>0,\ r>0)$ ...... ㉠

조건 (나)에서

$$\frac{a_1-a_2+a_3-a_4}{a_3+a_5}=\frac{a-ar+ar^2-ar^3}{ar^2+ar^4}=\frac{a(1+r^2)-ar(1+r^2)}{ar^2(1+r^2)}=\frac{1-r}{r^2}=\frac{1-\sqrt{3}}{3}$$

즉, $3(1-r)=(1-\sqrt{3})r^2$에서

$(\sqrt{3}-1)r^2-3r+3=0$

$\{(\sqrt{3}-1)r-\sqrt{3}\}(r-\sqrt{3})=0$

$\therefore r=\frac{\sqrt{3}}{\sqrt{3}-1}=\frac{3+\sqrt{3}}{2}$ 또는 $r=\sqrt{3}$

이때 $\frac{3+\sqrt{3}}{2}>2$이므로 $r=\sqrt{3}$

$r=\sqrt{3}$을 ㉠에 대입하면

$3a=6$ $\therefore a=2$

즉, $a_n=2\times(\sqrt{3})^{n-1}$이므로

$A=\{2,\ 2\sqrt{3},\ 6,\ 6\sqrt{3},\ 18,\ \cdots,\ 162\sqrt{3}\}$

따라서 집합 $A$의 원소 중 자연수인 모든 원소의 합은

$2+6+18+54+162=242$ 답 ①

## 167

등비수열 $\{a_n\}$의 첫째항을 $a$, 공비를 $r$라 하면

$a_1+a_2=6$에서

$a+ar=6$ $\therefore a=\frac{6}{1+r}$ ...... ㉠

또, $\frac{1}{a_3}+\frac{1}{a_4}=8$에서

$\frac{1}{ar^2}+\frac{1}{ar^3}=\frac{r+1}{ar^3}=8$ ...... ㉡

㉠을 ㉡에 대입하면

$$\frac{r+1}{\frac{6r^3}{1+r}}=8$$

$48r^3-r^2-2r-1=0$

$(3r-1)(16r^2+5r+1)=0$

$\therefore r=\frac{1}{3}$ 또는 $r=\frac{-5\pm\sqrt{39}i}{32}$

이때 등비수열 $\{a_n\}$의 모든 항이 실수이므로 $r$는 실수이다.

$\therefore r=\frac{1}{3}$

$r=\frac{1}{3}$을 ㉠에 대입하면

$$a=\frac{6}{1+\frac{1}{3}}=\frac{9}{2}$$

따라서 $a_n=\frac{9}{2}\times\left(\frac{1}{3}\right)^{n-1}$이므로 $100a_n<1$에서

$$100a_n=100\times\frac{9}{2}\times\left(\frac{1}{3}\right)^{n-1}=450\times\left(\frac{1}{3}\right)^{n-1}<1$$

$3^{n-1}>450$

이때 $3^5=243$, $3^6=729$이므로 $n-1\geq6$에서

$n\geq7$

따라서 구하는 자연수 $n$의 최솟값은 7이다. 답 ②

## 168

등차수열 $\{a_n\}$의 첫째항을 $a$, 공차를 $d$ ($d$는 자연수)라 하고, 등비수열 $\{b_n\}$의 첫째항을 $b$ ($b$는 자연수), 공비를 $r$라 하자.

조건 (가)에서 $a=br$ ...... ㉠

조건 (나)에서 $a+2d=br^2$ ...... ㉡

조건 (다)에서 $a+8d=br^3$ ...... ㉢

㉡÷㉠을 하면

$1+\frac{2d}{a}=r$ $\therefore \frac{d}{a}=\frac{r-1}{2}$ ...... ㉣

㉢÷㉠을 하면

$1+\frac{8d}{a}=r^2$ $\therefore \frac{d}{a}=\frac{r^2-1}{8}$ ...... ㉤

㉣, ㉤에서

$\frac{r-1}{2}=\frac{r^2-1}{8}$, $r^2-4r+3=0$

$(r-1)(r-3)=0$

$\therefore r=1$ 또는 $r=3$

이때 ㉣에서 $d$는 자연수이므로 $r \neq 1$

$\therefore r=3$

$r=3$을 ㉣에 대입하면

$\frac{d}{a}=1 \qquad \therefore a=d$

또, $r=3$을 ㉠에 대입하면

$a=3b$

$\therefore a_n=a+(n-1)\times a=an=3bn,\ b_n=b\times 3^{n-1}$

이때 $100<a_5+b_5<200$에서

$100<15b+81b<200 \qquad \therefore 100<96b<200$

$b$는 자연수이므로 $b=2$

$\therefore a_5+b_5=96b=96\times 2=192$ 답 192

## 169

등비수열 $\{a_n\}$의 공비를 $r$라 하면 $a_1=1$이므로

$a_n=r^{n-1}$ ...... ㉠

이때 $r=1$이면 $a_n=1,\ S_n=n$이므로

$\frac{S_6}{S_3}=\frac{6}{3}=2,\ 2a_4-7=2-7=-5$

즉, $\frac{S_6}{S_3}\neq 2a_4-7$이므로 $r\neq 1$

$\therefore S_n=\frac{1-r^n}{1-r}$

이때

$$\frac{S_6}{S_3}=\frac{\frac{1-r^6}{1-r}}{\frac{1-r^3}{1-r}}=\frac{1-r^6}{1-r^3}=\frac{(1-r^3)(1+r^3)}{1-r^3}=1+r^3,$$

$2a_4-7=2r^3-7$ ($\because$ ㉠)

이므로

$1+r^3=2r^3-7$

$r^3=8 \qquad \therefore r=2$

따라서 $a_n=2^{n-1}$이므로

$a_7=2^6=64$ 답 64

## 170

등비수열 $\{a_n\}$의 첫째항을 $a$, 공비를 $r$라 하자.

$r=1$이면 등비수열 $\{a_n\}$의 모든 항은 $a$이므로

$S_3=3a=2$에서 $a=\frac{2}{3}$

$S_6=6a=8$에서 $a=\frac{4}{3}$

즉, $a$의 값이 같지 않으므로 $r\neq 1$

$S_3=2,\ S_6=8$에서

$S_3=\frac{a(1-r^3)}{1-r}=2$ ...... ㉠

$S_6=\frac{a(1-r^6)}{1-r}$

$=\frac{a(1-r^3)(1+r^3)}{1-r}=8$ ...... ㉡

㉡÷㉠을 하면

$1+r^3=4 \qquad \therefore r^3=3$

$r^3=3$을 ㉠에 대입하면

$\frac{a\times(-2)}{1-r}=2 \qquad \therefore a=r-1$

$\therefore S_{3n}=\frac{a(1-r^{3n})}{1-r}=-(1-3^n)=3^n-1$

$S_{3n}>100$에서

$3^n-1>100,\ 3^n>101$

이때 $3^4=81,\ 3^5=243$이므로 자연수 $n$의 최솟값은 5이다. 답 ③

## 171

등비수열 $\{a_n\}$의 공비를 $r$라 하면 수열 $\{a_n\}$의 모든 항이 양수이므로

$r>0$

이때 $a_1=2$이므로 $a_5=8$에서

$a_5=2r^4=8,\ r^4=4 \qquad \therefore r=\sqrt{2}$ ($\because r>0$)

$\therefore S_{10}=\frac{2\{(\sqrt{2})^{10}-1\}}{\sqrt{2}-1}=\frac{2(2^5-1)}{\sqrt{2}-1}$

한편, 수열 $\{a_na_{n+2}\}$의 일반항은

$a_na_{n+2}=(2\times r^{n-1})\times(2\times r^{n+1})$

$=4\times r^{2n}=4\times 2^n=8\times 2^{n-1}$

이므로 수열 $\{a_na_{n+2}\}$는 첫째항이 8, 공비가 2인 등비수열이다.

$\therefore T_{10}=\frac{8(2^{10}-1)}{2-1}=2^3(2^{10}-1)$

$$\therefore \frac{T_{10}}{S_{10}}=\frac{2^3(2^{10}-1)}{\frac{2(2^5-1)}{\sqrt{2}-1}}=\frac{2^3(2^{10}-1)(\sqrt{2}-1)}{2(2^5-1)}$$

$=2^2(2^5+1)(\sqrt{2}-1)=132(\sqrt{2}-1)$

$=-132+132\sqrt{2}$

따라서 $p=-132,\ q=132$이므로

$|p|+|q|=132+132=264$ 답 264

## 172

등비수열 $\{a_n\}$의 첫째항을 $a$, 공비를 $r$라 하면 $a_2\neq 0$에서

$ar\neq 0 \qquad \therefore a\neq 0,\ r\neq 0$

조건 (가)에서

$4|a|+4|ar|=|ar^2|+|ar^3|=r^2|a|+r^2|ar|$

이때 $a\neq 0$이므로

$r^2=4$

$\therefore r=2$ 또는 $r=-2$

또한, 조건 (나)에서

$|a|+\left|\frac{ar}{a}\right|=4$

$|a|+|r|=4$

$|a|=4-|r|=2$

$\therefore a=2$ 또는 $a=-2$

ㄱ. $a\neq 0,\ r\neq 0$이므로 모든 자연수 $n$에 대하여

$a_n=ar^{n-1}\neq 0$ (참)

ㄴ. $|a_3|=|ar^2|=|a|r^2=2\times4=8$ (참)

ㄷ. $S_{10}=\dfrac{a(r^{10}-1)}{r-1}$에서 $S_{10}$은 $a=2$, $r=2$일 때 최대이므로 최댓값은

$\dfrac{2(2^{10}-1)}{2-1}=2046$ (참)

따라서 ㄱ, ㄴ, ㄷ 모두 옳다. 답 ⑤

## 173

등비수열 $\{a_n\}$의 첫째항을 $a$, 공비를 $r$라 하면

$a_n=ar^{n-1}$

모든 자연수 $n$에 대하여 $S_{n+3}-S_n=13\times3^{n-1}$이므로

$S_{n+3}-S_n=a_{n+1}+a_{n+2}+a_{n+3}$

$=ar^n+ar^{n+1}+ar^{n+2}$

$=ar^n(1+r+r^2)=13\times3^{n-1}$

$n=1$일 때, $ar(1+r+r^2)=13$ …… ㉠

$n=2$일 때, $ar^2(1+r+r^2)=13\times3$ …… ㉡

㉡÷㉠을 하면 $r=3$

$r=3$을 ㉠에 대입하면

$3a(1+3+9)=13 \quad \therefore a=\dfrac{1}{3}$

따라서 $a_n=\dfrac{1}{3}\times3^{n-1}=3^{n-2}$이므로

$a_4=3^2=9$ 답 9

## 174

$S_n=2^{n-1}+k$에서

(i) $n=1$일 때, $a_1=S_1=1+k$

(ii) $n\geq2$일 때

$a_n=S_n-S_{n-1}$

$=(2^{n-1}+k)-(2^{n-2}+k)$

$=2^{n-2}$

(i), (ii)에 의하여 $a_1=1+k$, $a_n=2^{n-2}$ $(n\geq2)$

$\dfrac{a_2+a_4+a_6+a_8+a_{10}}{a_1+a_3+a_5+a_7+a_9}=\dfrac{1+2^2+2^4+2^6+2^8}{(1+k)+2+2^3+2^5+2^7}$

$=\dfrac{341}{k+171}=\dfrac{31}{16}$

에서

$\dfrac{11}{k+171}=\dfrac{1}{16}$, $k+171=176$

$\therefore k=5$

따라서 $S_n=2^{n-1}+5$이므로

$S_1+S_2=6+7=13$ 답 13

## 175

$S_{2n+2}=S_{2n}+2^n+(-2)^n$에서 $S_{2n+2}-S_{2n}=2^n+(-2)^n$이므로

$a_{2n+1}+a_{2n+2}=2^n+(-2)^n$

$n$에 1, 2, 3, …, 9를 대입하면

$a_3+a_4=2^1+(-2)^1=0$

$a_5+a_6=2^2+(-2)^2=2^3$

$a_7+a_8=2^3+(-2)^3=0$

$a_9+a_{10}=2^4+(-2)^4=2^5$

⋮

$a_{17}+a_{18}=2^8+(-2)^8=2^9$

$a_{19}+a_{20}=2^9+(-2)^9=0$

이때 $a_1=a_2=1$에서 $a_1+a_2=2$이므로

$S_{20}=(a_1+a_2)+(a_3+a_4)+(a_5+a_6)+\cdots+(a_{19}+a_{20})$

$=2+0+2^3+0+2^5+0+\cdots+2^9+0$

$=2+8+32+128+512=682$ 답 ②

**다른 풀이** $S_{20}=2+2^3+2^5+2^7+2^9$에서 $S_{20}$은 첫째항이 2, 공비가 $2^2=4$인 등비수열의 첫째항부터 제5항까지의 합과 같으므로

$S_{20}=\dfrac{2(4^5-1)}{4-1}=\dfrac{2\times(1024-1)}{3}=682$

## 176

등비수열 $\{a_n\}$의 공비를 $r_1$ ($r_1$은 자연수)이라 하면 $a_1=1$이므로

$a_n=r_1^{\ n-1}$ …… ㉠

또, 등비수열 $\{b_n\}$의 공비를 $r_2$ ($r_2$는 자연수)라 하면 $b_1=6$이므로

$b_n=6\times r_2^{\ n-1}$ …… ㉡

이때 $T_{n+2}-T_n=b_{n+1}+b_{n+2}$이므로 조건 (나)에 의하여

$b_{n+1}+b_{n+2}=6b_n$, $b_nr_2+b_nr_2^{\ 2}=6b_n$

$b_n\neq0$이므로 $r_2^{\ 2}+r_2-6=0$

$(r_2+3)(r_2-2)=0$

$\therefore r_2=2$ ($\because$ $r_2$는 자연수)

$\therefore b_n=6\times2^{n-1}$ ($\because$ ㉡)

$=3\times2^n$ …… ㉢

한편, $S_{n+2}-S_n=a_{n+1}+a_{n+2}$이므로 조건 (가)에 의하여

$a_{n+1}+a_{n+2}=b_n$

$r_1^{\ n}+r_1^{\ n+1}=3\times2^n$ ($\because$ ㉠, ㉢)

$r_1^{\ n}(1+r_1)=3\times2^n$

$\therefore r_1=2$ ($\because$ $r_1$은 자연수)

$\therefore a_n=2^{n-1}$

$\therefore S_3+T_3=(a_1+a_2+a_3)+(b_1+b_2+b_3)$

$=(1+2+4)+(6+12+24)=49$ 답 49

## 177

두 점 $\mathrm{P}_n$, $\mathrm{P}_{n+1}$을 지나는 직선의 기울기가 $k\times2^{a_n}$이므로

$\dfrac{2^{a_{n+1}}-2^{a_n}}{a_{n+1}-a_n}=k\times2^{a_n}$, $2^{a_{n+1}}-2^{a_n}=k\times2^{a_n}(a_{n+1}-a_n)$

양변을 $2^{a_n}$으로 나누면

$2^{a_{n+1}-a_n}=k(a_{n+1}-a_n)+1$

즉, 모든 자연수 $n$에 대하여 $a_{n+1}-a_n$은 방정식 $2^x=kx+1$의 해이다.

이때 $k>1$이므로 방정식 $2^x=kx+1$은 오직 하나의 양의 실근 $d$를 갖는다.

따라서 모든 자연수 $n$에 대하여 $a_{n+1}-a_n=d$이고, 수열 $\{a_n\}$은 공차가 $d$인 등차수열이다.

점 $Q_n$의 좌표가 $(a_{n+1}, 2^{a_n})$이므로 삼각형 $P_nQ_nP_{n+1}$의 넓이 $A_n$은

$$A_n=\frac{1}{2}(a_{n+1}-a_n)(2^{a_{n+1}}-2^{a_n})$$

$$=\frac{d}{2}(2^{a_{n+1}}-2^{a_n})$$

이때 $\frac{A_3}{A_1}=16$이므로

$$\frac{A_3}{A_1}=\frac{\frac{d}{2}(2^{a_4}-2^{a_3})}{\frac{d}{2}(2^{a_2}-2^{a_1})}=\frac{2^{a_2+2d}-2^{a_1+2d}}{2^{a_2}-2^{a_1}}$$

$$=\frac{2^{2d}\times2^{a_2}-2^{2d}\times2^{a_1}}{2^{a_2}-2^{a_1}}=\frac{2^{2d}(2^{a_2}-2^{a_1})}{2^{a_2}-2^{a_1}}$$

$$=2^{2d}=16$$

$2^{2d}=2^4$

$\therefore d=\boxed{2}$

따라서 수열 $\{a_n\}$의 일반항은

$a_n=1+(n-1)\times2=\boxed{2n-1}$

$$\therefore A_n=\frac{d}{2}(2^{a_{n+1}}-2^{a_n})$$

$$=\frac{2}{2}(2^{2n+1}-2^{2n-1})$$

$$=\boxed{3\times2^{2n-1}}$$

따라서 $p=2$, $f(n)=2n-1$, $g(n)=3\times2^{2n-1}$이므로

$$p+\frac{g(4)}{f(2)}=2+\frac{3\times2^7}{3}=130$$

답 ⑤

## 178

두 수 $3^m$, $3^{2m}$은 모두 홀수이므로 집합 $A$의 원소 중 홀수인 원소는 $3^m$, $3^m+2$, $3^m+4$, $\cdots$, $3^{2m}$이다.

이때 $a_1=3^m$, $a_2=3^m+2$, $a_3=3^m+4$, $\cdots$, $a_k=3^{2m}$이라 하면 수열 $\{a_n\}$은 첫째항이 $3^m$, 공차가 2인 등차수열이므로 일반항 $a_n$은

$a_n=3^m+(n-1)\times2$

$a_k=3^{2m}$에서

$3^{2m}=3^m+(k-1)\times2$

$$\therefore k=\boxed{\frac{3^{2m}-3^m+2}{2}}$$

따라서 $S_m$은 등차수열 $\{a_n\}$의 첫째항부터 제$k$항까지의 합과 같으므로

$$S_m=3^m+(3^m+2)+(3^m+4)+\cdots+3^{2m}$$

$$=\boxed{\frac{3^{2m}-3^m+2}{2}}\times\frac{3^m+3^{2m}}{2}$$

또한, 두 수 $3^m$, $3^{2m}$은 모두 3의 배수이므로 집합 $A$의 원소 중 3의 배수인 원소는 $3^m$, $3^m+3$, $3^m+6$, $\cdots$, $3^{2m}$이다.

이때 $b_1=3^m$, $b_2=3^m+3$, $b_3=3^m+6$, $\cdots$, $b_l=3^{2m}$이라 하면 수열 $\{b_n\}$은 첫째항이 $3^m$, 공차가 3인 등차수열이므로 일반항 $b_n$은

$b_n=3^m+(n-1)\times3$

$b_l=3^{2m}$에서

$3^{2m}=3^m+(l-1)\times3$

$$\therefore l=\boxed{\frac{3^{2m}-3^m+3}{3}}$$

따라서 $T_m$은 등차수열 $\{b_n\}$의 첫째항부터 제$l$항까지의 합과 같으므로

$$T_m=3^m+(3^m+3)+(3^m+6)+\cdots+3^{2m}$$

$$=\boxed{\frac{3^{2m}-3^m+3}{3}}\times\frac{3^m+3^{2m}}{2}$$

$12(S_m-T_m)=3^{24}-3^{12}$에서

$$12(S_m-T_m)$$

$$=12\left(\frac{3^{2m}-3^m+2}{2}\times\frac{3^m+3^{2m}}{2}-\frac{3^{2m}-3^m+3}{3}\times\frac{3^m+3^{2m}}{2}\right)$$

$$=(3^m+3^{2m})\{3(3^{2m}-3^m+2)-2(3^{2m}-3^m+3)\}$$

$$=(3^m+3^{2m})(3^{2m}-3^m)=3^{4m}-3^{2m}$$

즉, $3^{4m}-3^{2m}=3^{24}-3^{12}$이므로

$(3^{2m})^2-3^{2m}-3^{12}(3^{12}-1)=0$

$(3^{2m}-3^{12})(3^{2m}+3^{12}-1)=0$

$\therefore 3^{2m}=3^{12}$ ($\because 3^{2m}+3^{12}-1>0$)

$2m=12$에서 $m$의 값은 $\boxed{6}$이다.

따라서 $f(m)=\frac{3^{2m}-3^m+2}{2}$, $g(m)=\frac{3^{2m}-3^m+3}{3}$, $p=6$이므로

$$f(2)=\frac{3^4-3^2+2}{2}=37,\ g(2)=\frac{3^4-3^2+3}{3}=25$$

$\therefore p\{f(2)+g(2)\}=6\times(37+25)=372$

답 ③

**참고 등차수열의 합**

등차수열의 첫째항부터 제$n$항까지의 합을 $S_n$이라 하면

(1) 첫째항이 $a$, 제$n$항이 $l$일 때: $S_n=\frac{n(a+l)}{2}$

(2) 첫째항이 $a$, 공차가 $d$일 때: $S_n=\frac{n\{2a+(n-1)d\}}{2}$

## 179

$\sum_{k=1}^{10}(a_k+1)^2=28$에서

$$\sum_{k=1}^{10}(a_k+1)^2=\sum_{k=1}^{10}(a_k^2+2a_k+1)$$

$$=\sum_{k=1}^{10}a_k^2+2\sum_{k=1}^{10}a_k+\sum_{k=1}^{10}1$$

$$=\sum_{k=1}^{10}a_k^2+2\sum_{k=1}^{10}a_k+10=28$$

$$\therefore \sum_{k=1}^{10}a_k^2+2\sum_{k=1}^{10}a_k=18 \quad\cdots\cdots ㉠$$

또, $\sum_{k=1}^{10}a_k(a_k+1)=16$에서

$$\sum_{k=1}^{10}a_k(a_k+1)=\sum_{k=1}^{10}(a_k^2+a_k)$$

$$=\sum_{k=1}^{10}a_k^2+\sum_{k=1}^{10}a_k=16 \quad\cdots\cdots ㉡$$

㉠$-$㉡을 하면

$\sum_{k=1}^{10}a_k=2$

이것을 ㉡에 대입하면

$\sum_{k=1}^{10}a_k^2+2=16$

$\therefore \sum_{k=1}^{10}a_k^2=14$

답 14

## 180

$\sum_{k=1}^{10}(a_k+1)^3=20$, $\sum_{k=1}^{10}a_k(a_k+1)=10$이므로

$$\sum_{k=1}^{10}(a_k+1)^3=\sum_{k=1}^{10}(a_k^3+3a_k^2+3a_k+1)$$
$$=\sum_{k=1}^{10}a_k^3+3\sum_{k=1}^{10}a_k(a_k+1)+\sum_{k=1}^{10}1$$
$$=\sum_{k=1}^{10}a_k^3+3\times10+10=20$$

즉, $\sum_{k=1}^{10}a_k^3=-20$이므로

$$\sum_{k=1}^{10}(1-a_k)^3+6\sum_{k=1}^{10}a_k=\sum_{k=1}^{10}\{(1-a_k)^3+6a_k\}$$
$$=\sum_{k=1}^{10}(1+3a_k+3a_k^2-a_k^3)$$
$$=\sum_{k=1}^{10}1+3\sum_{k=1}^{10}a_k(a_k+1)-\sum_{k=1}^{10}a_k^3$$
$$=10+3\times10-(-20)$$
$$=60$$

답 60

## 181

사차방정식 $x^4+x^3-6x^2+5x-1=0$에서

$(x-1)(x^3+2x^2-4x+1)=0$

$(x-1)(x-1)(x^2+3x-1)=0$

$(x-1)^2(x^2+3x-1)=0$

$\therefore x=1$ (중근) 또는 $x=\frac{-3\pm\sqrt{13}}{2}$

이때 $\frac{-3-\sqrt{13}}{2}<\frac{-3+\sqrt{13}}{2}<1$이므로

$\alpha=\frac{-3-\sqrt{13}}{2}$, $\beta=\frac{-3+\sqrt{13}}{2}$, $\gamma=1$

이고

$\alpha+\beta=-3$

$$\therefore \sum_{k=1}^{10}(k-\alpha-\beta)(k-\gamma)=\sum_{k=1}^{10}\{k-(\alpha+\beta)\}(k-\gamma)$$
$$=\sum_{k=1}^{10}(k+3)(k-1)$$
$$=\sum_{k=1}^{10}(k^2+2k-3)$$
$$=\sum_{k=1}^{10}k^2+2\sum_{k=1}^{10}k-\sum_{k=1}^{10}3$$
$$=\frac{10\times11\times21}{6}+2\times\frac{10\times11}{2}-30$$
$$=465$$

답 ①

## 182

곡선 $y=x^2-px$와 직선 $y=nx+np$가 만나는 점의 $x$좌표는 방정식 $x^2-px=nx+np$의 실근과 같다.

즉, $x$에 대한 이차방정식 $x^2-(p+n)x-np=0$의 두 실근이 $a_n$, $b_n$이므로 이차방정식의 근과 계수의 관계에 의하여

$a_n+b_n=p+n$, $a_nb_n=-np$

$$\therefore \sum_{n=1}^{5}(a_n^2+b_n^2)=\sum_{n=1}^{5}\{(a_n+b_n)^2-2a_nb_n\}$$
$$=\sum_{n=1}^{5}\{(p+n)^2+2np\}$$
$$=\sum_{n=1}^{5}(p^2+4np+n^2)$$
$$=\sum_{n=1}^{5}p^2+4p\sum_{n=1}^{5}n+\sum_{n=1}^{5}n^2$$
$$=5p^2+4p\times\frac{5\times6}{2}+\frac{5\times6\times11}{6}$$
$$=5p^2+60p+55$$

즉, $5p^2+60p+55=195$이므로

$p^2+12p-28=0$, $(p+14)(p-2)=0$

$\therefore p=2$ ($\because p>0$)

따라서 $a_n+b_n=n+2$이므로

$\sum_{n=1}^{5}(a_n+b_n)=\sum_{n=1}^{5}(n+2)=\frac{5\times6}{2}+2\times5=25$

답 25

## 183

$\sum_{k=3}^{7}|2a_k-10|=20$에서

$2\sum_{k=3}^{7}|a_k-5|=20$ $\quad\therefore \sum_{k=3}^{7}|a_k-5|=10$

등차수열 $\{a_n\}$의 공차를 $d$ ($d>0$)라 하면 $a_5=5$이므로

$$\sum_{k=3}^{7}|a_k-5|=\sum_{k=3}^{7}|a_k-a_5|=\sum_{k=3}^{7}|(k-5)d|$$
$$=d\sum_{k=3}^{7}|k-5|=d(2+1+0+1+2)=6d$$

즉, $6d=10$이므로

$d=\frac{5}{3}$

$\therefore a_6=a_5+d=5+\frac{5}{3}=\frac{20}{3}$

답 ②

**다른 풀이** 등차수열 $\{a_n\}$의 첫째항을 $a$, 공차를 $d$ ($d>0$)라 하면

$a_5=5$에서

$a+4d=5$, $a=5-4d$

$$\therefore a_n=a+(n-1)\times d=(5-4d)+(n-1)\times d$$
$$=d(n-5)+5$$

$2a_k-10=2d(k-5)$이므로

$$\sum_{k=3}^{7}|2a_k-10|=2d\sum_{k=3}^{7}|k-5|$$
$$=2d(2+1+0+1+2)$$
$$=12d=20$$

$\therefore d=\frac{5}{3}$

## 184

등차수열 $\{a_n\}$의 공차를 $d$라 하면 $a_3+a_{11}=3a_7$에서

$a_7=(a_3-a_7)+(a_{11}-a_7)=-4d+4d=0$

한편, $\sum_{k=1}^{15}a_k=30$에서

$$\sum_{k=1}^{15} a_k=\sum_{k=1}^{15}(a_k-a_7)=\sum_{k=1}^{15}(k-7)d$$
$$=d\sum_{k=1}^{15}(k-7)=d\left(\frac{15\times16}{2}-7\times15\right)$$
$$=15d=30$$
$\therefore d=2$

따라서 $a_n=2(n-7)$이므로

$$\sum_{k=1}^{15}|a_k|=2\sum_{k=1}^{15}|k-7|$$
$$=2(|-6|+|-5|+|-4|+\cdots+|6|+|7|+|8|)$$
$$=4\times(6+5+4+3+2+1)+2\times(7+8)$$
$$=4\times\frac{6\times7}{2}+30=114$$

답 ④

**다른 풀이** 등차수열 $\{a_n\}$의 첫째항을 $a$, 공차를 $d$라 하면 세 수 $a_3$, $a_7$, $a_{11}$은 이 순서대로 공차가 $4d$인 등차수열을 이루므로

$a_3+a_{11}=2a_7$

이때 $a_3+a_{11}=3a_7$이므로

$2a_7=3a_7$

$\therefore a_7=0$

즉, $a_7=a+6d=0$이므로

$a=-6d$

$\therefore a_n=a+(n-1)\times d=-6d+(n-1)\times d=d(n-7)$

$$\sum_{k=1}^{15} a_k=\sum_{k=1}^{15}d(k-7)=d\sum_{k=1}^{15}(k-7)$$
$$=d\sum_{k=1}^{15}(k-7)=d\left(\frac{15\times16}{2}-7\times15\right)$$
$$=15d=30$$
$\therefore d=2$

## 185

등차수열 $\{a_n\}$의 첫째항을 $a$라 하면 공차가 2이므로 모든 자연수 $n$에 대하여

$a_{n+1}-a_n=2$

$$\sum_{k=1}^{5}(a_{2k}^2-a_{2k-1}^2)=\sum_{k=1}^{5}\{(a_{2k}-a_{2k-1})(a_{2k}+a_{2k-1})\}$$
$$=2\sum_{k=1}^{5}(a_{2k-1}+a_{2k})$$
$$=2\sum_{k=1}^{10}a_k=2\times\frac{10\{2a+(10-1)\times2\}}{2}$$
$$=20a+180=40$$

이므로 $20a=-140$ $\quad\therefore a=-7$

따라서 $a_n=-7+(n-1)\times2=2n-9$이므로

$$\sum_{k=1}^{5}(a_{2k}^2+a_{2k-1}^2)=\sum_{k=1}^{10}a_k^2$$
$$=\sum_{k=1}^{10}(2k-9)^2$$
$$=\sum_{k=1}^{10}(4k^2-36k+81)$$
$$=4\times\frac{10\times11\times21}{6}-36\times\frac{10\times11}{2}+81\times10$$
$$=370$$

답 ③

## 186

등차수열 $\{a_n\}$의 첫째항을 $a$, 공차를 $d$라 하면

$|a|=|a_1|=|a_3-a_2|=|(a_2+d)-a_2|=|d|$

$\therefore a=d$ 또는 $a=-d$

$\left|\sum_{k=4}^{8}a_k\right|=20$에서

$$\left|\sum_{k=4}^{8}a_k\right|=|a_4+a_5+a_6+a_7+a_8|=\left|\frac{5(a_4+a_8)}{2}\right|$$
$$=\left|\frac{5\{(a+3d)+(a+7d)\}}{2}\right|=5|a+5d|=20$$

$\therefore |a+5d|=4$

이때 $a=d$이면 $|a+5d|=|6a|=4$, 즉 $|a|=\frac{2}{3}$이므로 모든 항이 정수라는 조건을 만족시키지 않는다.

따라서 $a=-d$이므로

$|a+5d|=|-4a|=|4a|=4$

$|a|=1$

$\therefore a=-1$ 또는 $a=1$

(i) $a=-1$, $d=1$이면

$a_n=-1+(n-1)=n-2$

(ii) $a=1$, $d=-1$이면

$a_n=1+(n-1)\times(-1)=-n+2$

(i), (ii)에 의하여

$|a_n|=|n-2|$

$$\therefore \sum_{k=1}^{8}|a_k|=\sum_{k=1}^{8}|k-2|$$
$$=1+0+1+2+3+4+5+6=22$$

답 22

## 187

등비수열 $\{a_n\}$의 첫째항이 양수, 공비가 $-2$이므로 수열 $\{|a_n|\}$은 첫째항이 $|a_1|=a_1$이고 공비가 2인 등비수열이다.

$$\sum_{k=1}^{9}(|a_k|+a_k)=\sum_{k=1}^{9}|a_k|+\sum_{k=1}^{9}a_k$$
$$=\frac{a_1(2^9-1)}{2-1}+\frac{a_1\{1-(-2)^9\}}{1-(-2)}$$
$$=a_1(2^9-1)+\frac{a_1(1+2^9)}{3}$$
$$=682a_1=66$$

$\therefore a_1=\frac{66}{682}=\frac{3}{31}$

답 ①

**다른 풀이** 등비수열 $\{a_n\}$의 첫째항이 양수이고 공비가 음수이므로 $a_{2n-1}>0$에서 $|a_{2n-1}|+a_{2n-1}=2a_{2n-1}$이고, $a_{2n}<0$에서 $|a_{2n}|+a_{2n}=0$이다.

수열 $\{a_{2n-1}\}$은 첫째항이 $a_1$, 공비가 $(-2)^2=4$인 등비수열이므로

$$\sum_{k=1}^{9}(|a_k|+a_k)=2(a_1+a_3+a_5+a_7+a_9)$$
$$=2\times\frac{a_1(4^5-1)}{4-1}$$
$$=682a_1=66$$

$\therefore a_1=\frac{3}{31}$

## 188

등비수열 $\{a_n\}$의 첫째항을 $a$라 하면 모든 항이 정수이고 공비도 $-2$로 정수이므로 $a$도 정수이다.

수열 $\{|a_n|\}$은 첫째항이 $|a|$이고 공비가 $|-2|=2$인 등비수열이고, 수열 $\{a_{n+1}\}$은 첫째항이 $-2a$, 공비가 $-2$인 등비수열이다.

$$\therefore \sum_{k=1}^{5}(|a_k|+a_{k+1})=\sum_{k=1}^{5}|a_k|+\sum_{k=1}^{5}a_{k+1}$$
$$=\frac{|a|(2^5-1)}{2-1}+\frac{-2a\{1-(-2)^5\}}{1-(-2)}$$
$$=31|a|-22a=9$$

(i) $a\geq 0$일 때

$31|a|-22a=31a-22a$
$=9a=9$

이므로 $a=1$

(ii) $a<0$일 때

$31|a|-22a=-31a-22a$
$=-53a=9$

이므로 $a=-\frac{9}{53}$

이때 $a$는 정수라는 조건을 만족시키지 않는다.

(i), (ii)에 의하여

$a=1$

따라서 $a_n=(-2)^{n-1}$이므로

$a_na_{n+1}=(-2)^{n-1}\times(-2)^n$
$=-2\times 4^{n-1}$

$$\therefore \sum_{k=1}^{6}a_ka_{k+1}=\sum_{k=1}^{6}(-2\times 4^{k-1})$$
$$=-2\times\frac{1\times(4^6-1)}{4-1}=-2730$$

답 ④

## 189

등비수열 $\{a_n\}$의 첫째항을 $a$, 공비를 $r$라 하면 $\frac{a_1+a_3}{a_1+a_2}=\frac{5}{6}$에서

$$\frac{a_1+a_3}{a_1+a_2}=\frac{a+ar^2}{a+ar}=\frac{a(1+r^2)}{a(1+r)}=\frac{5}{6} \quad \cdots\cdots ㉠$$

$a=0$이면 위 등식이 성립하지 않으므로 $a\neq 0$

㉠에서 $\frac{1+r^2}{1+r}=\frac{5}{6}$

$6(1+r^2)=5(1+r)$

$6r^2-5r+1=0$, $(2r-1)(3r-1)=0$

$\therefore r=\frac{1}{2}$ 또는 $r=\frac{1}{3}$

$\sum_{k=1}^{4}a_k=15$에서

$$\sum_{k=1}^{4}a_k=\frac{a(1-r^4)}{1-r}$$
$$=\frac{a(1-r)(1+r)(1+r^2)}{1-r}$$
$$=a(1+r)(1+r^2)\ (\because r\neq 1)$$
$$=15$$

(i) $r=\frac{1}{2}$일 때

$$a(1+r)(1+r^2)=a\left(1+\frac{1}{2}\right)\left(1+\frac{1}{4}\right)$$
$$=\frac{15}{8}a=15$$

이므로 $a=8$

(ii) $r=\frac{1}{3}$일 때

$$a(1+r)(1+r^2)=a\left(1+\frac{1}{3}\right)\left(1+\frac{1}{9}\right)$$
$$=\frac{40}{27}a=15$$

이므로 $a=\frac{81}{8}$

(i), (ii)에서 $a$는 정수이므로

$a=8$, $r=\frac{1}{2}$

따라서 $a_n=8\times\frac{1}{2^{n-1}}$이므로

$$S_n=\frac{8\times\left\{1-\left(\frac{1}{2}\right)^n\right\}}{1-\frac{1}{2}}=16\left(1-\frac{1}{2^n}\right)$$

$$\therefore \sum_{k=1}^{8}\frac{S_k}{2a_k}=\sum_{k=1}^{8}\frac{16\times\left(1-\frac{1}{2^k}\right)}{16\times\frac{1}{2^{k-1}}}=\sum_{k=1}^{8}\left(2^{k-1}-\frac{1}{2}\right)$$
$$=\frac{2^8-1}{2-1}-\frac{1}{2}\times 8=251$$

답 ②

## 190

등비수열 $\{a_n\}$의 첫째항을 $a_1=a$, 공비를 $r$라 하면 조건 (나)에서

$a_1+a_2+a_3=a+ar+ar^2=a(1+r+r^2)=14$

$r=0$이면 $a=14$이므로 $\sum_{k=1}^{m}a_k=122$를 만족시키는 자연수 $m$은 존재하지 않는다.

$\therefore r\neq 0$

이때 $a$는 자연수이고 $1+r+r^2$이 정수이므로

$a=1$, $1+r+r^2=14$ 또는 $a=2$, $1+r+r^2=7$

또는 $a=7$, $1+r+r^2=2$ 또는 $a=14$, $1+r+r^2=1$

의 4가지 경우가 있다.

(i) $1+r+r^2=14$ 또는 $1+r+r^2=2$인 경우

$r^2+r-13=0$, $r^2+r-1=0$을 만족시키는 정수 $r$의 값이 존재하지 않는다.

(ii) $1+r+r^2=1$인 경우

$r+r^2=0$, 즉 $r(r+1)=0$에서 $r\neq 0$이므로

$r=-1$

이때 $a=14$이므로 임의의 자연수 $n$에 대하여

$\sum_{k=1}^{n}a_k=14$ 또는 $\sum_{k=1}^{n}a_k=0$

따라서 $\sum_{k=1}^{m}a_k=122$를 만족시키는 자연수 $m$의 값이 존재하지 않는다.

(iii) $1+r+r^2=7$인 경우

$r^2+r-6=0$, 즉 $(r+3)(r-2)=0$에서

$r=-3$ 또는 $r=2$

㉠ $a=2$, $r=-3$일 때

$a_n=2\times(-3)^{n-1}$이므로

$$\sum_{k=1}^{m}a_k=\frac{2\{1-(-3)^m\}}{1-(-3)}=\frac{1-(-3)^m}{2}=122$$

$(-3)^m=-243=(-3)^5$

$\therefore m=5$

㉡ $a=2$, $r=2$일 때

$a_n=2^n$이므로

$$\sum_{k=1}^{m}a_k=\frac{2(2^m-1)}{2-1}=2^{m+1}-2=122$$

$\therefore 2^m=62$

이를 만족시키는 자연수 $m$의 값은 존재하지 않는다.

(i), (ii), (iii)에 의하여

$a=2$, $r=-3$, $m=5$

따라서 $a_n=2\times(-3)^{n-1}$이므로

$a_m=a_5=2\times(-3)^4=162$

답 ③

## 191

$36=2^2\times3^2$의 모든 양의 약수는

1, 2, 3, 4, 6, 9, 12, 18, 36

이때

$a_1=1$, $a_2=2$, $a_3=3$, $a_4=4$, $a_5=6$, $a_6=9$, $a_7=12$, $a_8=18$, $a_9=36$

이라 하면 $f(a_k)$, $(-1)^{f(a_k)}$, $\log a_k$의 값은 다음과 같다.

| $a_k$ | $f(a_k)$ | $(-1)^{f(a_k)}$ | $\log a_k$ |
|---|---|---|---|
| 1 | 1 | $-1$ | 0 |
| 2 | 2 | 1 | $\log 2$ |
| 3 | 2 | 1 | $\log 3$ |
| $4=2^2$ | 3 | $-1$ | $2\log 2$ |
| $6=2\times3$ | $2\times2=4$ | 1 | $\log 2+\log 3$ |
| $9=3^2$ | 3 | $-1$ | $2\log 3$ |
| $12=2^2\times3$ | $3\times2=6$ | 1 | $2\log 2+\log 3$ |
| $18=2\times3^2$ | $2\times3=6$ | 1 | $\log 2+2\log 3$ |
| $36=2^2\times3^2$ | $3\times3=9$ | $-1$ | $2\log 2+2\log 3$ |

$$\therefore \sum_{k=1}^{9}\{(-1)^{f(a_k)}\times\log a_k\}$$

$=0+\log 2+\log 3-2\log 2+(\log 2+\log 3)-2\log 3$

$\quad+(2\log 2+\log 3)+(\log 2+2\log 3)-(2\log 2+2\log 3)$

$=\log 2+\log 3$

답 ①

## 192

$a_n=(n+1)\{(n-1)+1\}=n(n+1)$

$b_n=(1+2+2^2+\cdots+2^n)(1+3+3^2+\cdots+3^{n-1})$

$$=\frac{2^{n+1}-1}{2-1}\times\frac{3^n-1}{3-1}=\frac{2\times6^n-3^n-2^{n+1}+1}{2}$$

$$\therefore \sum_{k=1}^{4}(6^k-a_k-b_k)$$

$$=\sum_{k=1}^{4}\left\{6^k-k(k+1)-\frac{2\times6^k-3^k-2^{k+1}+1}{2}\right\}$$

$$=\sum_{k=1}^{4}\left(\frac{3^k}{2}+2^k-k^2-k-\frac{1}{2}\right)$$

$$=\frac{1}{2}\sum_{k=1}^{4}3^k+\sum_{k=1}^{4}2^k-\sum_{k=1}^{4}k^2-\sum_{k=1}^{4}k-\sum_{k=1}^{4}\frac{1}{2}$$

$$=\frac{1}{2}\times\frac{3(3^4-1)}{3-1}+\frac{2(2^4-1)}{2-1}-\frac{4\times5\times9}{6}-\frac{4\times5}{2}-\frac{1}{2}\times4$$

$=60+30-30-10-2=48$

답 ①

**참고** **자연수의 모든 양의 약수의 합**

자연수 $N$이 $N=p^m\times q^n$ ($p$, $q$는 소수, $m$, $n$은 자연수)으로 소인수분해될 때, $N$의 모든 양의 약수의 합은

$(1+p+p^2+\cdots+p^m)(1+q+q^2+\cdots+q^n)$

## 193

$\sum_{k=1}^{n}\frac{a_k+a_{k+4}}{2}=n^2+7n$에 $n=1$을 대입하면

$\frac{a_1+a_5}{2}=8$

이때 $a_5=12$이므로

$a_1=16-a_5=16-12=4$

등차수열 $\{a_n\}$의 공차를 $d$라 하면 $a_5-a_1=4d$이므로

$12-4=4d \qquad \therefore d=2$

따라서 $a_n=4+(n-1)\times2=2n+2$이므로

$$\sum_{k=1}^{8}\frac{40}{a_ka_{k+1}}$$

$$=\sum_{k=1}^{8}\frac{40}{(2k+2)(2k+4)}$$

$$=10\sum_{k=1}^{8}\frac{1}{(k+1)(k+2)}$$

$$=10\sum_{k=1}^{8}\left(\frac{1}{k+1}-\frac{1}{k+2}\right)$$

$$=10\left\{\left(\frac{1}{2}-\frac{1}{3}\right)+\left(\frac{1}{3}-\frac{1}{4}\right)+\left(\frac{1}{4}-\frac{1}{5}\right)+\cdots+\left(\frac{1}{9}-\frac{1}{10}\right)\right\}$$

$$=10\left(\frac{1}{2}-\frac{1}{10}\right)=4$$

답 ①

**다른 풀이** 수열 $\{a_n\}$이 등차수열이므로

$\frac{a_k+a_{k+4}}{2}=a_{k+2}$

$$\therefore \sum_{k=1}^{n}\frac{a_k+a_{k+4}}{2}=\sum_{k=1}^{n}a_{k+2}=a_3+a_4+\cdots+a_{n+2}$$

$$=\frac{n(a_3+a_{n+2})}{2}=\frac{n\{a+2d+a+(n+1)d\}}{2}$$

$$=\frac{d}{2}n^2+\frac{2a+3d}{2}n$$

즉, $\frac{d}{2}n^2+\frac{2a+3d}{2}n=n^2+7n$이므로

$\frac{d}{2}=1$, $\frac{2a+3d}{2}=7$

$\therefore a=4$, $d=2$

$\therefore a_n=4+(n-1)\times2=2n+2$

**참고** **분수 꼴로 주어진 수열의 합**

$\sum_{k=1}^{n}\frac{1}{(k+a)(k+b)}=\frac{1}{b-a}\sum_{k=1}^{n}\left(\frac{1}{k+a}-\frac{1}{k+b}\right)$

## 194

$f(x)=x^2-2kx+k^2+k-2=(x-k)^2+k-2$

$g(x)=-x^2+4kx-4k^2+2k+1=-(x-2k)^2+2k+1$

이므로 오른쪽 그림과 같이 직선 $y=m$과 두 곡선 $y=f(x)$, $y=g(x)$가 각각 서로 다른 두 점에서 만나도록 하는 정수 $m$의 값의 범위는

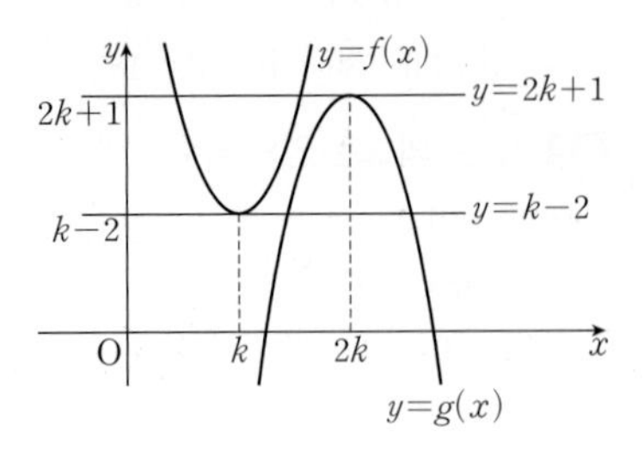


$k-2<m<2k+1$

이때 $k$는 자연수이므로 모든 정수 $m$의 값은

$k-1,\ k,\ k+1,\ \cdots,\ 2k$

의 $(k+2)$개이다.

따라서 $a_k=k+2$이므로

$\sum_{k=1}^{n}\frac{300}{a_k a_{k+1}}$

$=\sum_{k=1}^{n}\frac{300}{(k+2)(k+3)}$

$=300\sum_{k=1}^{n}\left(\frac{1}{k+2}-\frac{1}{k+3}\right)$

$=300\left\{\left(\frac{1}{3}-\frac{1}{4}\right)+\left(\frac{1}{4}-\frac{1}{5}\right)+\left(\frac{1}{5}-\frac{1}{6}\right)+\cdots+\left(\frac{1}{n+2}-\frac{1}{n+3}\right)\right\}$

$=300\left(\frac{1}{3}-\frac{1}{n+3}\right)=100-\frac{300}{n+3}\geq 90$

$\frac{300}{n+3}\leq 10,\ n+3\geq 30$

$\therefore\ n\geq 27$

따라서 자연수 $n$의 최솟값은 27이다. 답 27

## 195

수열 $\{a_n\}$은 첫째항이 1, 공비가 2인 등비수열이므로

$S_n=\frac{1\times(2^n-1)}{2-1}=2^n-1$

$\therefore\ \log(S_nS_{n+3}+S_n+S_{n+3}+1)=\log(S_n+1)(S_{n+3}+1)$

$=\log\{(2^n-1)+1\}\{(2^{n+3}-1)+1\}$

$=\log(2^n\times 2^{n+3})=\log 2^{2n+3}$

$=(2n+3)\log 2$

$\therefore\ \sum_{n=1}^{5}\frac{\log(S_nS_{n+3}+S_n+S_{n+3}+1)}{m\log 2}=\sum_{n=1}^{5}\frac{(2n+3)\log 2}{m\log 2}$

$=\frac{1}{m}\sum_{n=1}^{5}(2n+3)$

$=\frac{1}{m}\left(2\times\frac{5\times 6}{2}+3\times 5\right)$

$=\frac{45}{m}$

이때 $\frac{45}{m}$의 값이 자연수이려면 $m$은 45의 약수이어야 하므로

$m=1,\ 3,\ 5,\ 9,\ 15,\ 45$

따라서 구하는 합은

$1+3+5+9+15+45=78$ 답 ⑤

## 196

조건 (가)에서 $S_2=3$, $S_{10}=10$, $S_{12}=14$이므로

$a_1+a_2=3$ $\cdots\cdots$ ㉠

$S_{12}-S_{10}=a_{11}+a_{12}=4$ $\cdots\cdots$ ㉡

수열 $\{a_n\}$의 모든 항이 자연수이므로 ㉠에서

$a_1=1,\ a_2=2$ 또는 $a_1=2,\ a_2=1$

$\therefore\ a_1a_2=2,\ \frac{1}{a_1}+\frac{1}{a_2}=\frac{1}{1}+\frac{1}{2}=\frac{3}{2}$

한편, 조건 (나)에서

$\sum_{k=1}^{10}\frac{a_{k+2}-a_k}{a_ka_{k+2}}=\sum_{k=1}^{10}\left(\frac{1}{a_k}-\frac{1}{a_{k+2}}\right)$

$=\left(\frac{1}{a_1}-\frac{1}{a_3}\right)+\left(\frac{1}{a_2}-\frac{1}{a_4}\right)+\left(\frac{1}{a_3}-\frac{1}{a_5}\right)$

$+\cdots+\left(\frac{1}{a_9}-\frac{1}{a_{11}}\right)+\left(\frac{1}{a_{10}}-\frac{1}{a_{12}}\right)$

$=\frac{1}{a_1}+\frac{1}{a_2}-\frac{1}{a_{11}}-\frac{1}{a_{12}}$

$=\frac{3}{2}-\frac{1}{a_{11}}-\frac{1}{a_{12}}=\frac{1}{6}$

$\therefore\ \frac{1}{a_{11}}+\frac{1}{a_{12}}=\frac{4}{3}$

즉, $\frac{a_{11}+a_{12}}{a_{11}a_{12}}=\frac{4}{3}$이므로 ㉡에 의하여

$a_{11}a_{12}=3$

$\therefore\ a_1\times a_2+a_{11}\times a_{12}=2+3=5$ 답 ③

## 197

함수 $f(x)$가 모든 실수 $x$에 대하여 $f(x+1)=f(x)$이므로 함수 $y=f(x)$의 그래프는 $0<x\leq 1$에서의 함수 $y=f(x)$의 그래프가 반복하여 나타난다.

즉, 함수 $f(x)$는 모든 실수 $x$에서

$f(x)=\begin{cases}3 & (x\text{가 정수가 아닐 때})\\ 1 & (x\text{가 정수일 때})\end{cases}$

이므로 $f(\sqrt{k})$의 값은 다음과 같다.

(i) $\sqrt{k}$가 정수일 때, 즉 $k=1,\ 4,\ 9,\ 16,\ 25,\ \cdots$일 때

$f(\sqrt{k})=1$이므로

$\frac{k\times f(\sqrt{k})}{3}=\frac{1}{3}k$

(ii) $\sqrt{k}$가 정수가 아닐 때, 즉 $k\neq 1,\ 4,\ 9,\ 16,\ 25,\ \cdots$일 때

$f(\sqrt{k})=3$이므로

$\frac{k\times f(\sqrt{k})}{3}=k$

(i), (ii)에 의하여

$$\sum_{k=1}^{20}\frac{k\times f(\sqrt{k})}{3}=\sum_{k=1}^{20}k-\frac{2}{3}(1+4+9+16)$$
$$=\frac{20\times21}{2}-20$$
$$=190$$

답 ⑤

## 198

함수 $f(x)$가 모든 실수 $x$에 대하여 $f(-x)=f(x)$이므로 함수 $y=f(x)$의 그래프는 $y$축에 대하여 대칭이다.

또한, 함수 $f(x)$가 모든 실수 $x$에 대하여 $f(1-x)=f(1+x)$이므로 함수 $y=f(x)$의 그래프는 직선 $x=1$에 대하여 대칭이다.

이때 함수 $f(x)$가 $0\le x<2$에서

$$f(x)=\begin{cases}1 & (x=0)\\ 2 & (0<x<2)\end{cases}$$

이므로 함수 $y=f(x)$의 그래프는 오른쪽 그림과 같이 $0\le x<2$에서의 함수 $y=f(x)$의 그래프가 반복하여 나타난다.

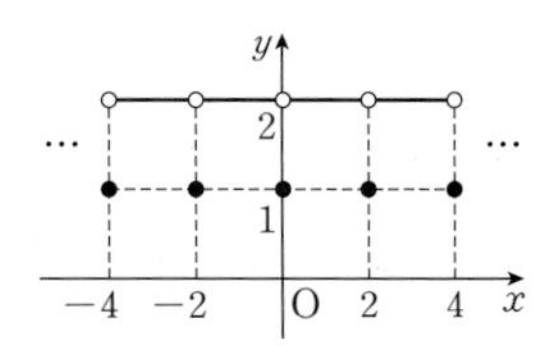


즉, 정수 $m$에 대하여

$$f(x)=\begin{cases}2 & (x\ne 2m \text{ 꼴일 때})\\ 1 & (x=2m \text{ 꼴일 때})\end{cases}$$

이므로 $k$의 값에 따라 $f(\sqrt[3]{k})$, $f(\sqrt{k})$, $f(\sqrt[3]{k})-f(\sqrt{k})$의 값은 다음과 같다.

| $k$ | $f(\sqrt[3]{k})$ | $f(\sqrt{k})$ | $f(\sqrt[3]{k})-f(\sqrt{k})$ |
|---|---|---|---|
| 1, 2, 3 | 2 | 2 | 0 |
| 4 | 2 | 1 | 1 |
| 5, 6, 7 | 2 | 2 | 0 |
| 8 | 1 | 2 | −1 |
| 9, 10, ⋯, 15 | 2 | 2 | 0 |
| 16 | 2 | 1 | 1 |
| 17, 18, ⋯, 25 | 2 | 2 | 0 |

$$\therefore \sum_{k=1}^{25}\{f(\sqrt[3]{k})-f(\sqrt{k})\}=0+1+0+(-1)+0+1+0$$
$$=1$$

답 ④

## 199

두 집합 $B$, $C$를

$B=\{x\,|\,x$는 2의 배수$\}=\{2, 4, 6, 8, 10, 12, \cdots\}$,

$C=\{x\,|\,x$는 3의 배수$\}=\{3, 6, 9, 12, 15, \cdots\}$

라 하면

$A=B\cup C=\{2, 3, 4, 6, 8, 9, 10, 12, \cdots\}$

이때 2와 3의 최소공배수는 6이므로 집합 $A$의 모든 원소는

$6k-4$, $6k-3$, $6k-2$, $6k$ ($k$는 자연수)

꼴로 나타낼 수 있다.

$$\therefore \sum_{k=1}^{20}a_k=\sum_{k=1}^{5}\{(6k-4)+(6k-3)+(6k-2)+6k\}$$
$$=\sum_{k=1}^{5}(24k-9)$$
$$=24\sum_{k=1}^{5}k-\sum_{k=1}^{5}9$$
$$=24\times\frac{5\times6}{2}-9\times5$$
$$=315$$

답 315

참고 $a_1=2=6\times1-4$, $a_2=3=6\times1-3$

$a_3=4=6\times1-2$, $a_4=6\times1$

$a_5=8=6\times2-4$, $a_6=9=6\times2-3$

$a_7=10=6\times2-2$, $a_8=12=6\times2$

⋮

## 200

$f(n)=\sqrt{n}$이므로 세 점 $A_n$, $A_{n+1}$, $A_{n+2}$의 좌표는

$A_n(n, \sqrt{n})$, $A_{n+1}(n+1, \sqrt{n+1})$, $A_{n+2}(n+2, \sqrt{n+2})$

다음 그림과 같이 두 점 $(n+1, \sqrt{n})$, $(n+2, \sqrt{n})$을 각각 B, C라 하자.

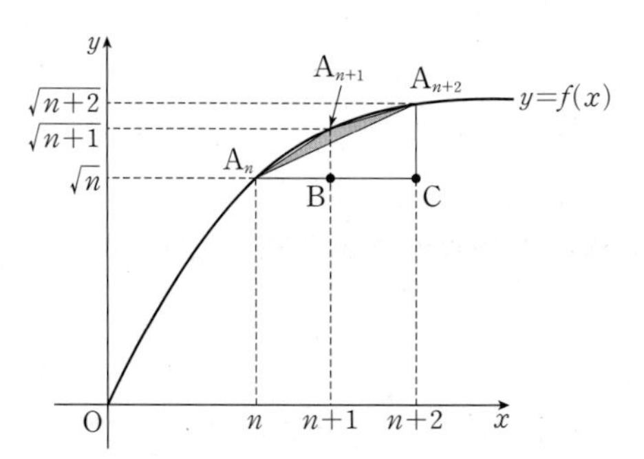


세 점 $A_n$, $A_{n+1}$, $A_{n+2}$를 꼭짓점으로 하는 삼각형의 넓이 $a_n$은

$$a_n=(\triangle A_{n+1}A_nB+\square A_{n+1}BCA_{n+2})-\triangle A_{n+2}A_nC$$
$$=\left[\frac{1}{2}\times1\times(\sqrt{n+1}-\sqrt{n})+\frac{1}{2}\times\{(\sqrt{n+1}-\sqrt{n})+(\sqrt{n+2}-\sqrt{n})\}\times1\right]-\frac{1}{2}\times2\times(\sqrt{n+2}-\sqrt{n})$$
$$=\frac{-\sqrt{n}+2\sqrt{n+1}-\sqrt{n+2}}{2}$$

즉, $\sqrt{n+1}-a_n=\frac{\sqrt{n}+\sqrt{n+2}}{2}$이므로

$$\sum_{k=1}^{14}\frac{1}{\sqrt{k+1}-a_k}=\sum_{k=1}^{14}\frac{2}{\sqrt{k}+\sqrt{k+2}}$$
$$=\sum_{k=1}^{14}(\sqrt{k+2}-\sqrt{k})$$
$$=(\sqrt{3}-\sqrt{1})+(\sqrt{4}-\sqrt{2})+(\sqrt{5}-\sqrt{3})+\cdots+(\sqrt{15}-\sqrt{13})+(\sqrt{16}-\sqrt{14})$$
$$=-\sqrt{1}-\sqrt{2}+\sqrt{15}+\sqrt{16}$$
$$=3-\sqrt{2}+\sqrt{15}$$

따라서 $a=-1$, $b=1$이므로

$ab=-1$

답 ②

## 201

$\sum_{k=1}^{n} \frac{4k-3}{a_k}=2n^2+7n$에서

(i) $n=1$일 때

$\frac{1}{a_1}=9 \quad \therefore a_1=\frac{1}{9}$

(ii) $n\ge 2$일 때

$$\frac{4n-3}{a_n}=\sum_{k=1}^{n}\frac{4k-3}{a_k}-\sum_{k=1}^{n-1}\frac{4k-3}{a_k}$$
$$=(2n^2+7n)-\{2(n-1)^2+7(n-1)\}$$
$$=4n+5$$

$\therefore a_n=\frac{4n-3}{4n+5}$ ...... ㉠

이때 $a_1=\frac{1}{9}$은 ㉠에 $n=1$을 대입한 것과 같으므로

$a_n=\frac{4n-3}{4n+5}$

$\therefore a_5\times a_7\times a_9=\frac{17}{25}\times\frac{25}{33}\times\frac{33}{41}=\frac{17}{41}$

따라서 $p=41$, $q=17$이므로

$p+q=58$

답 58

## 202

$\sum_{k=1}^{n}\frac{1}{a_k}=5^n-1$에서

(i) $n=1$일 때

$\frac{1}{a_1}=4 \quad \therefore a_1=\frac{1}{4}$

(ii) $n\ge 2$일 때

$$\frac{1}{a_n}=\sum_{k=1}^{n}\frac{1}{a_k}-\sum_{k=1}^{n-1}\frac{1}{a_k}$$
$$=(5^n-1)-(5^{n-1}-1)$$
$$=4\times 5^{n-1}$$

이므로 $a_n=\frac{1}{4}\times\left(\frac{1}{5}\right)^{n-1}$

이때 $a_1=\frac{1}{4}$은 ㉠에 $n=1$을 대입한 것과 같으므로

$a_n=\frac{1}{4}\times\left(\frac{1}{5}\right)^{n-1}$

즉, $a_na_{n+1}=\left\{\frac{1}{4}\times\left(\frac{1}{5}\right)^{n-1}\right\}\times\left\{\frac{1}{4}\times\left(\frac{1}{5}\right)^{n}\right\}=\frac{1}{16}\times 5^{1-2n}$이므로

$$\sum_{k=1}^{10}\log_5 16a_ka_{k+1}=\sum_{k=1}^{10}\log_5 5^{1-2k}$$
$$=\sum_{k=1}^{10}(1-2k)$$
$$=10-2\times\frac{10\times 11}{2}=-100$$

답 ②

## 203

조건 (나)에 $n=1$를 대입하면

$a_1b_1=3$ ...... ㉠

조건 (가), (나)에 의하여

$\sum_{k=1}^{n}a_kb_k=\sum_{k=2}^{n}a_ka_{k-1}+a_1b_1=\frac{4n^3+6n^2-n}{3}$

$\therefore \sum_{k=2}^{n}a_ka_{k-1}=\frac{4n^3+6n^2-n}{3}-3$ ($\because$ ㉠)

$$\therefore a_3(a_2+a_4)=a_3a_2+a_4a_3$$
$$=\sum_{k=2}^{4}a_ka_{k-1}-a_2a_1$$
$$=\left(\frac{4\times 4^3+6\times 4^2-4}{3}-3\right)-\left(\frac{4\times 2^3+6\times 2^2-2}{3}-3\right)$$
$$=113-15=98$$

답 ④

**다른 풀이** 조건 (나)에 $n=2$, $n=3$, $n=4$를 대입하면

$\sum_{k=1}^{2}a_kb_k=\frac{32+24-2}{3}=18$ ...... ㉠

$\sum_{k=1}^{3}a_kb_k=\frac{108+54-3}{3}=53$ ...... ㉡

$\sum_{k=1}^{4}a_kb_k=\frac{256+96-4}{3}=116$ ...... ㉢

㉡−㉠을 하면

$a_3b_3=35$

이때 조건 (가)에 의하여 $b_3=a_2$이므로

$a_3a_2=35$

㉢−㉡을 하면

$a_4b_4=63$

이때 조건 (가)에 의하여 $b_4=a_3$이므로

$a_4a_3=63$

$\therefore a_3(a_2+a_4)=a_3a_2+a_4a_3=35+63=98$

## 204

$\sum_{k=1}^{n}\frac{a_{k+1}}{a_k}=\frac{n^2+3n+2}{2}$에서

$n=1$일 때, $\frac{a_2}{a_1}=\frac{6}{2}=3$ ...... ㉠

$n=2$일 때, $\frac{a_2}{a_1}+\frac{a_3}{a_2}=\frac{12}{2}=6$이므로

$\frac{a_3}{a_2}=6-\frac{a_2}{a_1}=6-3=3$ ...... ㉡

㉠, ㉡에 의하여

$\frac{a_3}{a_1}=\frac{a_2}{a_1}\times\frac{a_3}{a_2}=3\times 3=9$

또한, $n\ge 2$일 때,

$$\frac{a_{n+1}}{a_n}=\sum_{k=1}^{n}\frac{a_{k+1}}{a_k}-\sum_{k=1}^{n-1}\frac{a_{k+1}}{a_k}$$
$$=\frac{n^2+3n+2}{2}-\frac{(n-1)^2+3(n-1)+2}{2}$$
$$=n+1 \quad \text{...... ㉢}$$

$\therefore \frac{a_{n+2}}{a_n}=\frac{a_{n+1}}{a_n}\times\frac{a_{n+2}}{a_{n+1}}=(n+1)(n+2)=n^2+3n+2$

이때 $\frac{a_3}{a_1}=9$는 ㉢에 $n=1$을 대입한 것과 같지 않으므로

$\frac{a_3}{a_1}=9$, $\frac{a_{n+2}}{a_n}=n^2+3n+2$ $(n\ge 2)$

$\therefore \sum_{k=1}^{10} \frac{a_{k+2}}{a_k} = \frac{a_3}{a_1} + \sum_{k=2}^{10} \frac{a_{k+2}}{a_k}$

$= 9 + \sum_{k=2}^{10} (k^2+3k+2)$

$= 9 + \left\{ \sum_{k=1}^{10} (k^2+3k+2) - 6 \right\}$

$= 3 + \sum_{k=1}^{10} (k^2+3k+2)$

$= 3 + \frac{10 \times 11 \times 21}{6} + 3 \times \frac{10 \times 11}{2} + 2 \times 10$

$= 573$ 답 ③

## 205

$a_1=6 \geq 0$이므로

$a_2=2-a_1=2-6=-4<0$

$a_3=a_2+p=-4+p$

$a_3$의 부호에 따라 $p$의 값은 다음과 같다.

(i) $a_3=p-4 \geq 0$, 즉 $p \geq 4$일 때

$a_4=2-a_3=2-(p-4)=6-p$

$a_4=0$에서 $p=6$

이때 $p \geq 4$이므로 조건을 만족시킨다.

(ii) $a_3=p-4<0$, 즉 $p<4$일 때

$a_4=a_3+p=(p-4)+p=2(p-2)$

$a_4=0$에서 $p=2$

이때 $p<4$이므로 주어진 조건을 만족시킨다.

(i), (ii)에 의하여

$p=6$ 또는 $p=2$

따라서 $a_4=0$이 되도록 하는 모든 실수 $p$의 값의 합은

$6+2=8$ 답 8

## 206

(i) $a_1=2k+1$ ($k$는 자연수)일 때

$a_2=a_1-1=2k$

$a_3=a_2+2+1=2k+3$

$a_4=a_3-1=2k+2$

$a_5=a_4+4+1=2k+7$

이때 $a_4a_5=66$에서

$(2k+2)(2k+7)=66$, $2k^2+9k-26=0$

$(2k+13)(k-2)=0$ $\quad \therefore k=-\frac{13}{2}$ 또는 $k=2$

$k$는 자연수이므로 $k=2$

$\therefore a_1=5$

(ii) $a_1=2k$ ($k$는 자연수)일 때

$a_2=a_1+1+1=2k+2$

$a_3=a_2+2+1=2k+5$

$a_4=a_3-1=2k+4$

$a_5=a_4+4+1=2k+9$

이때 $a_4a_5=66$이므로

$(2k+4)(2k+9)=66$, $2k^2+13k-15=0$

$(2k+15)(k-1)=0$

$\therefore k=-\frac{15}{2}$ 또는 $k=1$

$k$는 자연수이므로 $k=1$

$\therefore a_1=2$

(i), (ii)에 의하여 $M=5$, $m=2$이므로

$M-m=5-2=3$ 답 ②

## 207

$a_{100}=2a_{33}+1=2(a_{11}+2)+1$ ($\because$ 조건 (나), (가))

$=2a_{11}+5=2(3a_3-1)+5$ ($\because$ 조건 (다))

$=6a_3+3=6(a_1+2)+3$ ($\because$ 조건 (가))

$=6a_1+15$

$a_{101}=3a_{33}-1=3(a_{11}+2)-1$ ($\because$ 조건 (다), (가))

$=3a_{11}+5=3(3a_3-1)+5$ ($\because$ 조건 (다))

$=9a_3+2=9(a_1+2)+2$ ($\because$ 조건 (가))

$=9a_1+20$

$a_{102}=a_{34}+2=(2a_{11}+1)+2$ ($\because$ 조건 (가), (나))

$=2a_{11}+3=2(3a_3-1)+3$ ($\because$ 조건 (다))

$=6a_3+1=6(a_1+2)+1$ ($\because$ 조건 (가))

$=6a_1+13$

이때 $a_{100}+a_{101}+a_{102}=258$에서

$(6a_1+15)+(9a_1+20)+(6a_1+13)=21a_1+48=258$

$21a_1=210$

$\therefore a_1=10$ 답 ①

## 208

$a_1=10$, $a_2=a_3$이므로 조건 (가)에 의하여

$a_4=a_1-2=10-2=8$,

$a_5=a_2-2$,

$a_6=a_3-2=a_2-2$

이고

$\sum_{k=1}^{6} a_n=10+a_2+a_2+8+(a_2-2)+(a_2-2)$

$=4a_2+14$

조건 (나)에서 $a_{n+6}=a_n+1$이므로

$\sum_{k=7}^{12} a_n=\sum_{n=1}^{6}(a_n+1)=\sum_{n=1}^{6} a_n+6=(4a_2+14)+6=4a_2+20$

$\sum_{n=13}^{18} a_n=\sum_{n=7}^{12}(a_n+1)=\sum_{n=7}^{12} a_n+6=(4a_2+20)+6=4a_2+26$

$a_{19}=a_{13}+1=(a_7+1)+1=(a_1+1)+2$

$=a_1+3=10+3=13$

$a_{20}=a_{14}+1=(a_8+1)+1=(a_2+1)+2$

$=a_2+3$

따라서

$\sum_{n=1}^{20} a_n = \sum_{n=1}^{6} a_n + \sum_{n=7}^{12} a_n + \sum_{n=13}^{18} a_n + a_{19} + a_{20}$

$= (4a_2+14)+(4a_2+20)+(4a_2+26)+13+(a_2+3)$

$= 13a_2+76=128$

에서 $a_2=4$

$\therefore a_8=a_2+1=4+1=5$ 답 5

## 209

$a_1=9$, $a_2=3$이고, $a_{n+2}=a_{n+1}-a_n$의 양변의 $n$에 1, 2, 3, 4, …를 차례로 대입하면

$a_3=a_2-a_1=3-9=-6$

$a_4=a_3-a_2=-6-3=-9$

$a_5=a_4-a_3=-9-(-6)=-3$

$a_6=a_5-a_4=-3-(-9)=6$

$a_7=a_6-a_5=6-(-3)=9$

$a_8=a_7-a_6=9-6=3$

⋮

따라서 수열 $\{a_n\}$은 9, 3, −6, −9, −3, 6이 이 순서로 반복하여 나타나는 수열이므로

$a_{n+6}=a_n\ (n\geq1)$

이때 $|a_k|=3$을 만족시키는 자연수 $k$의 값은

$6m-4$ 또는 $6m-1$ ($m$은 자연수)

꼴이다.

(i) $6m-4$ 꼴의 수인 경우

자연수 $k$의 값은 2, 8, 14, …, 98의 17개이다.

(ii) $6m-1$인 꼴의 수인 경우

자연수 $k$의 값은 5, 11, 16, …, 95의 16개이다.

(i), (ii)에 의하여 $k$의 개수는

$17+16=33$ 답 33

## 210

$a_1=a$라 하고 $a_{n+1}=(-1)^n\times a_n+1$의 양변의 $n$에 1, 2, 3, 4, …를 차례로 대입하면

$a_2=(-1)^1\times a_1+1=-a+1$

$a_3=(-1)^2\times a_2+1=(-a+1)+1=-a+2$

$a_4=(-1)^3\times a_3+1=-(-a+2)+1=a-1$

$a_5=(-1)^4\times a_4+1=(a-1)+1=a$

⋮

따라서 수열 $\{a_n\}$은 $a$, $-a+1$, $-a+2$, $a-1$이 이 순서로 반복하여 나타나는 수열이므로

$a_{n+4}=a_n\ (n\geq1)$

$a_{23}=a_{19}=a_{15}=a_{11}=a_7=a_3$이므로 $a_3+a_{23}=0$에서

$a_3+a_{23}=2a_3=2(-a+2)=0 \qquad \therefore a=2$

즉, $a_1=2$, $a_2=-1$, $a_3=0$, $a_4=1$이므로

$\sum_{k=1}^{4} a_k = a_1+a_2+a_3+a_4=2+(-1)+0+1=2$

$\therefore \sum_{k=1}^{50} a_k = 12\sum_{k=1}^{4} a_k + a_{49}+a_{50}$

$=12\times2+a_1+a_2$

$=24+2+(-1)=25$ 답 ④

**다른 풀이** $a_{n+1}=(-1)^n\times a_n+1$에서

$a_2=(-1)\times a_1+1=-a_1+1$

$a_4=(-1)^3\times a_3+1=-a_3+1$

$a_6=(-1)^5\times a_5+1=-a_5+1$

⋮

$\therefore a_1+a_2=a_3+a_4=a_5+a_6=\cdots=1$

$\therefore \sum_{k=1}^{50} a_k = 1\times25=25$

## 211

$n=1, 2, 3, \cdots$일 때

$2^n$의 일의 자리의 수는 2, 4, 8, 6이 이 순서로 반복하여 나타나고,

$3^n$의 일의 자리의 수는 3, 9, 7, 1이 이 순서로 반복하여 나타나고,

$5^n$의 일의 자리의 수는 항상 5이다.

따라서 $n=1, 2, 3, \cdots$일 때 $2^n+3^n+5^n$의 일의 자리의 수는 0, 8, 0, 2가 이 순서로 반복하여 나타나므로 자연수 $k$에 대하여

$a_{4k-3}=0$, $a_{4k-2}=8$, $a_{4k-1}=0$, $a_{4k}=2$

$\therefore a_{4k-3}+a_{4k-2}+a_{4k-1}+a_{4k}=0+8+0+2=10$

이때 $100=10\times10$, $110=11\times10$이므로

$\sum_{n=1}^{40} a_n = 10\sum_{n=1}^{4} a_n = 10\times10=100$

$\sum_{n=1}^{44} a_n = 11\sum_{n=1}^{4} a_n = 11\times10=110$

또한,

$a_{40}=a_{4\times10}=2$, $a_{45}=a_{4\times12-3}=0$, $a_{46}=a_{4\times12-2}=8$

이므로

$\sum_{n=1}^{39} a_n = \sum_{n=1}^{40} a_n - a_{40} = 100-2=98$

$\sum_{n=1}^{45} a_n = \sum_{n=1}^{44} a_n + a_{45} = 110+0=110$

$\sum_{n=1}^{46} a_n = \sum_{n=1}^{45} a_n + a_{46} = 110+8=118$

$\therefore 40\leq m\leq45$

따라서 주어진 부등식을 만족시키는 자연수 $m$의 값은

40, 41, 42, 43, 44, 45

이므로 그 합은

$40+41+42+43+44+45=\dfrac{6\times(40+45)}{2}=255$ 답 255

**참고** 모든 자연수 $n$에 대하여 $a_n\geq0$이고 $\sum_{n=1}^{40} a_n=100$, $\sum_{n=1}^{45} a_n=110$이므로

$100=\sum_{n=1}^{40} a_n \leq \sum_{n=1}^{41} a_n \leq \sum_{n=1}^{42} a_n \leq \sum_{n=1}^{43} a_n \leq \sum_{n=1}^{44} a_n \leq \sum_{n=1}^{45} a_n = 110$

## 212

$a_1=50$이고, 주어진 식의 양변의 $n$에 1, 2, 3, 4, …를 차례로 대입하면

$a_2=51,\ a_3=52,\ a_4=\frac{52}{4}=13,\ a_5=14,\ a_6=15,$

$a_7=16,\ a_8=\frac{16}{4}=4,\ a_9=\frac{4}{4}=1,$

$a_{10}=2,\ a_{11}=3,\ a_{12}=4,\ a_{13}=\frac{4}{4}=1,$

$a_{14}=2,\ a_{15}=3,\ a_{16}=4,\ a_{17}=\frac{4}{4}=1,$

$a_{18}=2,\ a_{19}=3,\ a_{20}=4,\ \cdots$

이므로 수열 $\{a_n\}$은 제9항부터 1, 2, 3, 4가 반복하여 나타난다.

$\therefore a_{n+4}=a_n\ (n\geq 9)$

$\therefore A=\{k\,|\,a_k=1,\ k$는 50 이하의 자연수$\}=\{9,\ 13,\ 17,\ \cdots,\ 49\}$

따라서 $n(A)=11$이므로 집합 $A$의 모든 원소의 합은

$9+13+17+\cdots+49=\frac{11\times(9+49)}{2}=319$ 답 319

## 213

점 P가 점 $A_{n-1}$에서 점 $A_n$까지 경로를 따라 이동한 거리를 $a_n$이라 하면 조건 (i), (ii)에 의하여

$a_1=\frac{1}{25},\ a_n=a_{n-1}+\frac{2n-1}{25}\ (n\geq 2)$ …… ㉠

㉠의 양변의 $n$에 2, 3, 4, …를 차례로 대입하면

$a_2=a_1+\frac{3}{25}=\frac{1}{25}+\frac{3}{25}$

$a_3=a_2+\frac{5}{25}=\frac{1}{25}+\frac{3}{25}+\frac{5}{25}$

⋮

$\therefore a_n=\frac{1}{25}+\frac{3}{25}+\frac{5}{25}+\cdots+\frac{2n-1}{25}$

$=\sum_{k=1}^{n}\frac{2k-1}{25}=\frac{1}{25}\sum_{k=1}^{n}(2k-1)$

$=\frac{1}{25}\left\{2\times\frac{n(n+1)}{2}-n\right\}=\frac{n^2}{25}$

한편, 직선 $y=x$ 위의 점은 $x$좌표와 $y$좌표가 같으므로 점 $A_n$이 직선 $y=x$ 위에 있을 때, 점 $A_n$의 좌표를 $A_n(m,\ m)$ ($m$은 자연수)이라 하자.

점 P가 점 $A_0$에서 점 $A_n$까지 경로를 따라 이동한 거리 $a_n$이 점 $A_n(m,\ m)$의 $x$좌표와 $y$좌표의 합인 $2m$이어야 하므로

$\frac{n^2}{25}=2m,\ n^2=50m$

$\therefore n=5\sqrt{2m}\ (\because n>0)$

이때 $n$이 자연수가 되도록 하는 자연수 $m$의 값은 작은 수부터 차례대로

$2\times1^2,\ 2\times2^2,\ 2\times3^2,\ \cdots$

따라서 직선 $y=x$ 위에 있는 두 번째의 점의 $x$좌표는

$a=2\times2^2=8$ 답 8

**참고** $m=2\times1^2=2$이면 $n=10$이므로 처음으로 직선 $y=x$ 위에 있는 점은 $A_{10}(2,\ 2)$

$m=2\times2^2=8$이면 $n=20$이므로 두 번째로 직선 $y=x$ 위에 있는 점은 $A_{20}(8,\ 8)$

## 214

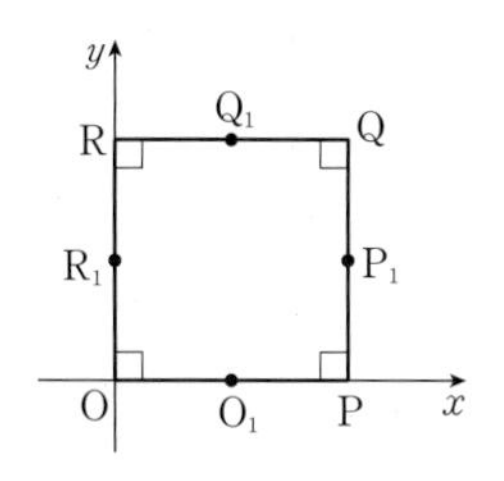


오른쪽 그림과 같이 네 선분 OP, PQ, RQ, RO의 중점을 각각 $O_1,\ P_1,\ Q_1,\ R_1$이라 하자.

조건 (i), (ii)에 의하여 점 $A_1$은 점 $A_0$에서 점 A가 경로를 따라 $\frac{3}{2}$만큼 이동한 점이므로 점 $A_n$은 점 $A_0$에서 점 A가 경로를 따라 $\frac{3}{2}n$만큼 이동한 점이다.

즉, $A_1=P_1,\ A_2=R,\ A_3=O_1,\ A_4=Q,$

$A_5=R_1,\ A_6=P,\ A_7=Q_1,\ A_8=O,$

$A_9=P_1,\ \cdots$

이므로 점 A는 점 $A_0$에서 출발하여

$P_1\rightarrow R\rightarrow O_1\rightarrow Q\rightarrow R_1\rightarrow P\rightarrow Q_1\rightarrow O$

의 순서로 8개의 점을 반복하여 이동한다.

$\therefore A_{n+8}=A_n\ (n\geq 1)$

$\overline{OO_1}^2=\overline{OR_1}^2=\left(\frac{1}{2}\right)^2=\frac{1}{4}$

$\overline{OP}^2=\overline{OR}^2=1$

$\overline{OP_1}^2=\overline{OQ_1}^2=1^2+\left(\frac{1}{2}\right)^2=\frac{5}{4}$

$\overline{OQ}^2=1^2+1^2=2$

이므로 $\overline{OA_n}^2\geq\frac{5}{4}$를 만족시키려면 점 $A_n$이

점 $P_1$ 또는 점 Q 또는 점 $Q_1$

에 위치해야 한다.

따라서 수열 $\{a_m\}$은

1, 4, 7, 9, 12, 15, …

이므로 $m$은

$8k-7$ 또는 $8k-4$ 또는 $8k-1$ ($k$는 자연수)

꼴이다.

$\therefore \sum_{k=1}^{30}a_k=\sum_{k=1}^{10}\{(8k-7)+(8k-4)+(8k-1)\}$

$=\sum_{k=1}^{10}(24k-12)$

$=24\times\frac{10\times11}{2}-12\times10=1200$ 답 ④

**참고** 자연수 $n$에 대하여 점 $A_n$과 원점 O의 좌표가 같을 때는 점 P가 이동한 거리가 $4k$ ($k$는 자연수)이어야 하므로

$4k=\frac{3}{2}n$

즉, $k=\frac{3}{8}n$이고 $k$가 자연수이므로 가장 작은 자연수 $n$의 값은 8이다.

따라서 점 A는 8개의 점을 반복하여 이동한다.

## 215

호 $B_1C_1$과 변 BC가 접하는 점을 M이라 하면 선분 AM은 한 변의 길이가 2인 정삼각형 ABC의 높이이므로

$\overline{AM}=\frac{\sqrt{3}}{2}\times\overline{AB}=\frac{\sqrt{3}}{2}\times2=\sqrt{3}$

즉, $\overline{AB_1}=\overline{AC_1}=\sqrt{3}$이고 $\angle A=\frac{\pi}{3}$이므로

$\widehat{B_1C_1}=\sqrt{3}\times\frac{\pi}{3}=\frac{\sqrt{3}}{3}\pi$

직각삼각형 $AB_2C_1$에서

$\overline{C_1B_2}=\sqrt{3}\times\sin\frac{\pi}{3}=\sqrt{3}\times\frac{\sqrt{3}}{2}=\frac{3}{2}$

$\overline{AB_2}=\sqrt{3}\times\cos\frac{\pi}{3}=\sqrt{3}\times\frac{1}{2}=\frac{\sqrt{3}}{2}$

이고

$\overline{B_1B_2}=\overline{AB_1}-\overline{AB_2}=\sqrt{3}-\frac{\sqrt{3}}{2}=\frac{\sqrt{3}}{2}$

$\therefore a_1=\widehat{B_1C_1}+\overline{B_1B_2}+\overline{C_1B_2}$

$=\frac{\sqrt{3}}{3}\pi+\frac{\sqrt{3}}{2}+\frac{3}{2}=\frac{2\sqrt{3}\pi+3\sqrt{3}+9}{6}$

$\overline{AC_{n+1}}=\overline{AB_{n+1}}=\overline{AC_n}\times\frac{\pi}{3}=\frac{1}{2}\overline{AC_n}$이므로

$\widehat{B_{n+1}C_{n+1}}=\overline{AC_{n+1}}\times\frac{\pi}{3}$

$=\frac{1}{2}\overline{AC_n}\times\frac{\pi}{3}=\frac{1}{2}\widehat{B_nC_n}$

$\overline{B_{n+1}B_{n+2}}=\overline{AB_{n+1}}-\overline{AB_{n+2}}=\frac{1}{2}\overline{AB_n}-\frac{1}{2}\overline{AB_{n+1}}$

$=\frac{1}{2}(\overline{AB_n}-\overline{AB_{n+1}})=\frac{1}{2}\overline{B_nB_{n+1}}$

$\overline{C_{n+1}B_{n+2}}=\overline{AC_{n+1}}\sin\frac{\pi}{3}$

$=\frac{1}{2}\overline{AC_n}\sin\frac{\pi}{3}=\frac{1}{2}\overline{C_nB_{n+1}}$

$\therefore a_{n+1}=\widehat{B_{n+1}C_{n+1}}+\overline{B_{n+1}B_{n+2}}+\overline{C_{n+1}B_{n+2}}$

$=\frac{1}{2}\widehat{B_nC_n}+\frac{1}{2}\overline{B_nB_{n+1}}+\frac{1}{2}\overline{C_nB_{n+1}}$

$=\frac{1}{2}(\widehat{B_nC_n}+\overline{B_nB_{n+1}}+\overline{C_nB_{n+1}})=\frac{1}{2}a_n$

즉, $\frac{a_{n+1}}{a_n}=\frac{1}{2}$이므로

$\frac{a_1\times a_{n+1}}{a_n}=a_1\times\frac{a_{n+1}}{a_n}$

$=\frac{2\sqrt{3}\pi+3\sqrt{3}+9}{6}\times\frac{1}{2}=\frac{\sqrt{3}(2\pi+3)+9}{12}$

따라서 $a=2$, $b=3$, $c=9$이므로

$a+b+c=14$ 답 14

## 216

원 $x^2+y^2=1$과 곡선 $y=\sqrt{x-\frac{n-10}{2}}$이 접하려면

이차방정식 $x^2+\left(\sqrt{x-\frac{n-10}{2}}\right)^2=1$, 즉 $x^2+x-\frac{n-8}{2}=0$이 중근을 가져야 한다.

이 이차방정식의 판별식을 $D$라 하면 $D=0$이어야 하므로

$D=1^2-4\times1\times\left(-\frac{n-8}{2}\right)=2n-15=0$

$\therefore n=\frac{15}{2}$

따라서 $n=\frac{15}{2}$일 때 원 $x^2+y^2=1$과 곡선 $y=\sqrt{x-\frac{n-10}{2}}$이 접하므로 자연수 $n$의 값에 따라 $a_n$은 다음과 같다.

(i) $n=1, 2, 3, \cdots, 7$일 때

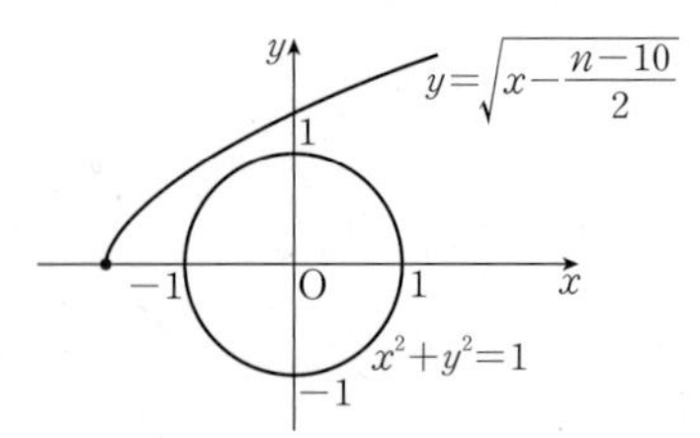


위의 그림과 같이 원 $x^2+y^2=1$과 곡선 $y=\sqrt{x-\frac{n-10}{2}}$이 만나지 않으므로

$a_n=0$

(ii) $n=8$일 때

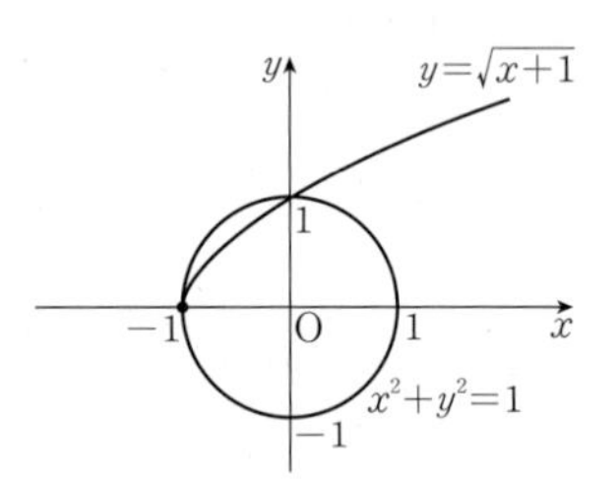


위의 그림과 같이 원 $x^2+y^2=1$과 곡선 $y=\sqrt{x+1}$이 두 점 $(-1, 0)$, $(0, 1)$에서 만나므로

$a_8=2$

(iii) $n=9, 10, 11, 12$일 때

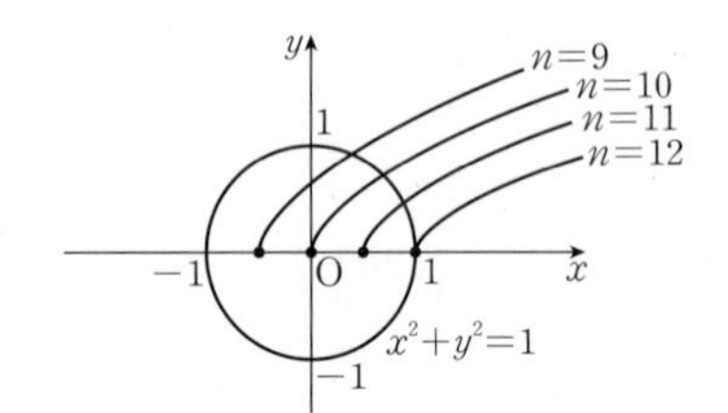


위의 그림과 같이 원 $x^2+y^2=1$과 곡선 $y=\sqrt{x-\frac{n-10}{2}}$이 한 점에서 만나므로

$a_n=1$

(iv) $n>12$일 때

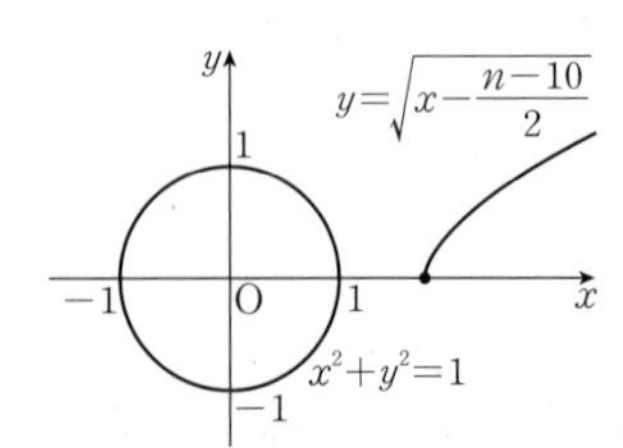


위의 그림과 같이 원 $x^2+y^2=1$과 곡선 $y=\sqrt{x-\frac{n-10}{2}}$이 만나지 않으므로

$a_n=0$

(i)~(iv)에 의하여

$\sum_{n=1}^{20}a_n=(a_1+a_2+\cdots+a_7)+a_8+(a_9+a_{10}+a_{11}+a_{12})$

$+(a_{13}+a_{14}+\cdots+a_{20})$

$=0\times7+2+1\times4+0\times8=6$ 답 6

## 217

$n=2$일 때, 곡선 $y=\sqrt{x}$, $x$축 및 직선 $x=4$로 둘러싸인 도형의 내부에 있는 점 중에서 $x$좌표와 $y$좌표가 모두 정수인 점은 $(2, 1)$, $(3, 1)$이므로

$a_2=\boxed{2}$

3 이상의 자연수 $n$에 대하여 $a_n$을 구하여 보자.

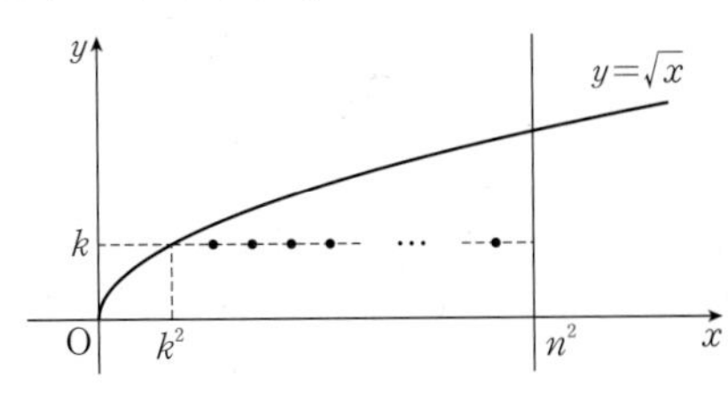


위의 그림과 같이 $1\le k\le n-1$인 정수 $k$에 대하여 주어진 도형의 내부에 있는 점 중에서 $x$좌표가 정수이고, $y$좌표가 $k$인 점은

$(k^2+1, k)$, $(k^2+2, k)$, $\cdots$, $(\boxed{n^2-1}, k)$

이므로 이 점의 개수를 $b_k$라 하면

$b_k=\boxed{n^2-1}-k^2$

이다. 따라서

$$a_n=\sum_{k=1}^{n-1}b_k$$
$$=\sum_{k=1}^{n-1}(n^2-1-k^2)$$
$$=(n^2-1)(n-1)-\frac{(n-1)\times n\times(2n-1)}{6}$$
$$=\boxed{\frac{(n-1)(4n^2+n-6)}{6}}$$

이다. 즉, $p=2$, $f(n)=n^2-1$, $g(n)=\dfrac{(n-1)(4n^2+n-6)}{6}$이므로

$p+f(4)+g(6)=2+15+120=137$

답 ④

## 218

$n=3$일 때, 두 곡선 $y=2^x$, $y=3^x$ 및 직선 $x=3$으로 둘러싸인 도형의 내부에 있는 점 중에서 $x$좌표와 $y$좌표가 모두 정수인 점은 $(2, 5)$, $(2, 6)$, $(2, 7)$, $(2, 8)$이므로

$a_3=\boxed{4}$

4 이상의 자연수 $n$에 대하여 $a_n$을 구하여 보자.

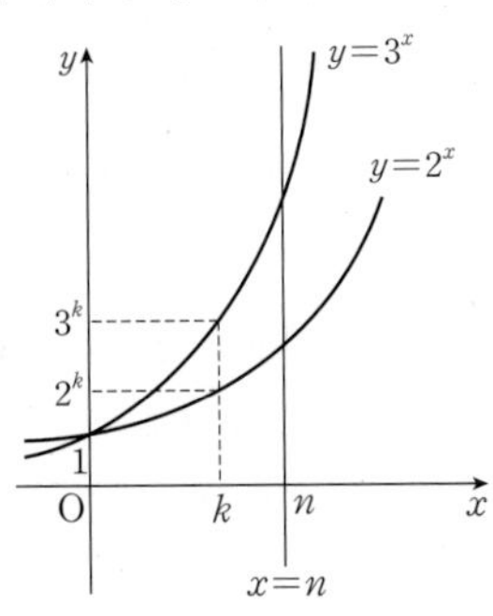


위의 그림과 같이 $2\le k\le n-1$인 정수 $k$에 대하여 주어진 도형의 내부에 있는 점 중에서 $x$좌표가 $k$이고, $y$좌표가 정수인 점은

$(k, 2^k+1)$, $(k, 2^k+2)$, $\cdots$, $(k, \boxed{3^k-1})$

이므로 이 점의 개수를 $b_k$라 하면

$b_k=\boxed{3^k-1}-2^k$

이때 $k=1$일 때 $b_1=0$이므로

$b_k=\boxed{3^k-1}-2^k$ $(1\le k\le n-1)$

이다. 따라서

$$a_n=\sum_{k=1}^{n-1}b_k$$
$$=\sum_{k=1}^{n-1}(\boxed{3^k-1}-2^k)$$
$$=\frac{3(3^{n-1}-1)}{3-1}-(n-1)-\frac{2(2^{n-1}-1)}{2-1}$$
$$=\boxed{\frac{3^n}{2}-2^n-n+\frac{3}{2}}$$

이다. 즉, $p=4$, $f(k)=3^k-1$, $g(n)=\dfrac{3^n}{2}-2^n-n+\dfrac{3}{2}$이므로

$p+f(3)+g(4)=4+26+22=52$

답 52

## 219

주어진 식 $(*)$의 양변을 $n(n+1)$로 나누면

$\dfrac{n+2}{n+1}a_{n+1}=\dfrac{n+1}{n}a_n+2$ ⋯⋯ ㉠

$b_n=\dfrac{n+1}{n}a_n$으로 놓으면 식 ㉠은

$b_{n+1}=b_n+2$

이므로 수열 $\{b_n\}$은 공차가 2인 등차수열이다.

$b_1=2a_1=2\times10=20$이므로

$b_n=20+(n-1)\times2=\boxed{2n+18}$

이다. 따라서 $\dfrac{n+1}{n}a_n=\boxed{2n+18}$에서

$a_n=\boxed{\dfrac{2n(n+9)}{n+1}}$

이므로

$$\sum_{k=1}^{7}\log_2\frac{a_k}{k+9}=\sum_{k=1}^{7}\log_2\frac{2k}{k+1}$$
$$=\sum_{k=1}^{7}\left(1+\log_2\frac{k}{k+1}\right)$$
$$=7+\left(\log_2\frac{1}{2}+\log_2\frac{2}{3}+\cdots+\log_2\frac{7}{8}\right)$$
$$=7+\log_2\left(\frac{1}{2}\times\frac{2}{3}\times\cdots\times\frac{7}{8}\right)$$
$$=7+\log_2 2^{-3}$$
$$=7-3=\boxed{4}$$

이다. 즉, $f(n)=2n+18$, $g(n)=\dfrac{2n(n+9)}{n+1}$, $p=4$이므로

$f(p-1)\times g(p-1)=f(3)\times g(3)$

$=24\times18=432$

답 ②

## 220

(ii) $n=m$일 때, $(*)$이 성립한다고 가정하면

$$\sum_{k=1}^{m} a_k=2^{m(m+1)}-(m+1)\times 2^{-m}$$

이다. $n=m+1$일 때,

$$\begin{aligned}\sum_{k=1}^{m+1} a_k&=\sum_{k=1}^{m} a_k+a_{m+1}\\&=2^{m(m+1)}-(m+1)\times 2^{-m}\\&\qquad+(2^{2m+2}-1)\times\boxed{2^{m(m+1)}}+m\times 2^{-m-1}\\&=2^{m(m+1)}\times\{1+(2^{2m+2}-1)\}-2^{-m}\times\left\{(m+1)-\frac{m}{2}\right\}\\&=\boxed{2^{m(m+1)}}\times\boxed{2^{2m+2}}-\frac{m+2}{2}\times 2^{-m}\\&=2^{(m+1)(m+2)}-(m+2)\times 2^{-(m+1)}\end{aligned}$$

이다. 따라서 $n=m+1$일 때도 $(*)$이 성립한다.

따라서 $f(m)=2^{m(m+1)}$, $g(m)=2^{2m+2}$이므로

$$\frac{g(7)}{f(3)}=\frac{2^{16}}{2^{12}}=2^4=16$$

답 ④

## 221

(ii) $n=k$일 때, 주어진 명제가 성립한다고 가정하면

$2^k+5^{k+1}=3m$ ($m$은 자연수)

으로 놓을 수 있다.

$n=k+1$일 때,

$$\begin{aligned}2^{k+1}+5^{k+2}&=2\times 2^k+\boxed{5}\times 5^{k+1}\\&=2\times 2^k+(2\times 5^{k+1}+3\times 5^{k+1})\\&=2(2^k+5^{k+1})+3\times 5^{\boxed{k+1}}\\&=2\times 3m+3\times 5^{k+1}\\&=\boxed{3}\times(2m+5^{\boxed{k+1}})\end{aligned}$$

이므로 $2^{k+1}+5^{k+2}$도 3의 배수이다.

즉, $n=k+1$일 때에도 주어진 명제가 성립한다.

따라서 $p=5$, $q=3$, $f(k)=k+1$이므로

$$\begin{aligned}\sum_{k=1}^{10} f(k)+p+q&=\sum_{k=1}^{10}(k+1)+5+3\\&=\left(\frac{10\times 11}{2}+10\right)+8=73\end{aligned}$$

답 ③

## 222

(i) $n=2$일 때,

(좌변)$=\dfrac{1}{1^2}+\dfrac{1}{2^2}=\dfrac{5}{4}$

(우변)$=2-\dfrac{2}{3}=\boxed{\dfrac{4}{3}}$

이므로 주어진 부등식이 성립한다.

(ii) $n=k$ $(k\ge 2)$일 때, 주어진 부등식이 성립한다고 가정하면

$$\frac{1}{1^2}+\frac{1}{2^2}+\frac{1}{3^2}+\cdots+\frac{1}{k^2}<2-\frac{2}{k+1}$$

위의 식의 양변에 $\dfrac{1}{(k+1)^2}$을 더하면

$$\begin{aligned}\frac{1}{1^2}+\frac{1}{2^2}+\frac{1}{3^2}+\cdots+\frac{1}{k^2}+\frac{1}{(k+1)^2}&<2-\frac{2}{k+1}+\frac{1}{(k+1)^2}\\&=2-\boxed{\frac{2k+1}{(k+1)^2}}\end{aligned}$$

이다. 이때

$$\begin{aligned}\left\{2-\boxed{\frac{2k+1}{(k+1)^2}}\right\}-\left(2-\frac{2}{k+2}\right)&=\frac{2}{k+2}-\frac{2k+1}{(k+1)^2}\\&=-\frac{k}{\boxed{(k+1)^2(k+2)}}<0\end{aligned}$$

이므로

$$2-\boxed{\frac{2k+1}{(k+1)^2}}<2-\frac{2}{k+2}$$

이다. 따라서

$$\begin{aligned}\frac{1}{1^2}+\frac{1}{2^2}+\frac{1}{3^2}+\cdots+\frac{1}{k^2}+\frac{1}{(k+1)^2}&<2-\frac{2k+1}{(k+1)^2}\\&<2-\frac{2}{k+2}\end{aligned}$$

이다. 즉, $n=k+1$일 때에도 주어진 부등식이 성립한다.

따라서 $p=\dfrac{4}{3}$, $f(k)=\dfrac{2k+1}{(k+1)^2}$, $g(k)=(k+1)^2(k+2)$이므로

$$p\times f(7)\times g(7)=\frac{4}{3}\times\frac{15}{64}\times(64\times 9)=180$$

답 ④

# step 2 등급을 가르는 핵심 특강

본문 85쪽

## 223

등차수열 $\{a_n\}$의 첫째항이 20, 공차가 $-4$이므로

$$\begin{aligned}S_n&=\frac{n\{2\times 20+(n-1)\times(-4)\}}{2}\\&=-2n^2+22n\\&=-2\left(n-\frac{11}{2}\right)^2+\frac{121}{2}\end{aligned}$$

이때 $f(n)=-2\left(n-\dfrac{11}{2}\right)^2+\dfrac{121}{2}$로 놓으면 함수 $y=f(n)$의 그래프는 직선 $n=\dfrac{11}{2}$에 대하여 대칭이므로 $S_p=S_q$를 만족시키는 $p$, $q$에 대하여

$$\frac{p+q}{2}=\frac{11}{2}\qquad\therefore p+q=11$$

이때 $p<q$를 만족시키는 두 자연수 $p$, $q$의 모든 순서쌍 $(p, q)$는

$(1, 10)$, $(2, 9)$, $(3, 8)$, $(4, 7)$, $(5, 6)$

이므로 $p\times q$의 값은

10, 18, 24, 28, 30

따라서 $M=30$, $m=10$이므로

$M+m=30+10=40$

답 ④

## 224

수열 $\{a_n\}$이 모든 자연수 $n$에 대하여

$a_{n+2}-a_{n+1}=a_{n+1}-a_n$, 즉, $2a_{n+1}=a_n+a_{n+2}$

을 만족시키므로 수열 $\{a_n\}$은 등차수열이다.

등차수열 $\{a_n\}$의 공차를 $d$라 하면 $a_4-a_2=2d$이므로

$-68-(-84)=16=2d \qquad \therefore d=8$

또한, $a_2=a_1+d$이므로

$a_1=a_2-d=-84-8=-92$

$\therefore S_n=\dfrac{n\{2\times(-92)+(n-1)\times 8\}}{2}$

$=4n^2-96n=4n(n-24)$

이때 $S_n\neq 0$이려면 $n$은 자연수이므로

$n\neq 24$

한편, $S_n^{\ 2}S_{n+1}(S_n+S_{n+2})>(S_nS_{n+1})^2+S_n^{\ 3}S_{n+2}$에서

$S_n^{\ 2}(S_{n+1}S_n+S_{n+1}S_{n+2})-S_n^{\ 2}(S_{n+1}^{\ \ 2}+S_nS_{n+2})>0$

$S_n^{\ 2}\{S_{n+1}(S_n-S_{n+1})-S_{n+2}(S_n-S_{n+1})\}>0$

$S_n^{\ 2}(S_n-S_{n+1})(S_{n+1}-S_{n+2})>0$

즉,

$S_n-S_{n+1}>0$, $S_{n+1}-S_{n+2}>0$ 또는 $S_n-S_{n+1}<0$, $S_{n+1}-S_{n+2}<0$

이므로

$S_{n+2}<S_{n+1}<S_n\neq 0$ 또는 $0\neq S_n<S_{n+1}<S_{n+2}$

$f(n)=4n^2-96n=4(n-12)^2-576$으로 놓으면 함수 $y=f(n)$의 그래프는 직선 $n=12$에 대하여 대칭이므로

$S_1>S_2>S_3>\cdots>S_{11}>S_{12}$,

$S_{12}<S_{13}<S_{14}<\cdots<S_{24}=0<S_{25}<S_{26}<\cdots$

(i) $S_{n+2}<S_{n+1}<S_n\neq 0$일 때

$S_{n+2}<S_{n+1}<S_n\neq 0$을 만족시키는 자연수 $n$의 값은

1, 2, 3, ⋯, 10

(ii) $0\neq S_n<S_{n+1}<S_{n+2}$일 때

$0\neq S_n<S_{n+1}<S_{n+2}$를 만족시키는 자연수 $n$의 값은

12, 13, 14, ⋯, 23, 25, 26, ⋯

(i), (ii)에 의하여

$A=\{1, 2, 3, \cdots, 10, 12, 13, \cdots, 23, 25, 26, \cdots\}$

$\therefore \sum_{k=1}^{30} b_k=(1+2+3+\cdots+32)-(11+24)$

$=\dfrac{32\times(1+32)}{2}-35=493$

답 493

## 225

조건 (나)에 의하여 이차함수 $f(x)$는

$f(x)=a(x-2)^2-2\ (a\neq 0)$

로 놓을 수 있다.

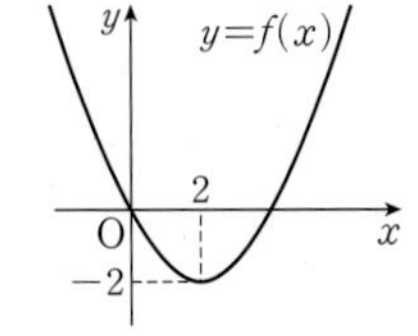


조건 (가)에 의하여 $f(0)=0$이므로

$f(0)=4a-2=0 \qquad \therefore a=\dfrac{1}{2}$

$\therefore f(x)=\dfrac{1}{2}(x-2)^2-2=\dfrac{1}{2}x^2-2x$

한편, 등차수열 $\{a_n\}$의 첫째항을 $a$, 공차를 $d$라 하면

$S_n=\dfrac{n\{2a+(n-1)d\}}{2}=\dfrac{d}{2}n^2+\dfrac{2a-d}{2}n$

두 집합 $A$, $B$에 대하여 $A\subset B$이므로 모든 자연수 $n$에 대하여 점 $(n, S_n)$은 곡선 $y=f(x)$ 위의 점이다.

즉, $S_n=f(n)$이므로

$\dfrac{d}{2}n^2+\dfrac{2a-d}{2}n=\dfrac{1}{2}n^2-2n$

에서

$\dfrac{d}{2}=\dfrac{1}{2}$, $\dfrac{2a-d}{2}=-2 \qquad \therefore d=1,\ a=-\dfrac{3}{2}$

따라서 $a_n=-\dfrac{3}{2}+(n-1)\times 1=n-\dfrac{5}{2}$이므로

$10<a_m<20$에서

$10<m-\dfrac{5}{2}<20$

$\therefore \dfrac{25}{2}<m<\dfrac{45}{2}$

따라서 자연수 $m$의 값은 13, 14, 15, ⋯, 22의 10개이고

$a_{13}=\dfrac{21}{2}$, $a_{22}=\dfrac{39}{2}$

이므로 구하는 합은

$a_{13}+a_{14}+a_{15}+\cdots+a_{22}=\dfrac{10\times\left(\dfrac{21}{2}+\dfrac{39}{2}\right)}{2}=150$

답 ③

**다른 풀이** $S_n=f(n)=\dfrac{1}{2}n^2-2n$에서

$a_1=S_1=-\dfrac{3}{2}$

$n\geq 2$일 때

$a_n=S_n-S_{n-1}=\dfrac{1}{2}n^2-2n-\left\{\dfrac{1}{2}(n-1)^2-2(n-1)\right\}$

$=n-\dfrac{5}{2}$ ⋯⋯ ㉠

이때 $a_1=-\dfrac{3}{2}$은 ㉠에 $n=1$을 대입한 값과 같으므로

$a_n=n-\dfrac{5}{2}\ (n\geq 1)$

# step 3 1등급 도약하기

본문 86~89쪽

## 226

**전략** 등비수열의 합을 이용하여 주어진 부등식을 만족시키는 자연수 $n$의 최솟값을 구한다.

$a_{n+2}=-2a_n$이므로 두 수열 $\{a_{2n-1}\}$, $\{a_{2n}\}$은 모두 공비가 $-2$인 등비수열이고, 자연수 $n$의 값에 따라 $S_n$은 다음과 같다.

(i) $n$이 홀수일 때

$n=2m-1$ ($m$은 자연수)이라 하면

$S_{2m-1}=a_1+a_2+a_3+\cdots+a_{2m-1}$

$=(a_1+a_3+\cdots+a_{2m-1})+(a_2+a_4+\cdots+a_{2m-2})$

$=\frac{1\times\{1-(-2)^m\}}{1-(-2)}+\frac{-2\times\{1-(-2)^{m-1}\}}{1-(-2)}$

$=\frac{-1+(-2)^{m+1}}{3}$

$S_n=S_{2m-1}>300$에서

$\frac{-1+(-2)^{m+1}}{3}>300 \quad \therefore (-2)^{m+1}>901>2^9$

따라서 $m$은 9 이상의 홀수이므로 $S_n=S_{2m-1}>300$을 만족시키는 홀수 $n$의 최솟값은 17이다.

(ii) $n$이 짝수일 때

$n=2m$ ($m$은 자연수)이라 하면

$S_{2m}=a_1+a_2+a_3+\cdots+a_{2m}$

$=(a_1+a_3+\cdots+a_{2m-1})+(a_2+a_4+\cdots+a_{2m})$

$=\frac{1\times\{1-(-2)^m\}}{1-(-2)}+\frac{-2\times\{1-(-2)^m\}}{1-(-2)}$

$=\frac{-1+(-2)^m}{3}$

$S_n=S_{2m}>300$에서

$\frac{-1+(-2)^m}{3}>300 \quad \therefore (-2)^m>901>2^9$

따라서 $m$은 10 이상의 짝수이므로 $S_n=S_{2m}>300$을 만족시키는 짝수 $n$의 최솟값은 20이다.

(i), (ii)에 의하여 구하는 자연수 $n$의 최솟값은 17이다. 답 ③

## 227

**전략** **귀납적으로 정의된 수열의 규칙을 발견하여 주어진 조건을 만족시키는 자연수 $m$의 개수를 구한다.**

$x_1=1$이므로

$x_2=x_1=1$

$x_3=-x_2=-1$

$x_4=x_3=-1$

$x_5=-x_4=-(-1)=1$

$x_6=x_5=1$

⋮

즉, 수열 $\{x_n\}$은 1, 1, $-1$, $-1$이 이 순서로 반복하여 나타나므로 모든 자연수 $n$에 대하여

$x_{n+4}=x_n$

또한, $y_1=2$이므로

$y_2=-y_1=-2$

$y_3=-y_2=-(-2)=2$

$y_4=y_3=2$

$y_5=-y_4=-2$

$y_6=-y_5=-(-2)=2$

$y_7=y_6=2$

⋮

즉, 수열 $\{y_n\}$은 2, $-2$, 2가 이 순서로 반복하여 나타나므로 모든 자연수 $n$에 대하여

$y_{n+3}=y_n$

따라서 모든 자연수 $n$에 대하여 두 점

$A_n(x_n, y_n)$, $A_{n+12}(x_{n+12}, y_{n+12})$

는 서로 같은 점이다.

이때 12개의 점 $A_1$, $A_2$, $A_3$, $\cdots$, $A_{12}$ 중에서 제1사분면 위에 있는 점은 $A_1$, $A_6$, $A_9$, $A_{10}$의 4개이다.

따라서 점 $A_1$, $A_2$, $A_3$, $\cdots$, $A_{96}$ 중에서 제1사분면 위에 있는 점의 개수는 $4\times8=32$이고, 점 $A_{97}$, $A_{98}$, $A_{99}$, $A_{100}$ 중에서 제1사분면 위에 있는 점은 $A_{97}$뿐이므로 구하는 자연수 $m$의 개수는

$32+1=33$ 답 ③

## 228

**전략** **수학적 귀납법의 이해를 바탕으로 빈칸에 들어갈 식을 추론한다.**

(ii) $n=k$일 때, (*)이 성립한다고 가정하면

$a_k=2^k-\frac{1}{k}$

$a_{k+1}-2a_k=\frac{k+2}{k(k+1)}$에서

$a_{k+1}=2a_k+\frac{k+2}{k(k+1)}$

$=2\left(2^k-\frac{1}{k}\right)+\frac{k+2}{k(k+1)}$

$=\boxed{2^{k+1}-\frac{2}{k}}+\frac{k+2}{k(k+1)}$

$=2^{k+1}+\left(\boxed{-\frac{1}{k+1}}\right)$

이다. 따라서 $n=k+1$일 때도 (*)이 성립한다.

따라서 $f(k)=2^{k+1}-\frac{2}{k}$, $g(k)=-\frac{1}{k+1}$이므로

$f(4)\times g(8)=\left(2^5-\frac{2}{4}\right)\times\left(-\frac{1}{9}\right)=\frac{63}{2}\times\left(-\frac{1}{9}\right)=-\frac{7}{2}$ 답 ②

## 229

**전략** **조건 (다)에서 $a_n(a_n-1)(a_n-2)=0$이므로 $\sum$의 정의와 성질을 이용하여 수열 $\{a_n\}$의 첫째항부터 제10항까지 중에서 그 값이 0, 1, 2인 항의 개수를 각각 구한다.**

조건 (다)에서 $a_n(a_n-1)(a_n-2)=0$이므로

$a_n=0$ 또는 $a_n=1$ 또는 $a_n=2$

이를 만족시키는 10 이하의 자연수 $n$의 개수를 각각

$10-(p+q)$, $p$, $q$ ($p$, $q$는 음이 아닌 정수, $p+q\le10$)이라 하자.

조건 (가)에서

$\sum_{k=1}^{10}a_k=0\times\{10-(p+q)\}+1\times p+2\times q$

$=p+2q=10 \quad \cdots\cdots ㉠$

조건 (나)에서

$$\sum_{k=1}^{10}(a_k+1)^2=\sum_{k=1}^{10}a_k^2+2\sum_{k=1}^{10}a_k+\sum_{k=1}^{10}1$$
$$=\sum_{k=1}^{10}a_k^2+2\times10+10$$
$$=[0^2\times\{10-(p+q)\}+1^2\times p+2^2\times q]+30$$
$$=p+4q+30=48$$

$\therefore p+4q=18$ …… ㉡

㉠, ㉡을 연립하여 풀면

$p=2,\ q=4$

따라서 $a_n=0$, $a_n=1$, $a_n=2$를 만족시키는 10 이하의 자연수 $n$의 개수는 각각 4, 2, 4이므로

$\sum_{k=1}^{10}a_k^3=0^3\times4+1^3\times2+2^3\times4=34$ 답 ①

## 230

**전략** 도형 $C_n$이 나타내는 방정식을 구한 후, 구한 방정식의 $n$에 1, 2, 3, …을 차례로 대입하여 규칙을 찾는다.

도형 $C_0$을 $x$축의 방향으로 $n$만큼, $y$축의 방향으로 $n$만큼 평행이동한 도형을 나타내는 방정식은

$|x-n|+|y-n|=3$

$n$의 값에 따라 $a_n$은 다음과 같다.

(i) $n=1$일 때

도형 $C_1$은 방정식 $|x-1|+|y-1|=3$이 나타내는 도형이므로 도형 $C_1$의 경계 및 내부의 점 중에서 $x$좌표와 $y$좌표가 모두 자연수인 점의 $x$좌표와 $y$좌표는

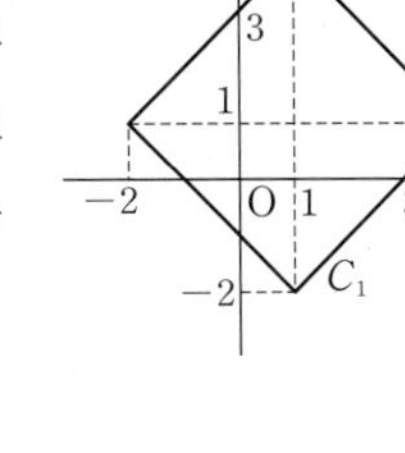


$x=1$일 때, $y=1, 2, 3, 4$

$x=2$일 때, $y=1, 2, 3$

$x=3$일 때, $y=1, 2$

$x=4$일 때, $y=1$

$\therefore a_1=4+3+2+1=10$

(ii) $n=2$일 때

도형 $C_2$는 방정식 $|x-2|+|y-2|=3$이 나타내는 도형이므로 도형 $C_2$의 경계 및 내부의 점 중에서 $x$좌표와 $y$좌표가 모두 자연수인 점의 $x$좌표와 $y$좌표는

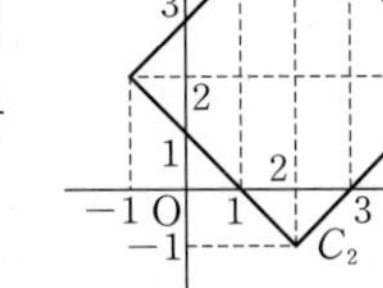


$x=1$일 때, $y=1, 2, 3, 4$

$x=2$일 때, $y=1, 2, 3, 4, 5$

$x=3$일 때, $y=1, 2, 3, 4$

$x=4$일 때, $y=1, 2, 3$

$x=5$일 때, $y=2$

$\therefore a_2=4+5+4+3+1=17$

(iii) $n=3$일 때

도형 $C_3$은 방정식 $|x-3|+|y-3|=3$이 나타내는 도형이므로 도형 $C_3$의 경계 및 내부의 점 중에서 $x$좌표와 $y$좌표가 모두 자연수인 점의 $x$좌표와 $y$좌표의 $x$좌표와 $y$좌표는

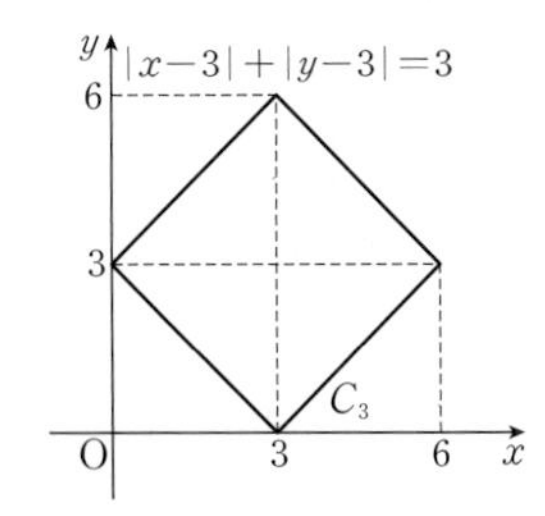


$x=1$일 때, $y=2, 3, 4$

$x=2$일 때, $y=1, 2, 3, 4, 5$

$x=3$일 때, $y=1, 2, 3, 4, 5, 6$

$x=4$일 때, $y=1, 2, 3, 4, 5$

$x=5$일 때, $y=2, 3, 4$

$x=6$일 때, $y=3$

$\therefore a_3=3+5+6+5+3+1=23$

(iv) $n\geq4$일 때

도형 $C_n$는 방정식 $|x-n|+|y-n|=3$이 나타내는 도형이므로 도형 $C_n$의 경계 및 내부의 점 중에서 $x$좌표와 $y$좌표가 모두 자연수인 점은

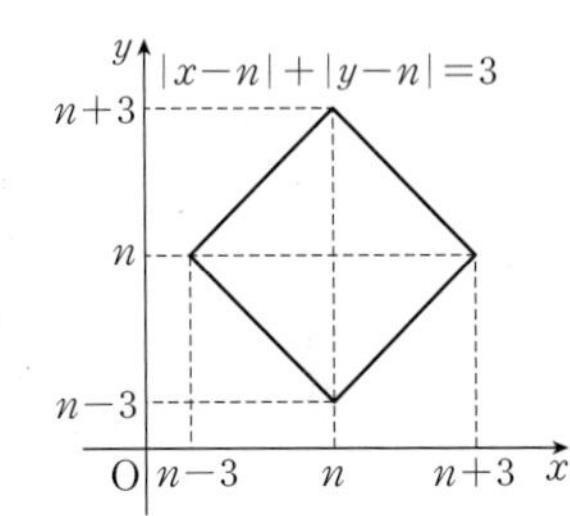


$x=n-3$일 때, $y=n$

$x=n-2$일 때, $y=n-1, n, n+1$

$x=n-1$일 때, $y=n-2, n-1, n, n+1, n+2$

$x=n$일 때, $y=n-3, n-2, n-1, n, n+1, n+2, n+3$

$x=n+1$일 때, $y=n-2, n-1, n, n+1, n+2$

$x=n+2$일 때, $y=n-1, n, n+1$

$y=n+3$일 때, $y=n$

$\therefore a_n=1+3+5+7+5+3+1=25$

(i)~(iv)에 의하여

$\sum_{k=1}^{10}a_k=a_1+a_2+a_3+\sum_{k=4}^{10}25=10+17+23+7\times25=225$ 답 ②

## 231

**전략** 등차수열의 정의와 등비중항을 이용하여 세 점 A, B, C의 좌표를 구하고, 점과 직선 사이의 거리를 이용하여 삼각형 ABC의 넓이를 구한다.

세 점 A, B, C가 서로 다른 점이므로 $d\neq0$이고 조건 (가)에 의하여

$a_1=a_2-d,\ a_3=a_2+d$

또, 세 점 $\mathrm{A}(a_1, b_1)$, $\mathrm{B}(a_2, b_2)$, $\mathrm{C}(a_3, b_3)$은 모두 곡선 $y=\frac{8}{x}$ 위의 점이므로

$b_1=\frac{8}{a_1}=\frac{8}{a_2-d},\ b_2=\frac{8}{a_2},\ b_3=\frac{8}{a_3}=\frac{8}{a_2+d}$

조건 (나)에 의하여 $b_3^2=b_1b_2$이므로

$\left(\frac{8}{a_2+d}\right)^2=\frac{8}{a_2-d}\times\frac{8}{a_2}$

$(a_2+d)^2=a_2(a_2-d),\ 3a_2d+d^2=0$

$d(3a_2+d)=0$ $\therefore d=-3a_2\ (\because d\neq0)$ …… ㉠

$b_1=\dfrac{8}{a_2-(-3a_2)}=\dfrac{2}{a_2}$, $b_3=\dfrac{8}{a_2+(-3a_2)}=-\dfrac{4}{a_2}$이므로

$r=\dfrac{b_3}{b_1}=\dfrac{b_2}{b_3}=-2$

조건 (다)에 의하여

$d=1-r=1-(-2)=3$

이므로 ㉠에서

$a_2=-\dfrac{1}{3}d=-\dfrac{1}{3}\times 3=-1$

$\therefore$ A$(-4, -2)$, B$(-1, -8)$, C$(2, 4)$

세 점 A, B, C를 좌표평면에 나타내면 오른쪽 그림과 같다.

$\overline{AC}$

$=\sqrt{\{2-(-4)\}^2+\{4-(-2)\}^2}=6\sqrt{2}$

두 점 A, C를 지나는 직선의 방정식은

$y-(-2)=\dfrac{4-(-2)}{2-(-4)}\{x-(-4)\}$

$\therefore x-y+2=0$

점 B$(-1, -8)$과 직선 $x-y+2=0$ 사이의 거리는

$\dfrac{|-1-(-8)+2|}{\sqrt{1^2+(-1)^2}}=\dfrac{9\sqrt{2}}{2}$

따라서 삼각형 ABC의 넓이는

$\dfrac{1}{2}\times 6\sqrt{2}\times\dfrac{9\sqrt{2}}{2}=27$ 답 27

**주의** $b_1$, $b_2$, $b_3$의 순서가 아니라 $b_1$, $b_3$, $b_2$의 순서대로 공비가 $r$인 등비수열을 이룸에 주의한다.

## 232

**전략** 수열의 귀납적 정의를 이해하고, $a_1$과 $a_6$ 사이의 관계를 이용하여 자연수 $p$, $q$의 값을 구한다.

$a_{n+1}=a_n+2p$ 또는 $a_{n+1}=a_n-p$

이므로 0 이상 5 이하의 정수 $k$에 대하여

$a_6=a_1+2p\times k+(-p)\times(5-k)$

$(3k-5)p=a_6-a_1$

$\therefore (3k-5)p=4$ $(\because a_1=1, a_6=5)$

이때 $p$는 자연수이므로

$p=1$ 또는 $p=2$ 또는 $p=4$

또한, $a_1<a_2<\cdots<a_m$, $a_6<\cdots<a_{m+1}<a_m$이 성립하도록 하는 2 이상 5 이하인 어떤 자연수 $m$이 존재하므로 $p$의 값에 따라 $q$의 값은 다음과 같다.

(i) $p=1$일 때

$a_{n+1}=\begin{cases} a_n+2 & (a_n\le q) \\ a_n-1 & (a_n>q) \end{cases}$

$3k-5=4$, 즉 $k=3$이므로 $m=4$

즉, $a_1<a_2<a_3<a_4$, $a_6<a_5<a_4$이므로

$a_1=1$, $a_2=3$, $a_3=5$, $a_4=7$, $a_5=6$, $a_6=5$

따라서 자연수 $q$의 값은 5이어야 한다.

(ii) $p=2$일 때

$3k-5=2$, 즉 $k=\dfrac{7}{3}$이므로 $k$는 정수라는 조건을 만족시키지 않는다.

(iii) $p=4$일 때

$a_{n+1}=\begin{cases} a_n+8 & (a_n\le q) \\ a_n-4 & (a_n>q) \end{cases}$ …… ㉠

$3k-5=1$, 즉 $k=2$이므로 $m=3$

즉, $a_1<a_2<a_3$, $a_6<a_5<a_4<a_3$이므로

$a_1=1$, $a_2=9$, $a_3=17$, $a_4=13$, $a_5=9$, $a_6=5$ …… ㉡

그런데 ㉠, ㉡을 동시에 만족시키는 자연수 $q$의 값은 존재하지 않는다.

(i), (ii), (iii)에 의하여 $p=1$, $q=5$이고 $a_7=7$이므로

$(p+q)a_7=(1+5)\times 7=42$ 답 ①

## 233

**전략** 등차수열의 일반항을 $n$에 대한 일차식으로 놓고 주어진 조건을 만족시키는 식을 구한다.

두 등차수열 $\{a_n\}$, $\{b_n\}$의 공차를 각각 $d_1$, $d_2$라 하면

$a_n=a_1+(n-1)d_1=d_1n+a_1-d_1$,

$b_n=b_1+(n-1)d_2=d_2n+b_1-d_2$

$\therefore a_n+b_n=(d_1+d_2)n+a_1+b_1-d_1-d_2$

조건 (나)에서 $a_n+b_n=6n+10$이므로

$(d_1+d_2)n+a_1+b_1-d_1-d_2=6n+10$

$\therefore d_1+d_2=6$ …… ㉠

$a_1+b_1=10+(d_1+d_2)=10+6=16$ …… ㉡

또한, $a_nb_n=8n^2+28n+k$이므로

$a_nb_n$

$=(d_1n+a_1-d_1)(d_2n+b_1-d_2)$

$=d_1d_2n^2+\{d_1(b_1-d_2)+d_2(a_1-d_1)\}n+(a_1-d_1)(b_1-d_2)$

$=8n^2+28n+k$

에서

$d_1d_2=8$ …… ㉢

$d_1(b_1-d_2)+d_2(a_1-d_1)=28$ …… ㉣

$(a_1-d_1)(b_1-d_2)=k$ …… ㉤

㉠에서 $d_2=6-d_1$이므로 ㉢에 대입하면

$d_1(6-d_1)=8$, $d_1^2-6d_1+8=0$

$(d_1-2)(d_1-4)=0$

즉, $d_1=2$ 또는 $d_1=4$이므로

$d_1=2$, $d_2=4$ 또는 $d_1=4$, $d_2=2$

이때 조건 (가)에서 $a_2-a_1<b_2-b_1$, 즉 $d_1<d_2$이므로

$d_1=2$, $d_2=4$

이 값을 ㉣에 대입하면

$2(b_1-4)+4(a_1-2)=28$

$\therefore 2a_1+b_1=22$ …… ㉥

㉡, ㉥을 연립하여 풀면

$a_1=6,\ b_1=10$

㉤에서

$k=(6-2)\times(10-4)=24$

따라서 $a_n=2n+4,\ b_n=4n+6$이므로

$k+a_2+b_4=24+8+22=54$

답 ③

## 234

**전략** 등차수열의 합 $S_n$은 $n$에 대한 이차함수임을 알고 $n(A)=5$가 되도록 하는 수열 $\{a_n\}$의 공차를 구한다.

$A=\{S_n \mid n$은 한 자리 자연수$\}$, $n(A)=5$이므로 $S_l=S_k$를 만족시키는 서로 다른 한 자리 자연수 $l,\ k$의 순서쌍 $(l,\ k)\ (l<k)$가 4개 존재해야 한다.

모든 항이 정수인 등차수열 $\{a_n\}$의 공차를 $d$라 하면 모든 항이 정수이므로 $d$는 정수이다.

$d\ge 0$이면 모든 자연수 $n$에 대하여 $20\le a_n\le a_{n+1}$이므로

$20=S_1<S_2<\cdots<S_n<S_{n+1}<\cdots$

이때는 $S_l=S_k$를 만족시키는 서로 다른 한 자리 자연수 $l,\ k$의 순서쌍 $(l,\ k)$가 존재하지 않으므로

$d<0$

등차수열 $\{a_n\}$의 첫째항이 20이므로

$$S_n=\frac{n\{2\times20+(n-1)\times d\}}{2}=\frac{d}{2}n^2+\frac{40-d}{2}n$$

$S_l=S_k$에서

$$\frac{d}{2}l^2+\frac{40-d}{2}l=\frac{d}{2}k^2+\frac{40-d}{2}k$$

$d(l^2-k^2)+(40-d)(l-k)=0$

$(l-k)(dl+dk)+(40-d)(l-k)=0$

$(l-k)(dl+dk+40-d)=0$

$l\ne k$이므로

$dl+dk+40-d=0$

$\therefore\ d\{1-(l+k)\}=40$ $\quad\cdots\cdots$ ㉠

이때 $d$는 음의 정수이고 $3\le l+k\le 17$이므로 ㉠을 만족시키는 $d,\ l+k$의 값은 다음과 같다.

(ⅰ) $d=-20,\ l+k=3$이면

순서쌍 $(l,\ k)$는 $(1,\ 2)$뿐이므로

$n(A)=8$

그런데 $n(A)=5$라는 조건을 만족시키지 않는다.

(ⅱ) $d=-10,\ l+k=5$이면

순서쌍 $(l,\ k)$는 $(1,\ 4),\ (2,\ 3)$의 2개이므로

$n(A)=7$

그런데 $n(A)=5$라는 조건을 만족시키지 않는다.

(ⅲ) $d=-8,\ l+k=6$이면

순서쌍 $(l,\ k)$는 $(1,\ 5),\ (2,\ 4)$의 2개이므로

$n(A)=7$

그런데 $n(A)=5$라는 조건을 만족시키지 않는다.

(ⅳ) $d=-5,\ l+k=9$이면

순서쌍 $(l,\ k)$는 $(1,\ 8),\ (2,\ 7),\ (3,\ 6),\ (4,\ 5)$의 4개이므로

$n(A)=5$

(ⅴ) $d=-4,\ l+k=11$이면

순서쌍 $(l,\ k)$는 $(2,\ 9),\ (3,\ 8),\ (4,\ 7),\ (5,\ 6)$의 4개이므로

$n(A)=5$

(ⅰ)~(ⅴ)에 의하여 $n(A)=5$이려면

$d=-4$ 또는 $d=-5$

이때 $a_3-a_2=d$이므로

$a_3-a_2=-5$ 또는 $a_3-a_2=-4$

즉, $M=-4,\ m=-5$이므로

$M\times m=20$

답 ④

**다른 풀이** 수열 $\{a_n\}$의 공차를 $d\ (d<0)$라 하면

$$S_n=\frac{n\{2\times20+(n-1)\times d\}}{2}=\frac{d}{2}n^2+\frac{40-d}{2}n$$

$f(x)=\frac{d}{2}x^2+\frac{40-d}{2}x$라 하면 곡선 $y=f(x)$의 축의 방정식은

$$x=-\frac{\frac{40-d}{2}}{2\times\frac{d}{2}}=-\frac{40-d}{2d}$$

이때 $n(A)=5$이려면 축의 방정식이

$x=\frac{9}{2}$ 또는 $x=5$ 또는 $x=\frac{11}{2}$

이어야 하므로

$$-\frac{40-d}{2d}=\frac{9}{2}\text{ 또는 }-\frac{40-d}{2d}=5\text{ 또는 }-\frac{40-d}{2d}=\frac{11}{2}$$

$\therefore\ d=-5$ 또는 $d=-\frac{40}{9}$ 또는 $d=-4$

$d$는 정수이므로 $d=-5$ 또는 $d=-4$

## 235

**전략** 자연수 $n$에 대하여 $n=3t-2,\ n=3t-1,\ n=3t$ ($t$는 자연수) 꼴로 나누어 $a_n$을 구하고, $\sum_{k=1}^{8}\frac{3}{b_kb_{k+1}}$의 값은 부분분수의 합을 이용하여 구한다.

집합 $A_n$의 원소의 개수 $a_n$은 $n$의 값을

$3t-2,\ 3t-1,\ 3t$ ($t$는 자연수)

꼴로 나누어 구하면 다음과 같다.

(ⅰ) $n=3t-2$일 때

직선 $3x+y=n$, 즉 $3x+y=3t-2$ 위의 점 중에서 $x$좌표와 $y$좌표가 음이 아닌 정수인 순서쌍 $(x,\ y)$는

$(0,\ 3t-2),\ (1,\ 3t-5),\ \cdots,\ (t-1,\ 1)$

$\therefore\ a_{3t-2}=t$

(ⅱ) $n=3t-1$일 때

직선 $3x+y=n$, 즉 $3x+y=3t-1$ 위의 점 중에서 $x$좌표와 $y$좌표가 음이 아닌 정수인 순서쌍 $(x,\ y)$는

$(0,\ 3t-1),\ (1,\ 3t-4),\ \cdots,\ (t-1,\ 2)$

$\therefore\ a_{3t-1}=t$

(iii) $n=3t$일 때

직선 $3x+y=n$, 즉 $3x+y=3t$ 위의 점 중에서 $x$좌표와 $y$좌표가 음이 아닌 정수인 순서쌍 $(x, y)$는

$(0, 3t)$, $(1, 3t-3)$, $\cdots$, $(t, 0)$

$\therefore a_{3t}=t+1$

(i), (ii), (iii)에 의하여

$$\sum_{k=1}^{3m} a_k=\sum_{k=1}^{m}(a_{3k-2}+a_{3k-1}+a_{3k})$$

$$=\sum_{k=1}^{m}\{k+k+(k+1)\}$$

$$=\sum_{k=1}^{m}(3k+1)$$

즉, $\sum_{k=1}^{m} b_k=\sum_{k=1}^{3m} a_k=\sum_{k=1}^{m}(3k+1)$이므로

$b_k=3k+1$

$$\therefore \sum_{k=1}^{8}\frac{3}{b_k b_{k+1}}$$

$$=\sum_{k=1}^{8}\frac{3}{(3k+1)(3k+4)}$$

$$=\sum_{k=1}^{8}\left(\frac{1}{3k+1}-\frac{1}{3k+4}\right)$$

$$=\left(\frac{1}{4}-\frac{1}{7}\right)+\left(\frac{1}{7}-\frac{1}{10}\right)+\left(\frac{1}{10}-\frac{1}{13}\right)+\cdots+\left(\frac{1}{25}-\frac{1}{28}\right)$$

$$=\frac{1}{4}-\frac{1}{28}=\frac{3}{14}$$

따라서 $p=14$, $q=3$이므로

$p+q=17$

답 17

# 미니 모의고사

## 1회 미니 모의고사

본문 92~95쪽

| | | | | |
|---|---|---|---|---|
| 1 21 | 2 ② | 3 ⑤ | 4 ② | 5 ① |
| 6 ⑤ | 7 ① | 8 200 | 9 9 | 10 ④ |

### 1

**전략** **$0<a<1$이면 함수 $y=a^x$은 $x$의 값이 증가할 때 $y$의 값은 감소함을 이용한다.**

$f(x)=\left(\frac{1}{3}\right)^{2x-a}$에서 밑 $\frac{1}{3}$이 $0<\frac{1}{3}<1$이므로 함수 $f(x)$는 $x$의 값이 증가할 때 $y$의 값은 감소한다.

즉, $2\le x\le 3$에서 $x=2$일 때 최댓값 27을 가지므로

$f(2)=\left(\frac{1}{3}\right)^{4-a}=27$

$3^{a-4}=3^3$, $a-4=3$

$\therefore a=7$

따라서 $f(x)=\left(\frac{1}{3}\right)^{2x-7}$이고, $x=3$일 때 최솟값을 가지므로

$m=f(3)=\left(\frac{1}{3}\right)^{-1}=3$

$\therefore a\times m=7\times 3=21$

답 21

### 2

**전략** **삼각함수의 성질을 이용하여 주어진 식을 간단히 한다.**

$\frac{\sin\theta\cos\theta}{1-\cos\theta}+\frac{1-\cos\theta}{\tan\theta}=1$에서

$$\frac{\sin\theta\cos\theta}{1-\cos\theta}+\frac{(1-\cos\theta)\cos\theta}{\sin\theta}=1$$

$$\frac{\sin^2\theta\cos\theta+(1-\cos\theta)^2\cos\theta}{(1-\cos\theta)\sin\theta}=1$$

$$\frac{(\sin^2\theta+1-2\cos\theta+\cos^2\theta)\cos\theta}{(1-\cos\theta)\sin\theta}=1$$

$$\frac{2(1-\cos\theta)\cos\theta}{(1-\cos\theta)\sin\theta}=1$$

$\pi<\theta<2\pi$에서 $1-\cos\theta\ne 0$이므로

$2\cos\theta=\sin\theta$

양변을 제곱하면 $4\cos^2\theta=\sin^2\theta$

$4\cos^2\theta=1-\cos^2\theta$, $\cos^2\theta=\frac{1}{5}$

이때 $\pi<\theta<2\pi$에서 $2\cos\theta=\sin\theta<0$이므로 $\pi<\theta<\frac{3}{2}\pi$이다.

$\therefore \cos\theta=-\frac{\sqrt{5}}{5}$

답 ②

### 3

**전략** **$S_{n+2}-S_n=a_{n+2}+a_{n+1}$임을 이용한다.**

등비수열 $\{a_n\}$의 첫째항을 $a$, 공비를 $r$라 하면

$a_n=ar^{n-1}$, $\frac{a_2}{a_1}=r$

이때 $S_{n+2}-S_n=3\times\left(\frac{a_2}{a_1}\right)^{n-2}$에서

$a_{n+2}+a_{n+1}=3\times r^{n-2}$

$ar^{n+1}+ar^n=3\times r^{n-2}$

위의 식의 양변을 $r^{n-2}$으로 나누면

$ar^2(r+1)=3$ …… ㉠

또한, $a_6-a_4=6$에서

$ar^5-ar^3=6$

$\therefore ar^3(r-1)(r+1)=6$ …… ㉡

㉠에서 $r\neq-1$이므로 ㉡÷㉠을 하면

$r(r-1)=2$

$r^2-r-2=0$, $(r+1)(r-2)=0$

$\therefore r=2$ ($\because r\neq-1$)

$r=2$를 ㉠에 대입하면

$12a=3$ $\therefore a=\frac{1}{4}$

$\therefore a_9=\frac{1}{4}\times2^{9-1}=2^6=64$

답 ⑤

## 4

**전략** 두 점 $P_n$, $Q_n$의 좌표를 구하여 사각형 $P_nR_nS_nQ_n$의 넓이를 구한다.

$y=\left(\frac{1}{2}\right)^x$에 $x=\log_2 n$을 대입하면

$y=\left(\frac{1}{2}\right)^{\log_2 n}=n^{\log_2 2^{-1}}=\frac{1}{n}$ $\therefore P_n\left(\log_2 n, \frac{1}{n}\right)$

$y=\left(\frac{1}{2}\right)^x$에 $x=\log_2 2n$을 대입하면

$y=\left(\frac{1}{2}\right)^{\log_2 2n}=(2n)^{\log_2 2^{-1}}=\frac{1}{2n}$ $\therefore Q_n\left(\log_2 2n, \frac{1}{2n}\right)$

이때 $R_n(\log_2 n, 0)$, $S_n(\log_2 2n, 0)$이므로 사각형 $P_nR_nS_nQ_n$의 넓이 $T(n)$은

$$T(n)=\frac{1}{2}\times(\overline{P_nR_n}+\overline{Q_nS_n})\times\overline{R_nS_n}$$
$$=\frac{1}{2}\times\left(\frac{1}{n}+\frac{1}{2n}\right)\times(\log_2 2n-\log_2 n)=\frac{3}{4n}$$

$$\therefore \sum_{k=1}^{16}T(k)T(k+1)$$
$$=\sum_{k=1}^{16}\left\{\frac{3}{4k}\times\frac{3}{4(k+1)}\right\}=\frac{9}{16}\sum_{k=1}^{16}\frac{1}{k(k+1)}$$
$$=\frac{9}{16}\sum_{k=1}^{16}\left(\frac{1}{k}-\frac{1}{k+1}\right)$$
$$=\frac{9}{16}\left\{\left(\frac{1}{1}-\frac{1}{2}\right)+\left(\frac{1}{2}-\frac{1}{3}\right)+\left(\frac{1}{3}-\frac{1}{4}\right)+\cdots+\left(\frac{1}{16}-\frac{1}{17}\right)\right\}$$
$$=\frac{9}{16}\left(1-\frac{1}{17}\right)=\frac{9}{17}$$

답 ②

## 5

**전략** 거듭제곱근의 정의와 로그의 성질을 이용하여 $b$, $c$를 $a$에 대한 식으로 나타낸다.

조건 ㈎에 의하여

$(\sqrt[3]{a})^4=ab$, $a^{\frac{4}{3}}=ab$

$\therefore b=a^{\frac{1}{3}}$ …… ㉠

㉠을 조건 ㈏의 좌변에 대입하면

$$\log_a bc+\log_b ac=\log_a a^{\frac{1}{3}}c+\log_{a^{\frac{1}{3}}} ac$$
$$=\frac{1}{3}+\log_a c+3(1+\log_a c)$$
$$=\frac{10}{3}+4\log_a c$$

즉, $\frac{10}{3}+4\log_a c=4$이므로

$4\log_a c=\frac{2}{3}$, $\log_a c=\frac{1}{6}$

$\therefore c=a^{\frac{1}{6}}$ …… ㉡

㉠, ㉡에 의하여

$a=\left(\frac{b}{c}\right)^k=\left(\frac{a^{\frac{1}{3}}}{a^{\frac{1}{6}}}\right)^k=a^{\frac{k}{6}}$

즉, $\frac{k}{6}=1$이어야 하므로

$k=6$

답 ①

## 6

**전략** $2\overline{AB}=\overline{DA}+\overline{BC}$에서 세 선분 DA, AB, BC의 길이가 이 순서대로 등차수열을 이루는 것을 이용한다.

점 A는 두 곡선 $y=4^x$, $y=2^{-x+3}$이 만나는 점이므로 점 A의 $x$좌표는

$4^x=2^{-x+3}$에서

$2^{2x}=2^{-x+3}$, $2x=-x+3$

즉, $x=1$이므로

$A(1, 4)$

점 $A(1, 4)$를 지나고 기울기가 $-\frac{1}{2}$인 직선 AB의 방정식은

$y-4=-\frac{1}{2}(x-1)$ $\therefore y=-\frac{1}{2}x+\frac{9}{2}$

$\therefore C(9, 0)$, $D\left(0, \frac{9}{2}\right)$

한편, $2\overline{AB}=\overline{DA}+\overline{BC}$이므로 세 선분 DA, AB, BC의 길이는 이 순서대로 등차수열을 이룬다.

$\overline{AD}=\sqrt{(1-0)^2+\left(4-\frac{9}{2}\right)^2}=\frac{\sqrt{5}}{2}$

이므로 이 등차수열의 공차를 $d$라 하면

$\overline{AB}=\frac{\sqrt{5}}{2}+d$, $\overline{BC}=\frac{\sqrt{5}}{2}+2d$

이때 $\overline{CD}=\sqrt{9^2+\left(-\frac{9}{2}\right)^2}=\frac{9\sqrt{5}}{2}$이므로

$\frac{\sqrt{5}}{2}+\left(\frac{\sqrt{5}}{2}+d\right)+\left(\frac{\sqrt{5}}{2}+2d\right)=\frac{9\sqrt{5}}{2}$

$3d=3\sqrt{5}$

$\therefore d=\sqrt{5}$

즉, $\overline{AB}=\frac{3\sqrt{5}}{2}$, $\overline{BC}=\frac{5\sqrt{5}}{2}$이므로

$\overline{DA}:\overline{AB}:\overline{BC}=1:3:5$

따라서 점 B는 선분 CD를 5 : 4로 내분하는 점이므로

$B\left(\frac{5\times0+4\times9}{5+4}, \frac{5\times\frac{9}{2}+4\times0}{5+4}\right)$, 즉 $B\left(4, \frac{5}{2}\right)$

점 $B\left(4, \frac{5}{2}\right)$가 함수 $y=\log_4(x+a)$의 그래프 위의 점이므로

$\frac{5}{2}=\log_4(4+a)$, $5=\log_2(4+a)$

$4+a=2^5$　　$\therefore a=28$　　답 ⑤

다른 풀이 두 점 A, B에서 $x$축에 내린 수선의 발을 각각 E, F라 하면

$2\overline{EF}=\overline{OE}+\overline{FC}$

$\overline{EF}=k$라 하면

$2k=9-k$　　$\therefore k=3$

즉, $F(4, 0)$이므로

$B\left(4, \frac{5}{2}\right)$

## 7

전략 코사인법칙을 이용하여 두 선분 DG, BC의 길이를 구한다.

$\sin\theta=\frac{\sqrt{11}}{6}$에서

$\cos^2\theta=1-\sin^2\theta=1-\frac{11}{36}=\frac{25}{36}$　　…… ㉠

$\overline{CD}=3$, $\overline{CG}=4$이므로 삼각형 DCG에서 코사인법칙에 의하여

$\overline{DG}^2=3^2+4^2-2\times3\times4\times\cos\theta=25-24\cos\theta$

$\therefore \overline{DG}=\sqrt{25-24\cos\theta}$

$\overline{BC}=3$, $\overline{CE}=4$, $\angle BCE=\pi-\theta$이므로 삼각형 CBE에서 코사인법칙에 의하여

$\overline{BE}^2=3^2+4^2-2\times3\times4\times\cos(\pi-\theta)$

$=25-24\cos(\pi-\theta)$

$=25+24\cos\theta$

즉, $\overline{BE}=\sqrt{25+24\cos\theta}$이므로

$\overline{DG}\times\overline{BE}=\sqrt{(25-24\cos\theta)(25+24\cos\theta)}$

$=\sqrt{25^2-24^2\times\cos^2\theta}$

$=\sqrt{25^2-24^2\times\frac{25}{36}}$ ($\because$ ㉠)

$=15$　　답 ①

## 8

전략 $a_n$은 $n$에 대한 일차식이므로 수열 $\{a_n\}$은 등차수열임을 이용한다.

점 $(n, 0)$을 지나고 $x$축에 수직인 직선이 일차함수의 그래프와 만나는 점의 $y$좌표가 $a_n$이므로 $a_n$을 $n$에 대한 일차식으로 나타낼 수 있다.

즉, 수열 $\{a_n\}$은 등차수열이다.

등차수열 $\{a_n\}$의 공차를 $d$라 하면 주어진 조건에 의하여

$a_4=a_1+3d=\frac{7}{2}$　　…… ㉠

$a_7=a_1+6d=5$　　…… ㉡

㉠, ㉡을 연립하여 풀면

$a_1=2$, $d=\frac{1}{2}$

따라서 $a_n=2+(n-1)\times\frac{1}{2}=\frac{1}{2}n+\frac{3}{2}$이므로

$\sum_{k=1}^{25}a_k=\sum_{k=1}^{25}\left(\frac{1}{2}k+\frac{3}{2}\right)$

$=\frac{1}{2}\times\frac{25\times26}{2}+\frac{3}{2}\times25=200$　　답 200

다른 풀이 $a_4=\frac{7}{2}$, $a_7=5$에서 직선 $l$은 두 점 $\left(4, \frac{7}{2}\right)$, $(7, 5)$를 지나므로 직선 $l$의 방정식은

$y-\frac{7}{2}=\frac{5-\frac{7}{2}}{7-4}(x-4)$　　$\therefore y=\frac{1}{2}x+\frac{3}{2}$

$a_n$은 직선 $y=\frac{1}{2}x+\frac{3}{2}$과 직선 $x=n$의 교점의 $y$좌표이므로

$a_n=\frac{1}{2}n+\frac{3}{2}$

## 9

전략 사인함수, 코사인함수의 그래프를 이용하여 방정식 $(g\circ f)(x)=0$의 실근의 개수를 구한다.

함수 $f(x)=a\cos bx$의 주기가 2이므로

$\frac{2\pi}{|b|}=2$　　$\therefore b=\pi$ ($\because b>0$)

$0\le x\le2$에서 함수 $y=f(x)$의 최댓값은 $a$, 최솟값은 $-a$이므로 함수 $y=f(x)$의 그래프와 함수 $y=3^x-4$의 그래프의 점근선 $y=-4$가 한 점에서 만나려면 오른쪽 그림과 같이

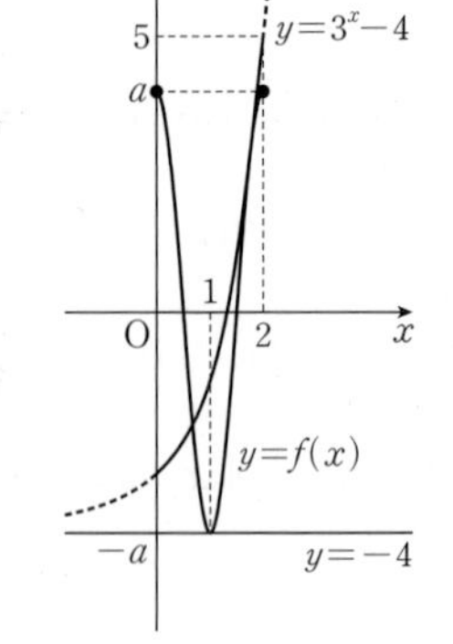


$-a=-4$, 즉 $a=4$

이어야 한다.

$\therefore f(x)=4\cos\pi x$

한편, $(g\circ f)(x)=0$, 즉 $g(f(x))=0$에서

$f(x)=t$로 놓으면 $-4\le t\le4$

함수 $y=g(x)$의 그래프의 주기는 $\frac{2\pi}{\frac{\pi}{2}}=4$이므로 $-4\le t\le4$에서

함수 $y=g(t)$의 그래프는 다음 그림과 같다.

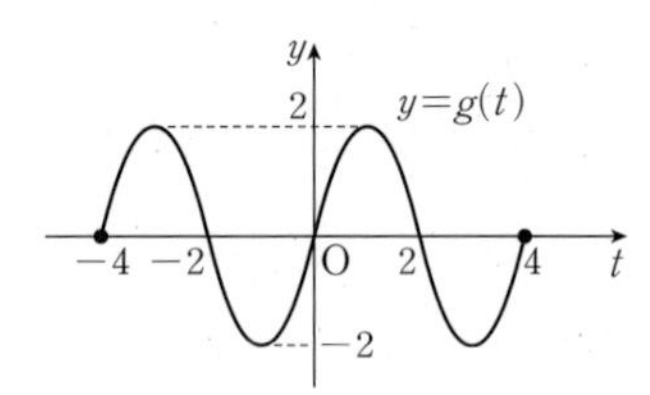


$g(t)=0$에서 $t=-4, -2, 0, 2, 4$

$\therefore f(x)=-4, -2, 0, 2, 4$

오른쪽 그림과 같이 함수 $y=f(x)$의 그래프와 다섯 직선 $y=-4$, $y=-2$, $y=0$, $y=2$, $y=4$의 교점의 개수는 각각

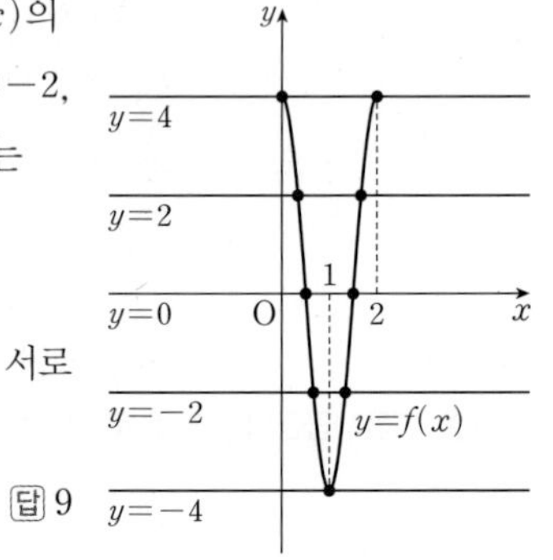


1, 2, 2, 2, 2

이므로 방정식 $(g\circ f)(x)=0$의 서로 다른 실근의 개수는

$1+2+2+2+2=9$　　답 9

## 10

**전략** 먼저 수열 $\{a_n\}$의 공차를 구한다.

등차수열 $\{a_n\}$의 공차를 $d$라 하면 조건 (가)에서

$(a_1+3d)-(a_1+d)=4$

$2d=4 \qquad \therefore d=2$

$\therefore a_n=a_1+(n-1)\times 2=2n+a_1-2$

$a_1>0$이면

$\sum_{k=1}^{10}|a_k|=\sum_{k=1}^{10}a_k=\sum_{k=1}^{10}(2k+a_1-2)$

$=2\times\frac{10\times 11}{2}+(a_1-2)\times 10=90+10a_1$

즉, 조건 (나)에 의하여

$90+10a_1=68,\ 10a_1=-22$

$\therefore a_1=-\frac{11}{5}$

이때 $|a_1|$이 자연수가 아니므로 조건을 만족시키지 않는다.

$\therefore a_1<0$ ...... ㉠

또, $a_{10}\le 0$이면

$\sum_{k=1}^{10}|a_k|=-\sum_{k=1}^{10}a_k=-\sum_{k=1}^{10}(2k+a_1-2)$

$=-2\times\frac{10\times 11}{2}-(a_1-2)\times 10=-90-10a_1$

조건 (나)에서 $-90-10a_1=68$이므로 $a_1=-\frac{79}{5}$

이때도 $|a_1|$이 자연수가 아니므로 조건을 만족시키지 않는다.

$\therefore a_{10}>0$ ...... ㉡

㉠, ㉡에 의하여 $a_m=-1,\ a_{m+1}=1$인 10 미만의 자연수 $m$이 존재한다.

즉, $a_m=-1$에서

$2m+a_1-2=-1 \qquad \therefore a_1=1-2m$

$\therefore \sum_{k=1}^{10}|a_k|=\sum_{k=1}^{m}|a_k|+\sum_{k=m+1}^{10}|a_k|$

$=-\sum_{k=1}^{m}a_k+\sum_{k=m+1}^{10}a_k$

$=-\frac{m(a_1+a_m)}{2}+\frac{(10-m)(a_{m+1}+a_{10})}{2}$

$=-\frac{m\{(1-2m)+(-1)\}}{2}+\frac{(10-m)\{1+(19-2m)\}}{2}$

$=m^2+(10-m)^2$

$=2m^2-20m+100$

즉, $2m^2-20m+100=68$이므로

$m^2-10m+16=0,\ (m-2)(m-8)=0$

$\therefore m=2$ 또는 $m=8$

(i) $m=2$일 때

$a_1=1-2m=1-2\times 2=-3$

(ii) $m=8$일 때

$a_1=1-2m=1-2\times 8=-15$

(i), (ii)에 의하여 $a_1=-3$ 또는 $a_1=-15$이므로

$M=-3,\ m=-15$

$\therefore M-m=-3-(-15)=12$

답 ④

## 2회 미니 모의고사

본문 96~99쪽

| | | | | |
|---|---|---|---|---|
| 1 ① | 2 ③ | 3 ② | 4 36 | 5 ④ |
| 6 ⑤ | 7 ④ | 8 ② | 9 300 | 10 12 |

## 1

**전략** 거듭제곱근을 유리수 지수로 나타낸다.

조건 (가)에서 $\sqrt{3^a}=\sqrt[3]{4^b}$이므로

$3^{\frac{a}{2}}=2^{\frac{2b}{3}}=k\ (k>0)$

로 놓으면 $3^a=k^2,\ 2^b=k^{\frac{3}{2}}$ ...... ㉠

조건 (나)에서 $\log_6 3^a+\log_6 2^b=14$이므로

$\log_6 k^2+\log_6 k^{\frac{3}{2}}=14\ (\because ㉠)$

$\frac{7}{2}\log_6 k=14,\ \log_6 k=4$

$\therefore k=6^4$ ...... ㉡

또한, ㉠에서 $3=k^{\frac{2}{a}},\ 2=k^{\frac{3}{2b}}$이므로

$6=k^{\frac{2}{a}}\times k^{\frac{3}{2b}}=k^{\frac{2}{a}+\frac{3}{2b}}=k^{\frac{3a+4b}{2ab}}$ ...... ㉢

㉡을 ㉢에 대입하면

$6=6^{4\times\frac{3a+4b}{2ab}}$

즉, $4\times\frac{3a+4b}{2ab}=1$이므로

$\frac{3a+4b}{2ab}=\frac{1}{4}$

답 ①

## 2

**전략** $x$의 삼각함수로 변형하여 주어진 방정식을 푼다.

$2\cos^2\left(\frac{\pi}{2}-x\right)+\cos(\pi+x)-1=0$에서

$2\sin^2 x-\cos x-1=0,\ 2(1-\cos^2 x)-\cos x-1=0$

$2\cos^2 x+\cos x-1=0,\ (\cos x+1)(2\cos x-1)=0$

$\therefore \cos x=-1$ 또는 $\cos x=\frac{1}{2}$

오른쪽 그림에서

$\cos x=-1$일 때, $x=\pi$

$\cos x=\frac{1}{2}$일 때,

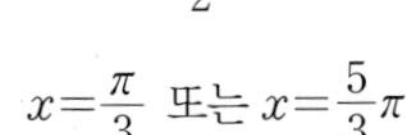

$x=\frac{\pi}{3}$ 또는 $x=\frac{5}{3}\pi$

따라서 구하는 합은

$\frac{\pi}{3}+\pi+\frac{5}{3}\pi=3\pi$

답 ③

## 3

**전략** 주어진 조건을 이용하여 $a_n$의 첫째항과 공차를 구한다.

등차수열 $\{a_n\}$의 공차를 $d$라 하면 $a_1=a_3+8$에서

$a_1=(a_1+2d)+8,\ 2d=-8$

$\therefore d=-4$ ...... ㉠

$2a_4-3a_6=2(a_1+3d)-3(a_1+5d)$

$=-a_1-9d=-a_1+36$ ($\because$ ㉠)

즉, $2a_4-3a_6=3$에서 $-a_1+36=3$이므로 $a_1=33$

$\therefore a_n=33+(n-1)\times(-4)=-4n+37$

$a_k=-4k+37<0$에서 $k>\dfrac{37}{4}=9.25$

따라서 자연수 $k$의 최솟값은 10이다. 답 ②

## 4

**전략 주어진 식을 이용하여 수열 $\{a_n\}$의 공비를 구한다.**

등비수열 $\{a_n\}$의 첫째항을 $a$, 공비를 $r$라 하면

$\dfrac{a_{16}}{a_{14}}+\dfrac{a_8}{a_7}=\dfrac{ar^{15}}{ar^{13}}+\dfrac{ar^7}{ar^6}=r^2+r$

즉, $r^2+r=12$이므로

$r^2+r-12=0$, $(r+4)(r-3)=0$

$\therefore r=-4$ 또는 $r=3$

이때 모든 항이 양수이므로 $r>0$

즉, $r=3$이므로

$\dfrac{a_3}{a_1}+\dfrac{a_6}{a_3}=r^2+r^3=3^2+3^3=36$ 답 36

## 5

**전략 주어진 그래프를 이용하여 부등식의 해를 구한다.**

$\left(\dfrac{1}{2}\right)^{f(x)g(x)}\geq\left(\dfrac{1}{8}\right)^{g(x)}$에서 $\left(\dfrac{1}{2}\right)^{f(x)g(x)}\geq\left(\dfrac{1}{2}\right)^{3g(x)}$

밑 $\dfrac{1}{2}$이 $0<\dfrac{1}{2}<1$이므로

$f(x)g(x)\leq 3g(x)$ $\therefore \{f(x)-3\}g(x)\leq 0$

(i) $f(x)-3\geq 0$, $g(x)\leq 0$인 경우

$f(x)\geq 3$에서 $x\leq 1$ 또는 $x\geq 5$

$g(x)\leq 0$에서 $x\leq 3$

$\therefore x\leq 1$

(ii) $f(x)-3\leq 0$, $g(x)\geq 0$인 경우

$f(x)\leq 3$에서 $1\leq x\leq 5$

$g(x)\geq 0$에서 $x\geq 3$

$\therefore 3\leq x\leq 5$

(i), (ii)에 의하여 $x\leq 1$ 또는 $3\leq x\leq 5$이므로 주어진 부등식을 만족시키는 자연수 $x$의 값은 1, 3, 4, 5이다.

따라서 구하는 합은

$1+3+4+5=13$ 답 ④

## 6

**전략 주어진 조건을 만족시키는 함수 $y=f(x)$의 그래프를 그린 후, 방정식 $nf(x)=1$의 실근의 개수를 구한다.**

함수 $y=2\sin(\pi x)$의 주기는 $\dfrac{2\pi}{\pi}=2$이고, 최댓값은 2이므로

$0\leq x\leq 4$에서 조건 (가), (나)를 만족시키는 함수 $y=f(x)$의 그래프는 다음 그림과 같다.

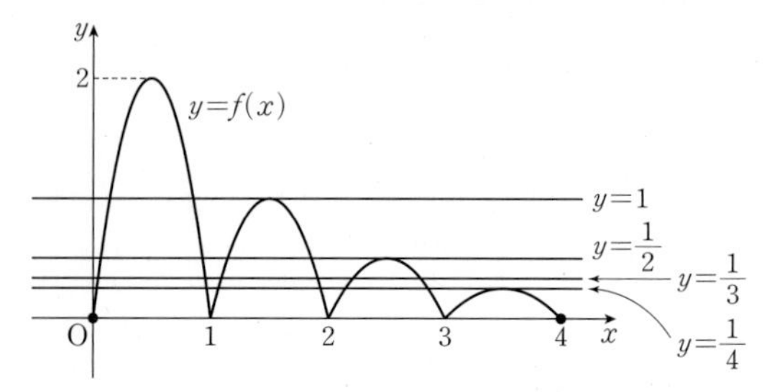


방정식 $nf(x)=1$, 즉 $f(x)=\dfrac{1}{n}$의 서로 다른 실근의 개수는 함수 $y=f(x)$의 그래프와 직선 $y=\dfrac{1}{n}$의 교점의 개수와 같으므로

$a_1=3$, $a_2=5$, $a_3=6$, $a_4=7$, $a_5=a_6=\cdots=a_{10}=8$

$\therefore \sum_{k=1}^{10}a_k=3+5+6+7+8\times 6=69$ 답 ⑤

## 7

**전략 100 이하의 자연수 $N$에 대하여 $\sum_{k=1}^{m}a_k=N$으로 놓고 주어진 조건을 만족시키는 자연수 $m$의 값을 구한다.**

$\sum_{k=1}^{m}a_k=\sum_{k=1}^{m}\log_2\sqrt{\dfrac{2(k+1)}{k+2}}$

$=\dfrac{1}{2}\sum_{k=1}^{m}\left(1+\log_2\dfrac{k+1}{k+2}\right)$

$=\dfrac{m}{2}+\dfrac{1}{2}\sum_{k=1}^{m}\log_2\dfrac{k+1}{k+2}$

$=\dfrac{m}{2}+\dfrac{1}{2}\left(\log_2\dfrac{2}{3}+\log_2\dfrac{3}{4}+\cdots+\log_2\dfrac{m+1}{m+2}\right)$

$=\dfrac{m}{2}+\dfrac{1}{2}\log_2\left(\dfrac{2}{3}\times\dfrac{3}{4}\times\cdots\times\dfrac{m+1}{m+2}\right)$

$=\dfrac{m}{2}+\dfrac{1}{2}\log_2\dfrac{2}{m+2}$

$=\dfrac{m}{2}-\dfrac{1}{2}\log_2\dfrac{m+2}{2}$

(i) $m=2t$ ($t$는 자연수)일 때

$\sum_{k=1}^{m}a_k=t-\dfrac{1}{2}\log_2(t+1)$

이 값이 100 이하의 자연수이려면 $t+1$의 값이 $2^2$, $2^4$, $2^6$이어야 한다.

따라서 자연수 $t$의 값은 3, 15, 63이므로

$m=6$, 30, 126

(ii) $m=2t-1$ ($t$는 자연수)일 때

$\sum_{k=1}^{m}a_k=\dfrac{2t-1}{2}-\dfrac{1}{2}\log_2\dfrac{2t+1}{2}=t-\dfrac{1}{2}\log_2(2t+1)$

이 값이 100 이하의 자연수이려면 $2t+1$의 값이 $2^2$, $2^4$, $2^6$이어야 한다.

그런데 $t$가 자연수라는 조건을 만족시키지 않는다.

(i), (ii)에 의하여 $m=6$, 30, 126

따라서 모든 자연수 $m$의 값의 합은

$6+30+126=162$ 답 ④

**다른 풀이** $\sum_{k=1}^{m} a_k$

$=\sum_{k=1}^{m} \log_2 \sqrt{\frac{2(k+1)}{k+2}}$

$=\frac{1}{2}\sum_{k=1}^{m} \log_2 \frac{2(k+1)}{k+2}$

$=\frac{1}{2}\left\{\log_2 \frac{2\times 2}{3}+\log_2 \frac{2\times 3}{4}+\log_2 \frac{2\times 4}{5}+\cdots+\log_2 \frac{2\times(m+1)}{m+2}\right\}$

$=\frac{1}{2}\log_2 \left\{\frac{2\times 2}{3}\times\frac{2\times 3}{4}\times\frac{2\times 4}{5}\times\cdots\times\frac{2\times(m+1)}{m+2}\right\}$

$=\frac{1}{2}\log_2 \frac{2^{m+1}}{m+2}$

100 이하의 자연수 $N$에 대하여 $\sum_{k=1}^{m} a_k=N$이라 하면

$\frac{1}{2}\log_2 \frac{2^{m+1}}{m+2}=N$, $\frac{2^{m+1}}{m+2}=2^{2N}$

즉, $2^{m+1-2N}=m+2$이므로 $m+2$는 2의 거듭제곱이어야 한다.

(i) $m+2=2^2$, 즉 $m=2$일 때

$2^{3-2N}=2^2$에서 $3-2N=2$ $\quad\therefore N=\frac{1}{2}$

그런데 $N$은 100 이하의 자연수이므로

$m\neq 2$

(ii) $m+2=2^3$, 즉 $m=6$일 때

$2^{7-2N}=2^3$에서 $7-2N=3$ $\quad\therefore N=2$

(iii) $m+2=2^4$, 즉 $m=14$일 때

$2^{15-2N}=2^4$에서 $15-2N=4$ $\quad\therefore N=\frac{11}{2}$

그런데 $N$은 100 이하의 자연수이므로

$m\neq 14$

(iv) $m+2=2^5$, 즉 $m=30$일 때

$2^{31-2N}=2^5$에서 $31-2N=5$ $\quad\therefore N=13$

(v) $m+2=2^6$, 즉 $m=62$일 때

$2^{63-2N}=2^6$에서 $63-2N=6$ $\quad\therefore N=\frac{57}{2}$

그런데 $N$은 100 이하의 자연수이므로

$m\neq 62$

(vi) $m+2=2^7$, 즉 $m=126$일 때

$2^{127-2N}=2^7$에서 $127-2N=7$ $\quad\therefore N=60$

(vii) $m+2\geq 2^8$, 즉 $m\geq 254$일 때

$N>100$

(i)~(vii)에 의하여 $m$의 값은 6, 30, 126

# 8

**전략** **$a_1=0$인 경우와 $a_1\neq 0$인 경우로 나누어 일반항 $a_n$을 구한다.**

(i) $a_1=0$인 경우

$a_2=\frac{1}{4}$, $a_3=0$, $a_4=\frac{1}{4}$, …이므로 조건 (나)를 만족시킨다.

즉, $a_n=\begin{cases} 0 & (n\text{이 홀수}) \\ \frac{1}{4} & (n\text{이 짝수}) \end{cases}$이므로

$\sum_{k=1}^{8}(a_{2k}-2)=\sum_{k=1}^{8}\left(\frac{1}{4}-2\right)=8\times\left(-\frac{7}{4}\right)=-14$

(ii) $a_1\neq 0$인 경우

㉠ $a_1=\frac{1}{4}$이면

$a_2=0$, $a_3=\frac{1}{4}$, $a_4=0$, …이므로 조건 (나)를 만족시킨다.

즉, $a_n=\begin{cases} \frac{1}{4} & (n\text{이 홀수}) \\ 0 & (n\text{이 짝수}) \end{cases}$이므로

$\sum_{k=1}^{8}(a_{2k}-2)=\sum_{k=1}^{8}(-2)=8\times(-2)=-16$

㉡ $a_1=\alpha$ $\left(\alpha\neq 0,\ \alpha\neq\frac{1}{4}\right)$이면

$a_2=4-\frac{1}{\alpha}=\frac{4\alpha-1}{\alpha}$

$\therefore a_3=4-\frac{1}{a_2}=4-\frac{\alpha}{4\alpha-1}$

조건 (나)를 만족시키려면 $a_1=a_3$이어야 하므로

$\alpha=4-\frac{\alpha}{4\alpha-1}$, $\frac{\alpha}{4\alpha-1}=4-\alpha$, $\alpha^2-4\alpha+1=0$

$\therefore \alpha=2\pm\sqrt{3}$

$a_1=2+\sqrt{3}$일 때, $a_2=4-\frac{1}{2+\sqrt{3}}=2+\sqrt{3}$

조건 (나)에 의하여 $a_n=2+\sqrt{3}$이므로

$\sum_{k=1}^{8}(a_{2k}-2)=\sum_{k=1}^{8}\sqrt{3}=8\sqrt{3}$

또, $a_1=2-\sqrt{3}$일 때, $a_2=4-\frac{1}{2-\sqrt{3}}=2-\sqrt{3}$

조건 (나)에 의하여 $a_n=2-\sqrt{3}$이므로

$\sum_{k=1}^{8}(a_{2k}-2)=\sum_{k=1}^{8}(-\sqrt{3})=-8\sqrt{3}$

(i), (ii)에 의하여 $\sum_{k=1}^{8}(a_{2k}-2)$의 최댓값 $M=8\sqrt{3}$, 최솟값 $m=-16$이므로

$\left(\frac{m}{M}\right)^2=\left(\frac{-16}{8\sqrt{3}}\right)^2=\frac{4}{3}$

답 ②

# 9

**전략** **사인법칙과 코사인법칙을 이용하여 선분 AD의 길이와 ∠BAD의 크기를 구한다.**

원의 반지름의 길이가 $\frac{7\sqrt{3}}{3}$이므로

삼각형 ABC에서 사인법칙에 의하여

$\frac{\overline{AC}}{\sin\frac{2}{3}\pi}=2\times\frac{7\sqrt{3}}{3}$

$\therefore \overline{AC}=2\times\frac{7\sqrt{3}}{3}\times\frac{\sqrt{3}}{2}=7$

이때 $\overline{BC}=x$라 하면 삼각형 ABC에서 코사인법칙에 의하여

$7^2=5^2+x^2-2\times 5\times x\times\cos\frac{2}{3}\pi$

$=25+x^2+5x$

$x^2+5x-24=0$, $(x+8)(x-3)=0$

$\therefore x=3$ $(\because x>0)$

한편, 사각형 ABCD가 원에 내접하므로

$\angle ADC = \pi - \angle ABC = \pi - \frac{2}{3}\pi = \frac{\pi}{3}$

$\overline{AD} = y$라 하면 삼각형 ACD에서 코사인법칙에 의하여

$7^2 = 5^2 + y^2 - 2 \times 5 \times y \times \cos\frac{\pi}{3}$

$= 25 + y^2 - 5y$

$y^2 - 5y - 24 = 0$, $(y+3)(y-8) = 0$

$\therefore y = 8$ ($\because y > 0$)

$\angle BAD = \theta$라 하면

$\angle BCD = \pi - \theta$

$\triangle ABC + \triangle ACD = \triangle ABD + \triangle BCD$에서

$\frac{1}{2} \times 5 \times 3 \times \sin\frac{2}{3}\pi + \frac{1}{2} \times 8 \times 5 \times \sin\frac{\pi}{3}$

$= \frac{1}{2} \times 5 \times 8 \times \sin\theta + \frac{1}{2} \times 3 \times 5 \times \sin(\pi - \theta)$

$\frac{15\sqrt{3}}{4} + 10\sqrt{3} = 20\sin\theta + \frac{15}{2}\sin\theta$

$\therefore \sin\theta = \frac{\sqrt{3}}{2}$

따라서 삼각형 ABD의 넓이 $S$는

$S = \frac{1}{2} \times 5 \times 8 \times \sin\theta$

$= \frac{1}{2} \times 5 \times 8 \times \frac{\sqrt{3}}{2} = 10\sqrt{3}$

$\therefore S^2 = (10\sqrt{3})^2 = 300$

답 300

## 10

**전략** 주어진 조건을 이용하여 선분의 길이 사이의 비를 구한다.

조건 (가)에 의하여

$\triangle BDC = 3\triangle ADB$

두 삼각형 ADB, BDC의 밑변을 각각 두 선분 AB, BC로 생각하면 두 삼각형의 높이가 같으므로

$\overline{BC} = 3\overline{AB}$

다음 그림과 같이 점 B에서 $x$축에 내린 수선의 발을 B′이라 하면

$\overline{B'E} = 3\overline{AB'}$

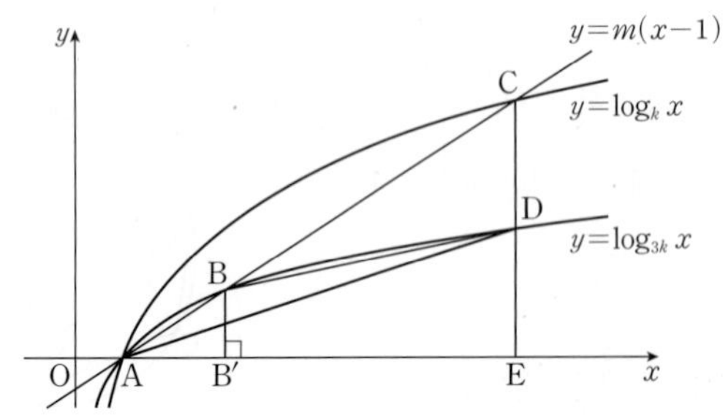


$\overline{AB'} = a$ $(a > 0)$라 하면 $\overline{B'E} = 3a$이므로 세 점 B, C, D의 좌표는

$B(a+1, \log_{3k}(a+1))$, $C(4a+1, \log_k(4a+1))$,

$D(4a+1, \log_{3k}(4a+1))$

조건 (나)에 의하여 $\triangle BDC = \frac{3}{4}\triangle AED$이므로

$\triangle ADB = \frac{1}{3}\triangle BDC = \frac{1}{4}\triangle AED$

$\therefore \triangle AEC = \triangle AED + \triangle ABD + \triangle BDC$

$= \triangle AED + \frac{1}{4}\triangle AED + \frac{3}{4}\triangle AED = 2\triangle AED$

즉, $\overline{CE} : \overline{DE} = 2 : 1$이므로 $\overline{CE} = 2\overline{DE}$

$\log_k(4a+1) = 2\log_{3k}(4a+1)$

$\frac{\log_k(4a+1)}{\log_k k} = \frac{2\log_k(4a+1)}{\log_k 3k}$

$\log_k 3k = 2$

즉, $k^2 = 3k$이므로

$k^2 - 3k = 0$, $k(k-3) = 0$

$\therefore k = 3$ ($\because k > 1$)

세 점 $A(1, 0)$, $B(a+1, \log_9(a+1))$, $C(4a+1, \log_3(4a+1))$이 직선 $y = m(x-1)$ 위의 점이므로

$m = \frac{\log_9(a+1) - 0}{(a+1) - 1} = \frac{\log_3(4a+1) - 0}{(4a+1) - 1}$

$2\log_3(a+1) = \log_3(4a+1)$

즉, $(a+1)^2 = 4a+1$이므로

$a^2 - 2a = 0$, $a(a-2) = 0$

$\therefore a = 2$ ($\because a > 0$)

따라서 $m = \frac{\log_9 3}{2} = \frac{1}{4}$이므로

$\frac{k}{m} = \frac{3}{\frac{1}{4}} = 12$

답 12

## 3회 미니 모의고사

본문 100~103쪽

| | | | | |
|---|---|---|---|---|
| 1 ② | 2 12 | 3 ① | 4 ④ | 5 ② |
| 6 ③ | 7 ② | 8 ① | 9 13 | 10 164 |

## 1

**전략** 세 점이 한 직선 위에 있음을 이용하여 $a$의 값을 구한다.

점 $(2, \log_4 2)$, 즉 $\left(2, \frac{1}{2}\right)$과 원점을 지나는 직선의 기울기는 $\frac{1}{4}$이므로 원점과 점 $(4, \log_2 a)$를 지나는 직선의 기울기도 $\frac{1}{4}$이다.

즉, $\frac{\log_2 a}{4} = \frac{1}{4}$에서

$\log_2 a = 1$

$\therefore a = 2$

답 ②

## 2

**전략** $2^{f(x)} = t$로 놓고 지수부등식을 푼다.

함수 $f(x) = \log_a(x+b)$의 그래프의 점근선이 직선 $x = -3$이므로

$-b = -3$ $\quad\therefore b = 3$

$4^{f(x)} \geq 7 \times 2^{1+f(x)} + 32$에서

$2^{2f(x)} - 14 \times 2^{f(x)} - 32 \geq 0$

$2^{f(x)}=t\ (t>0)$로 놓으면

$t^2-14t-32\geq 0$, $(t+2)(t-16)\geq 0$

$\therefore t\geq 16\ (\because t>0)$

즉, $2^{f(x)}\geq 16=2^4$이므로 $f(x)\geq 4$

$f(x)\geq 4$의 해가 $x\geq 6$이므로

$f(6)=4$

$f(6)=\log_a 9=4$에서

$a^4=9 \qquad \therefore a^2=3\ (\because a>0)$

$\therefore a^2+b^2=3+3^2=12$ 답 12

## 3

**전략** 주어진 조건을 이용하여 등차수열 $\{a_n\}$의 공차를 구한다.

등차수열 $\{a_n\}$의 공차를 $d$, 등비수열 $\{b_n\}$의 공비를 $r$라 하면

$a_1=b_1=3$이므로

$a_n=3+(n-1)d$, $b_n=3r^{n-1}$

$b_3=-a_2$를 $a_2+b_2=a_3+b_3$에 대입하면

$a_2+b_2=a_3-a_2=d$

즉, $(3+d)+3r=d$이므로

$3r=-3 \qquad \therefore r=-1$

$b_3=-a_2$에서 $3r^2=-(3+d)$이므로

$3\times(-1)^2=-(3+d) \qquad \therefore d=-6$

$\therefore a_3=3+2\times(-6)=-9$ 답 ①

## 4

**전략** 함수 $f(x)$를 코사인으로 나타내고 $\cos\left(x+\frac{\pi}{4}\right)=t$로 치환하여 최댓값과 최솟값을 구한다.

$x-\frac{\pi}{4}=x-\frac{\pi}{2}+\frac{\pi}{4}$이므로

$$\begin{aligned}\sin\left(x-\frac{\pi}{4}\right)&=\sin\left(x-\frac{\pi}{2}+\frac{\pi}{4}\right)\\&=-\sin\left\{\frac{\pi}{2}-\left(x+\frac{\pi}{4}\right)\right\}\\&=-\cos\left(x+\frac{\pi}{4}\right)\end{aligned}$$

$$\begin{aligned}\therefore f(x)&=\sin^2\left(x-\frac{\pi}{4}\right)+\cos\left(x+\frac{\pi}{4}\right)+a\\&=\left\{-\cos\left(x+\frac{\pi}{4}\right)\right\}^2+\cos\left(x+\frac{\pi}{4}\right)+a\\&=\cos^2\left(x+\frac{\pi}{4}\right)+\cos\left(x+\frac{\pi}{4}\right)+a\end{aligned}$$

$\cos\left(x+\frac{\pi}{4}\right)=t$로 놓으면 $-1\leq t\leq 1$이고

$f(x)=t^2+t+a=\left(t+\frac{1}{2}\right)^2-\frac{1}{4}+a$

따라서 $-1\leq t\leq 1$에서 함수 $f(x)$는 $t=1$일 때 최댓값 $a+2$를 갖고, $t=-\frac{1}{2}$일 때 최솟값 $a-\frac{1}{4}$을 갖는다.

함수 $f(x)$의 최댓값이 $\frac{11}{4}$이므로

$a+2=\frac{11}{4} \qquad \therefore a=\frac{3}{4}$

즉, 함수 $f(x)$의 최솟값은

$b=a-\frac{1}{4}=\frac{3}{4}-\frac{1}{4}=\frac{1}{2}$

$\therefore a+b=\frac{3}{4}+\frac{1}{2}=\frac{5}{4}$ 답 ④

## 5

**전략** 두 점 A, B의 $y$좌표를 이용하여 $k$에 대한 식을 세운다.

두 점 $A(k, \log_2 k)$, $B(k, -\log_2(8-k))$ $(0<k<8)$에 대하여 $\overline{AB}=2$이므로

$|\log_2 k+\log_2(8-k)|=2$, $|\log_2 k(8-k)|=2$

$\therefore \log_2 k(8-k)=-2$ 또는 $\log_2 k(8-k)=2$

(i) $\log_2 k(8-k)=-2$일 때

$k(8-k)=\frac{1}{4}$에서

$8k-k^2=\frac{1}{4}$, $4k^2-32k+1=0$

이때 $0<k<8$이므로

$k=\frac{8-3\sqrt{7}}{2}$ 또는 $k=\frac{8+3\sqrt{7}}{2}$

(ii) $\log_2 k(8-k)=2$일 때

$k(8-k)=4$에서

$8k-k^2=4$, $k^2-8k+4=0$

이때 $0<k<8$이므로

$k=4-2\sqrt{3}$ 또는 $k=4+2\sqrt{3}$

(i), (ii)에 의하여 모든 실수 $k$의 값의 곱은

$\frac{8-3\sqrt{7}}{2}\times\frac{8+3\sqrt{7}}{2}\times(4-2\sqrt{3})\times(4+2\sqrt{3})$

$=\frac{64-63}{4}\times(16-12)=1$ 답 ②

## 6

**전략** 주어진 곡선의 주기를 이용하여 두 점 A, B의 좌표를 구한다.

함수 $y=a\sin b\pi x$의 주기는 $\frac{2\pi}{b\pi}=\frac{2}{b}$이므로 두 점 A, B의 좌표는

$\left(\frac{1}{2b}, a\right)$, $\left(\frac{5}{2b}, a\right)$

이때 삼각형 OAB의 넓이가 5이므로

$\frac{1}{2}\times a\times\left(\frac{5}{2b}-\frac{1}{2b}\right)=5$, $\frac{a}{b}=5$

$\therefore a=5b$ ······ ㉠

한편, 직선 OA, OB의 기울기는

$\frac{a}{\frac{1}{2b}}=2ab$, $\frac{a}{\frac{5}{2b}}=\frac{2ab}{5}$

이고, 두 직선의 기울기의 곱이 $\frac{5}{4}$이므로

$2ab\times\frac{2ab}{5}=\frac{4a^2b^2}{5}=\frac{5}{4}$, $a^2b^2=\frac{25}{16}$

$\therefore ab=\frac{5}{4}\ (\because a>0, b>0)$ ······ ㉡

ㄱ, ㄴ을 연립하여 풀면

$a=\frac{5}{2}$, $b=\frac{1}{2}$

$\therefore a+b=3$ 답 ③

# 7

**전략** $\log_a 25\times\log_5 n=k$ ($k$는 자연수)라 하고 주어진 조건을 만족시키는 순서쌍 $(a, n)$의 개수를 구한다.

조건 (가)에서 $2^{a^2-5a}=2^{-6}$이므로

$a^2-5a=-6$, $a^2-5a+6=0$

$(a-2)(a-3)=0$

$\therefore a=2$ 또는 $a=3$

(i) $a=2$일 때

조건 (나)에서 $\log_2 25\times\log_5 n=l$ ($l$은 자연수)이라 하면

$\frac{2\log 5}{\log 2}\times\frac{\log n}{\log 5}=l$, $\log_2 n=\frac{l}{2}$

$\therefore n=2^{\frac{l}{2}}$

이때 $n$이 100 이하의 자연수이므로 순서쌍 $(l, n)$은

$(2, 2)$, $(4, 2^2)$, $(6, 2^3)$, $(8, 2^4)$, $(10, 2^5)$, $(12, 2^6)$

따라서 순서쌍 $(a, n)$은

$(2, 2)$, $(2, 2^2)$, $(2, 2^3)$, $(2, 2^4)$, $(2, 2^5)$, $(2, 2^6)$

의 6개이다.

(ii) $a=3$일 때

조건 (나)에서 $\log_3 25\times\log_5 n=m$ ($m$은 자연수)이라 하면

$\frac{2\log 5}{\log 3}\times\frac{\log n}{\log 5}=m$, $\log_3 n=\frac{m}{2}$

$\therefore n=3^{\frac{m}{2}}$

이때 $n$이 100 이하의 자연수이므로 순서쌍 $(m, n)$은

$(2, 3)$, $(4, 3^2)$, $(6, 3^3)$, $(8, 3^4)$

따라서 순서쌍 $(a, n)$은

$(3, 3)$, $(3, 3^2)$, $(3, 3^3)$, $(3, 3^4)$

의 4개이다.

(i), (ii)에 의하여 순서쌍 $(a, n)$의 개수는

$6+4=10$ 답 ②

# 8

**전략** 첫째항이 $a_1$, 공차가 $d$인 등차수열의 첫째항부터 제$n$항까지의 합 $S_n$은 $S_n=\frac{n\{2a+(n-1)d\}}{2}$임을 이용하여 $a_n$을 구한다.

등차수열 $\{a_n\}$의 공차를 $d$라 하면

$a_3=a_1+2d=10$ ...... ㄱ

$\sum_{k=1}^{10} a_k=\frac{10(2a_1+9d)}{2}=25$에서

$2a_1+9d=5$ ...... ㄴ

ㄱ, ㄴ을 연립하여 풀면

$a_1=16$, $d=-3$

$\therefore a_n=16+(n-1)\times(-3)=-3n+19$

등비수열 $\{b_n\}$의 공비를 $r$ $(r>0)$라 하면

$b_1=a_6=-3\times6+19=1$

$b_3=a_1$에서

$r^2=16$

즉, $r=4$ ($\because r>0$)이므로

$b_n=4^{n-1}$

이때 $a_n=-3n+19<0$에서 $n>\frac{19}{3}$이므로 $a_n<0$을 만족시키는 자연수 $n$의 최솟값은 7이다.

따라서 $m=7$이므로

$\log_2\left|\frac{b_m}{a_m}\right|=\log_2\left|\frac{b_7}{a_7}\right|=\log_2\left|\frac{4^6}{-2}\right|=\log_2 2^{11}=11$ 답 ①

# 9

**전략** $\angle ACH=\theta'$ $\left(0<\theta'<\frac{\pi}{2}\right)$로 놓은 후, 코사인법칙을 이용한다.

삼각형 ABC는 이등변삼각형이므로 점 A에서 변 BC에 내린 수선의 발을 H라 하면

$\overline{BH}=\overline{CH}=2$

직각삼각형 AHC에서

$\angle ACH=\theta'$ $\left(0<\theta'<\frac{\pi}{2}\right)$이라 하면

$\overline{AH}=\sqrt{5^2-2^2}=\sqrt{21}$

$\therefore \sin\theta'=\frac{\sqrt{21}}{5}$, $\cos\theta'=\frac{2}{5}$

선분 AC를 3 : 2로 내분하는 점이 D이므로

$\overline{CD}=\frac{2}{5}\overline{AC}=\frac{2}{5}\times5=2$

선분 BC를 3 : 1로 외분하는 점이 E이므로

$\overline{CE}=\frac{1}{2}\overline{BC}=\frac{1}{2}\times4=2$

삼각형 DCE에서 $\angle DCE=\pi-\theta'$이므로 코사인법칙에 의하여

$\overline{DE}^2=2^2+2^2-2\times2\times2\times\cos(\pi-\theta')$

$=8+8\cos\theta'$

$=8+8\times\frac{2}{5}=\frac{56}{5}$

$\therefore \overline{DE}=\frac{2\sqrt{70}}{5}$

사각형 FDCE는 원에 내접하므로

$\angle EFD=\theta'$

한편, $\overline{CD}=\overline{CE}$에서 $\angle CDE=\angle CED$이므로

$\angle FED=\angle FDE=\theta$

따라서 $\overline{DF}=\overline{EF}=x$라 하면 삼각형 DEF에서 코사인법칙에 의하여

$\frac{56}{5}=x^2+x^2-2\times x\times x\times\cos\theta'$

$=\frac{6}{5}x^2$ $\left(\because \cos\theta'=\frac{2}{5}\right)$

$x^2=\frac{28}{3}$

$\therefore x=\frac{2\sqrt{21}}{3}$ ($\because x>0$)

삼각형 DEF에서 코사인법칙에 의하여

$$\cos\theta=\frac{\frac{28}{3}+\frac{56}{5}-\frac{28}{3}}{2\times\frac{2\sqrt{21}}{3}\times\frac{2\sqrt{70}}{5}}=\frac{\sqrt{30}}{10}$$

$\therefore \cos^2\theta=\frac{3}{10}$

따라서 $p=10$, $q=3$이므로

$p+q=13$ 답 13

**실전 Tip**

사각형이 원에 내접하기 위한 조건

사각형에서

(1) 마주 보는 두 각의 크기의 합이 180°이면 이 사각형은 원에 내접한다.

(2) 한 외각의 크기가 그 외각과 이웃한 내각에 대한 대각의 크기와 같으면 이 사각형은 원에 내접한다.

## 10

**전략** 정사각형의 꼭짓점의 $x$좌표와 $y$좌표가 모두 자연수인 경우를 먼저 생각해 본다.

두 점 A$(0,\ n+5)$, B$(n+4,\ 0)$을 지나는 직선 AB의 방정식은

$y=-\frac{n+5}{n+4}x+n+5$

자연수 $a$에 대하여 $x=a$일 때 직선 AB 위의 점의 $y$좌표는

$$\begin{aligned}y&=-\frac{n+5}{n+4}a+n+5\\&=n+5-\left(1+\frac{1}{n+4}\right)a\\&=n+5-a-\frac{a}{n+4}\end{aligned}$$

$0<a<n+4$이면 $0<\frac{a}{n+4}<1$이므로

$x=a$일 때, $y$좌표가 자연수인 점의 개수는 $n+4-a$이다.

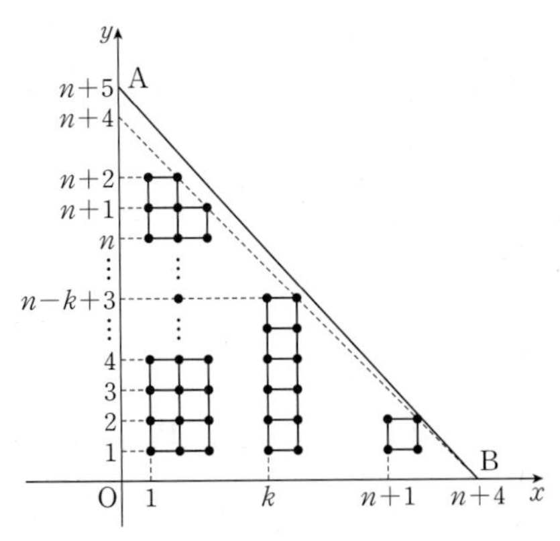


두 자연수 $a$, $b$에 대하여 삼각형 AOB의 내부에 포함되는 한 변의 길이가 1이고 각 꼭짓점의 좌표가 자연수인 정사각형의 네 꼭짓점의 좌표를 각각 $(a,\ b)$, $(a+1,\ b)$, $(a+1,\ b+1)$, $(a,\ b+1)$이라 하자.

(i) $a=1$일 때

$b=1,\ 2,\ \cdots,\ n+1$이므로 구하는 정사각형의 개수는 $n+1$이다.

(ii) $a=2$일 때

$b=1,\ 2,\ \cdots,\ n$이므로 구하는 정사각형의 개수는 $n$이다.

(iii) $a=3$일 때

$b=1,\ 2,\ \cdots,\ n-1$이므로 구하는 정사각형의 개수는 $n-1$이다.

⋮

(iv) $a=n+1$일 때

$b=1$이므로 구하는 정사각형의 개수는 1이다.

따라서 꼭짓점의 $x$좌표와 $y$좌표가 모두 자연수인 정사각형의 개수 $a_n$은

$$\begin{aligned}a_n&=(n+1)+n+(n-1)+\cdots+2+1\\&=\sum_{k=1}^{n+1}k=\frac{(n+1)(n+2)}{2}\\&=\frac{n^2+3n+2}{2}\end{aligned}$$

$$\begin{aligned}\therefore \sum_{n=1}^{8}a_n&=\sum_{n=1}^{8}\frac{n^2+3n+2}{2}\\&=\frac{1}{2}\left(\frac{8\times9\times17}{6}+3\times\frac{8\times9}{2}+2\times8\right)=164\end{aligned}$$

답 164

# 4회 미니 모의고사

본문 104~107쪽

| | | | | |
|---|---|---|---|---|
| 1 78 | 2 ③ | 3 ② | 4 ① | 5 ⑤ |
| 6 ② | 7 ⑤ | 8 ③ | 9 247 | 10 117 |

## 1

**전략** 로그의 밑의 변환을 이용하여 주어진 식을 간단히 한다.

$$\begin{aligned}\log_n 27\times\log_3 4&=\frac{3\log 3}{\log n}\times\frac{2\log 2}{\log 3}\\&=\frac{6\log 2}{\log n}\\&=6\log_n 2\\&=\frac{6}{\log_2 n}\end{aligned}$$

$\frac{6}{\log_2 n}$이 자연수가 되려면 $\log_2 n$은 6의 양의 약수이어야 하므로

$\log_2 n=1$ 또는 $\log_2 n=2$ 또는 $\log_2 n=3$ 또는 $\log_2 n=6$

$\therefore n=2$ 또는 $n=2^2$ 또는 $n=2^3$ 또는 $n=2^6$

따라서 구하는 자연수 $n$의 값의 합은

$2+2^2+2^3+2^6=78$ 답 78

## 2

**전략** 세 수 $a$, $b$, $c$가 이 순서대로 등차수열을 이루면 $2b=ac$임을 이용한다.

$a_1$, $a_1+a_2$, $a_2+a_3$이 이 순서대로 등차수열을 이루므로

$2(a_1+a_2)=a_1+(a_2+a_3)$

$\therefore a_1+a_2=a_3$

이때 등차수열 $\{a_n\}$의 첫째항을 $a$, 공차를 $d$라 하면

$a+(a+d)=a+2d \qquad \therefore a=d$

$\therefore \frac{a_3}{a_2}=\frac{a+2d}{a+d}=\frac{3d}{2d}=\frac{3}{2}$ 답 ③

## 3

**전략** $\sin\theta+\cos\theta=\frac{1}{2}$의 양변을 제곱하여 $\sin\theta\cos\theta$의 값을 구한다.

$\sin\theta+\cos\theta=\frac{1}{2}$의 양변을 제곱하면

$\sin^2\theta+2\sin\theta\cos\theta+\cos^2\theta=\frac{1}{4}$

$1+2\sin\theta\cos\theta=\frac{1}{4}$, $2\sin\theta\cos\theta=-\frac{3}{4}$

$\therefore \sin\theta\cos\theta=-\frac{3}{8}$

$$\therefore \frac{1+\tan\theta}{\sin\theta}=\frac{1+\frac{\sin\theta}{\cos\theta}}{\sin\theta}=\frac{\cos\theta+\sin\theta}{\sin\theta\cos\theta}$$

$$=\frac{\frac{1}{2}}{-\frac{3}{8}}=-\frac{4}{3}$$

답 ②

## 4

**전략** $a$가 자연수 $x$의 $n$제곱근이면 $a^n=x$임을 이용한다.

$\left(\frac{1}{4}\right)^{50}\le\left(\frac{1}{2}\right)^n<\frac{1}{2}$에서 $\left(\frac{1}{2}\right)^{100}\le\left(\frac{1}{2}\right)^n<\left(\frac{1}{2}\right)^1$

밑 $\frac{1}{2}$이 $0<\frac{1}{2}<1$이므로

$1<n\le100$

한편,

$(\sqrt[3]{4^5})^{\frac{1}{8}}=(\sqrt[3]{2^{10}})^{\frac{1}{8}}=\left(2^{\frac{10}{3}}\right)^{\frac{1}{8}}=2^{\frac{5}{12}}$

이 어떤 자연수의 $n$제곱근이 되려면

$\left(2^{\frac{5}{12}}\right)=2^{\frac{5}{12}n}$

이 자연수이어야 한다.

즉, $\frac{5}{12}n$이 0 또는 자연수이어야 하므로 $n$은 12의 배수이어야 한다.

따라서 조건을 만족시키는 자연수 $n$은 12, 24, 36, $\cdots$, 96의 8개이다.

답 ①

## 5

**전략** 점 $(a, 0)$을 E라 하면 $\triangle OAB \backsim \triangle ECD$임을 이용하여 각 점의 좌표를 구한다.

곡선 $y=2^x$이 점 $(0, 1)$을 지나므로

$A(0, 1)$

$\triangle OAB$는 직각이등변삼각형이므로

$B(1, 0)$

한편, 곡선 $y=\log_2(x-a)$의 점근선의 방정식은 $x=a$이므로 점 C의 좌표는 $(a, 2^a)$이다.

점 $(a, 0)$을 E라 하면

$\triangle OAB \backsim \triangle ECD$ (AA 닮음)

따라서 $\overline{OA}:\overline{EC}=\overline{AB}:\overline{CD}$이므로

$1:\overline{CE}=1:8 \qquad \therefore \overline{CE}=8$

즉, $2^a=8$에서 $a=3$이므로

$C(3, 8)$

$\overline{ED}=\overline{EC}=8$이므로 $D(11, 0)$

이때

$\overline{AD}=\sqrt{(11-0)^2+(0-1)^2}=\sqrt{122}$,

$\overline{BC}=\sqrt{(3-1)^2+(8-0)^2}=\sqrt{68}$

이므로

$\left(\frac{\overline{AD}}{\overline{BC}}\right)^2=\left(\frac{\sqrt{122}}{\sqrt{68}}\right)^2=\frac{61}{34}$

답 ⑤

## 6

**전략** $\cos C=\sqrt{1-\sin^2 C}$임을 이용하여 $\cos C$의 값을 구한다.

삼각형 ABC의 외접원의 반지름의 길이가 $3\sqrt{5}$이므로 사인법칙에 의하여

$\frac{10}{\sin C}=6\sqrt{5} \qquad \therefore \sin C=\frac{\sqrt{5}}{3}$

삼각형 ABC는 예각삼각형이므로

$\cos C=\sqrt{1-\sin^2 C}=\sqrt{1-\frac{5}{9}}=\frac{2}{3}$

$\frac{a^2+b^2-ab\cos C}{ab}=\frac{4}{3}$에서

$a^2+b^2-\frac{2}{3}ab=\frac{4}{3}ab$

$a^2-2ab+b^2=0$, $(a-b)^2=0$

$\therefore a=b$

코사인법칙에 의하여

$10^2=a^2+b^2-2ab\cos C$

$100=a^2+a^2-2a^2\times\frac{2}{3}$, $\frac{2}{3}a^2=100$

즉, $a^2=150$이므로

$ab=a^2=150$ ($\because a=b$)

답 ②

## 7

**전략** 수열 $\{a_n\}$이 등차수열임을 이용하여 빈칸에 알맞은 것을 구한다.

모든 자연수 $n$에 대하여 점 $P_n$의 좌표를 $(a_n, 0)$이라 하자.

$\overline{OP_{n+1}}=\overline{OP_n}+\overline{P_nP_{n+1}}$이므로

$a_{n+1}=a_n+\overline{P_nP_{n+1}}$

삼각형 $OP_nQ_n$과 삼각형 $Q_nP_nP_{n+1}$에서

$\angle OP_nQ_n=\angle Q_nP_nP_{n+1}=\frac{\pi}{2}$,

$\angle OQ_nP_n=\frac{\pi}{2}-\angle P_nQ_nP_{n+1}=\angle Q_nP_{n+1}P_n$

즉, 삼각형 $OP_nQ_n$과 삼각형 $Q_nP_nP_{n+1}$이 닮음이므로

$\overline{OP_n}:\overline{P_nQ_n}=\overline{P_nQ_n}:\overline{P_nP_{n+1}}$

이고 점 $Q_n$의 좌표는 $(a_n, \sqrt{3a_n})$이므로

$a_n:\sqrt{3a_n}=\sqrt{3a_n}:\overline{P_nP_{n+1}}$

$a_n\times\overline{P_nP_{n+1}}=3a_n$

$\therefore \overline{P_nP_{n+1}}=\boxed{3}$

따라서 수열 $\{a_n\}$은 첫째항이 1이고 공차가 3인 등차수열이므로

$a_n=1+(n-1)\times3=3n-2$

삼각형 $OP_{n+1}Q_n$의 넓이 $A_n$은

$A_n=\frac{1}{2}\times\overline{OP_{n+1}}\times\overline{P_nQ_n}=\frac{1}{2}\times a_{n+1}\times\sqrt{3a_n}$

$=\frac{1}{2}\times(\boxed{3n+1})\times\sqrt{9n-6}$

따라서 $p=3$, $f(n)=3n+1$이므로

$p+f(8)=3+25=28$ 답 ⑤

# 8

**전략** $a_4, a_5, a_6, a_7, \cdots$을 구하여 규칙을 찾는다.

$a_3=5$이므로

$a_4=a_3-3=5-3=2$

$a_5=a_4-3=2-3=-1$

$a_6=a_5+2=-1+2=1$

$a_7=a_6-3=1-3=-2$

$a_8=a_7+2=-2+2=0$

$a_9=a_8+2=0+2=2$

⋮

즉, $n\geq4$에서 수열 $\{a_n\}$은 $2, -1, 1, -2, 0$이 이 순서로 반복하여 나타나므로

$a_{n+5}=a_n\ (n\geq4)$ …… ㉠

$\therefore \sum_{n=4}^{8}a_n=\sum_{n=9}^{13}a_n=\sum_{n=14}^{18}a_n=0$ …… ㉡

한편, $a_2=k$ ($k$는 상수)라 할 때

(i) $k>0$이면

$a_3=a_2-3=k-3=5 \quad \therefore k=8$

(ii) $k\leq0$이면

$a_3=a_2+2=k+2=5 \quad \therefore k=3$

이때 $k\leq0$을 만족시키지 않는다.

(i), (ii)에 의하여 $a_2=8$

같은 방법으로 하면 $a_1=11$

$\therefore \sum_{k=1}^{20}a_k=\sum_{k=1}^{3}a_k+a_{19}+a_{20}$ ($\because$ ㉡)

$=11+8+5+a_4+a_5$ ($\because$ ㉠)

$=24+2+(-1)=25$ 답 ③

# 9

**전략** 함수 $y=f(x)$의 그래프를 이용하여 방정식의 실근의 개수를 구한다.

$0\leq x\leq\frac{2\pi}{n}$에서 함수 $y=f(x)$의 그래프는 다음 그림과 같고 함수 $y=f(x)$의 그래프의 주기는 $\frac{2\pi}{n}$이다.

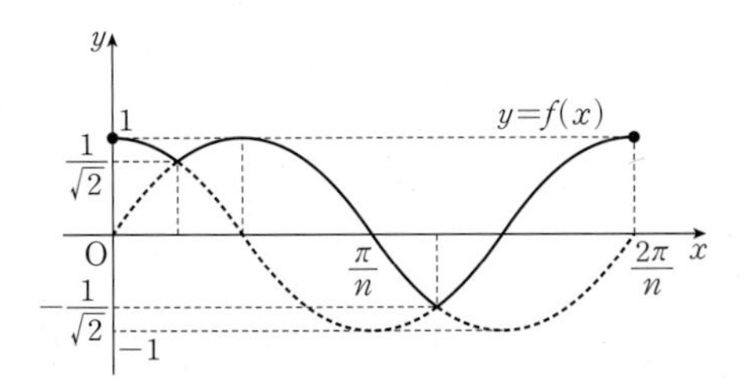


한편, 방정식 $\left\{f(x)+\frac{\sqrt{n}}{2}\right\}\left\{f(x)-\frac{1}{\sqrt{n}}\right\}=0$에서

$f(x)=-\frac{\sqrt{n}}{2}$ 또는 $f(x)=\frac{1}{\sqrt{n}}$

주어진 방정식의 실근의 개수는 함수 $y=f(x)$의 그래프와 두 직선 $y=-\frac{\sqrt{n}}{2}$, $y=\frac{1}{\sqrt{n}}$의 교점의 개수의 합과 같다.

(i) $n=1$일 때

$0\leq x\leq2\pi$일 때, 함수 $y=f(x)$의 그래프는 직선 $y=-\frac{1}{2}$과 서로 다른 두 점에서 만나고, 직선 $y=1$과 서로 다른 세 점에서 만나며 이들 점은 모두 다르므로

$g(1)=2+3=5$

(ii) $n=2$일 때

$0\leq x\leq\pi$일 때, 함수 $y=f(x)$의 그래프는 직선 $y=-\frac{\sqrt{2}}{2}$와 한 점에서 만나고 직선 $y=\frac{1}{\sqrt{2}}$과 서로 다른 세 점에서 만나며 이들 점은 모두 다르다.

따라서 $0\leq x\leq2\pi$에서 함수 $y=f(x)$의 그래프가 두 직선 $y=-\frac{\sqrt{2}}{2}$, $y=\frac{1}{\sqrt{2}}$과 만나는 점의 개수는

$2\times(1+3)=8$

$\therefore g(2)=8$

(iii) $n\geq m$ ($m$은 3 이상의 자연수)일 때

$0\leq x\leq\frac{2\pi}{m}$일 때, $-\frac{\sqrt{m}}{2}<-1$이므로 함수 $y=f(x)$의 그래프는 직선 $y=-\frac{\sqrt{m}}{2}$과 만나지 않고, 직선 $y=\frac{1}{\sqrt{m}}$과 서로 다른 두 점에서 만난다.

따라서 $0\leq x\leq2\pi$에서 함수 $y=f(x)$의 그래프가 두 직선 $y=-\frac{\sqrt{m}}{2}$, $y=\frac{1}{\sqrt{m}}$과 만나는 점의 개수는 $2m$이므로

$g(m)=2m$

(i), (ii), (iii)에 의하여 $g(n)=\begin{cases}5 & (n=1)\\ 8 & (n=2)\\ 2n & (n\geq3)\end{cases}$이므로

$\sum_{k=1}^{15}g(k)=g(1)+g(2)+\sum_{k=3}^{15}2k$

$=g(1)+g(2)+\sum_{k=1}^{15}2k-(2+4)$

$=5+8+2\times\frac{15\times16}{2}-6=247$ 답 247

# 10

**전략** 주어진 조건을 이용하여 등차수열의 첫째항과 공차, 등비수열의 첫째항과 공비를 구한다.

조건 (가), (나)에 의하여

$\sum_{n=1}^{5}(a_n+|b_n|)-\sum_{n=1}^{5}(a_n+b_n)=67-27=40$

$\therefore \sum_{n=1}^{5}(|b_n|-b_n)=40$ …… ㉠

한편, 등비수열 $\{b_n\}$의 공비를 $r$ ($r$는 음의 정수)라 하면

$b_1>0,\ b_2<0,\ b_3>0,\ b_4<0,\ b_5>0$

이므로 ㉠에서

$-2(b_2+b_4)=40$

$b_1r+b_1r^3=-20$

$\therefore b_1r(1+r^2)=-20$ …… ㉡

$b_1r$는 음의 정수이고 $1+r^2$은 자연수이므로 $1+r^2$은 20의 양의 약수이어야 한다.

이때 20의 양의 약수는 1, 2, 4, 5, 10, 20이고, $r$가 음의 정수이므로

$r=-1$ 또는 $r=-2$ 또는 $r=-3$

$r=-1$이면 ㉡에서 $-2b_1=-20$ $\therefore b_1=10$

$r=-2$이면 ㉡에서 $-10b_1=-20$ $\therefore b_1=2$

$r=-3$이면 ㉡에서 $b_1=\frac{2}{3}$이므로 $b_1$이 자연수라는 조건을 만족시키지 않는다.

$\therefore b_1=10,\ r=-1$ 또는 $b_1=2,\ r=-2$

(i) $b_1=10,\ r=-1$일 때

$\sum_{n=1}^{5} b_n=10$이므로 조건 (가)에서

$\sum_{n=1}^{5} a_n+10=27$ $\therefore \sum_{n=1}^{5} a_n=17$

이때 등차수열 $\{a_n\}$의 공차를 $d$라 하면

$a_1+a_2+a_3+a_4+a_5$

$=(a_3-2d)+(a_3-d)+a_3+(a_3+d)+(a_3+2d)$

$=5a_3$

즉, $5a_3=17$이므로

$a_3=\frac{17}{5}$

한편, 등차수열 $\{a_n\}$의 첫째항이 자연수이고 공차가 음의 정수이므로 등차수열 $\{a_n\}$의 모든 항은 정수이다.

즉, $b_1=10,\ r=-1$은 주어진 조건을 만족시키지 않는다.

(ii) $b_1=2,\ r=-2$일 때

$\sum_{n=1}^{5} b_n=\frac{2\{1-(-2)^5\}}{1-(-2)}=22$

이므로 조건 (가)에서

$\sum_{n=1}^{5} a_n+22=27$ $\therefore \sum_{n=1}^{5} a_n=5$

이때 등차수열 $\{a_n\}$의 공차를 $d$라 하면

$a_1+a_2+a_3+a_4+a_5$

$=(a_3-2d)+(a_3-d)+a_3+(a_3+d)+(a_3+2d)$

$=5a_3$

즉, $5a_3=5$이므로

$a_3=1$

(i), (ii)에 의하여

$b_1=2,\ r=-2$

$\therefore b_n=2\times(-2)^{n-1}$

즉, $|b_n|=2\times2^{n-1}=2^n$이므로

$\sum_{n=1}^{5} |b_n|=\sum_{n=1}^{5} 2^n=\frac{2(2^5-1)}{2-1}=62$

조건 (다)에서

$\sum_{n=1}^{5} (|a_n|+|b_n|)=\sum_{n=1}^{5} |a_n|+62=81$

$\therefore \sum_{n=1}^{5} |a_n|=19$

이때 $a_1>a_2>a_3=1>0\ge a_4>a_5$이므로

$|a_1|+|a_2|+|a_3|+|a_4|+|a_5|$

$=|a_3-2d|+|a_3-d|+a_3+|a_3+d|+|a_3+2d|$

$=(1-2d)+(1-d)+1-(1+d)-(1+2d)$

$=1-6d=19$

$\therefore d=-3$

$a_1=a_3-2d=1-2\times(-3)=7$이므로

$a_n=7+(n-1)\times(-3)$

$=-3n+10$

$\therefore a_7+b_7=-11+128=117$

답 117

## 5회 미니 모의고사

본문 108~111쪽

| | | | | |
|---|---|---|---|---|
| 1 ④ | 2 43 | 3 ① | 4 12 | 5 ① |
| 6 ⑤ | 7 13 | 8 ④ | 9 ⑤ | 10 ② |

### 1

**전략** $\tan\theta=\frac{3}{4}$를 만족시키는 삼각형 ABC를 그린다.

$\tan\theta=\frac{3}{4}$이므로 $\overline{AB}=4,\ \overline{BC}=3,\ \angle B=\frac{\pi}{2}$인 직각삼각형 ABC를 생각할 수 있다.

C, 3, θ, A, 4, B

$\overline{AC}=\sqrt{4^2+3^2}=5$이므로

$\sin\theta=\frac{3}{5}$

$\therefore \cos\left(\frac{\pi}{2}-\theta\right)+2\sin(\pi-\theta)=\sin\theta+2\sin\theta$

$=3\sin\theta=\frac{9}{5}$

답 ④

### 2

**전략** $S_7-S_5=a_6+a_7$임을 이용한다.

등차수열 $\{a_n\}$의 첫째항을 $a$, 공차를 $d$라 하면

$a_2=7$에서

$a+d=7$ …… ㉠

$S_7-S_5=a_7+a_6=(a+6d)+(a+5d)=2a+11d$이므로

$S_7-S_5=50$에서

$2a+11d=50$ …… ㉡

㉠, ㉡을 연립하여 풀면

$a=3,\ d=4$

$a_{11}=a+10d=3+40=43$

답 43

## 3

**전략** 두 점 P, Q의 좌표를 구하여 삼각형의 넓이를 구한다.

두 함수 $y=f(x)$, $y=g(x)$의 교점 P의 $x$좌표는

$\log_3(x+2)=\log_{\frac{1}{3}}\frac{x}{3}$에서 $\log_3(x+2)=\log_3\frac{3}{x}$

즉, $x+2=\frac{3}{x}$이므로 양변에 $x$를 곱하면

$x^2+2x=3$

$x^2+2x-3=0$, $(x+3)(x-1)=0$

$\therefore x=1$ ($\because x>0$)

$f(1)=|\log_3 3|=1$이므로

P$(1, 1)$

또, 두 함수 $y=f(x)$, $y=h(x)$의 교점 Q의 $x$좌표는

$-\log_3(x+2)=\log_{\frac{1}{3}}\frac{1-x}{8}$에서

$\log_{\frac{1}{3}}(x+2)=\log_{\frac{1}{3}}\frac{1-x}{8}$

즉, $x+2=\frac{1-x}{8}$이므로

$9x=-15 \quad \therefore x=-\frac{5}{3}$

$f\left(-\frac{5}{3}\right)=\left|\log_3\frac{1}{3}\right|=1$이므로

Q$\left(-\frac{5}{3}, 1\right)$

따라서 삼각형 POQ의 넓이는

$\frac{1}{2}\times\overline{\text{PQ}}\times 1=\frac{1}{2}\times\left(1+\frac{5}{3}\right)\times 1=\frac{4}{3}$ 답 ①

## 4

**전략** 주어진 조건을 이용하여 수열 $\{a_n\}$의 첫째항과 공비를 구한다.

등비수열 $\{a_n\}$의 첫째항을 $a$, 공비를 $r$라 하면

$a_3+a_2=1$에서 $ar^2+ar=1$

$\therefore ar(r+1)=1$ ...... ㉠

$a_6-a_4=18$에서 $ar^5-ar^3=18$

$\therefore ar^3(r+1)(r-1)=18$ ...... ㉡

㉡÷㉠을 하면 $r^2(r-1)=18$

$r^3-r^2-18=0$, $(r-3)(r^2+2r+6)=0$

$\therefore r=3$ ($\because r^2+2r+6=(r+1)^2+5>0$)

$r=3$을 ㉠에 대입하면 $a=\frac{1}{12}$이므로

$\frac{1}{a_1}=\frac{1}{a}=12$ 답 12

## 5

**전략** 원 위의 점에서의 접선의 방정식을 이용하여 두 점 A, B의 좌표를 구한다.

원 $x^2+y^2=\frac{5}{4}n^2$ 위의 점 P$\left(\frac{n}{2}, n\right)$에서의 접선의 방정식은

$\frac{n}{2}x+ny=\frac{5}{4}n^2 \quad \therefore \frac{x}{2}+y=\frac{5}{4}n$

두 점 A, B의 좌표는 각각 $\left(\frac{5}{2}n, 0\right)$, $\left(0, \frac{5}{4}n\right)$이므로

$S_n=\frac{1}{2}\times\overline{\text{OA}}\times\overline{\text{OB}}$

$=\frac{1}{2}\times\frac{5}{2}n\times\frac{5}{4}n=\frac{25}{16}n^2$

$\therefore T_n=\frac{16}{25}(S_{n+1}-S_n)$

$=\frac{16}{25}\left\{\frac{25}{16}(n+1)^2-\frac{25}{16}n^2\right\}=2n+1$

$\therefore \sum_{k=1}^{11}\frac{1}{T_kT_{k+1}}$

$=\sum_{k=1}^{11}\frac{1}{(2n+1)(2n+3)}$

$=\frac{1}{2}\sum_{k=1}^{11}\left(\frac{1}{2k+1}-\frac{1}{2k+3}\right)$

$=\frac{1}{2}\left\{\left(\frac{1}{3}-\frac{1}{5}\right)+\left(\frac{1}{5}-\frac{1}{7}\right)+\left(\frac{1}{7}-\frac{1}{9}\right)+\cdots+\left(\frac{1}{23}-\frac{1}{25}\right)\right\}$

$=\frac{1}{2}\left(\frac{1}{3}-\frac{1}{25}\right)=\frac{11}{75}$ 답 ①

**실전 Tip**

원 $x^2+y^2=r^2$ 위의 점 $(x_1, y_1)$에서의 접선의 방정식은

$x_1x+y_1y=r^2$

## 6

**전략** 로그함수의 그래프를 활용하여 삼각형의 넓이를 구한다.

두 점 A, B의 좌표를 각각

A$(a, \log_2 2a)$, B$(b, \log_2 4b)$ ($a$, $b$는 상수, $a<b$)로 놓으면 두 점 A, B는 직선 $l$ 위의 점이므로 직선 AB의 기울기는

$\frac{\log_2 4b-\log_2 2a}{b-a}=\frac{1}{2}$

$\therefore \log_2 4b-\log_2 2a=\frac{1}{2}(b-a)$ ...... ㉠

이때 $\overline{\text{AB}}=2\sqrt{5}$이므로

$\overline{\text{AB}}=\sqrt{(b-a)^2+(\log_2 4b-\log_2 2a)^2}$

$=\sqrt{(b-a)^2+\frac{1}{4}(b-a)^2}$ ($\because$ ㉠)

$=\frac{\sqrt{5}}{2}(b-a)$

에서 $\frac{\sqrt{5}}{2}(b-a)=2\sqrt{5}$

$\therefore b-a=4$ ...... ㉡

㉡을 ㉠에 대입하면

$\log_2 4b-\log_2 2a=\frac{1}{2}\times 4$에서

$\log_2\frac{2b}{a}=2$, $\frac{2b}{a}=4$

$\therefore b=2a$ ...... ㉢

㉡, ㉢을 연립하여 풀면 $a=4$, $b=8$이므로

A$(4, 3)$, B$(8, 5)$, C$(4, 0)$

따라서 삼각형 ACB의 넓이는

$\frac{1}{2}\times 3\times 4=6$ 답 ⑤

## 7

**전략** 사인법칙과 코사인법칙을 이용하여 선분의 길이를 구한다.

삼각형 ABC에서 사인법칙에 의하여

$$\frac{\overline{AC}}{\sin\frac{\pi}{3}}=2\times\frac{2\sqrt{21}}{3}$$

$$\therefore \overline{AC}=2\times\frac{2\sqrt{21}}{3}\times\sin\frac{\pi}{3}$$

$$=2\times\frac{2\sqrt{21}}{3}\times\frac{\sqrt{3}}{2}=2\sqrt{7}$$

이때 $\overline{AB}=c$라 하면 삼각형 ABC에서 코사인법칙에 의하여

$$(2\sqrt{7})^2=4^2+c^2-2\times4\times c\times\cos\frac{\pi}{3}$$

$28=16+c^2-4c$, $c^2-4c-12=0$

$(c+2)(c-6)=0$

$\therefore c=6$ ($\because c>0$)

선분 AB를 1 : 2로 내분하는 점이 P이므로

$\overline{BP}=\frac{2}{3}\overline{AB}=\frac{2}{3}\times6=4$

선분 BC를 3 : 1로 내분하는 점이 Q이므로

$\overline{BQ}=\frac{3}{4}\overline{BC}=\frac{3}{4}\times4=3$

따라서 삼각형 PBQ에서 코사인법칙에 의하여

$k^2=4^2+3^2-2\times4\times3\times\cos\frac{\pi}{3}=13$ 답 13

## 8

**전략** 등차수열 $\{a_n\}$의 일반항 $a_n$을 구하여 수열 $\{b_n\}$의 일반항 $b_n$을 구한다.

$a_1=2$이므로 등차수열 $\{a_n\}$의 공차를 $d$라 하면

$a_2+a_4=(2+d)+(2+3d)=4+4d$

즉, $4+4d=16$이므로

$d=3$

$\therefore a_n=2+(n-1)\times3=3n-1$

$a_{n+1}-a_n=d=3$, $a_n+n+1=(3n-1)+n+1=4n$이므로

$$b_{n+1}=\begin{cases}3 & (b_n\text{이 짝수인 경우})\\ 4n & (b_n\text{이 홀수인 경우})\end{cases}$$

이때 $b_1=3$이므로

$$b_n=\begin{cases}3 & (n\text{이 홀수인 경우})\\ 4n-4 & (n\text{이 짝수인 경우})\end{cases}$$

$$\therefore \sum_{k=1}^{20}b_k=\sum_{k=1}^{10}b_{2k-1}+\sum_{k=1}^{10}b_{2k}$$

$$=\sum_{k=1}^{10}3+\sum_{k=1}^{10}(8k-4)$$

$$=3\times10+\left(8\times\frac{10\times11}{2}-4\times10\right)=430$$ 답 ④

**참고** $b_1=3$, $b_2=4$, $b_3=3$, $b_4=12$, $b_5=3$, $b_6=20$, $\cdots$

## 9

**전략** 곡선 $y=\left(\frac{a}{5}\right)^x$과 원 $(x-1)^2+y^2=1$이 서로 다른 두 점에서 만나도록 하는 $a$의 값의 범위를 구한다.

이차방정식 $x^2-8x+9=0$의 두 근의 합이

$4^a\times2^{-b}=2^{2a-b}$

이므로 이차방정식의 근과 계수의 관계에 의하여

$2^{2a-b}=8=2^3$

즉, $2a-b=3$이므로

$b=2a-3$

$b$는 자연수이므로

$a\geq2$

$\therefore a+b=a+(2a-3)$

$=3a-3$ ...... ㉠

함수 $y=\left(\frac{a}{5}\right)^x$의 그래프와 원 $(x-1)^2+y^2=1$이 서로 다른 두 점에서 만나려면

$0<\frac{a}{5}<1$, 즉 $0<a<5$

이어야 한다.

이때 $a$가 자연수이므로

$a=2, 3, 4$

따라서 ㉠에서 $3a-3=3, 6, 9$이므로

$M=9$, $m=3$

$\therefore M-m=6$ 답 ⑤

## 10

**전략** 두 함수 $y=\sin\frac{\pi x}{2}$, $y=\cos\frac{\pi x}{2}$의 그래프를 이용하여 보기의 참, 거짓을 판별한다.

$\left(\sin\frac{\pi x}{2}-t\right)\left(\cos\frac{\pi x}{2}-t\right)=0$에서

$\sin\frac{\pi x}{2}=t$ 또는 $\cos\frac{\pi x}{2}=t$

이 방정식의 실근은 두 함수 $y=\sin\frac{\pi x}{2}$, $y=\cos\frac{\pi x}{2}$의 그래프와 직선 $y=t$의 교점의 $x$좌표와 같다.

한편, 두 함수 $y=\sin\frac{\pi x}{2}$, $y=\cos\frac{\pi x}{2}$의 주기는 모두 $\frac{2\pi}{\frac{\pi}{2}}=4$이므로 두 그래프는 다음 그림과 같다.

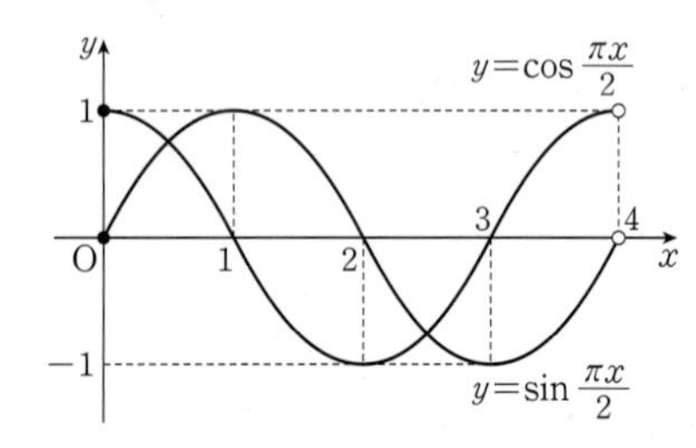


ㄱ. $-1\leq t\leq0$에서 직선 $y=t$와 $\alpha(t)$, $\beta(t)$는 다음 그림과 같다.

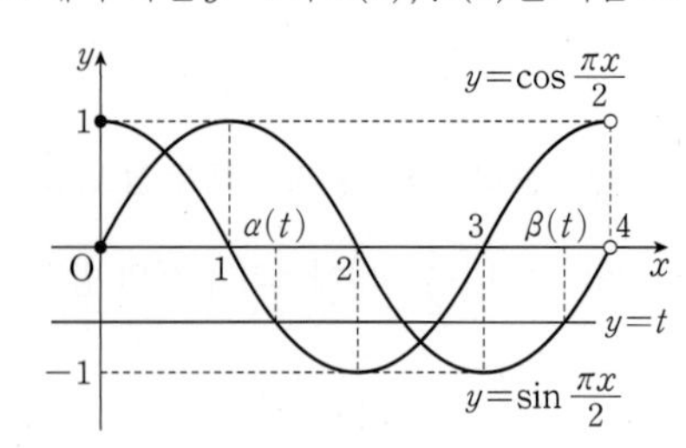

이때 함수 $y=\cos\frac{\pi x}{2}$의 그래프는 함수 $y=\sin\frac{\pi x}{2}$의 그래프를 평행이동하면 겹쳐질 수 있고, 함수 $y=\sin\frac{\pi x}{2}$의 그래프는 두 직선 $x=1$, $x=3$과 점 $(2, 0)$에 대하여 대칭이다.

$\alpha(t)-1=k\ (0<k\leq 1)$로 놓으면

$\beta(t)=4-k$

$\therefore \alpha(t)+\beta(t)=(k+1)+(4-k)=5$ (참)

ㄴ. $\alpha(0)=0$, $\beta(0)=3$이므로

$\beta(t)-\alpha(t)=\beta(0)-\alpha(0)=3$ …… ㉠

을 만족시키는 $t$의 값 또는 그 범위는 다음과 같다.

(i) $0\leq t\leq\frac{\sqrt{2}}{2}$일 때

$t=0$일 때, $\beta(0)-\alpha(0)=3$ ($\because$ ㉠)

$t\neq 0$일 때, $\alpha(t)=k\left(0<k\leq\frac{1}{2}\right)$로 놓으면

$\beta(t)=3+k \qquad \therefore \beta(t)-\alpha(t)=3$

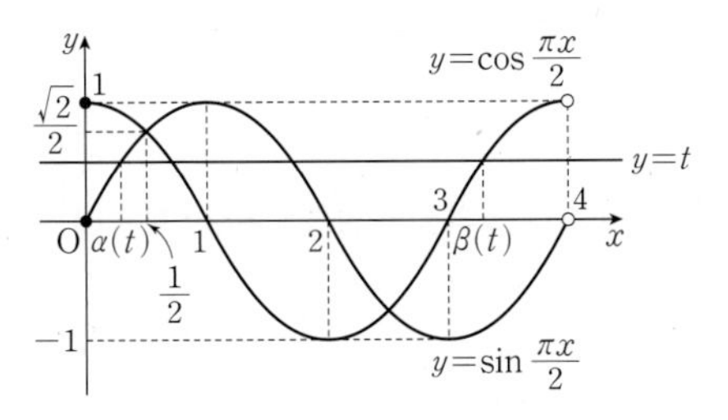


(ii) $\frac{\sqrt{2}}{2}<t<1$일 때

$\alpha(t)=k\left(0<k<\frac{1}{2}\right)$로 놓으면

$\beta(t)=4-k \qquad \therefore \beta(t)-\alpha(t)=4-2k$

$0<k<\frac{1}{2}$에서 $3<4-2k<4$이므로

$\beta(t)-\alpha(t)\neq 3$

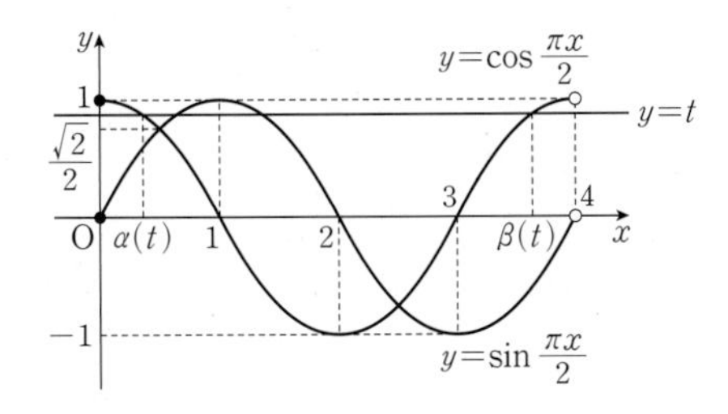


(iii) $t=1$일 때

$\alpha(1)=0$, $\beta(1)=1$이므로

$\beta(1)-\alpha(1)=1$

(iv) $-1\leq t<0$일 때

$1<\alpha(t)\leq 2$, $3\leq\beta(t)<4$이므로

$\beta(t)-\alpha(t)<3$

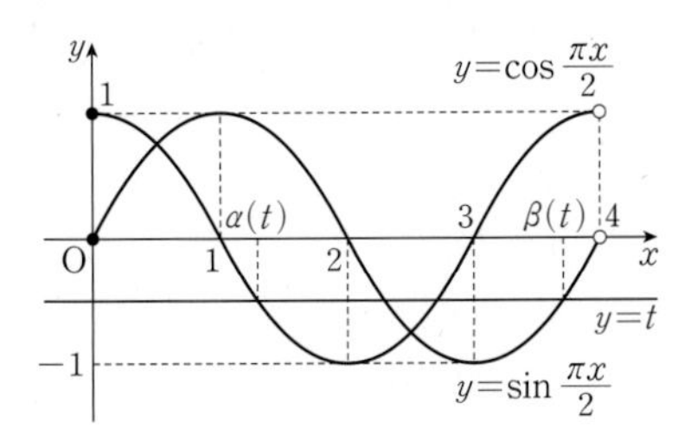


(i)~(iv)에 의하여

$\{t\,|\,\beta(t)-\alpha(t)=3\}=\left\{t\,\middle|\,0\leq t\leq\frac{\sqrt{2}}{2}\right\}$ (참)

ㄷ. $t_2-t_1=\frac{1}{2}$이면서 $\alpha(t_1)=\alpha(t_2)$이려면 $0<t_1<\frac{\sqrt{2}}{2}<t_2$이어야 한다.

$\alpha(t_1)=\alpha(t_2)=k$라 하면

$t_1=\sin\frac{k\pi}{2}$, $t_2=\cos\frac{k\pi}{2}$

이때 $t_2-t_1=\frac{1}{2}$이므로

$\cos\frac{k\pi}{2}-\sin\frac{k\pi}{2}=\frac{1}{2}$에서

$\left(\cos\frac{k\pi}{2}+\sin\frac{k\pi}{2}\right)^2=\frac{1}{4}$

$\cos^2\frac{k\pi}{2}-2\cos\frac{k\pi}{2}\sin\frac{k\pi}{2}+\sin^2\frac{k\pi}{2}=\frac{1}{4}$

$1-2\cos\frac{k\pi}{2}\sin\frac{k\pi}{2}=\frac{1}{4}$

$2\sin\frac{k\pi}{2}\cos\frac{k\pi}{2}=\frac{3}{4}$

즉, $\sin\frac{k\pi}{2}\cos\frac{k\pi}{2}=\frac{3}{8}$이므로

$t_1\times t_2=\frac{3}{8}$ (거짓)

따라서 옳은 것은 ㄱ, ㄴ이다.

답 ②

## 6회 미니 모의고사

본문 112~115쪽

| | | | | |
|---|---|---|---|---|
| 1 ⑤ | 2 ④ | 3 ③ | 4 105 | 5 8 |
| 6 ③ | 7 ⑤ | 8 ③ | 9 19 | 10 ④ |

### 1

**전략** 로그의 성질과 밑의 변환을 이용하여 $a$, $b$의 값을 구한다.

$a+\log_3\frac{27}{4}=3$에서

$a=3-\log_3\frac{27}{4}=\log_3\left(27\times\frac{4}{27}\right)$

$=2\log_3 2$

$ab=\frac{1}{2}$에서

$b=\frac{1}{2a}=\frac{1}{4\log_3 2}$

즉, $2^{\frac{4}{a}}=2^{\frac{4}{2\log_3 2}}=2^{2\log_2 3}=2^{\log_2 9}=9^{\log_2 2}=9$,

$3^{\frac{1}{2b}}=3^{2\log_3 2}=3^{\log_3 4}=4^{\log_3 3}=4$

이므로

$2^{\frac{4}{a}}\times 3^{\frac{1}{2b}}=9\times 4=36$

답 ⑤

## 2

**전략** $|f(x)|=a$는 $f(x)=a$ 또는 $f(x)=-a$임을 이용한다.

$0\le x<2\pi$에서 함수 $y=|\sin 2x|$의 그래프는 다음 그림과 같다.

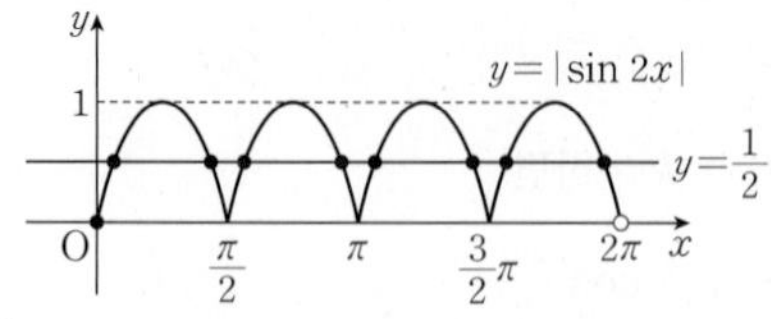


$|\sin 2x|=\frac{1}{2}$의 모든 실근의 개수는 함수 $y=|\sin 2x|$의 그래프와 직선 $y=\frac{1}{2}$의 교점의 개수와 같다.

이때 함수 $y=|\sin 2x|$의 그래프와 직선 $y=\frac{1}{2}$이 만나는 점의 개수는 8이므로 방정식 $|\sin 2x|=\frac{1}{2}$의 실근의 개수는 8이다. 답 ④

## 3

**전략** 등차수열 $\{a_n\}$의 일반항 $a_n$을 구하여 $a_n$의 부호가 바뀌는 항을 찾는다.

등차수열 $\{a_n\}$의 공차를 $d$라 하면

$a_3=a_5+8$에서 $25+2d=25+4d+8$

$2d=-8 \quad \therefore d=-4$

$\therefore a_n=25+(n-1)\times(-4)=-4n+29$

$a_n>0$에서 $-4n+29>0 \quad \therefore n<\frac{29}{4}=7.25$

$a_5=9,\ a_6=5,\ a_7=1,\ a_8=-3,\ a_9=-7,\ \cdots$이고

$|a_7|<|a_8|<|a_6|<|a_9|$

따라서 $b_n$은 $n=6$일 때 최솟값을 가지고, 그 최솟값은

$b_6=|a_6|+|a_7|+|a_8|=5+1+3=9$ 답 ③

## 4

**전략** 등차수열과 등비수열의 합을 이용하여 부등식을 변형한다.

$\sum_{k=1}^{5}2^{k-1}=\frac{2^5-1}{2-1}=31,$

$\sum_{k=1}^{n}(2k-1)=2\times\frac{n(n+1)}{2}-n=n^2,$

$\sum_{k=1}^{5}(2\times3^{k-1})=2\times\frac{3^5-1}{3-1}=242$

이므로 주어진 부등식은 $32<n^2<242$

이를 만족시키는 자연수 $n$의 값은 $6,\ 7,\ 8,\ \cdots,\ 15$

따라서 구하는 합은 $\frac{10\times(6+15)}{2}=105$ 답 105

## 5

**전략** 함수 $y=f(x)$의 그래프의 식을 구하여 직선과의 교점 A의 좌표를 구한다.

곡선 $y=2^x$을 $y$축에 대하여 대칭이동한 후, $x$축의 방향으로 $\frac{1}{4}$만큼, $y$축의 방향으로 $\frac{1}{4}$만큼 평행이동한 그래프의 식은

$f(x)=2^{-\left(x-\frac{1}{4}\right)}+\frac{1}{4}=2^{-x+\frac{1}{4}}+\frac{1}{4}$

곡선 $y=2^x$을 $y$축에 대하여 대칭이동한 곡선은 $y=2^{-x}$이고 곡선 $y=2^{-x}$은 직선 $y=x+1$과 점 $(0,\ 1)$에서 만난다.

곡선 $y=2^{-x}$을 $x$축의 방향으로 $\frac{1}{4}$만큼, $y$축의 방향으로 $\frac{1}{4}$만큼 평행이동한 곡선은 $y=f(x)$이고, 직선 $y=x+1$을 $x$축의 방향으로 $\frac{1}{4}$만큼, $y$축의 방향으로 $\frac{1}{4}$만큼 평행이동하면 직선 $y=x+1$과 일치한다.

따라서 곡선 $y=f(x)$와 직선 $y=x+1$이 만나는 점 A는 곡선 $y=2^{-x}$과 직선 $y=x+1$이 만나는 점인 $(0,\ 1)$을 $x$축의 방향으로 $\frac{1}{4}$만큼, $y$축의 방향으로 $\frac{1}{4}$만큼 평행이동한 점이므로

$\mathrm{A}\left(\frac{1}{4},\ \frac{5}{4}\right)$

따라서 점 A와 점 $\mathrm{B}(0,\ 1)$ 사이의 거리는

$k=\sqrt{\left(\frac{1}{4}\right)^2+\left(\frac{5}{4}-1\right)^2}=\frac{\sqrt{2}}{4} \qquad \therefore \frac{1}{k^2}=8$ 답 8

## 6

**전략** $a(a+1)>0$이므로 $a$의 값의 범위에 따라 $\overline{\mathrm{PQ}}\times|3^a-2^a|=\frac{6^a}{3}$의 해를 구한다.

$f(x)=g(x)$에서 $\frac{2^x}{3}=\frac{3^x}{2}$

$2^{x+1}=3^{x+1} \qquad \therefore x=-1$

$f(-1)=g(-1)=\frac{1}{6}$이므로 두 함수 $y=f(x)$, $y=g(x)$의 그래프는 점 $\left(-1,\ \frac{1}{6}\right)$에서 만난다.

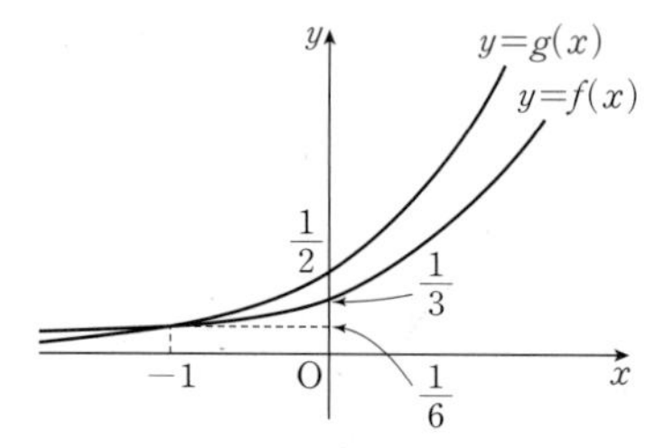


$f(a)=\frac{2^a}{3},\ g(a)=\frac{3^a}{2}$이므로

$\mathrm{P}\left(a,\ \frac{2^a}{3}\right),\ \mathrm{Q}\left(a,\ \frac{3^a}{2}\right)$

$\therefore \overline{\mathrm{PQ}}\times|3^a-2^a|=\left|\frac{2^a}{3}-\frac{3^a}{2}\right|\times|3^a-2^a|$

한편, $a(a+1)>0$에서

$a<-1$ 또는 $a>0$

(i) $a>0$일 때

$\frac{3^a}{2}>\frac{2^a}{3},\ 3^a>2^a$이므로 $\overline{\mathrm{PQ}}\times|3^a-2^a|=\frac{6^a}{3}$에서

$\left(\frac{3^a}{2}-\frac{2^a}{3}\right)(3^a-2^a)=\frac{6^a}{3}$

$3\times3^{2a}-5\times2^a\times3^a+2\times2^{2a}=2\times2^a\times3^a$

$3\times3^{2a}-7\times2^a\times3^a+2\times2^{2a}=0$

$(3\times3^a-2^a)(3^a-2\times2^a)=0$

즉, $3\times3^a=2^a$ 또는 $3^a=2\times2^a$이므로

$\left(\frac{3}{2}\right)^a=\frac{1}{3}$ 또는 $\left(\frac{3}{2}\right)^a=2$

이때 $a>0$에서 $\left(\frac{3}{2}\right)^a>1$이므로

$\left(\frac{3}{2}\right)^a=2$

$\therefore a=\log_{\frac{3}{2}}2$

(ii) $a<-1$일 때

$\frac{2^a}{3}>\frac{3^a}{2}$, $3^a<2^a$이므로 $\overline{PQ}\times|3^a-2^a|=\frac{6^a}{3}$에서

$\left(\frac{2^a}{3}-\frac{3^a}{2}\right)(2^a-3^a)=\frac{6^a}{3}$

$2\times2^{2a}-5\times2^a\times3^a+3\times3^{2a}=2\times2^a\times3^a$

$2\times2^{2a}-7\times2^a\times3^a+3\times3^{2a}=0$

$(2\times2^a-3^a)(2^a-3\times3^a)=0$

즉, $2\times2^a=3^a$ 또는 $2^a=3\times3^a$이므로

$\left(\frac{3}{2}\right)^a=2$ 또는 $\left(\frac{3}{2}\right)^a=\frac{1}{3}$

이때 $a<-1$에서 $\left(\frac{3}{2}\right)^a<\frac{2}{3}$이므로

$\left(\frac{3}{2}\right)^a=\frac{1}{3}$

$\therefore a=\log_{\frac{3}{2}}\frac{1}{3}$

(i), (ii)에 의하여 $a=\log_{\frac{3}{2}}2$ 또는 $a=\log_{\frac{3}{2}}\frac{1}{3}$이므로

$M=\log_{\frac{3}{2}}2$, $m=\log_{\frac{3}{2}}\frac{1}{3}$

따라서 $M-m=\log_{\frac{3}{2}}2-\log_{\frac{3}{2}}\frac{1}{3}=\log_{\frac{3}{2}}6$이므로

$\left(\frac{3}{2}\right)^{M-m}=\left(\frac{3}{2}\right)^{\log_{\frac{3}{2}}6}=6$

답 ③

# 7

**전략** 직선 $y=x+a$가 직사각형과 만나려면 두 점 $B_n$, $C_n$ 사이를 지나야 함을 이용한다.

두 점 $A_n$, $A_{n+1}$이 곡선 $y=\log_2 x$ 위의 점이므로 두 점 $A_n$, $A_{n+1}$의 좌표는 각각

$A_n(n, \log_2 n)$, $A_{n+1}(n+1, \log_2(n+1))$

다음 그림과 같이 $B_n(n, \log_2(n+1))$, $C_n(n+1, \log_2 n)$이라 하면 직선 $y=x+a$가 두 점 $B_n$과 $C_n$ 사이를 지나야 한다.

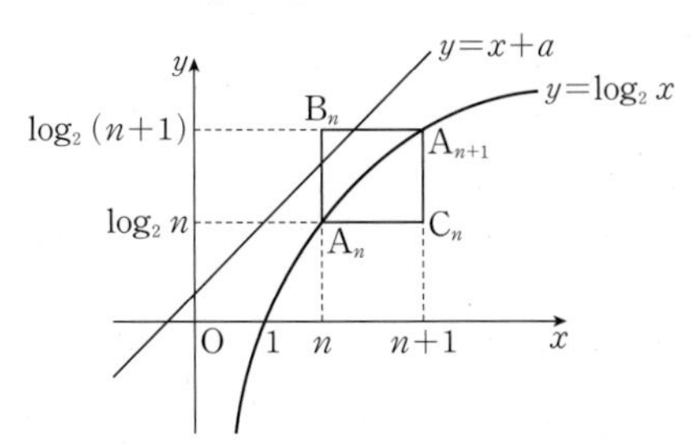


(i) 직선이 점 $B_n$을 지날 때

$\log_2(n+1)=n+a$에서

$a=\log_2(n+1)-n$

(ii) 직선이 점 $C_n$을 지날 때

$\log_2 n=(n+1)+a$에서

$a=\log_2 n-(n+1)$

(i), (ii)에 의하여 $\log_2 n-(n+1)\le a\le\log_2(n+1)-n$이므로

$p_n=\log_2 n-(n+1)$, $q_n=\log_2(n+1)-n$

$\therefore \sum_{k=1}^{15}(q_k-p_k)$

$=\sum_{k=1}^{15}\{\log_2(k+1)-\log_2 k+1\}$

$=\sum_{k=1}^{15}\log_2\frac{k+1}{k}+\sum_{k=1}^{15}1$

$=\left(\log_2\frac{2}{1}+\log_2\frac{3}{2}+\log_2\frac{4}{3}+\cdots+\log_2\frac{16}{15}\right)+15$

$=\log_2\left(\frac{2}{1}\times\frac{3}{2}\times\frac{4}{3}\times\cdots\times\frac{16}{15}\right)+15$

$=\log_2 16+15=\log_2 2^4+15$

$=4+15=19$

답 ⑤

# 8

**전략** 삼각형 OBC는 직각이등변삼각형이므로 $\angle AOB+\angle AOC=\frac{3}{2}\pi$임을 이용한다.

$\overline{BC}=2\sqrt{5}$, $\overline{OB}=\overline{OC}=\sqrt{10}$이므로

$\overline{BC}^2=\overline{OB}^2+\overline{OC}^2$

즉, 삼각형 OBC는 $\angle BOC=\frac{\pi}{2}$인 직각이등변삼각형이다.

$\angle AOB=\alpha$, $\angle AOC=\beta$라 하면 두 삼각형 OAB, OCA의 넓이 $S_1$, $S_2$는 각각

$S_1=\frac{1}{2}\times(\sqrt{10})^2\times\sin\alpha=5\sin\alpha$,

$S_2=\frac{1}{2}\times(\sqrt{10})^2\times\sin\beta=5\sin\beta$

이고 $3S_1=4S_2$이므로

$15\sin\alpha=20\sin\beta$

$\therefore \sin\alpha=\frac{4}{3}\sin\beta$

이때 $\alpha+\beta+\frac{\pi}{2}=2\pi$이므로

$\beta=\frac{3}{2}\pi-\alpha$

$\therefore \sin\alpha=\frac{4}{3}\sin\left(\frac{3}{2}\pi-\alpha\right)=-\frac{4}{3}\cos\alpha$ ...... ㉠

㉠을 $\sin^2\alpha+\cos^2\alpha=1$에 대입하면

$\frac{16}{9}\cos^2\alpha+\cos^2\alpha=1$

$\cos^2\alpha=\frac{9}{25}$

$\sin\alpha>0$이므로 ㉠에서 $\cos\alpha<0$

$\therefore \cos\alpha=-\frac{3}{5}$

따라서 삼각형 OAB에서 코사인법칙에 의하여

$\overline{AB}^2=(\sqrt{10})^2+(\sqrt{10})^2-2\times\sqrt{10}\times\sqrt{10}\times\left(-\frac{3}{5}\right)=32$

$\therefore \overline{AB}=4\sqrt{2}$

답 ③

## 9

**전략** 주어진 조건을 만족시키는 함수 $y=g(x)$의 그래프를 이용하여 $a$의 값을 구한다.

함수 $f(x)=2\sin\frac{x}{2}$의 그래프의 주기는 $\frac{2\pi}{\frac{1}{2}}=4\pi$

$n=1$, 즉 $0\le x<2\pi$일 때, $g(x)=|f(x)|$

$n=2$, 즉 $2\pi\le x<4\pi$일 때, $g(x)=\frac{|f(x)|}{2}$

$n=3$, 즉 $4\pi\le x<6\pi$일 때, $g(x)=\frac{|f(x)|}{4}$

$n=4$, 즉 $6\pi\le x<8\pi$일 때, $g(x)=\frac{|f(x)|}{8}$

따라서 $0\le x<8\pi$에서 함수 $y=g(x)$의 그래프는 다음 그림과 같다.

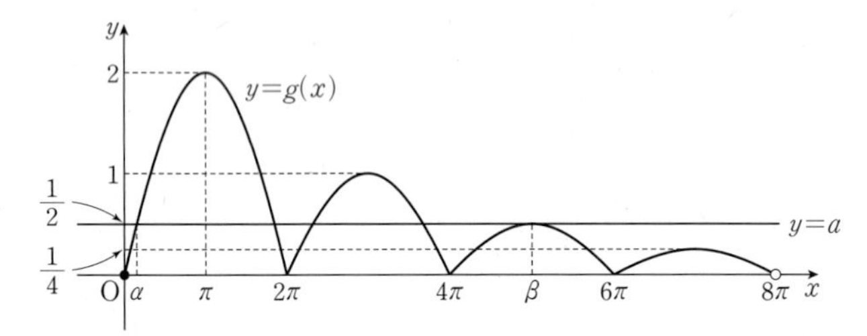


$g(x)=a$의 서로 다른 실근의 개수가 5이려면 함수 $y=g(x)$의 그래프와 직선 $y=a$의 교점의 개수가 5이어야 하므로

$a=\frac{1}{2}$

$\therefore 0<\alpha<\pi,\ \beta=5\pi$

이때 $f(\alpha)=2\sin\frac{\alpha}{2}=\frac{1}{2}$이므로

$\sin\frac{\alpha}{2}=\frac{1}{4}$ …… ㉠

또한,

$f(\beta+\alpha)=2\sin\frac{\beta+\alpha}{2}=2\sin\frac{5\pi+\alpha}{2}$

$=2\sin\left(\frac{\pi}{2}+\frac{\alpha}{2}\right)=2\cos\frac{\alpha}{2}$

$f(\beta-\alpha)=2\sin\frac{\beta-\alpha}{2}=2\sin\frac{5\pi-\alpha}{2}$

$=2\sin\left(\frac{\pi}{2}-\frac{\alpha}{2}\right)=2\cos\frac{\alpha}{2}$

이므로

$f(\beta+\alpha)f(\beta-\alpha)=4\cos^2\frac{\alpha}{2}=4\left(1-\sin^2\frac{\alpha}{2}\right)$

$=4\left(1-\frac{1}{16}\right)$ ($\because$ ㉠)

$=\frac{15}{4}$

따라서 $p=4$, $q=15$이므로 $p+q=4+15=19$ 답 19

## 10

**전략** 조건 (나)를 이용하여 공차의 범위를 구한다.

$a_7$은 $a_6$과 $a_8$의 등차중항이므로

$a_6+a_8=2a_7$

조건 (가)에서 $a_7=a_6+a_8$이므로

$2a_7=a_7$ $\quad\therefore a_7=0$

조건 (나)에 의하여

$S_6+T_6=S_7+T_7=S_8+T_8=\cdots=84$ …… ㉠

즉, $a_7+|a_7|=a_8+|a_8|=a_9+|a_9|=\cdots=0$이므로 $n\ge7$에서 $a_n\le0$

등차수열 $\{a_n\}$의 첫째항을 $a$, 공차를 $d\ (d>0)$라 하면

$a_7=a+6d=0$에서 $a=-6d$ …… ㉡

7 이하의 자연수 $n$에 대하여 $a_n\ge0$이므로 $S_7=T_7$

이때 조건 (나)에 의하여 $S_7+T_7=84$이므로 $2S_7=84$

즉, $S_7=42$이므로

$S_7=\frac{7(2a+6d)}{2}$

$=\frac{7(-12d+6d)}{2}=-21d$

에서 $-21d=42$

$\therefore d=-2,\ a=-6\times(-2)=12$ ($\because$ ㉡)

즉, $S_{15}=\frac{15\times\{2\times12+14\times(-2)\}}{2}=-30$이므로

$S_{15}+T_{15}=-30+T_{15}=84$ ($\because$ ㉠)

$\therefore T_{15}=84+30=114$ 답 ④

# 7회 미니 모의고사

본문 116~119쪽

| | | | | |
|---|---|---|---|---|
| 1 9 | 2 ⑤ | 3 ④ | 4 ④ | 5 ④ |
| 6 148 | 7 ⑤ | 8 ① | 9 ⑤ | 10 273 |

## 1

**전략** $\sin^2x=1-\cos^2x$, $\sin\left(x+\frac{\pi}{2}\right)=\cos x$임을 이용한다.

$f(x)=\sin^2x+\sin\left(x+\frac{\pi}{2}\right)+1$

$=1-\cos^2x+\cos x+1$

$=-\left(\cos x-\frac{1}{2}\right)^2+\frac{9}{4}$

이때 $-1\le\cos x\le1$이므로 함수 $f(x)$는 $\cos x=\frac{1}{2}$일 때 최댓값 $\frac{9}{4}$를 갖는다.

따라서 $M=\frac{9}{4}$이므로 $4M=9$ 답 9

## 2

**전략** 코사인법칙을 이용한다.

삼각형 ABD에서 코사인법칙에 의하여

$\cos A=\frac{6^2+6^2-(\sqrt{15})^2}{2\times6\times6}=\frac{19}{24}$

삼각형 ABC에서 코사인법칙에 의하여

$\overline{BC}^2=6^2+10^2-2\times6\times10\times\frac{19}{24}$

$=36+100-95=41$

$\therefore \overline{BC}=\sqrt{41}$ 답 ⑤

## 3

**전략** 직각삼각형의 외접원의 중심은 빗변의 중점임을 이용한다.

$y=\log_{\frac{1}{a}}(a-x)$에 $y=0$을 대입하면

$\log_{\frac{1}{a}}(a-x)=0$

즉, $a-x=1$이므로

$x=a-1$ $\quad\therefore P(a-1, 0)$

또, $y=\log_{\frac{1}{a}}(a-x)$에 $x=0$을 대입하면

$y=\log_{\frac{1}{a}}a=-1$ $\quad\therefore Q(0, -1)$

직각삼각형 OPQ의 외접원의 중심은 선분 PQ의 중점이므로 점 $\left(\frac{a-1}{2}, -\frac{1}{2}\right)$은 함수 $y=\log_9(x-1)$의 그래프 위에 있다.

따라서 $-\frac{1}{2}=\log_9\left(\frac{a-1}{2}-1\right)$이므로

$\frac{a-1}{2}-1=9^{-\frac{1}{2}}=\frac{1}{3}$

$\frac{a-1}{2}=\frac{4}{3}$, $a-1=\frac{8}{3}$

$\therefore a=\frac{11}{3}$ 답 ④

## 4

**전략** 수열의 합과 $\sum$의 성질을 이용한다.

$2a_n+b_n=3n-2$에서

$b_n=-2a_n+3n-2$ ...... ㉠

$\therefore a_n-b_n=a_n-(-2a_n+3n-2)=3a_n-3n+2$

$\therefore \sum_{k=1}^{10}(a_k-b_k)=\sum_{k=1}^{10}(3a_k-3k+2)$

$=3\sum_{k=1}^{10}a_k-3\times\frac{10\times11}{2}+2\times10$

$=3\sum_{k=1}^{10}a_k-145$

즉, $3\sum_{k=1}^{10}a_k-145=65$이므로

$3\sum_{k=1}^{10}a_k=210$ $\quad\therefore \sum_{k=1}^{10}a_k=70$

$\therefore \sum_{k=1}^{10}(a_k+2b_k)=\sum_{k=1}^{10}(a_k-4a_k+6k-4)$ ($\because$ ㉠)

$=\sum_{k=1}^{10}(-3a_k+6k-4)$

$=-3\sum_{k=1}^{10}a_k+6\times\frac{10\times11}{2}-40$

$=-210+330-40=80$ 답 ④

## 5

**전략** 두 점 A, B의 좌표를 각각 $(p, p)$, $(q, q)$로 놓고 □ACDB의 넓이를 $p$, $q$로 나타낸다.

두 점 A, B가 직선 $y=x$ 위에 있으므로 두 점 A, B의 좌표를 각각 $(p, p)$, $(q, q)$ $(p<q)$라 하자.

$\overline{AB}=6\sqrt{2}$이므로

$\sqrt{(q-p)^2+(q-p)^2}=6\sqrt{2}$

$(q-p)^2=36$

$\therefore q-p=6$ ...... ㉠

또, 사각형 ACDB의 넓이가 30이므로

$\frac{1}{2}\times(\overline{AC}+\overline{DB})\times\overline{CD}=\frac{1}{2}(p+q)(q-p)$

$=\frac{1}{2}(p+q)\times6$ ($\because$ ㉠)

$=3(p+q)$

에서 $3(p+q)=30$

$\therefore p+q=10$ ...... ㉡

㉠, ㉡을 연립하여 풀면 $p=2$, $q=8$이므로

A(2, 2), B(8, 8)

두 점 A, B가 곡선 $y=2^{ax+b}$ 위에 있으므로

$2^{2a+b}=2$에서 $2a+b=1$ ...... ㉢

$2^{8a+b}=8=2^3$에서 $8a+b=3$ ...... ㉣

㉢, ㉣을 연립하여 풀면 $a=\frac{1}{3}$, $b=\frac{1}{3}$이므로

$a+b=\frac{2}{3}$ 답 ④

**다른 풀이** 점 A에서 $\overline{BD}$에 내린 수선의 발을 H라 하면 △ABH는 직각이등변삼각형이므로

$\overline{AH}=\overline{BH}=6$

$\therefore$ □ACDB$=\frac{1}{2}\times(\overline{AC}+\overline{HD}+6)\times\overline{CD}$

$=\frac{1}{2}\times(2\overline{AC}+6)\times6$ ($\because \overline{AC}=\overline{HD}$)

$=6\overline{AC}+18$

즉, $6\overline{AC}+18=30$이므로

$6\overline{AC}=12$ $\quad\therefore \overline{AC}=2$

$\therefore$ A(2, 2), B(8, 8)

## 6

**전략** 점 C의 좌표를 이용하여 $a$, $b$에 대한 식을 구한다.

두 점 A(−5, 6), B(4, 0)에 대하여 선분 AB를 2 : 1로 내분하는 점 C의 좌표는

$\left(\frac{2\times4+1\times(-5)}{2+1}, \frac{2\times0+1\times6}{2+1}\right)$, 즉 (1, 2)

직선 $\frac{x}{\log_a 2}+\frac{y}{\log_b 4}=4$가 점 C(1, 2)를 지나므로

$\frac{1}{\log_a 2}+\frac{2}{\log_b 4}=4$

$\log_2 a+\log_2 b=4$, $\log_2 ab=4$

$\therefore ab=2^4=16$

$a$, $b$가 1이 아닌 자연수이므로

$a=2$, $b=8$ 또는 $a=4$, $b=4$ 또는 $a=8$, $b=2$

(i) $a=2$, $b=8$일 때

$\frac{x}{\log_a 2}+\frac{y}{\log_b 4}=4$에서

$x+\frac{3}{2}y=4$

따라서 $\mathrm{P}(4, 0)$, $\mathrm{Q}\left(0, \frac{8}{3}\right)$이므로

$\overline{\mathrm{PQ}}^2=4^2+\left(-\frac{8}{3}\right)^2=\frac{208}{9}$

(ii) $a=4$, $b=4$일 때

$\frac{x}{\log_4 2}+\frac{y}{\log_4 4}=4$에서

$2x+y=4$

따라서 $\mathrm{P}(2, 0)$, $\mathrm{Q}(0, 4)$이므로

$\overline{\mathrm{PQ}}^2=2^2+(-4)^2=20$

(iii) $a=8$, $b=2$일 때

$\frac{x}{\log_8 2}+\frac{y}{\log_2 4}=4$에서

$3x+\frac{y}{2}=4$

따라서 $\mathrm{P}\left(\frac{4}{3}, 0\right)$, $\mathrm{Q}(0, 8)$이므로

$\overline{\mathrm{PQ}}^2=\left(\frac{4}{3}\right)^2+(-8)^2=\frac{592}{9}$

(i), (ii), (iii)에 의하여 $\overline{\mathrm{PQ}}^2$의 최댓값 $k=\frac{592}{9}$이므로

$\frac{9}{4}\times k=\frac{9}{4}\times\frac{592}{9}=148$

답 148

## 7

**전략** 방정식의 서로 다른 실근의 개수가 3임을 이용하여 $a$의 값을 구한다.

$a\geq 6$이면 $6\sin x+a\geq 0$이므로 $|6\sin x+a|=4$의 서로 다른 실근의 개수는 2 이하이다.

즉, 주어진 조건을 만족시키지 않는다.

$\therefore 0<a<6$

$f(x)=|6\sin x+a|$로 놓으면 $|6\sin x+a|=4$의 서로 다른 실근의 개수는 함수 $y=f(x)$의 그래프와 직선 $y=4$의 교점의 개수와 같다.

따라서 방정식 $|6\sin x+a|=4$가 서로 다른 세 실근을 가지려면 함수 $y=f(x)$의 그래프와 직선 $y=4$의 교점의 개수는 3이어야 한다.

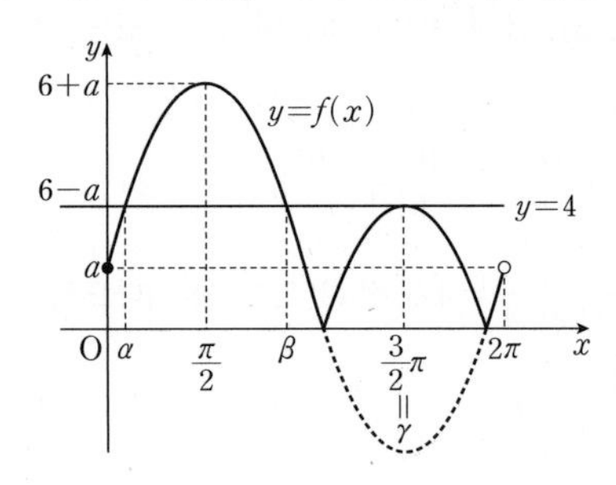


앞의 그림에서 $6-a=4$ $\quad\therefore a=2$

$6\sin\alpha+2=4$에서 $\sin\alpha=\frac{1}{3}$

이때 $0<\alpha<\frac{\pi}{2}$이므로

$\cos\alpha=\sqrt{1-\sin^2\alpha}=\sqrt{1-\frac{1}{9}}=\frac{2\sqrt{2}}{3}$

또한, $\beta=\pi-\alpha$이고 $\gamma=\frac{3}{2}\pi$이므로

$$\begin{aligned}a\sin(\gamma-\alpha)\sin(\beta-\gamma)&=2\times\sin\left(\frac{3}{2}\pi-\alpha\right)\times\sin\left(\pi-\alpha-\frac{3}{2}\pi\right)\\&=2\times(-\cos\alpha)\times(-\cos\alpha)\\&=2\cos^2\alpha\\&=2\times\left(\frac{2\sqrt{2}}{3}\right)^2=\frac{16}{9}\end{aligned}$$

답 ⑤

## 8

**전략** 수열의 합과 로그의 성질을 이용하여 빈칸에 알맞은 것을 구한다.

주어진 식 ( * )의 양변에 $n$ 대신 $n-1$을 대입하면

$nS_n=\log_2(n+1)+\sum_{k=1}^{n-1}S_k \ (n\geq 2)$ ······ ㉠

( * )에서 ㉠을 빼서 정리하면

$(n+1)S_{n+1}-nS_n$

$=\log_2(n+2)-\log_2(n+1)+\sum_{k=1}^{n}S_k-\sum_{k=1}^{n-1}S_k \ (n\geq 2)$

$(n+1)S_{n+1}-(n+1)S_n=\log_2\frac{n+2}{n+1}$

$(n+1)(S_{n+1}-S_n)=\log_2\frac{n+2}{n+1}$

이므로

$(\boxed{n+1})\times a_{n+1}=\log_2\frac{n+2}{n+1} \ (n\geq 2)$ ······ ㉡

$a_1=1=\log_2 2$이고

$2S_2=\log_2 3+S_1=\log_2 3+a_1$이므로

$2(a_1+a_2)=\log_2 3+a_1$

$\therefore 2a_2=\log_2 3-a_1=\log_2\frac{3}{2}$

이 값은 ㉡에 $n=1$을 대입한 것과 같으므로 모든 자연수 $n$에 대하여

$na_n=\boxed{\log_2\frac{n+1}{n}}$

이다. 따라서

$$\begin{aligned}\sum_{k=1}^{n}ka_k&=\sum_{k=1}^{n}\log_2\frac{k+1}{k}\\&=\log_2\frac{2}{1}+\log_2\frac{3}{2}+\cdots+\log_2\frac{n+1}{n}\\&=\log_2\left(\frac{2}{1}\times\frac{3}{2}\times\cdots\times\frac{n+1}{n}\right)\\&=\boxed{\log_2(n+1)}\end{aligned}$$

이다.

즉, $f(n)=n+1$, $g(n)=\log_2\frac{n+1}{n}$, $h(n)=\log_2(n+1)$이므로

$f(8)-g(8)+h(8)=9-\log_2\frac{9}{8}+\log_2 9=12$

답 ①

## 9

**전략** $\alpha_2, \beta_1, \beta_2$를 $\alpha_1$에 대한 식으로 나타내어 $k$의 값을 구한다.

함수 $f(x)=2\cos\frac{x}{2}+1$의 그래프의 최댓값은 3, 최솟값은 $-1$이고

주기는 $\frac{2\pi}{\frac{1}{2}}=4\pi$이다.

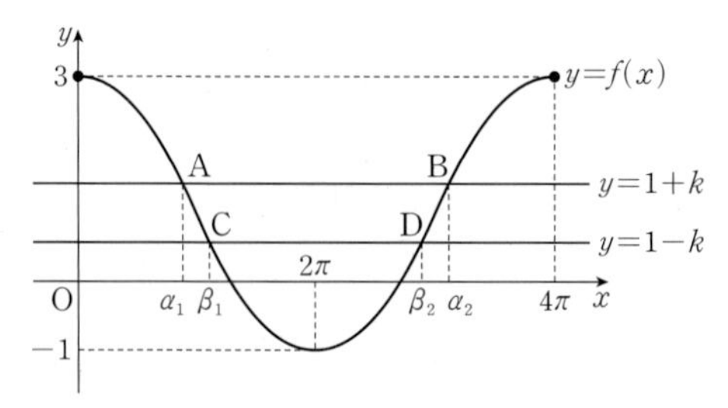


함수 $y=f(x)$의 그래프가 위의 그림과 같으므로

$\alpha_2=4\pi-\alpha_1$ ...... ㉠

$\beta_2=4\pi-\beta_1$ ...... ㉡

한편, 두 직선 $y=1+k$와 $y=1-k$는 직선 $y=1$에 대하여 대칭이므로 두 점 A, C는 점 $(\pi, f(\pi))$, 즉 점 $(\pi, 1)$에 대하여 대칭이다.

즉, $\frac{\alpha_1+\beta_1}{2}=\pi$이므로

$\beta_1=2\pi-\alpha_1$ ...... ㉢

㉢을 ㉡에 대입하면

$\beta_2=4\pi-(2\pi-\alpha_1)=2\pi+\alpha_1$ ...... ㉣

이때, $\overline{AB}=\alpha_2-\alpha_1=4\pi-2\alpha_1$, $\overline{CD}=\beta_2-\beta_1=2\alpha_1$이고, 사각형 ACDB의 넓이가 $3\pi$이므로

$\frac{1}{2}\times(\overline{AB}+\overline{CD})\times\{(1+k)-(1-k)\}$

$=\frac{1}{2}\times4\pi\times2k=4k\pi$

에서 $4k\pi=3\pi$

$\therefore k=\frac{3}{4}$

따라서 점 A의 좌표가 $\left(\alpha_1, \frac{7}{4}\right)$이므로

$f(\alpha_1)=2\cos\frac{\alpha_1}{2}+1=\frac{7}{4}$

$\therefore \cos\frac{\alpha_1}{2}=\frac{3}{8}$

$$\therefore \sin\frac{\alpha_1}{2}=\sqrt{1-\cos^2\frac{\alpha_1}{2}}=\sqrt{1-\left(\frac{3}{8}\right)^2}=\frac{\sqrt{55}}{8}$$

㉠, ㉢, ㉣에 의하여

$$\frac{\alpha_1+2\alpha_2+4\beta_1+8\beta_2+\pi}{6}$$
$$=\frac{\alpha_1+2(4\pi-\alpha_1)+4(2\pi-\alpha_1)+8(2\pi+\alpha_1)+\pi}{6}$$
$$=\frac{33\pi+3\alpha_1}{6}$$
$$=4\pi+\frac{3}{2}\pi+\frac{\alpha_1}{2}$$

$$\therefore \cos\frac{\alpha_1+2\alpha_2+4\beta_1+8\beta_2+\pi}{6}=\cos\left(4\pi+\frac{3}{2}\pi+\frac{\alpha_1}{2}\right)$$
$$=\cos\left(\frac{3}{2}\pi+\frac{\alpha_1}{2}\right)$$
$$=\sin\frac{\alpha_1}{2}=\frac{\sqrt{55}}{8}$$

답 ⑤

**참고** 두 점 A와 C는 점 $(\pi, 1)$에 대하여 대칭이고, 두 점 B와 D는 점 $(3\pi, 1)$에 대하여 대칭이므로 사다리꼴 ACDB에서

$\frac{\overline{AB}+\overline{CD}}{2}=3\pi-\pi$ $\therefore \overline{AB}+\overline{CD}=4\pi$

## 10

**전략** $S_n$을 $n$에 대한 이차방정식으로 나타낸 후, 그래프를 통해 대칭인 점을 찾는다.

등차수열 $\{a_n\}$의 첫째항을 $a$ $(a\neq0)$, 공차를 $d$라 하면 $S_9=S_{18}$에서

$\frac{9(2a+8d)}{2}=\frac{18(2a+17d)}{2}$

$a+4d=2a+17d$

즉, $a=-13d$이므로

$S_n=\frac{n\{-26d+(n-1)d\}}{2}$

$=\frac{d}{2}n(n-27)$

이때 $y=\frac{d}{2}n(n-27)$의 그래프는 오른쪽 그림과 같이 직선 $n=\frac{27}{2}$에 대하여 대칭이다.

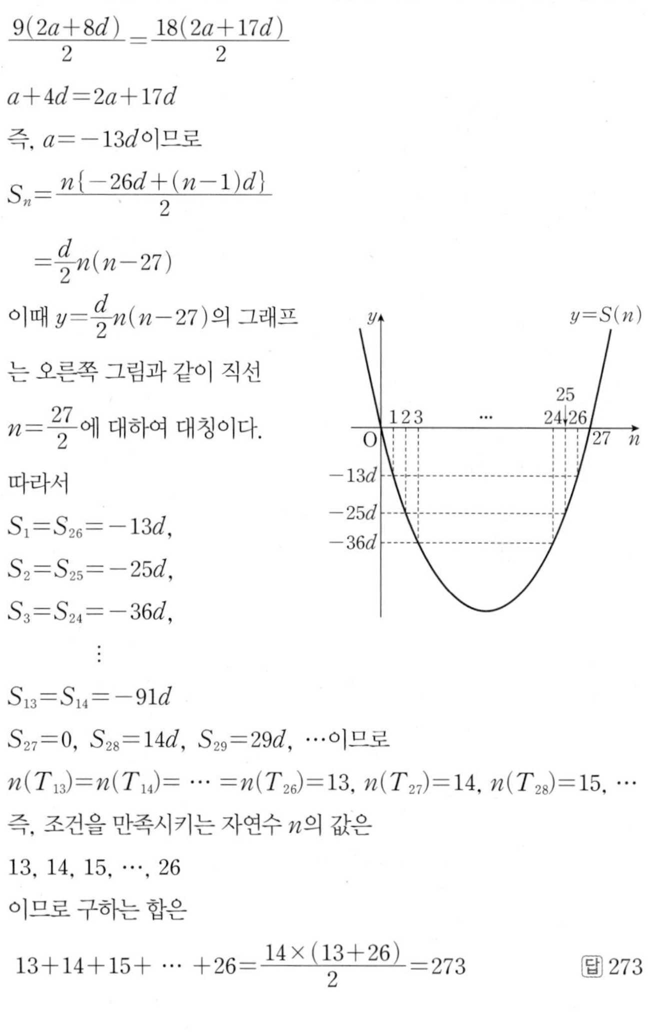


따라서

$S_1=S_{26}=-13d$,

$S_2=S_{25}=-25d$,

$S_3=S_{24}=-36d$,

⋮

$S_{13}=S_{14}=-91d$

$S_{27}=0$, $S_{28}=14d$, $S_{29}=29d$, ⋯이므로

$n(T_{13})=n(T_{14})=\cdots=n(T_{26})=13$, $n(T_{27})=14$, $n(T_{28})=15$, ⋯

즉, 조건을 만족시키는 자연수 $n$의 값은

13, 14, 15, ⋯, 26

이므로 구하는 합은

$13+14+15+\cdots+26=\frac{14\times(13+26)}{2}=273$

답 273

## 8회 미니 모의고사

본문 120~122쪽

| | | | | |
|---|---|---|---|---|
| 1 ⑤ | 2 ③ | 3 ⑤ | 4 ② | 5 5 |
| 6 ② | 7 ② | 8 ① | 9 12 | 10 112 |

## 1

**전략** $a>0,\ a\neq 1,\ M>0,\ N>0$일 때, $\log_a \frac{N}{M}=\log_a M-\log_a N$임을 이용한다.

$\log_a \frac{a^3}{b^2}=\log_a a^3-\log_a b^2=3-2\log_a b=2$

즉, $\log_a b=\frac{1}{2}$이므로 $\log_b a=2$

$\therefore \log_a b+3\log_b a=\frac{1}{2}+3\times 2=\frac{13}{2}$

답 ⑤

## 2

**전략** $3x=t$로 놓고 방정식을 풀어 실근의 개수가 7이 되도록 하는 $n$의 값의 범위를 구한다.

$3x=t$로 놓으면 $0\le t\le \frac{n}{12}\pi$이고 주어진 방정식은

$2\sin^2 t+\sin t-1=0$

$(2\sin t-1)(\sin t+1)=0$

$\therefore \sin t=\frac{1}{2}$ 또는 $\sin t=-1$

$0\le t\le \frac{n}{12}\pi$에서 방정식의 서로 다른 실근의 개수가 7이 되려면 오른쪽 그림과 같이 $y=\sin t$의 그래프와 두 직선 $y=\frac{1}{2}$, $y=-1$의 교점의 개수의 합이 7이어야 하므로

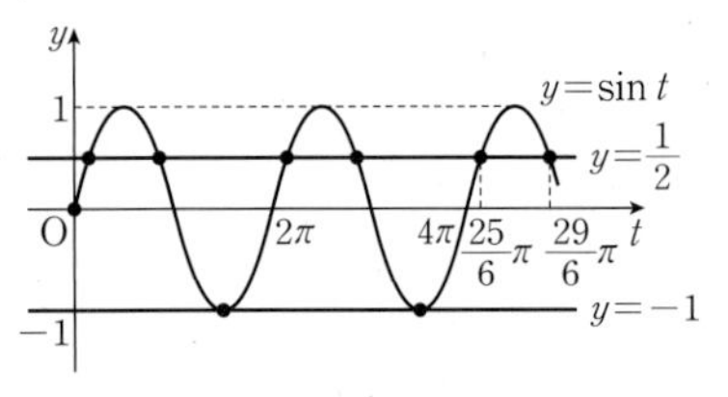


$\frac{25}{6}\pi\le \frac{n}{12}\pi<\frac{29}{6}\pi \qquad \therefore 50\le n<58$

따라서 자연수 $n$은 50, 51, 52, $\cdots$, 57의 8개이다.

답 ③

## 3

**전략** 주어진 조건을 이용하여 수열 $\{a_n\}$의 첫째항과 공차를 구한다.

등차수열 $\{a_n\}$의 첫째항을 $a\ (a\neq 0)$, 공차를 $d$라 하면 조건 (가)에 의하여

$S_{10}-S_8=a_{10}+a_9$

$\qquad =(a+9d)+(a+8d)=2a+17d$

이므로 $2a+17d=74 \quad \cdots\cdots$ ㉠

또한, 조건 (나)에서

$\frac{1}{3}\sum_{k=1}^{9}\frac{a_{k+1}-a_k}{a_{k+1}a_k}$

$=\frac{1}{3}\sum_{k=1}^{9}\left(\frac{1}{a_k}-\frac{1}{a_{k+1}}\right)$

$=\frac{1}{3}\left\{\left(\frac{1}{a_1}-\frac{1}{a_2}\right)+\left(\frac{1}{a_2}-\frac{1}{a_3}\right)+\left(\frac{1}{a_3}-\frac{1}{a_4}\right)+\cdots+\left(\frac{1}{a_9}-\frac{1}{a_{10}}\right)\right\}$

$=\frac{1}{3}\left(\frac{1}{a_1}-\frac{1}{a_{10}}\right)$

$=\frac{1}{3}\times\frac{a_{10}-a_1}{a_1a_{10}}$

$=\frac{3d}{a_1a_{10}}$

이므로 $\frac{3d}{aa_{10}}=\frac{a_2-a_1}{a_{10}}=\frac{d}{a_{10}}$

$\therefore a=3$

$a=3$을 ㉠에 대입하면

$6+17d=74 \qquad \therefore d=4$

$\therefore a_{10}=a+9d=3+9\times 4=39$

답 ⑤

## 4

**전략** $a_{2n-1}=b_{2n-1}$, $a_{2n}=-b_{2n}$임을 이용한다.

등비수열 $\{a_n\}$과 $\{b_n\}$의 공비가 각각 $\sqrt{3}$, $-\sqrt{3}$이므로

$a_{2n}+b_{2n}=0,\ a_{2n+1}+b_{2n+1}=3(a_{2n-1}+b_{2n-1})$

$a_1=b_1=a$라 하면

$\sum_{n=1}^{8}a_n+\sum_{n=1}^{8}b_n=\sum_{n=1}^{8}(a_n+b_n)$

$=\sum_{n=1}^{4}(a_{2n-1}+b_{2n-1})$

$=\frac{(a+a)\times(3^4-1)}{3-1}$

$=80a$

에서 $80a=160$이므로

$a=2$

$\therefore a_3+b_3=2\times(\sqrt{3})^2+2\times(-\sqrt{3})^2=12$

답 ②

**다른 풀이** $\sum_{n=1}^{8}a_n+\sum_{n=1}^{8}b_n=\sum_{n=1}^{8}\{a_1\times(\sqrt{3})^{n-1}\}+\sum_{n=1}^{8}\{b_1\times(-\sqrt{3})^{n-1}\}$

$=\frac{a_1\{(\sqrt{3})^8-1\}}{\sqrt{3}-1}+\frac{b_1\{(-\sqrt{3})^8-1\}}{-\sqrt{3}-1}$

$=40a_1(\sqrt{3}+1)+40b_1(-\sqrt{3}+1)$

$=80a_1\ (\because a_1=b_1)$

즉, $80a_1=160$이므로 $a_1=2$

## 5

**전략** 부등식 풀어 $f(x)$의 값의 범위를 구한 후, 이를 만족시키는 정수 $x$의 개수가 5임을 이용한다.

$\log_{\frac{1}{2}} f(x)<-2$에서

$\log_{\frac{1}{2}} f(x)<\log_{\frac{1}{2}} 4$

밑 $\frac{1}{2}$이 $0<\frac{1}{2}<1$이므로

$f(x)>4 \qquad \cdots\cdots$ ㉠

$f(x)=-x^2+2ax$

$\quad =-(x-a)^2+a^2$

이므로 함수 $y=f(x)$의 그래프는 오른쪽 그림과 같고, 부등식 ㉠을 만족시키는 정수 $x$의 개수가 5이려면 $f(a+2)>4$이고 $f(a+3)\le 4$이어야 한다.

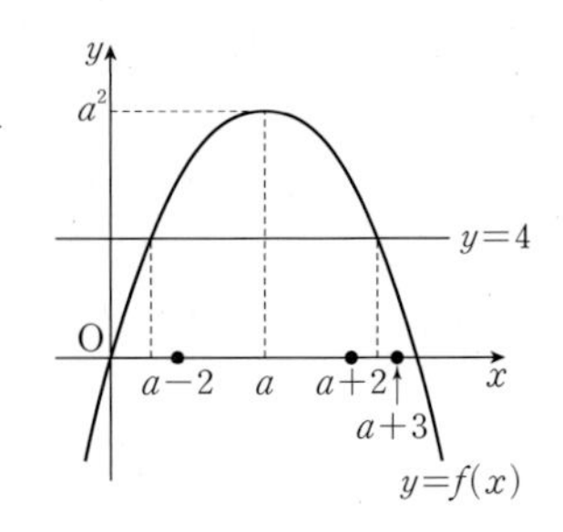

(ⅰ) $f(a+2)>4$인 경우

$f(a+2)=-2^2+a^2>4$에서

$a^2>8$

$\therefore a>2\sqrt{2}$ ($\because a>0$)

(ⅱ) $f(a+3)\leq 4$인 경우

$f(a+3)=-3^2+a^2\leq 4$에서

$a^2\leq 13$

$\therefore 0<a\leq\sqrt{13}$ ($\because a>0$)

(ⅰ), (ⅱ)에 의하여

$2\sqrt{2}<a\leq\sqrt{13}$

$\therefore a=3$ ($\because a$는 양의 정수)

따라서 $f(x)=-x^2+6x$이므로

$f(1)=-1+6=5$ 답 5

# 6

**전략** 조건 (가)에 의하여 $a_m+a_{m+3}=0$이므로 이를 만족시키는 공차 $d$의 조건을 생각한다.

$a_1=-45<0$이고 $d>0$이므로 조건 (가)에서

$a_m<0$, $a_{m+3}>0$

즉, $-a_m=a_{m+3}$에서 $a_m+a_{m+3}=0$이므로

$\{-45+(m-1)d\}+\{-45+(m+2)d\}=0$

$-90+(2m+1)d=0$

$\therefore (2m+1)d=90$ ...... ㉠

따라서 $d$는 90의 양의 약수이고 $2m+1$은 3 이상의 홀수이므로 $d$는 30 이하의 짝수이다.

이때 $90=2\times 3^2\times 5$이므로

$d=2, 6, 10, 18, 30$

조건 (나)에 의하여

$\sum_{k=1}^{n} a_k=\frac{n\{2\times(-45)+(n-1)d\}}{2}>-100$

$\therefore n\{-90+(n-1)d\}>-200$ ...... ㉡

(ⅰ) $d=2$일 때

㉡의 좌변은

$n\{-90+(n-1)d\}=n(2n-92)$

$n=5$이면

$5\times(-82)=-410<-200$

따라서 ㉡을 만족시키지 않는다.

(ⅱ) $d=6$일 때

㉡의 좌변은

$n\{-90+(n-1)d\}=n(6n-96)$

$n=5$이면

$5\times(-66)=-330<-200$

따라서 ㉡을 만족시키지 않는다.

(ⅲ) $d=10$일 때

㉡의 좌변은

$n\{-90+(n-1)d\}=n(10n-100)$

$n=5$이면

$5\times(-50)=-250<-200$

따라서 ㉡을 만족시키지 않는다.

(ⅳ) $d=18$일 때

㉡의 좌변은

$n\{-90+(n-1)d\}=n(18n-108)$

$=18(n-3)^2-162>-200$

따라서 모든 자연수 $n$에 대하여 ㉡을 만족시킨다.

(ⅴ) $d=30$일 때

㉡의 좌변은

$n\{-90+(n-1)d\}=n(30n-120)$

$=30(n-2)^2-120>-200$

따라서 모든 자연수 $n$에 대하여 ㉡을 만족시킨다.

(ⅰ)~(ⅴ)에 의하여

$d=18$ 또는 $d=30$

따라서 구하는 합은

$18+30=48$ 답 ②

# 7

**전략** 사인법칙과 코사인법칙을 이용하여 빈칸에 알맞은 것을 구한다.

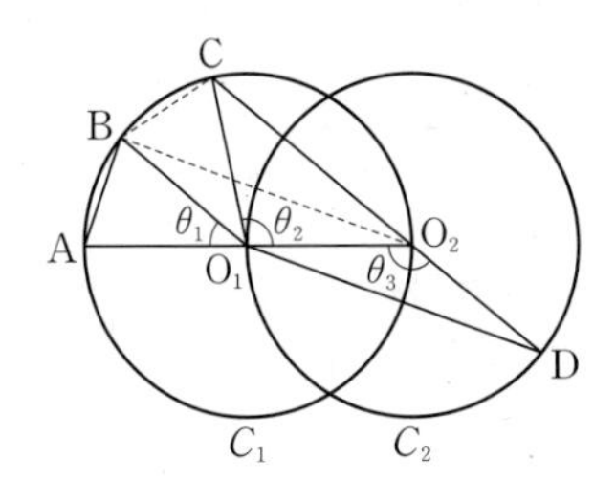


삼각형 $O_1O_2C$는 $\overline{O_1O_2}=\overline{O_1C}$인 이등변삼각형이므로

$\angle O_1O_2C=\frac{1}{2}\times(\pi-\theta_2)=\frac{\pi}{2}-\frac{\theta_2}{2}$

$\angle CO_2O_1+\angle O_1O_2D=\pi$이므로

$\theta_3=\pi-\angle O_1O_2C=\frac{\pi}{2}+\frac{\theta_2}{2}$

$\theta_3=\theta_1+\theta_2$에서 $\frac{\pi}{2}+\frac{\theta_2}{2}=\theta_1+\theta_2$, 즉 $2\theta_1+\theta_2=\pi$이므로

$\angle CO_1B=\theta_1$

이때 $\angle O_2O_1B=\theta_1+\theta_2=\theta_3$이므로 삼각형 $O_1O_2B$와 삼각형 $O_2O_1D$에서

$\angle O_2O_1B=\angle O_1O_2D$, $\overline{O_1B}=\overline{O_2D}$, $\overline{O_1O_2}$는 공통

$\therefore \triangle O_1O_2B\equiv\triangle O_2O_1D$ (SAS 합동)

$\overline{AB}:\overline{O_1D}=1:2\sqrt{2}$이므로 $\overline{AB}=k$라 할 때

$\overline{BO_2}=\overline{O_1D}=2\sqrt{2}k$

삼각형 $AO_2B$는 직각삼각형이므로

$\overline{AO_2}=\sqrt{k^2+(2\sqrt{2}k)^2}=\boxed{3k}$

$\angle BO_2A=\frac{\theta_1}{2}$이므로

$\cos\frac{\theta_1}{2}=\frac{\overline{BO_2}}{\overline{AO_2}}=\frac{2\sqrt{2}k}{3k}=\boxed{\frac{2\sqrt{2}}{3}}$

삼각형 $O_2BC$에서

$\overline{BC}=k$, $\overline{BO_2}=2\sqrt{2}k$, $\angle CO_2B=\frac{\theta_1}{2}$이므로

$\overline{O_2C}=x\ (0<x<3k)$라 하면 코사인법칙에 의하여

$k^2=x^2+(2\sqrt{2}k)^2-2\times x\times 2\sqrt{2}k\times\cos\frac{\theta_1}{2}$

$\quad=x^2+8k^2-4\sqrt{2}kx\times\frac{2\sqrt{2}}{3}$

즉, $k^2=x^2+8k^2-\frac{16}{3}kx$이므로

$3x^2-16kx+21k^2=0$

$(3x-7k)(x-3k)=0$

$\therefore x=\frac{7}{3}k\ (\because 0<x<3k)$

즉, $\overline{O_2C}=\boxed{\frac{7}{3}k}$이다.

$\overline{CD}=\overline{O_2D}+\overline{O_2C}=\overline{O_1O_2}+\overline{O_2C}$이므로

$\overline{AB}:\overline{CD}=k:\left(\frac{\boxed{3k}}{2}+\boxed{\frac{7}{3}k}\right)$

따라서 $f(k)=3k$, $g(k)=\frac{7}{3}k$, $p=\frac{2\sqrt{2}}{3}$이므로

$f(p)\times g(p)=f\left(\frac{2\sqrt{2}}{3}\right)\times g\left(\frac{2\sqrt{2}}{3}\right)$

$\quad=\left(3\times\frac{2\sqrt{2}}{3}\right)\times\left(\frac{7}{3}\times\frac{2\sqrt{2}}{3}\right)=\frac{56}{9}$

답 ②

## 8

**전략** 주어진 식을 이용하여 짝수 번째 항으로 이루어진 수열과 홀수 번째 항으로 이루어진 수열의 일반항을 구한다.

$a_{n+1}=5n-a_n$에서

$a_{n+1}+a_n=5n$ …… ㉠

$a_{n+2}+a_{n+1}=5(n+1)$ …… ㉡

㉡−㉠을 하면

$a_{n+2}-a_n=5$

$b_n=a_{2n-1}$로 놓으면

$b_1=a_1=1$, $b_{n+1}-b_n=a_{2n+1}-a_{2n-1}=5$

따라서 수열 $\{b_n\}$은 첫째항이 1이고 공차가 5인 등차수열이므로

$b_n=1+(n-1)\times5=5n-4$

$\therefore a_{25}=b_{13}=61$ …… ㉢

또, $c_n=a_{2n}$으로 놓으면

$c_1=a_2=5-a_1=4$, $c_{n+1}-c_n=a_{2n+2}-a_{2n}=5$

따라서 수열 $\{c_n\}$은 첫째항이 4이고 공차가 5인 등차수열이므로

$c_n=4+(n-1)\times5=5n-1$

$\therefore a_{40}=c_{20}=99$ …… ㉣

㉢, ㉣에 의하여

$a_{40}-a_{25}=99-61=38$

답 ①

## 9

**전략** $a$, $b$에 대한 방정식이 오직 하나의 실근을 가짐을 이용한다.

조건 ㈎에 의하여 점 $A(a, b)$가 곡선 $y=\log_2(x+2)+k$ 위의 점이므로

$b=\log_2(a+2)+k$ …… ㉠

조건 ㈏에 의하여 점 $(b, a)$가 곡선 $y=4^{x+k}+2$ 위의 점이므로

$a=4^{b+k}+2$ …… ㉡

㉠에서

$b-k=\log_2(a+2)$, $2^{b-k}=a+2$

$\therefore a=2^{b-k}-2$ …… ㉢

㉡, ㉢에서

$4^{b+k}+2=2^{b-k}-2$

$\therefore 4^k\times4^b-2^{-k}\times2^b+4=0$ …… ㉣

조건을 만족시키는 점 A가 오직 하나이므로 방정식 ㉣을 만족시키는 실수 $b$는 오직 하나이다.

$2^b=t\ (t>0)$로 놓으면 $t$에 대한 이차방정식

$4^kt^2-2^{-k}t+4=0$ …… ㉤

은 오직 하나의 양의 실근을 갖는다.

$t$에 대한 이차방정식 ㉤의 두 근의 곱은 이차방정식의 근과 계수의 관계에 의하여 $\frac{4}{4^k}=4^{1-k}>0$이므로 이차방정식 ㉤이 오직 하나의 양의 실근을 가지려면 중근을 가져야 한다.

이차방정식 ㉤의 판별식을 $D$라 하면

$D=(-2^{-k})^2-4\times4^k\times4=0$

$4^{-k}-16\times4^k=0$

양변에 $4^k$을 곱하면

$1-16\times4^{2k}=0$, $2^{4k+4}=1$

즉, $4k+4=0$이므로

$k=-1$

㉤에 $k=-1$을 대입하면

$\frac{t^2}{4}-2t+4=0$

$\frac{1}{4}(t-4)^2=0$

$\therefore t=4$

$2^b=t=4$이므로

$b=2$

㉡에 $k=-1$, $b=2$를 대입하면

$a=4^{2+(-1)}+2=6$

$\therefore a\times b=6\times2=12$

답 12

## 10

**전략** 함수 $f(x)$의 주기를 이용하여 네 점 A, B, C, D의 좌표를 구한다.

함수 $y=\log_2(x-a)$의 그래프의 점근선의 방정식은

$x=a$

함수 $f(x)=2\tan\frac{\pi x}{4}$의 그래프의 주기는 $\frac{\pi}{\frac{\pi}{4}}=4$이므로

함수 $y=f(x)$의 그래프의 점근선의 방정식은

$x=2,\ x=6$

이때 $0<a<6$이고 직선 $x=a$와 함수 $y=f(x)$의 그래프가 만나지 않아야 하므로

$a=2$

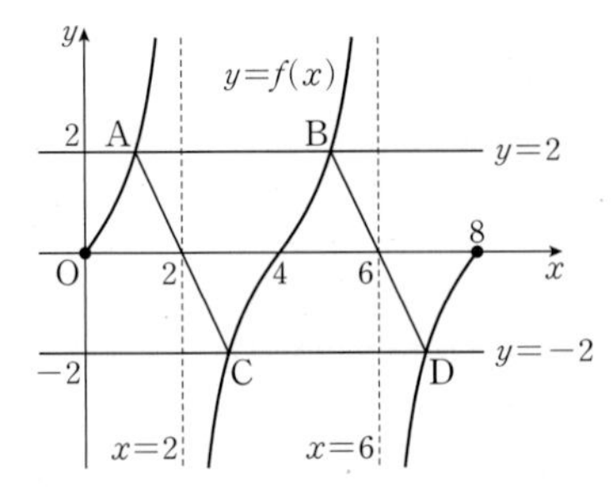


두 점 A, B는 함수 $y=f(x)$의 그래프와 직선 $y=2$의 교점이므로 두 점 A, B의 $x$좌표는

$2\tan\frac{\pi x}{4}=2$에서

$\tan\frac{\pi x}{4}=1$

$0<\frac{\pi}{4}x<\frac{3}{2}\pi$이므로

$\frac{\pi x}{4}=\frac{\pi}{4}$ 또는 $\frac{\pi x}{4}=\frac{5\pi}{4}$

즉, $x=1$ 또는 $x=5$이므로

$A(1,\ 2),\ B(5,\ 2)$

또, 두 점 C, D는 함수 $y=f(x)$의 그래프와 직선 $y=-2$의 교점이므로 두 점 C, D의 $x$좌표는

$2\tan\frac{\pi x}{4}=-2$에서

$\tan\frac{\pi x}{4}=-1$

$0<\frac{\pi}{4}x<\frac{3}{2}\pi$이므로

$\frac{\pi x}{4}=\frac{3\pi}{4}$ 또는 $\frac{\pi x}{4}=\frac{7\pi}{4}$

즉, $x=3$ 또는 $x=7$이므로

$C(3,\ -2),\ D(7,\ -2)$

이때 사각형 ACDB와 함수 $y=\log_2 bx$의 그래프가 만나려면 함수 $y=\log_2 bx$의 그래프는 두 점 A, D 사이를 지나야 한다.

(i) 함수 $y=\log_2 bx$의 그래프가 점 A를 지날 때

$2=\log_2 b$이므로

$b=2^2=4$

(ii) 함수 $y=\log_2 bx$의 그래프가 점 D를 지날 때

$-2=\log_2 7b$이므로

$7b=2^{-2}\qquad \therefore b=\frac{1}{28}$

(i), (ii)에 의하여 $\frac{1}{28}\le b\le 4$이므로

$\frac{1}{14}\le ab\le 8\ (\because a=2)$

따라서 $M=8,\ m=\frac{1}{14}$이므로

$\frac{M}{m}=\frac{8}{\frac{1}{14}}=112$

답 112

## 9회 미니 모의고사

본문 123~125쪽

| 1 ④ | 2 ⑤ | 3 63 | 4 ④ | 5 ③ |
|---|---|---|---|---|
| 6 75 | 7 ② | 8 ③ | 9 13 | 10 ① |

## 1

**전략** $a>0,\ a\ne1,\ b>0,\ c>0,\ c\ne1$일 때, $\log_a b=\frac{\log_c b}{\log_c a}$임을 이용한다.

$ab=\log_3 5,\ b-a=\log_2 5$이므로

$$\frac{1}{a}-\frac{1}{b}=\frac{b-a}{ab}=\frac{\log_2 5}{\log_3 5}=\frac{\frac{\log 5}{\log 2}}{\frac{\log 5}{\log 3}}=\frac{\log 3}{\log 2}=\log_2 3$$

답 ④

## 2

**전략** $\tan\theta=\frac{\sin\theta}{\cos\theta},\ \sin^2\theta+\cos^2\theta=1$임을 이용한다.

$\tan\theta+\frac{1}{\tan\theta}=\frac{64}{9}\sin\theta\cos\theta$이므로

$$\tan\theta+\frac{1}{\tan\theta}=\frac{\sin\theta}{\cos\theta}+\frac{\cos\theta}{\sin\theta}=\frac{\sin^2\theta+\cos^2\theta}{\sin\theta\cos\theta}=\frac{1}{\sin\theta\cos\theta}$$

에서 $\frac{1}{\sin\theta\cos\theta}=\frac{64}{9}\sin\theta\cos\theta$

$(\sin\theta\cos\theta)^2=\frac{9}{64}$

$0<\theta<\frac{\pi}{2}$에서 $\sin\theta>0,\ \cos\theta>0$이므로

$\sin\theta\cos\theta=\frac{3}{8}$

따라서

$$(\sin\theta+\cos\theta)^2=1+2\sin\theta\cos\theta=1+2\times\frac{3}{8}=\frac{7}{4}$$

이므로

$\sin\theta+\cos\theta=\frac{\sqrt{7}}{2}\ (\because \sin\theta+\cos\theta>0)$

답 ⑤

## 3

**전략** 분모와 분자를 각각 공비에 대한 식으로 나타낸다.

등비수열 $\{a_n\}$의 공비를 $r$라 하면

$S_9-S_5=a_6+a_7+a_8+a_9$

$=7r^5+7r^6+7r^7+7r^8$

$=7r^5(1+r+r^2+r^3)$

$S_6-S_2=a_3+a_4+a_5+a_6$

$=7r^2+7r^3+7r^4+7r^5$

$=7r^2(1+r+r^2+r^3)$

$\therefore \dfrac{S_9-S_5}{S_6-S_2}=\dfrac{7r^5(1+r+r^2+r^3)}{7r^2(1+r+r^2+r^3)}=r^3$

즉, $r^3=3$이므로

$a_7=7r^6=7\times(r^3)^2=7\times3^2=63$

답 63

## 4

**전략** 절댓값 안의 식의 값이 0이 되는 $a$의 값을 기준으로 범위를 나누어 방정식의 해를 구한다.

$f(a-1)=2^{3-(a-1)}-2=2^{4-a}-2$,

$f(-a+1)=2^{3-(-a+1)}-2=2^{a+2}-2$

이므로 $|f(a-1)-f(-a+1)|=12$에서

$|2^{4-a}-2^{a+2}|=12$ ...... ㉠

이때 $2^{4-a}-2^{a+2}=0$에서 $2^{4-a}=2^{a+2}$, $4-a=a+2$이므로

$a=1$

(i) $a\geq1$일 때

$2^{4-a}\leq2^{a+2}$이므로 방정식 ㉠에서

$2^{a+2}-2^{4-a}=12$

$2^a-4\times2^{-a}-3=0$

양변에 $2^a$을 곱하면

$(2^a)^2-3\times2^a-4=0$

$(2^a+1)(2^a-4)=0$

이때 $a\geq1$에서 $2^a\geq2$이므로

$2^a=4$ $\quad\therefore a=2$

(ii) $a<1$일 때

$2^{4-a}>2^{a+2}$이므로 방정식 ㉠에서

$2^{4-a}-2^{a+2}=12$

$2^a-4\times2^{-a}+3=0$

양변에 $2^a$을 곱하면

$(2^a)^2+3\times2^a-4=0$

$(2^a+4)(2^a-1)=0$

이때 $a<1$에서 $0<2^a<2$이므로

$2^a=1$ $\quad\therefore a=0$

(i), (ii)에 의하여 $a=0$ 또는 $a=2$이므로

$M=2$, $m=0$

$\therefore 4(M-m)=4\times2=8$

답 ④

## 5

**전략** $k=0$, $k=3$일 때, 주어진 부등식을 만족시키는 자연수 $n$의 값을 구한다.

$f(x)=x^2-6x+11=(x-3)^2+2$이고,

$k<\log_3 f(n)<k+2$에서 밑 3이 $3>1$이므로

$3^k<(n-3)^2+2<3^{k+2}$ ...... ㉠

(i) $k=0$일 때

㉠에서 $1<(n-3)^2+2<9$이므로

$-1<(n-3)^2<7$

이를 만족시키는 자연수 $n$은 1, 2, 3, 4, 5의 5개이므로

$h(0)=5$

(ii) $k=3$일 때

㉠에서 $27<(n-3)^2+2<243$이므로

$25<(n-3)^2<241$

이를 만족시키는 자연수 $n$은 9, 10, 11, ⋯, 18의 10개이므로

$h(3)=10$

(i), (ii)에 의하여

$h(0)+h(10)=5+10=15$

답 ③

## 6

**전략** $\overline{OC}=\overline{CA}=\overline{AB}$이므로 양의 실수 $k$에 대하여 두 점 A, B의 좌표를 각각 $(k, k)$, $(2k, k)$로 놓고 함수식에 대입한다.

$C(0, k)$이고 $\overline{OC}=\overline{CA}=\overline{AB}$이므로 두 점 A, B의 좌표를 각각

$A(k, k)$, $B(2k, k)$

로 놓을 수 있다.

점 A는 곡선 $y=-\log_a x$ 위의 점이므로

$k=-\log_a k$ ...... ㉠

또한, 점 B는 곡선 $y=\log_a x$ 위의 점이므로

$k=\log_a 2k$ ...... ㉡

㉠, ㉡에서 $\log_a 2k=-\log_a k$이므로

$\log_a 2k+\log_a k=0$, $\log_a 2k^2=0$

즉, $2k^2=1$이므로 $k=\dfrac{\sqrt{2}}{2}$ $(\because k>0)$

㉡에 의하여 $a^k=2k$이므로

$a^{\frac{\sqrt{2}}{2}}=\sqrt{2}$

곡선 $y=|\log_a x|$와 직선 $y=2\sqrt{2}$가 만나는 두 점의 $x$좌표를 각각 $\alpha$, $\beta$ $(\alpha<\beta)$라 하면

$-\log_a \alpha=2\sqrt{2}$에서 $\alpha=a^{-2\sqrt{2}}$

$\log_a \beta=2\sqrt{2}$에서 $\beta=a^{2\sqrt{2}}$

$\therefore d=\beta-\alpha=a^{2\sqrt{2}}-a^{-2\sqrt{2}}$

$=\left(a^{\frac{\sqrt{2}}{2}}\right)^4-\left(a^{\frac{\sqrt{2}}{2}}\right)^{-4}$

$=(\sqrt{2})^4-(\sqrt{2})^{-4}$

$=4-\dfrac{1}{4}=\dfrac{15}{4}$

$\therefore 20d=20\times\dfrac{15}{4}=75$

답 75

## 7

**전략** 그래프의 주기를 이용하여 두 점 P, Q의 좌표를 구한다.

함수 $y=f(x)$의 그래프의 주기는 $\dfrac{2\pi}{\frac{\pi}{b}}=2b$이므로 두 점 P, Q의 좌표는 각각

$\mathrm{P}\left(\dfrac{b}{2},\ 0\right),\ \mathrm{Q}\left(\dfrac{3b}{2},\ 0\right)$

$f(0)=a$이므로 점 R의 좌표는 $(0,\ a)$

이때 $\overline{\mathrm{PQ}}=\overline{\mathrm{PR}}$, 즉 $\overline{\mathrm{PQ}}^2=\overline{\mathrm{PR}}^2$이므로

$b^2=\left(\dfrac{b}{2}\right)^2+(-a)^2$

$\dfrac{3}{4}b^2=a^2$ …… ㉠

$\therefore a=\dfrac{\sqrt{3}}{2}b\ (\because a>0,\ b>0)$ …… ㉡

또, 삼각형 PQR의 넓이가 $4\sqrt{3}$이므로

$\dfrac{1}{2}\times\overline{\mathrm{PQ}}\times\overline{\mathrm{OR}}=\dfrac{1}{2}\times b\times a=4\sqrt{3}$

$\therefore ab=8\sqrt{3}$ …… ㉢

㉡을 ㉢에 대입하면 $\dfrac{\sqrt{3}}{2}b\times b=8\sqrt{3}$

즉, $b^2=16$이므로 ㉠에서 $a^2=12$

$\therefore b^2-a^2=16-12=4$

답 ②

## 8

**전략** 함수 $g(x)$를 구하여 함수 $y=g(x)$의 그래프 위의 점의 좌표가 정수일 조건을 찾는다.

함수 $f(x)=4^{x-2}+k$의 그래프의 점근선 $y=k$가

원 $x^2-6x+y^2+2y=0$, 즉 $(x-3)^2+(y+1)^2=10$의 중심

$(3,\ -1)$을 지나므로

$k=-1 \qquad \therefore f(x)=4^{x-2}-1$

$y=4^{x-2}-1$에서

$y+1=4^{x-2}$

$x-2=\log_4(y+1)$

$x=\log_4(y+1)+2$

$x$와 $y$를 바꾸면

$y=\log_4(x+1)+2$

$\therefore g(x)=\log_4(x+1)+2$

함수 $y=g(x)$의 그래프 위의 임의의 점의 좌표를 $(a,\ b)\ (a>-1)$라 하면

$b=\log_4(a+1)+2$

$a$, $b$가 모두 정수이려면 $a+1=4^{n-1}$ ($n$은 자연수) 꼴이어야 하므로

$a_n+1=4^{n-1}$

따라서

$\displaystyle\sum_{k=1}^{10}(a_k+1)=\sum_{k=1}^{10}4^{n-1}=\dfrac{4^{10}-1}{4-1}=\dfrac{2^{20}-1}{3}$

이므로

$\log_2\left\{1+3\displaystyle\sum_{k=1}^{10}(a_k+1)\right\}=\log_2\left(1+3\times\dfrac{2^{20}-1}{3}\right)$

$=\log_2 2^{20}=20$

답 ③

## 9

**전략** 사인법칙과 코사인법칙을 이용한다.

$\angle\mathrm{ABD}=\alpha\ \left(0<\alpha<\dfrac{\pi}{2}\right)$라 하면 삼각형 ABD에서 사인법칙에 의하여

$\dfrac{2}{\sin\alpha}=2\times\dfrac{4\sqrt{7}}{7}$

즉, $\sin\alpha=\dfrac{\sqrt{7}}{4}$이므로

$\cos\alpha=\sqrt{1-\left(\dfrac{\sqrt{7}}{4}\right)^2}=\dfrac{3}{4}\ \left(\because 0<\alpha<\dfrac{\pi}{2}\right)$

따라서 $\overline{\mathrm{BD}}=x\ (x>2)$라 하면 삼각형 ABD에서 코사인법칙에 의하여

$2^2=3^2+x^2-2\times3\times x\times\cos\alpha$

$4=9+x^2-6x\times\dfrac{3}{4}$

$2x^2-9x+10=0,\ (2x-5)(x-2)=0$

$\therefore x=\dfrac{5}{2}\ (\because x>2)$

이때 $\angle\mathrm{DAB}=\beta\ \left(0<\beta<\dfrac{\pi}{2}\right)$라 하면 사인법칙에 의하여

$\dfrac{2}{\sin\alpha}=\dfrac{\frac{5}{2}}{\sin\beta}$

$\sin\beta=\dfrac{5}{4}\times\sin\alpha=\dfrac{5}{4}\times\dfrac{\sqrt{7}}{4}=\dfrac{5\sqrt{7}}{16}$

$\therefore \cos\beta=\sqrt{1-\left(\dfrac{5\sqrt{7}}{16}\right)^2}=\dfrac{9}{16}\ \left(\because 0<\beta<\dfrac{\pi}{2}\right)$

직각삼각형 ABC에서

$\cos\beta=\dfrac{\overline{\mathrm{AB}}}{\overline{\mathrm{AC}}}=\dfrac{3}{\overline{\mathrm{CD}}+2}$

$\dfrac{9}{16}=\dfrac{3}{\overline{\mathrm{CD}}+2},\ \overline{\mathrm{CD}}+2=\dfrac{16}{3}$

$\therefore \overline{\mathrm{CD}}=\dfrac{10}{3}$

따라서 $p=3$, $q=10$이므로

$p+q=3+10=13$

답 13

## 10

**전략** 주어진 조건을 만족시키는 이차식 $S_n$을 구한다.

조건 (가)에서 $S_n$은 $n$에 대한 이차식이고, 조건 (다)에서 $S_n$은 $n=30$일 때 최댓값 410을 가지므로 $S_n$의 이차항의 계수를 $d$라 하면

$S_n=d(n-30)^2+410$

$\therefore S_{10}=d(10-30)^2+410$

$=400d+410$

즉, 조건 (나)에 의하여

$400d+410=10$

이므로 $d=-1$

$\therefore S_n=-(n-30)^2+410$

$S_m > S_{50} = 10$을 만족시키는 $m$의 값의 범위는

$-(m-30)^2+410>10$에서

$(m-30)^2<400$, $-20<m-30<20$

$\therefore 10<m<50$

따라서 자연수 $m$의 최솟값은 11, 최댓값은 49이므로

$p=11$, $q=49$

$\therefore \sum_{k=p}^{q} a_k = \sum_{k=11}^{49} a_k$

$= S_{49}-S_{10}$

$= \{-(49-30)^2+410\}-10=39$

답 ①

## 10회

본문 126~128쪽

| | | | | |
|---|---|---|---|---|
| 1 ① | 2 ⑤ | 3 17 | 4 ② | 5 ⑤ |
| 6 75 | 7 ⑤ | 8 ③ | 9 24 | 10 170 |

### 1

**전략** **로그의 진수 조건과 로그의 성질을 이용한다.**

로그의 진수 조건에서 $x>0$, $x-6>0$

$\therefore x>6$ …… ㉠

$\log_2 x \le 4-\log_2 (x-6)$에서

$\log_2 x(x-6) \le \log_2 16$

이때 밑 2가 $2>1$이므로

$x(x-6)\le 16$

$x^2-6x-16\le 0$, $(x+2)(x-8)\le 0$

$\therefore -2\le x\le 8$ …… ㉡

㉠, ㉡의 공통 범위는

$6<x\le 8$

따라서 정수 $x$의 값은 7, 8이므로 구하는 합은

$7+8=15$

답 ①

### 2

**전략** **양변을 제곱하여 삼각방정식을 푼다.**

$\sin x=\sqrt{3}(1+\cos x)$의 양변을 제곱하면

$\sin^2 x=3(1+\cos x)^2$

$1-\cos^2 x=3(1+\cos x)^2$

$1-\cos^2 x=3\cos^2 x+6\cos x+3$

$4\cos^2 x+6\cos x+2=0$, $2(\cos x+1)(2\cos x+1)=0$

$\therefore \cos x=-1$ 또는 $\cos x=-\frac{1}{2}$

(i) $\cos x=-1$일 때, $\sin x=0$이므로 $x=\pi$

(ii) $\cos x=-\frac{1}{2}$일 때, $\sin x=\frac{\sqrt{3}}{2}$이므로 $x=\frac{2}{3}\pi$

(i), (ii)에 의하여 방정식의 모든 해의 합은

$\pi+\frac{2}{3}\pi=\frac{5}{3}\pi$

답 ⑤

### 3

**전략** **자연수 $n$에 대하여 $\log_a\left(-x^2+\frac{b}{2}x\right)=n$이라 하고 $b$의 값의 범위를 구한다.**

함수 $y=5^{-x+1}+2$의 그래프의 점근선은 직선 $y=2$이므로

$a=2$

자연수 $n$에 대하여 $\log_2\left(-x^2+\frac{b}{2}x\right)=n$이라 하면

$-x^2+\frac{b}{2}x=2^n$

$-\left(x-\frac{b}{4}\right)^2+\frac{b^2}{16}=2^n$

$\log_a\left(-x^2+\frac{b}{2}x\right)$의 값이 자연수가 되도록 하는 실수 $x$의 개수가 6이려면

$2^3<\frac{b^2}{16}<2^4$

이어야 한다.

즉, $128<b^2<256$이므로

$b=12, 13, 14, 15$

따라서 $a+b$의 최댓값은

$2+15=17$

답 17

### 4

**전략** **양수와 음수가 $n$제곱근을 가질 조건을 이용한다.**

$\log_2(2^n+1)=t\ (t>0)$로 놓으면

$-\{\log_2(2^n+1)\}^2+5\log_2(2^n+1)=-t^2+5t$

(i) $-t^2+5t>0$일 때

$-t^2+5t>0$에서

$t^2-5t<0$, $t(t-5)<0$

$\therefore 0<t<5$

따라서 $0<\log_2(2^n+1)<5$이므로

$1<2^n+1<32$, $0<2^n<31$

이때 $-t^2+5t$의 $n$제곱근 중에서 음의 실수가 존재하려면 $n$은 짝수이어야 하므로

$n=2$ 또는 $n=4$

(ii) $-t^2+5t<0$일 때

$-t^2+5t<0$에서

$t^2-5t>0$, $t(t-5)>0$

$\therefore t>5\ (\because t>0)$

따라서 $\log_2(2^n+1)>5$이므로

$2^n+1>32$, $2^n>31$

이때 $-t^2-5t$의 $n$제곱근 중에서 음의 실수가 존재하려면 $n$은 홀수이어야 하므로

$n=5$ 또는 $n=7\ (\because 2\le n\le 8)$

(i), (ii)에 의하여 $n=2$ 또는 $n=4$ 또는 $n=5$ 또는 $n=7$이므로 구하는 합은

$2+4+5+7=18$ 답 ②

## 5

**전략 주어진 조건을 이용하여 네 점 A, B, C, D의 좌표를 구한다.**

점 A의 좌표는 $(k,\ 2^{k-1}+1)$이고 $\overline{AB}=8$이므로 점 B의 좌표는

$B(k,\ 2^{k-1}-7)$

직선 BC의 기울기가 $-1$이고 $\overline{BC}=2\sqrt{2}$이므로 두 점 B, C의 $x$좌표의 차와 $y$좌표의 좌표는 모두 2이다.

따라서 점 C의 좌표는

$C(k-2,\ 2^{k-1}-5)$

이때 점 C는 곡선 $y=2^{x-1}+1$ 위의 점이므로

$2^{k-1}-5=2^{k-3}+1$에서

$4\times 2^k-40=2^k+8$

$3\times 2^k=48$

$2^k=16=2^4$

즉, $k=4$이므로

$A(4,\ 9),\ B(4,\ 1),\ C(2,\ 3)$

점 B가 곡선 $y=\log_2(x-a)$ 위의 점이므로

$1=\log_2(4-a)$

즉, $4-a=2$이므로

$a=2$

이때 곡선 $y=\log_2(x-2)$가 $x$축과 만나는 점 D의 $x$좌표는 $x-2=1$, 즉 $x=3$이므로 점 D의 좌표는

$D(3,\ 0)$

한편, 직선 BD의 기울기는 $\frac{0-1}{3-4}=1$이므로

$\overline{BC}\perp\overline{BD}$

$$\therefore \square ACDB=\triangle ACB+\triangle CDB$$
$$=\frac{1}{2}\times 8\times(4-2)+\frac{1}{2}\times 2\sqrt{2}\times\sqrt{2}$$
$$=8+2=10$$

답 ⑤

## 6

**전략 사인법칙과 코사인법칙을 이용한다.**

삼각형 ABC에서 $\overline{BC}=a$, $\overline{CA}=b$, $\overline{AB}=c$라 하면 사인법칙에 의하여

$$\frac{a}{\sin A}=\frac{b}{\sin B}=\frac{c}{\sin C}=2\sqrt{7}$$

$$\therefore \sin A=\frac{a}{2\sqrt{7}},\ \sin B=\frac{b}{2\sqrt{7}},\ \sin C=\frac{c}{2\sqrt{7}}$$

조건 (가)에서 $\sin^2 A+\sin^2 C=\sin^2 B+\sin A\sin C$이므로

$$\left(\frac{a}{2\sqrt{7}}\right)^2+\left(\frac{c}{2\sqrt{7}}\right)^2=\left(\frac{b}{2\sqrt{7}}\right)^2+\frac{a}{2\sqrt{7}}\times\frac{c}{2\sqrt{7}}$$

$a^2+c^2=b^2+ac$ ······ ㉠

또, 코사인법칙에 의하여

$$\cos B=\frac{a^2+c^2-b^2}{2ac}$$
$$=\frac{(b^2+ac)-b^2}{2ac}\ (\because ㉠)$$
$$=\frac{1}{2}$$

즉, $B=\frac{\pi}{3}$이므로

$b=2\sqrt{7}\sin B=2\sqrt{7}\times\frac{\sqrt{3}}{2}=\sqrt{21}$

따라서 $b^2=21$이므로 코사인법칙에 의하여

$b^2=a^2+c^2-2ac\cos\frac{\pi}{3}$에서

$21=(a+c)^2-3ac$

$=81-3ac$ ($\because$ 조건 (나))

즉, $81-3ac=21$이므로

$ac=20$

따라서 삼각형 ABC의 넓이 $S$는

$S=\frac{1}{2}ac\sin B=\frac{1}{2}\times 20\times\frac{\sqrt{3}}{2}=5\sqrt{3}$

$\therefore S^2=(5\sqrt{3})^2=75$ 답 75

## 7

**전략 등차수열 $\{a_n\}$의 공차를 $d$, 등비수열 $\{b_n\}$의 공비를 $r$라 놓고 조건에 맞게 식을 세운다.**

등차수열 $\{a_n\}$의 공차를 $d$라 하고 등비수열 $\{b_n\}$의 공비를 $r$라 하면

조건 (가)에서 $a_7=b_7$이므로

$a_6+d=b_6\times r$, $9+d=9r$ ($\because a_6=b_6=9$)

$\therefore r=1+\frac{d}{9}$ ······ ㉠

이때 $d$, $r$는 자연수이므로 $d$는 9의 배수이다.

한편, $a_{11}=a_6+5d=9+5d$이고 조건 (나)에서 $94<a_{11}<109$이므로

$94<9+5d<109$ $\therefore 17<d<20$

$d$는 9의 배수이므로 $d=18$

$d=18$을 ㉠에 대입하면 $r=3$

$\therefore a_7+b_8=(a_6+d)+b_6\times r^2$

$=(9+18)+9\times 3^2=108$ 답 ⑤

## 8

**전략 $n$에 1, 2, 3, …을 차례로 대입하여 항 사이의 규칙을 파악한다.**

$n=1, 2, 3, \cdots$일 때, $7^n$의 일의 자리의 수는

7, 9, 3, 1, 7, …

이므로 4개의 수 7, 9, 3, 1이 이 순서로 반복된다.

$n=1, 2, 3, \cdots$일 때, $3^n$의 일의 자리의 수는

3, 9, 7, 1, 3, …

이므로 4개의 수 3, 9, 7, 1이 이 순서로 반복된다.

따라서 $7^n+3^n$의 일의 자리의 수는 네 개의 수 0, 8, 0, 2가 이 순서로 반복되므로 $7^n+3^n$을 5로 나누었을 때의 나머지는 네 개의 수 0, 3, 0, 2가 이 순서로 반복된다.

$\therefore a_1=0,\ a_2=3,\ a_3=0,\ a_4=2,\ a_5=0,\ \cdots$

따라서 $a_na_{n+2}=\begin{cases} 0 & (n\text{이 홀수}) \\ 6 & (n\text{이 짝수}) \end{cases}$이므로

$$b_n=\begin{cases} 0 & (n\text{이 홀수}) \\ \dfrac{6}{n(n+2)} & (n\text{이 짝수}) \end{cases}$$

$\therefore \sum_{k=1}^{22} b_k$

$=\sum_{k=1}^{11}\frac{6}{2k(2k+2)}=\frac{3}{2}\sum_{k=1}^{11}\frac{1}{k(k+1)}=\frac{3}{2}\sum_{k=1}^{11}\left(\frac{1}{k}-\frac{1}{k+1}\right)$

$=\frac{3}{2}\left\{\left(\frac{1}{1}-\frac{1}{2}\right)+\left(\frac{1}{2}-\frac{1}{3}\right)+\left(\frac{1}{3}-\frac{1}{4}\right)+\cdots+\left(\frac{1}{11}-\frac{1}{12}\right)\right\}$

$=\frac{3}{2}\left(1-\frac{1}{12}\right)=\frac{11}{8}$

$\therefore a_{22}+\sum_{k=1}^{22} b_k=3+\frac{11}{8}=\frac{35}{8}$ 답 ③

## 9

**전략** 두 점 A, B의 좌표를 이용하여 $a$, $b$의 값을 구한다.

$\overline{AB}=4$에서 함수 $y=f(x)$의 주기가 4이므로

$\frac{\pi}{a}=4 \qquad \therefore a=\frac{\pi}{4}$

함수 $y=f(x)$의 그래프가 점 A(2, 0)을 지나므로

$\tan\left(\frac{\pi}{2}+b\right)=0$

$\frac{\pi}{2}+b=\pi$

$\therefore b=\frac{\pi}{2}\ (\because 0<b<\pi)$

점 C의 $y$좌표를 $c\ (c>0)$라 하면 점 D의 $y$좌표는 $-c$이고, 삼각형 ACD의 넓이가 6이므로

$\triangle ACO+\triangle ADO=\frac{1}{2}\times 2\times c+\frac{1}{2}\times 2\times c$

$=2c$

에서 $2c=6$

$\therefore c=3$

함수 $y=f(x)$의 그래프와 두 직선 AB, CE로 둘러싸인 부분의 넓이 $S$는 사각형 AECB의 넓이와 같으므로

$S=4\times 3=12$

$\therefore \frac{b}{a}\times S=\frac{\frac{\pi}{2}}{\frac{\pi}{4}}\times 12=24$ 답 24

## 10

**전략** $a_{2m}=-a_m$이므로 $a_n$의 부호가 바뀌는 $n$의 값을 파악한다.

$a_{2m}=a_1+(2m-1)d=a_1+(m-1)d+md$

$=a_m+md$

이고 조건 (나)에서 $a_{2m}=-a_m$이므로

$a_m+md=-a_m$

즉, $2a_m=-md$이므로 $m$과 $d$ 중에서 적어도 하나는 짝수이다.

$m$이 짝수, 즉 $m=2p$ ($p$는 자연수)라 하면

$a_{2m}+a_m=a_{4p}+a_{2p}$

$=\{a_1+(4p-1)d\}+\{a_1+(2p-1)d\}$

$=2\{a_1+(3p-1)d\}=0$

$\therefore 2a_{3p}=0$

이는 조건 (가)에서 모든 자연수 $n$에 대하여 $a_n\neq 0$이라는 조건을 만족시키지 않는다.

즉, $m$은 짝수가 아니다.

따라서 $m$은 홀수이고 $d$는 짝수이므로

$m=2l-1$ ($l$은 자연수)라 하면 $a_{2m}=-a_m$에서

$a_{4l-2}=-a_{2l-1}$이므로

$a_{3l-1}=a_{4l-2}-(l-1)d$

$=-a_{2l-1}-(l-1)d$

$=-\{a_{2l-1}+(l-1)d\}$

$=-a_{3l-2}$

$d>0$이므로 $1\le n\le 3l-2$일 때 $a_n<0$, $n\ge 3l-1$일 때 $a_n>0$

조건 (나)에서 $\sum_{k=m}^{2m}|a_k|=128$이므로

$\sum_{k=m}^{2m}|a_k|$

$=\sum_{k=2l-1}^{4l-2}|a_k|$

$=-a_{2l-1}-a_{2l}-a_{2l+1}-\cdots-a_{3l-2}$

$+a_{3l-1}+a_{3l}+a_{3l+1}+\cdots+a_{4l-2}$

$=-a_{2l-1}-(a_{2l-1}+d)-(a_{2l-1}+2d)-\cdots-\{a_{2l-1}+(l-1)d\}$

$+(a_{2l-1}+ld)+\{a_{2l-1}+(l+1)d\}+\cdots+\{a_{2l-1}+(2l-1)d\}$

$=-\{1+2+3+\cdots+(l-1)\}d$

$+\{l+(l+1)+(l+2)+\cdots+(2l-1)\}d$

$=-\frac{l(l-1)}{2}d+\frac{l\{l+(2l-1)\}}{2}d$

$=l^2d$

에서 $l^2d=128$

이때 $l$은 자연수이고 $d$는 짝수이므로 $l$, $d$의 모든 순서쌍 $(l, d)$는

(1, 128), (2, 32), (4, 8), (8, 2)

따라서 구하는 $d$의 값의 합은

$2+8+32+128=170$ 답 170

# Memo

# Memo

# Memo

3/4점 기출 집중 공략엔

# 수능엔유형

NE능률이
미래를
창조합니다.

건강한 배움의 고객가치를 제공하겠다는 꿈을 실현하기 위해
42년 동안 열심히 달려왔습니다.

앞으로도 끊임없는 연구와 노력을 통해
당연한 것을 멈추지 않고

고객, 기업, 직원 모두가 함께 성장하는 NE능률이 되겠습니다.

NE 능률